MUITO ALÉM DO NOSSO EU

2ª edição

MIGUEL NICOLELIS

MUITO ALÉM DO NOSSO EU

A NOVA NEUROCIÊNCIA QUE UNE CÉREBRO E MÁQUINAS E COMO ELA PODE MUDAR NOSSAS VIDAS

Tradução do autor

CRÍTICA

Título original: *Beyond boundaries: the new neuroscience of connecting brains with machines - and how it will change our lives*

Preparação: Carla Fortino
Revisão: Giselda Laporta Nicolelis, Isabel Cury e Maria Aiko Nishijima
Diagramação: 2 estúdio gráfico
Capa: Luciana Facchini
Imagens de miolo: arquivo pessoal do autor

Dados Internacionais de Catalogação na Publicação (CIP)
Angélica Ilacqua CRB-8/7057

Nicolelis, Miguel
Muito além do nosso eu : a nova neurociência que une cérebro e máquinas e como ela pode mudar nossas vidas / Miguel Nicolelis. – 2. ed. - São Paulo : Planeta do Brasil, 2025.
496, [16] p.

ISBN 978-85-422-3327-8

1. Neurociência 2. Neurociência cognitiva I. Título

25-0691 CDD 612.82

Índices para catálogo sistemático:
1. Neurociência

MISTO
Papel | Apoiando o manejo florestal responsável
FSC® C019498

Ao escolher este livro, você está apoiando o manejo responsável das florestas do mundo

2025
Todos os direitos desta edição reservados à
Editora Planeta do Brasil Ltda.
Rua Bela Cintra, 986 – 4º andar
01415-002 – Consolação
São Paulo-SP
www.planetadelivros.com.br
faleconosco@editoraplaneta.com.br

Para Pedro, Rafael e Daniel

Não seja escravo do seu passado.
Mergulhe em mares grandiosos,
vá bem fundo e nade até bem longe,
e voltará com respeito por si mesmo,
com um novo vigor, com uma experiência a mais
que explicará e superará a anterior.

Ralph Waldo Emerson

SUMÁRIO

PREFÁCIO DA SEGUNDA EDIÇÃO

É com um prazer e uma alegria imensos que apresento aos novos leitores, e também àqueles que retornam a estas páginas para uma renovada leitura, uma nova edição de *Muito além do nosso eu: a nova neurociência que une cérebro e máquinas – e como ela pode mudar as nossas vidas*. Publicado inicialmente em inglês nos Estados Unidos, em 2010, sob o título de *Beyond boundaries, Muito além do nosso eu* foi lançado originariamente no Brasil no final do verão de 2011. Desde então, a versão em português foi responsável por exatamente a metade dos quase 100 mil exemplares, em dez diferentes idiomas, vendidos em todo o mundo.

Num país onde a educação científica, a prática da ciência propriamente dita e a literatura de divulgação científica raramente são tratadas como prioridade, tópico de conversa de botequim ou assunto de interesse da grande mídia nacional, a recepção de *Muito além do nosso eu* pelo público brasileiro certamente surpreendeu muita gente. Para se ter uma ideia desse impacto, depois de figurar em todas as listas dos livros de não ficção mais vendidos doBrasil por várias semanas seguidas, foi o terceiro livro mais vendido da Festa Literária Internacional de Paraty, a Flip, em 2011, atrás apenas de dois títulos do consagrado romancista angolano Valter Hugo Mãe. Esses números demonstram, de forma indubitável, que existe, sim, no Brasil um público ávido por obras que tentem traduzir, num linguajar acessível, os avanços da ciência moderna e, em particular, as novas descobertas relacionadas ao verdadeiro criador de tudo aquilo que define essa tão preciosa, quanto ameaçada e maltratada, condição humana. Eu me refiro, evidentemente, ao cérebro humano e a todos os enormes mistérios que ele insiste caprichosamente em guardar apenas para si.

Entre outras coisas, portanto, este prefácio me permite agradecer aos leitores de *Muito além do nosso eu* pelos incontáveis momentos de extrema emoção, proporcionados ao longo dos últimos cinco anos. Como esquecer, por exemplo, aquele mágico instante no qual uma jovem universitária oriunda do Oiapoque – sim, aquele Oiapoque, o ponto mais ao norte de um Brasil que poucos de nós conseguem imaginar, muito menos conhecer – se aproximou do palco do singelo Teatro Municipal de Macapá, com um mais do que bem lido volume, em busca de um autógrafo que nem ela nem o autor jamais imaginaram um dia compartilhar? O que dizer das repetidas vezes em que, embarcando num avião, pude deparar com um passageiro concentrado, lendo um livro de capa verde, sem que ele se desse conta de que o autor, sorridente, acabava de cruzar as cercanias, ou, pior, compartilhava a mesma fileira de assentos? Será que algum desses queridos leitores desconfiou das perguntas feitas pelo seu companheiro de voo?

Cinco anos depois, coube a mim percorrer um caminho sempre descrito por escritores como sendo o mais aterrador de todos, uma vez que seu destino final nunca pode ser antecipado de antemão: reler um dos seus manuscritos originais com a perspectiva de atualizá-lo – a parte mais fácil e agradável –, corrigir seus eventuais erros – tarefa factível, mas sempre dolorosa – ou, na pior de todas as hipóteses, ter que deserdá-lo de vez.

Passados seis meses, é com grande satisfação que apresento o meu "relatório de viagem" nesta nova edição. Satisfação porque, na sua grande maioria, as principais previsões experimentais feitas na primeira edição de *Muito além do nosso eu* se materializaram, na forma de resultados significativos, muitos dos quais já publicados em revistas científicas especializadas no momento em que este prefácio é escrito. Nesse contexto, esta segunda edição inclui os resultados obtidos nos primeiros experimentos realizados com as interfaces cérebro-cérebro e as Brainets (capítulo 10), envolvendo estudos em roedores e primatas.

Além disso, no capítulo 13 desta edição, também incluí o primeiro relato mais detalhado dos achados científicos e clínicos do Projeto Andar de Novo, desenvolvido no Brasil desde 2013. Ao longo dos últimos três anos, esse consórcio internacional de pesquisa, sem fins lucrativos, cumpriu uma das mais ambiciosas promessas contidas na primeira edição de *Muito além do nosso eu*: permitir que pacientes paraplégicos voltassem a andar usando um exoesqueleto robótico, controlado por sua atividade elétrica cerebral. Aqui, um pouco dessa aventura, que culminou com o chute de Juliano Pinto durante a cerimônia de abertura da Copa do Mundo no Brasil, no dia 12 de junho de 2014, é descrito.

No mesmo capítulo 13 também relato a descoberta, totalmente inesperada e inusitada, de que a aplicação, por um longo período de tempo (28 meses), do protocolo de reabilitação criado pelo Projeto Andar de Novo – baseado no uso de múltiplas tecnologias assistivas, que se valem de interfaces cérebro-máquina acopladas a um sistema de feedback tátil – deu origem a uma recuperação neurológica parcial, incluindo o reaparecimento de movimentos voluntários, sensações táteis e funções viscerais, e envolvendo vários segmentos corporais abaixo da lesão medular original, nunca antes descrita nos oito pacientes paraplégicos crônicos que participaram do projeto.

Apesar desses resultados alvissareiros, muitas das conjecturas teóricas e predições feitas na primeira edição de *Muito além do nosso eu* ainda permanecem distantes do momento em que poderão ser testadas experimentalmente. Longe de constituir um demérito, essa constatação se revelou uma fonte de grande alívio para mim, uma vez que ela indica que algumas dessas ideias ainda serão alvo de escrutínio, debate e interesse por um longo tempo. Nesse contexto, vale ressaltar que, no hiato decorrido entre a primeira e a segunda edição deste volume, a "joia central da coroa" de *Muito além do nosso eu*, a Teoria do Cérebro Relativístico, se fortaleceu significativamente, tanto no campo teórico como no experimental, graças à minha contínua colaboração com o matemático e filósofo Ronald Cicurel. Consequentemente, uma das principais predições dessa teoria – de que o cérebro humano jamais poderá ser simulado por uma máquina de Turing, incluindo aí todos os computadores digitais jamais construídos – se fortaleceu a ponto de se transformar numa das mais fundamentais e profundas convicções da minha carreira científica.

Esperando que os novos leitores desfrutem desta nova edição tanto quanto desfrutaram aqueles que os antecederam, e, para terminar este prefácio, eu gostaria de dizer que nas páginas deste livro encontram-se registradas as duas maiores conclusões obtidas ao longo dos meus 33 anos de vida como neurocientista.

A primeira é que valeu muito a pena seguir aquela música.

A segunda é que, na verdade, não importa aonde ela nos leve, porque o que realmente conta e fica é a viagem.

INTRODUÇÃO
BASTA SEGUIR A MÚSICA

Perplexo. Só assim eu poderia descrever meu estado ao detectar a primeira rajada de arpejos de violinos que, ricocheteando nas paredes de mármore, expandiu-se pelas elegantes escadas que ligam o segundo andar ao átrio de entrada do prédio da Faculdade de Medicina da Universidade de São Paulo (FMUSP). Diante de tal assombração sonora, minha única reação foi exibir um espanto paralisante. Afinal, nenhum estudante de medicina está preparado para enfrentar o absurdo da situação que se apresentou naquela até então tranquila noite de plantão. Pois, durante um breve interlúdio na rotina de um dos mais concorridos prontos-socorros do planeta, o Pronto-Socorro de Clínica Médica do Hospital das Clínicas da FMUSP, sem saber nem como nem por quê, de repente me encontrei imerso nos primeiros acordes de um inebriante concerto que rapidamente preencheu todos os espaços ao meu redor. E bastaram poucos acordes dessa música cheia de esperança e aventura para que minha paralisia inicial fosse logo substituída pela curiosidade; agora, tudo o que eu queria era descobrir a fonte que inundara aquela úmida noite de verão paulistana com uma trilha sonora que parecia conduzir ao início de uma nova vida. Talvez seja por isso que, apesar de esses arpejos terem seduzido minha atenção há mais de trinta anos, eu ainda recorde vivamente como o rastro da melodia, com suas notas individualmente insignificantes, mas que em conjunto formavam um canto enfeitiçante, me fez escalar, quase a galope, os já familiares degraus.

Depois de percorrer em silêncio um pequeno corredor, parei, ansioso e quase sem fôlego, na entrada do auditório de onde brotavam os acordes iniciais do "Vorspiel", a abertura da ópera *Parsifal*, de Richard Wagner. Sem conseguir conter por mais um segundo a curiosidade, simplesmente escancarei a porta, que, entreaberta, já parecia convidar um incauto qualquer a se perder de vez num caminho sem volta.

Quão desapontador foi perceber que no amplo auditório havia apenas um senhor de idade avançada. Muito alinhado em seu jaleco branco e gravata de nó justo preciso, ele se digladiava com um obsoleto projetor, que certamente já destruíra mais de um de seus diapositivos preciosos. Essa disputa homem-máquina se travava sob a luz proveniente de uma série de candelabros de cristal pendentes do teto descomunalmente alto. Construídos no final da década de 1920, os auditórios da FMUSP foram idealizados como modelos de elegância funcional, porém espartana. Um pequeno palco retangular de madeira delimitava, na frente, a área designada ao professor. Nesse tablado conviviam apenas uma sólida mesa de madeira de lei e uma cadeira não menos rígida e raramente usada, dado o pouco conforto por ela oferecido. Um extenso quadro-negro e um projetor de diapositivos completavam o exíguo arsenal de ferramentas postas à disposição dos mestres. A área destinada aos alunos era formada por fileiras de cadeiras de madeira envernizada, todas geminadas, dispostas em níveis crescentes de altura, de modo que habituais frequentadores da última fila, como eu, podiam construir sua carreira acadêmica bem acima da linha de visão e da censura dos mais distintos e titulados catedráticos e suas infindáveis cantilenas.

O ruído inesperado, provocado pelo ranger da porta e pelos primeiros passos do jovem intruso no velho auditório, fez com que o senhor de cabelos brancos, elegantemente cortados à moda americana, esboçasse um pequeno gesto de sobressalto. Mas ele logo se recuperou do susto, e seu espanto deu lugar a um sorriso mediterrâneo convidativo. Sem esquecer por um instante seu embate com o projetor, acenou com a mão esquerda na minha direção como se fôssemos camaradas de longa data.

De relance, pude identificar, para minha estupefação, espalhada por toda a grande mesa de madeira de lei, a evidência que acusava aquela distinta figura professoral de ser a principal peça criminal responsável pelo recital ilícito. Ao lado de uma vitrola estéreo, certamente de valor mais sentimental que pecuniário, e de dois alto-falantes de grande potência, qualquer testemunha poderia reconhecer as capas de vários discos contendo gravações da não menos distinta Orquestra Filarmônica de Berlim. A presença, entre os discos, de óperas de Wagner denunciava o caráter germanófilo do "criminoso". Mas, antes que eu pudesse, em nome da honra e da tradição da Universidade de São Paulo (USP), dar-lhe voz de prisão em flagrante delito, se não por algum crime real, pelo menos pela taquicardia que seus arpejos tinham me causado no meio da madrugada, fui surpreendido pelo "delinquente", que se dirigiu a mim.

– Seja bem-vindo. Por favor, entre e fique à vontade. Como pode ver, temos vinho e queijo para nos acompanhar. Por alguma razão, hoje estou tendo certa dificuldade para convencer esse projetor a colaborar, mas logo estaremos prontos para iniciar a aula. A propósito, meu nome é César Timo-Iaria. Sou o professor deste curso.

Nem bem ele tinha acabado de se apresentar quando fomos surpreendidos por um som metálico vindo do projetor, que, subitamente, decidira demonstrar sua boa vontade, revelando o primeiro diapositivo na tela posicionada na frente do quadro-negro. Sem ao menos esperar que eu me apresentasse ou desse algum sinal de aprovação, o professor foi para trás do projetor, como um almirante que assume o controle de sua nau capitânia. Após apagar a luz e aguardar, por alguns instantes, o começo da segunda abertura wagneriana, ele passou a mostrar, um a um, seus queridos diapositivos, com uma alegria juvenil que eu mesmo só havia testemunhado ou experimentado durante as peladas de rua de minha infância. Como único espectador admitido para o espetáculo que se iniciava, sentado na primeira fila de um auditório agora abraçado pela escuridão e pelas súplicas de Tannhäuser, fui exposto a uma série de imagens completamente estranhas ao currículo médico. Admirando os slides projetados em rápida sequência à minha frente, comecei a me sentir ao mesmo tempo confuso e provocado, desafiado e intrigado, envolto num turbilhão de emoções desconhecidas que nenhuma outra aula, em toda a minha vida, havia despertado.

– Mas que curso o senhor está ministrando? – perguntei, desorientado.

– Introdução à Fisiologia Humana. – A resposta veio imediata, sem que ele nem ao menos olhasse para mim.

Só para ter certeza, voltei a encarar a tela. Como todo estudante de medicina, eu tinha cursado, alguns anos antes, o curso obrigatório denominado Introdução à Fisiologia Humana. Claramente, nenhuma das imagens projetadas até aquele momento fazia parte de qualquer curso de fisiologia humana jamais ministrado naquela ou em qualquer outra faculdade de medicina do mundo.

– Como pode? – insisti.

– Como pode o quê, meu filho? – ele disse, novamente sem se dar ao trabalho de olhar para mim.

– Como pode este ser um curso de Introdução à Fisiologia Humana? Seus slides são todos fora do habitual. O senhor está mostrando coisas como...

– Sim? – Evidentemente, ele estava degustando cada segundo de meu desconforto com a situação inusitada. Na realidade, a sensação que ele transmitia era de já ter testemunhado inúmeras vezes a mesma reação, típica dos noviços na arte.

Aquela música, as imagens na tela, um senhor de jaleco e gravata dando aula no meio da noite, num auditório amplo e quase vazio, nada fazia o menor sentido. Já um pouco irritado, finalmente perdi toda a compostura e ventilei toda a minha frustração com aquela cena felliniana.

– Estrelas, galáxias, quasares, essas são as imagens que o senhor está mostrando. Veja só, agora estamos vendo um radiotelescópio! Que diabos está acontecendo aqui? Como pode este ser um curso de Introdução à Fisiologia Humana?

– Bem, esta foi a história. Tudo começou com o Big Bang. Da grande explosão para o cérebro humano, há mais ou menos 15 bilhões de anos. Uma baita viagem, não acha? Deixe-me explicar o que quero dizer.

Valendo-se de um quase infinito desfile de imagens espetaculares de galáxias, nébulas, cometas e supernovas, todas acompanhadas por uma trilha sonora que parecia ter sido composta por deuses celestiais, o dr. César traçou carinhosamente, slide por slide, a trilha do grande épico que culminou com o surgimento da mente humana. Foi ali que descobri que planetas de todos os tipos se formaram por todo o universo – na maioria, desprovidos de vida: desertos de areia, gelo ou vapor. Mas, em pelo menos um desses diminutos corpos celestes, um experimento quase impossível levou ao surgimento, alguns bilhões de anos atrás, dos mecanismos bioquímicos e genéticos para a sustentação e a replicação da vida tal qual a conhecemos. E, dada essa oportunidade quase insignificante, a vida floresceu, lutando contra os elementos e as calamidades proporcionadas por um cosmos impiedoso; sempre cheia de esperança e aspirações, ela evoluiu devagar, trilhando caminhos que, muito provavelmente, jamais serão seguidos de novo no resto da longínqua história deste e de outros universos.

A seguir, surgiram na tela gravuras artísticas que procuravam reconstituir os primeiros casais de hominídeos, andando lado a lado, milhões de anos atrás, no meio de uma noite estrelada africana, no que hoje constitui a vastidão desolada do deserto de Afar, na Etiópia. No preciso momento em que Tannhäuser é agraciado com sua liberdade do templo subterrâneo de Vênus, ao rejeitar a imortalidade em troca do direito de sorver cada segundo da vida de um homem comum, compartilhei o instante em que aqueles nossos primeiros ancestrais, cheios de hesitação e curiosidade, levantaram pela primeira vez os olhos em direção à Via Láctea. Tomados de um misto de admiração e temor, enquanto uma incontrolável tempestade elétrica varria seus cérebros de primata, eles então deram início à busca de respostas às inúmeras questões que até hoje nos inquietam. Com aquele primordial olhar para o universo, aqueles homens e mulheres começaram uma longa e nobre maratona que tem unido gerações na procura de explicações para o porquê de nossa existência, de nossa consciência, e o significado, se é que há algum, de tudo que nos circunda no universo. Nenhuma combinação de palavras poderia narrar melhor o nascimento simbólico da ciência, revelado apenas por meio de alegorias gráficas sublimes embaladas pela música dos deuses. Claramente, o experiente almirante, do alto de seu posto de comando, sabia muito bem como singrar os traiçoeiros mares do ensinar sem doutrinar.

As últimas notas do "Coro dos peregrinos" da ópera *Tannhäuser* anunciaram o último diapositivo, cuja imagem permaneceu por alguns minutos diante dos dois membros da audiência de um anfiteatro tomado por um silêncio sepulcral, quase místico. Na tela, o perfil de um cérebro humano parecia nos espreitar, ansioso por qualquer reação digna de nota. Então, o dr. César acendeu a luz e se dirigiu calmamente e em silêncio para a porta do auditório. Antes de desaparecer, ele se virou como que para dizer adeus. Contudo, apenas murmurou: "Esta foi a primeira aula do curso Introdução à Fisiologia Humana. Mas esqueci de mencionar que também ministro um curso avançado de Neurofisiologia. A primeira aula será amanhã à noite. Eu recomendo vivamente que você participe desse curso também".

Ainda em choque com tudo aquilo a que eu havia sido exposto pela primeira vez, só me ocorreu perguntar:

– Mas o que eu preciso fazer para encontrar essa outra classe?

Sorrindo, enquanto gentilmente abria a porta do auditório, o dr. César Timo-Iaria deu o primeiro conselho ao aprendiz para toda a vida que ele acabara de recrutar com tanta facilidade e maestria:

– Basta seguir a música!

Nos últimos trinta anos, relembrei com frequência a crença professada por meu mestre, dr. César, de que tanto a música quanto o método científico representam dois dos mais estupendos subprodutos a emergir das aspirações e dos tormentos da mente humana. Talvez essa constante lembrança explique por que eu mesmo decidi dedicar toda a minha carreira à tarefa de escutar, pacientemente, um diferente tipo de sinfonia, aquela composta por vastas populações de células cerebrais.

No jargão típico da neurociência moderna, minha pesquisa se enquadra no trabalho desenvolvido por neurofisiologistas de sistemas neurais. Pelo menos, essa é a designação que a maioria de meus colegas normalmente usaria para classificar o produto desenvolvido por meus alunos e por mim em nosso laboratório no Centro de Neuroengenharia da Universidade Duke, localizado na bucólica cidade de Durham, no estado da Carolina do Norte, nos Estados Unidos. Em termos gerais, neurofisiologistas de sistemas neurais passam boa parte da vida investigando os princípios fisiológicos que determinam a operação de vários circuitos neuronais, verdadeiras redes celulares formadas por nervos que emanam de aproximadamente uma centena de bilhões de células que habitam o cérebro humano. Essas intricadas redes, cujo grau de complexidade e conectividade suplanta, por várias ordens de magnitude, qualquer outra rede elétrica, computacional, mecânica ou telefônica jamais criada por seres humanos, permitem que cada célula cerebral, ou neurônio, estabeleça contato direto e se comunique com centenas ou mesmo milhares de outras células cerebrais. Graças à sua morfologia particular, os neurônios são altamente especializados em receber e transmitir diminutas mensagens eletroquímicas através de contatos celulares, chamados sinapses, que medeiam a maioria das comunicações entre populações dessas células. É por meio dessas imensas redes neuronais altamente conectadas e de operação extremamente dinâmica, conhecidas como circuitos neurais, que o cérebro humano desempenha sua principal função: produzir uma enorme variedade de comportamentos especializados que coletivamente definem aquilo a que costumamos nos referir, orgulhosamente, como "a natureza humana".

Ao recrutar maciças ondas milivoltaicas de descargas elétricas, essas redes neuronais microscópicas são na verdade as únicas responsáveis pela geração de cada ato de pensamento, criação, destruição, descoberta, ocultação, comunicação, conquista, sedução, rendição, amor, ódio, felicidade, tristeza, solidariedade, egoísmo, introspecção e exultação jamais perpetrado por todo e qualquer um de nós, nossos ancestrais e progênie, ao longo de toda a existência da humanidade. Se a palavra milagre não tivesse sido apropriada indevidamente por outro ramo de negócios, acredito que a sociedade deveria licenciar o termo para uso exclusivo da neurociência ao relatar as maravilhas que brotam do trabalho rotineiro de nossos circuitos neurais.

Para a maioria dos neurofisiologistas de sistemas, como eu, o objetivo final de nossa empreitada é decifrar os mecanismos fisiológicos que permitem, quando salvas de eletricidade neurobiológica, gestar e gerar o vasto repertório de ações e comportamentos humanos. Na busca por esse Santo Graal da neurobiologia, todavia, nos últimos duzentos anos a neurociência envolveu-se numa disputa acirrada em relação à questão crucial de como distintas regiões cerebrais medeiam diferentes funções cerebrais ou comportamentos. Em um extremo, um grupo representado por localizacionistas radicais, legítimos, mas com frequência não reconhecidos herdeiros do criador da frenologia, o anatomista alemão Franz Gall (1758-1828), ainda acredita piamente que funções cerebrais específicas são geradas por regiões do sistema nervoso central altamente especializadas e segregadas. No outro extremo desse debate feroz, um grupo menor, mas que tem crescido rapidamente nas últimas décadas, que gosto de chamar de distribucionista, professa que, em vez de confiar em áreas especializadas únicas, o cérebro humano prefere realizar todas as suas árduas tarefas por meio do trabalho coletivo de grandes populações de neurônios distribuídos por variadas regiões cerebrais, capazes de participar da gênese de múltiplas funções simultaneamente. Ao defender essa posição, nós, distribucionistas, propomos que o cérebro aparentemente utiliza um mecanismo fisiológico similar a uma eleição; um voto neuronal no qual grandes populações de células, localizadas em diferentes regiões do cérebro, contribuem, cada uma de maneira diminuta e peculiar, para a geração de um produto cerebral final.

Durante os últimos duzentos anos, ambas as escolas, localizacionista e distribucionista, elegeram o córtex cerebral – a camada mais superficial do cérebro, situada logo abaixo do crânio e das membranas conhecidas como meninges – o principal campo de batalha para sua disputa, que parece nunca ter fim. As origens dessa controvérsia intelectual podem ser retraçadas de volta aos dias em que frenologistas afirmavam ser capazes de reconhecer atributos essenciais da personalidade de qualquer indivíduo simplesmente ao palpar os contornos do couro cabeludo criados pela diferente configuração óssea do crânio. De acordo com essa doutrina, a análise das protuberâncias ósseas do crânio revelaria o crescimento desproporcional de áreas específicas do córtex, o que refletiria a exacerbação peculiar de atributos como afetuosidade, orgulho, arrogância, vaidade, ambição etc. Segundo os frenologistas, cada uma das emoções do ser humano seria criada por um território cortical específico.

Embora Gall e seus seguidores tenham sido desacreditados pelos cientistas de sua própria época, o conceito genérico da frenologia sobreviveu e transfigurou-se em um dos principais dogmas da neurociência do século XX. Pouco mais de cem anos atrás, experimentos realizados pela primeira geração de neurocientistas profissionais, liderados pelo genial histologista espanhol Santiago Ramón y Cajal (1852-1934), demonstraram que, como em todos os demais órgãos do corpo humano, uma célula individual, o neurônio, constituía a unidade anatômica fundamental do cérebro. Quase que por falta de alternativa, o neurônio individual também foi rapidamente coroado como sendo a unidade fisiológica fundamental do sistema nervoso. A ascensão dessa doutrina neuronal, combinada com um relato publicado pelo médico francês Paul Broca em 1861, descrevendo que uma lesão localizada no lobo frontal esquerdo podia produzir uma profunda perda da fala, acompanhada de paralisia da metade direita do corpo, temporariamente ofereceu esplêndidos argumentos em favor da teoria localizacionista, deixando os distribucionistas na defensiva. Nesse momento de desencanto e quase desterro intelectual vivido pelos distribucionistas da época, coube a um lorde inglês, sir Charles Sherrington (1857-1952), prover o bote salva-vidas para a doutrina populacional do cérebro. Baseado numa série de experimentos engenhosos que deram à luz a área da neurofisiologia de sistemas, Sherrington concluiu corretamente que mesmo uma das funções mais elementares do sistema nervoso – as respostas reflexas geradas pela medula espinhal – depende da ação integrada de múltiplos neurônios e circuitos neurais distintos para funcionar de maneira apropriada.

Na última década, apesar de o golpe fatal ainda não ter sido desferido, os distribucionistas começaram a ganhar terreno e passaram a dominar o território onde se travará a batalha final pela verdadeira alma biológica do cérebro. Descobertas provindas de laboratórios de neurociências de todo o mundo estão pouco a pouco desafiando e derrubando a visão localizacionista do cérebro, que dominou a área durante todo o século passado. Nesse esforço coletivo, pesquisas conduzidas em meu laboratório na Universidade Duke, durante as últimas duas décadas, têm ajudado a demonstrar categoricamente que um neurônio único não pode mais ser visto como a unidade fisiológica fundamental do sistema nervoso; ao contrário, todos os nossos resultados apontam para o fato inexorável de que populações de neurônios são os verdadeiros compositores das sinfonias elétricas que dão vida a todos os pensamentos gerados pelo cérebro humano.

Hoje, já conseguimos registrar a música produzida por algumas dessas populações ou conjuntos de neurônios e até reproduzir uma pequena fração dessas sinfonias na forma de comportamentos motores voluntários. Ao ouvirmos os concertos elétricos produzidos simultaneamente por algumas centenas de neurônios – uma amostra infinitesimal dos bilhões de neurônios que existem no cérebro –, começamos a replicar o processo pelo qual complexos pensamentos motores se transformam em ações corporais concretas.

Que princípios guiam a composição e a execução dessas sinfonias neuronais? Depois de mais de três décadas mergulhado no estudo desses circuitos neurais, eu me vi procurando o fio da meada desses princípios, tanto nas fronteiras que determinaram e restringiram nossa evolução biológica, desde nossa longínqua origem na poeira das estrelas, como dentro das profundezas misteriosas do sistema nervoso, tentando identificar e dar voz ao "ponto de vista do próprio cérebro". Neste livro, proponho que, assim como o universo que tanto nos fascina, o cérebro humano também é um escultor relativístico; um habilidoso artesão que delicadamente funde espaço e tempo neuronais num *continuum* orgânico capaz de criar tudo que somos capazes de ver e sentir como realidade, incluindo nosso próprio senso de ser e existir. Nos capítulos que se seguem, defendo a tese de que, nas próximas décadas, ao combinar essa visão relativística do cérebro com nossa crescente capacidade tecnológica de ouvir e decodificar sinfonias neuronais cada vez mais complexas, a neurociência acabará expandindo a limites quase inimagináveis a capacidade humana, que passará a se expressar muito além das fronteiras e limitações impostas tanto por nosso frágil corpo de primatas como por nosso senso de eu.

Posso imaginar parte desse mundo futuro com alguma segurança baseado nas pesquisas conduzidas em meu laboratório, nas quais macacos aprenderam a utilizar um paradigma neurofisiológico revolucionário que batizamos de interfaces cérebro-máquina (ICM). Usando várias dessas ICMs, fomos capazes de demonstrar que macacos podem aprender a controlar, voluntariamente, os movimentos de artefatos artificiais, como braços e pernas virtuais ou robóticos, localizados próximo ou longe deles, usando apenas a atividade elétrica de seu cérebro de primatas. Essa demonstração experimental provocou uma vasta reação em cadeia que, a longo prazo, pode mudar completamente a maneira como vivemos.

Para testar as diferentes versões de ICMs, desenvolvemos uma nova abordagem experimental para "ler" simultaneamente os sinais elétricos produzidos por muitas centenas ou mesmo milhares de neurônios que pertencem a um circuito neural. Essa nova tecnologia foi desenvolvida de início como forma de testar o ponto de vista dos distribucionistas: que populações de neurônios individuais, comunicando-se com outros grupos de neurônios ao longo de diferentes regiões cerebrais, definem o arcabouço neurofisiológico que arquiteta e constrói todos os nossos comportamentos. Uma vez demonstrada a possibilidade de ouvir algumas das sinfonias neuronais motoras compostas pelo cérebro de primatas, decidimos ir além e não só registrar, mas também decodificar e transmitir – até os confins do outro lado do planeta – os pensamentos motores de um cérebro muito semelhante ao nosso. A partir daí, conseguimos traduzir esses pensamentos motores em comandos digitais que puderam ser usados para gerar movimentos em máquinas que foram criadas sem nenhum intuito de reproduzir a intenção dos pensamentos de um primata. Nesse momento, nossas ICMs depararam, quase que por acidente, com uma forma de liberar o cérebro das restrições impostas pelo corpo e, nesse processo, permitir que o sistema nervoso de primatas controlasse diretamente o funcionamento de ferramentas virtuais, eletrônicas e mecânicas, como meio de expressar seus desejos mais íntimos de interação e exploração do mundo ao seu redor. Apenas por meio do pensamento.

Este livro conta a história desses experimentos e de que maneira eles mudaram e continuarão mudando o entendimento de como funções cerebrais são criadas e operacionalizadas pelo sistema nervoso humano.

Para a vasta maioria das pessoas vivas hoje, o maior impacto das pesquisas com ICMs será sentido sobretudo no campo da medicina. A compreensão dos mecanismos de funcionamento do cérebro, obtida por meio da construção de uma nova geração de ICMs, provavelmente levará ao desenvolvimento de novas e revolucionárias terapias e curas para pacientes afligidos por doenças neurológicas devastadoras, como as que produzem um grau avassalador de paralisia corpórea. Esses pacientes poderão enfim recuperar, num futuro não tão distante, a mobilidade e a sensibilidade de seus corpos inertes por meio do uso de uma série de neuropróteses, equipamentos do tamanho de modernos marca-passos cardíacos capazes de coletar a atividade elétrica cerebral para coordenar a contração das articulações e membros de uma veste robótica, delicada como uma segunda pele, mas robusta como o exoesqueleto de um besouro. Essa veste será capaz não só de suportar o peso do paciente paralisado como também permitirá que seu corpo até então imóvel volte, livre e de maneira autônoma, a deambular, passear, correr e mais uma vez exultar em explorar o mundo que o rodeia.

Surpreendentemente, as futuras aplicações de ICMs prometem avançar muito além dos limites da medicina. Em algumas gerações, seu desenvolvimento tecnológico capacitará nossos descendentes a realizar ações e experimentar sensações que poucos seriam capazes de imaginar ou mesmo verbalizar hoje em dia. As ICMs podem transformar a maneira como interagimos com as ferramentas que fabricamos para dialogar com o mundo que nos cerca, a forma como nos comunicamos uns com os outros, bem como nossa interação com ambientes distantes e outros mundos. Para compreender o que esse futuro pode representar, você precisa primeiro imaginar como nossa vida mudaria dramaticamente caso algumas de nossas tarefas mais rotineiras pudessem ser executadas diretamente sob o controle de nossa atividade elétrica cerebral, disseminada livremente pelo ar, da mesma forma que ondas de rádio navegam hoje em dia. Por apenas um momento, imagine viver num mundo onde as pessoas usam seus computadores, dirigem seus carros e se comunicam umas com as outras simplesmente por meio do pensamento. Sem necessidade de usar teclados complicados e lentos ou direções hidráulicas. Sem precisar contar com movimentos corporais ou imperfeições da linguagem falada para expressar cada uma de suas verdadeiras intenções e pensamentos.

Nesse bravo mundo novo, centrado apenas no poder dos relâmpagos cerebrais, nossas habilidades motoras, perceptuais e cognitivas se estenderão ao ponto em que pensamentos humanos poderão ser traduzidos eficiente e acuradamente em comandos motores capazes de controlar tanto a precisa operação de uma nanoferramenta como manobras complexas de um sofisticado robô industrial. Nesse futuro, enquanto sentado na varanda de sua casa de praia, de frente para seu oceano favorito, você um dia poderá conversar com uma multidão de pessoas, fisicamente localizadas em qualquer parte do planeta, por meio de uma nova versão da internet (a "Brainet") sem a necessidade de digitar ou pronunciar uma única palavra. Nenhuma contração muscular envolvida. Somente por meio do pensamento.

Se esse exemplo não é suficientemente sedutor, imagine se você de repente pudesse experimentar toda a gama de sensações despertadas por um simples toque na superfície arenosa de outro planeta, milhões e milhões de quilômetros distante daqui, sem ao menos sair de sua sala de estar. Ou, ainda melhor, como você se sentiria caso lhe fosse dado acesso a um banco de memórias de seus ancestrais remotos, de modo que pudesse, num mero instante, recuperar os pensamentos, as emoções e as recordações de cada um desses seus entes queridos, criando assim, por meio de impressões e sensações vividas, um encontro de gerações que jamais seria possível de outra forma? Exemplos como esses oferecem apenas uma pequena amostra do que será viver num mundo muito além das fronteiras de nosso eu, um mundo onde o cérebro humano se libertará, enfim, de sua sentença de prisão de milhões de anos, cumprida, desde tempos imemoriais, numa cela orgânica constritiva e limitada vulgarmente conhecida como corpo.

A perspectiva dessa maravilhosa alforria, que hoje ainda pode soar para alguns como magia, milagre ou alquimia, não mais pertence ao domínio da ficção científica. Esse mundo do futuro está começando a se delinear, diante de nossos olhos, aqui e agora. E, para imergir nesse mundo, como meu querido mestre dr. César certamente diria, basta seguir a música que começa a fluir nas próximas páginas.

CAPÍTULO 1

PENSANDO COM POPULAÇÕES

Quando, no outono austral de 1984, as tradicionais águas de março começaram a cumprir o seu costumeiro ritual, cantado em verso e prosa, de escorrer torrencialmente, tal qual um pranto incontrolável, dos céus tropicais sempre manchados de azul-anil, a grande maioria dos brasileiros tinha chegado ao limite do suportável. Depois de viver por longos vinte anos sob a opressiva sombra de uma ditadura militar que, emblematicamente, tomara o poder nas primeiras horas da data mundialmente conhecida como o dia da mentira, 1º de abril, milhões de habitantes deste radiante país tropical decidiram tomar em suas próprias mãos a tarefa de resgatar o destino de sua querida nação. Por vinte anos, a ditadura dos generais brasileiros havia edificado um legado infame marcado única e exclusivamente pela sua incomparável e megalomaníaca incompetência, sua corrupção voraz e desenfreada e, acima de tudo, pela sua violência abominável e atroz contra seu próprio povo e sangue, particularmente contra aquele que jorrava nas veias dos mais humildes e daqueles que se opuseram frontalmente à ilegalidade de todos os seus atos.

No ano de 1979, graças a uma oposição popular crescente ao regime militar, o último general de quatro estrelas, em pleno gozo do delito de apropriação indébita do Palácio do Planalto em Brasília, não teve como evitar a concessão da tão almejada anistia política a todos os líderes, intelectuais, cientistas e cidadãos que haviam sido banidos ou se exilado voluntariamente do país, devido à perseguição institucional imposta pela ditadura. Esse mesmo último general-déspota, cercado de seus (muitos) lacaios de plantão, havia também planejado, em algum esconderijo secreto, a sua peculiar estratégia paroquial para um retorno gradual e controlado do poder às mãos da sociedade civil. De acordo com esse plano, o primeiro passo seria dado com eleições para governadores dos estados em novembro de 1982.

Para o total dissabor daquele último general-ditador, em novembro os partidos da oposição venceram as eleições nos principais estados do país, derrotando o único partido político, se é que se pode assim denominar tal aglomerado de parasitas, a apoiar a ditadura dos generais. Apenas um ano após essa vitória retumbante, todavia, a pequena amostra de democracia oferecida pelo regime militar já fora totalmente esquecida. Naquele momento épico de ousadia e catarse nacional, que para todo o sempre ficará registrado na história popular deste país, brasileiros de todas as idades, cores, crenças e times de futebol repentinamente vislumbraram que lhes pertencia não só o direito, mas também os meios, de atropelar os planos para "uma abertura gradual e controlada", que significava pouco mais do que algumas migalhas de liberdade, e exigir o fim, o término, em suma a completa aniquilação do aparato ditatorial em todas as suas formas, cores e sons.

Definido o objetivo, a estratégia seria bem diferente da escolhida pelos protagonistas da mentirosa quartelada de 1964; em vez de perpetrar-se outro triste e medíocre golpe de Estado latino-americano, o povo brasileiro optou por despejar o último general-trapalhão em sua anônima aposentadoria através de eleições diretas para presidente. E foi assim que, virtualmente quase de lugar nenhum, um movimento nacional por eleições diretas para presidente do Brasil, imortalizado pelo lema "Diretas Já!", foi lançado. Apropriadamente, para um movimento popular espontâneo, o primeiro comício pelas Diretas Já ocorreu na pequena, mas certamente arretada, cidade pernambucana de Abreu e Lima em 31 de março de 1983. Em novembro de 1983, uma multidão pouco mais que tímida de 10 mil paulistanos se reuniu, no primeiro comício das Diretas Já realizado na cidade de Adoniran Barbosa e Mário de Andrade, a São Paulo, ou Sampa para os mais íntimos, imortalizada nos versos de Caetano Veloso. A partir daí, sem nenhuma explicação, o país inteiro se incendiou, tomado pela febre de alta intensidade conhecida apenas pelo refrão pronunciado por aqueles contaminados pelo vírus da libertação iminente:

"Diretas Já!" era só o que se ouvia pelas ruas, pelos bares e pelas praças de todo o Brasil.

Dois meses depois, em 25 de janeiro de 1984, no dia em que São Paulo celebrou o seu 430º aniversário de fundação, uma nova manifestação, dessa vez com mais de 200 mil pessoas, ocupou a famosa praça da Sé, bem em frente à catedral da cidade para, a 400 mil mãos, compor uma serenata de apenas duas palavras para comunicar, ao último general de plantão, a principal demanda da nação: "Diretas Já!".

Numa questão de dias, sucessivos comícios formados por gigantescas e históricas multidões ocorreram nas principais praças do Rio de Janeiro, Belo Horizonte, Brasília e outras cidades brasileiras. Com exceção do "general de aluguel", todos os brasileiros passaram a exercitar o lento e penoso processo de conquistar a própria cidadania e construir uma nova nação, com escritura lavrada e firma reconhecida em cartório, como manda a tradição nacional.

No anoitecer do dia 16 de abril de 1984, mais de 1 milhão de pessoas procuravam encontrar, da melhor maneira possível, uma forma de chegar à enorme praça que cobre o vale central da cidade de São Paulo para participar da maior manifestação popular de toda a história brasileira até então. Em poucas horas daquele entardecer inesquecível, verdadeiros rios de gente – usando verde e amarelo, o tradicional arco-íris brasileiro conhecido mundo afora – inundaram cada milímetro quadrado do tradicional vale do Anhangabaú, muito perto da então humilde colina onde essa megalópole fora um dia fundada. Cada novo grupo de pessoas, logo ao chegar ao centro do comício, juntava-se ao já mais do que familiar coral, que continuava a repetir, incessantemente, o seu poema de duas palavras. A cada instante, aquele grito que vinha de dentro da alma de cada um de nós se transformava, de repente, numa verdadeira erupção vocal, espalhando-se pelos céus entrecortados pelos últimos raios do sol, que parecia querer ficar, só mais um pouquinho, entre nós, para também participar daquele momento. Ah, que inveja esse sol paulistano deve ter sentido da lua, que logo a seguir passou a ser nossa celestial companheira e testemunha daquele mar de vozes a repetir, sem perder a rima, o ritmo ou o foco.

"Diretas Já, Diretas Já, Diretas Já!"

Se você, caro leitor, nunca teve a oportunidade de participar de um coral formado por 1 milhão de vozes, eu certamente recomendo a experiência. Nada pode nos preparar para o som penetrante que nasce dessa sinfonia de anseios e desejos; e nada deste lado da Via Láctea fará você esquecer essa música, esse quase pranto, pois ela, como ele, carrega o tipo de som que entalha memórias para toda uma vida, para enquanto durar o sempre de uma vida mortal.

Pressionado pelo crescente fluxo de pessoas, eu não tive alternativa a não ser escalar uma banca de jornais e, do alto do seu teto de zinco, pela primeira vez naquela noite, deleitar-me com uma visão panorâmica de toda aquela multidão que decidira conquistar plenamente o gigantesco vale do Anhangabaú armada apenas com uma canção de dois verbetes. Para os praticamente dizimados índios tupis-guaranis, a tribo nativa que ocupava aquela terra antes da chegada dos portugueses em 1500, o riacho que cortava aquele vale era conhecido como "o rio dos maus espíritos". Não mais. Naquela noite emocionante, o único rio visível naquele vale era um poderoso Amazonas feito de gente. Nenhum espírito do mal ousaria aparecer no meio daquele verdadeiro oceano humano.

– O que vocês querem? – parte da massa de gente provocava em gracejo espontâneo.

– Diretas! – o resto de nós respondia ao desafio.

– Quando? – outro amontoado dava continuidade à graça.

– Já, já, já! – toda a multidão respondia em uníssono.

No momento em que aquele coral de 1 milhão começou a cantar o Hino Nacional a plenos pulmões, nem mesmo os céus de São Paulo conseguiram segurar as lágrimas. Debaixo da tradicional garoa paulistana, comecei a compreender o que uma população de indivíduos pode realizar quando todos colaboram, em pura e sincronizada harmonia, na concretização de um objetivo coletivo. Apesar de a mensagem transmitida pela multidão daquele comício ter sido sempre a mesma simples entonação, "Diretas Já!", a cada momento diferentes combinações de vozes foram responsáveis por representar o desejo de toda uma população. Esse fenômeno se deu simplesmente porque as mesmas pessoas não eram capazes de cantar o refrão, a todo instante, ou porque algumas delas simplesmente perderam a voz – ou porque estavam emocionadas demais, ou porque se distraíam agitando suas bandeiras ou conversando com seus vizinhos. Ainda assim, o cântico podia ser ouvido claramente até para quem estivesse assistindo ao comício a centenas de metros dali. Além disso, mesmo quando um pequeno número de pessoas começou a deixar a praça e retornar para casa, o som gerado pelo restante da multidão continuava a transmitir a sua clara e definitiva mensagem para quem tivesse ouvidos para escutar. Para qualquer observador externo, a perda de alguns manifestantes num universo formado por 1 milhão de pessoas não foi notada nem fez a menor diferença. Como o número inicial de participantes era tão grande, a perda de um pequeno contingente não influenciou no resultado obtido por aquele coral.

Finalmente, a voz de milhões de brasileiros foi ouvida, e o país recobrou a sua tão desejada liberdade política, transformando-se numa das mais vibrantes democracias do século XXI. De volta a 1984, alguns dias após o comício épico, encontrei-me de forma casual com aquele que se tornara "de fato" meu orientador de doutorado, o dr. César Timo-Iaria. Oficialmente, o nosso encontro seria para discutirmos um artigo clássico de autoria de dois neurocientistas, o canadense David Hubel (1926-2013) e o sueco Torsten Wiesel (1924-). Eles tinham compartilhado o Prêmio Nobel de Fisiologia ou Medicina em 1981, por seu trabalho pioneiro sobre a organização funcional do córtex visual. Em suas brilhantes carreiras, ambos haviam registrado a atividade elétrica de neurônios individuais do córtex visual, numa abordagem reducionista que se transformara na norma dos laboratórios de neurofisiologia de todo o mundo nos anos 1950-1970. Durante a apresentação do artigo em questão, perguntei inocentemente a meu mentor por que nosso laboratório não utilizava tal abordagem. A resposta veio imediata. Ajeitando-se em sua cadeira e levantando as bastas sobrancelhas brancas, meu prezado dr. César fez com que eu sentisse em sua emergente indignação a mesma energia e a mesma paixão que eu experimentara no vale do Anhangabaú:

> Meu filho, em nosso laboratório não registramos a atividade elétrica de neurônios individuais pela mesma razão que o comício de que você participou alguns dias atrás teria sido um desastre total se, em vez de 1 milhão, apenas uma pessoa tivesse aparecido para clamar por eleições diretas. Você realmente acredita que alguém prestaria atenção na súplica de um comício feito de uma só pessoa? A mesma norma se aplica ao cérebro: ele não presta atenção nas faíscas elétricas de um único neurônio ruidoso. Não, senhor, o cérebro precisa contar com milhares de suas células cantando conjuntamente a cada instante, para saber o que fazer no momento seguinte.

Tivesse eu sido mais atento e perspicaz naquele anoitecer paulistano em 1984, poderia ter percebido que a dinâmica do comportamento social daquela multidão cantante havia ilustrado, de maneira explícita, a maioria dos princípios neurofisiológicos que eu passaria a perseguir obsessivamente nos 25 anos seguintes de minha carreira. Todavia, nessa busca, em vez de participar de comícios políticos, dediquei-me a ouvir sinfonias até então praticamente desconhecidas, produzidas pelas descargas elétricas de grandes populações de neurônios trabalhando em conjunto.

Muitos anos depois, um cérebro de primata seria enfim libertado de seu corpo biológico por meio da mesma tecnologia desenvolvida para registrar essas obscuras sinfonias neurais. Mas, na metade da década de 1980, poucos neurocientistas tinham motivação ou razão para abandonar o paradigma experimental reducionista da neurociência do século XX, bem como seu foco em registrar a atividade elétrica de apenas um neurônio individual de cada vez. Essa relutância era, provavelmente, consequência do grande sucesso obtido pelo uso de abordagens reducionistas em outras áreas de investigação científica, como a física de partículas e a biologia molecular. Na física de partículas, por exemplo, a predição teórica seguida da descoberta experimental de uma série de partículas elementares, como os *quarks*, provaram ser o grande impulso necessário para a proposição do Modelo Padrão (*Standard Model*), que continua a servir de base para nosso entendimento do universo físico que nos circunda.

Em termos gerais, a corrente dominante da neurociência do século XX aplicou a abordagem reducionista para dividir o cérebro em regiões individuais que continham uma alta densidade de neurônios. Essas regiões foram então batizadas de áreas ou núcleos neurais. De acordo com essa estratégia, a missão do neurocientista seria estudar individualmente os diferentes tipos de neurônios presentes em cada uma dessas estruturas, bem como suas conexões locais e com outras estruturas, de maneira minuciosa. A esperança era que, uma vez que um grande número de neurônios e suas conexões, áreas e núcleos neurais tivessem sido estudados exaustivamente, a informação acumulada permitiria explicar de que maneira o cérebro funciona como um todo. Tal lealdade ao reducionismo levou a grande maioria dos neurocientistas do século passado a dedicar sua carreira à descrição pormenorizada das propriedades anatômicas, fisiológicas, bioquímicas, farmacológicas e moleculares de neurônios individuais e seus principais componentes estruturais. Valendo-se do injusto benefício de analisar retrospectivamente o produto do que foi feito no passado, pode-se dizer que, apesar de todos os enormes avanços observados no estudo do cérebro, a grande maioria dos neurocientistas optou por tentar decifrar os mistérios da mente como um ecólogo que tentasse entender o ecossistema da Floresta Amazônica observando o funcionamento de uma única árvore de cada vez, ou um economista que tentasse entender a tendência da bolsa de valores seguindo uma única ação, ou um general autocrático que tentasse reduzir a efetividade de um protesto de 1 milhão de pessoas prendendo um manifestante de cada vez. Triste esperança!

Em sua defesa, qualquer neurocientista poderia honestamente argumentar que, na realidade, o que a neurociência do século XX não teve foi um paradigma claro para lidar com a complexidade que emerge dos circuitos neurais formados por milhões de neurônios. Hoje em dia, sistemas formados por grandes números de elementos que interagem entre si – coisas como um movimento popular, o mercado financeiro mundial, a internet, o sistema imune, o clima do planeta ou mesmo uma colônia de formigas – são classificados como sistemas complexos, entidades cujas propriedades mais fundamentais tendem a "emergir" por meio da interação coletiva de seus múltiplos elementos individuais. Tipicamente, esses sistemas complexos não revelam seus segredos mais íntimos quando abordados pelo clássico método reducionista. Com seus 100 bilhões de neurônios e respectivas conexões, que conjuntamente proporcionam mudanças fisiológicas de milissegundo a milissegundo, o cérebro humano representa um modelo arquetípico de um sistema complexo.

Parte da quase negligência em explorar a complexidade do cérebro pode ser justificada também pelas tremendas dificuldades experimentais envolvidas em registrar simultaneamente os sinais elétricos produzidos por grandes grupos de neurônios individuais, distribuídos por múltiplas regiões cerebrais. Por exemplo, no exato momento em que multidões de brasileiros estavam lutando por eleições presidenciais, ninguém na comunidade neurocientífica tinha a menor noção de qual sensor poderia ser implantado no cérebro de pequenos mamíferos, de maneira que as diminutas tempestades elétricas produzidas por grupos de neurônios pudessem ser registradas ao mesmo tempo, por muitos dias ou semanas, enquanto esses animais realizavam uma série de tarefas comportamentais. Além disso, não havia nenhum equipamento eletrônico disponível nem computadores poderosos o suficiente que pudessem ser empregados no processo de amplificação, filtragem, apresentação, estocagem e análise da atividade elétrica gerada simultaneamente por dezenas de neurônios únicos. Quase em desespero, neurofisiologistas questionavam a si mesmos e a seus colegas, durante congressos e simpósios, sobre quais populações de neurônios deveriam ser escolhidas como alvo a ser registrado em cada estrutura do cérebro. Pior de tudo, ninguém parecia ter a menor ideia de como analisar a verdadeira montanha de dados neurofisiológicos obtidos nesses experimentos, considerados por muitos como tecnicamente impossíveis.

Paradoxalmente, poucos neurofisiologistas duvidavam de que as espantosas façanhas realizadas pela mente humana – da produção de poesias e sinfonias, passando pela confecção de ferramentas, à geração da noção do eu e da consciência – surgiam como resultado da interação da enorme massa de neurônios e conexões paralelas no cérebro. Ainda assim, por muitas décadas, qualquer tentativa de quebrar as barreiras técnicas que impediam o registro da atividade elétrica de mais de um neurônio foi recebida com um alto grau de ceticismo, como se essa fosse uma quimera, uma utopia digna de livros de ficção científica que poderia se tornar realidade somente por meio de um esforço comparável ao Projeto Manhattan.

Todas as expressões passadas da natureza humana, das pinturas rupestres de nossos antepassados pré-históricos às sinfonias de Mozart e à visão relativista do universo de Einstein, bem como todas as manifestações culturais, científicas e artísticas produzidas por nós no presente e por nossos futuros descendentes, emergiram, emergem e emergirão do mesmo substrato orgânico: a implacável e incansável confabulação dinâmica de populações de neurônios. Nenhum dos inúmeros comportamentos vitais para a sobrevivência e a prosperidade de nossa espécie – ou, a propósito, de nossos primos próximos e distantes, primatas e mamíferos – pode ser promulgado pela ação de um neurônio único, não importa quão especializada essa célula venha a ser. Assim, a despeito do grande conhecimento acumulado sobre a diversa morfologia e funcionamento de neurônios individuais, e a despeito dos enormes avanços científicos e clínicos obtidos durante o século passado, a simples aplicação da visão reducionista provou ser uma estratégia insuficiente e imprópria para atingir o mais cobiçado de todos os objetivos da neurociência: uma abrangente teoria do pensar.

Por mais surpreendente que possa soar, isso significa dizer que a tradicional e muito disseminada visão dominante sobre o funcionamento do cérebro, exposta, na grande maioria dos livros-texto de neurobiologia, em prosa artística e belíssimas ilustrações coloridas, não resiste mais à evidência dos dados experimentais que claramente desafiam o dogma central da ciência do cérebro. Assim, da mesma forma que a teoria da relatividade revolucionou a clássica visão do universo, a tradicional doutrina funcional do sistema nervoso, baseada no neurônio isolado, precisa ser definitivamente substituída por uma verdadeira teoria relativística da mente.

O primeiro passo na proposição de uma nova teoria científica é a definição do nível de análise apropriado para investigar as predições geradas pela nova forma de síntese. Tal procedimento permite a validação ou a refutação da teoria proposta – a essência do método científico. Neste livro, proponho que a abordagem mais apropriada para compreender o pensar é aquela que investiga os princípios fisiológicos subjacentes às interações dinâmicas de grandes populações distribuídas de neurônios que definem um circuito neural (figura 1.1). Os neurônios transmitem informação uns para os outros através de compridos prolongamentos – seus axônios – que fazem contato não contíguo com os corpos celulares nervosos e suas estruturas protoplasmáticas em formato de árvore chamadas dendritos. Na minha opinião, enquanto o neurônio individual constitui tanto a unidade anatômica como o elemento básico de processamento de sinais do sistema nervoso, ele não é capaz, por si só, de gerar nenhum comportamento e, em última análise, nem sequer um pensamento. Dessa forma, a verdadeira unidade funcional do sistema nervoso é formada por uma população de neurônios, também conhecida como grupamento ou rede neuronal. O arranjo funcional no qual populações de neurônios, em vez de células únicas, são responsáveis pela informação necessária para a geração de comportamentos também é denominado, na literatura especializada, código neuronal distribuído.

Pensando com populações de neurônios! Essa é a mensagem que eu gostaria de deixar gravada na mente do leitor deste livro. Talvez

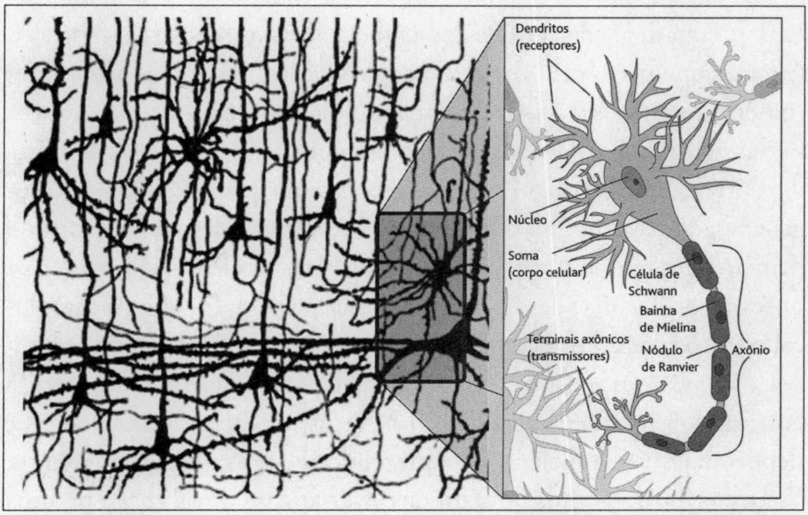

Figura 1.1 – A arquitetura de um circuito neural. Reprodução de um desenho original de Santiago Ramón y Cajal ilustrando um circuito neural formado por muitos neurônios. Um neurônio e suas especializações celulares são mostrados em destaque. Em geral, os dendritos servem como a principal especialização neuronal para receber sinapses de outros neurônios. Terminais axônicos, por sua vez, estabelecem as sinapses de um neurônio com outras células. (Desenho reproduzido de "Histology of the Nervous System", com permissão do Instituto Cajal [CSIC], Madri, Espanha.)

essa missão fique mais fácil quando revisarmos as evidências experimentais que demonstram, categoricamente, que mesmo duas das mais preciosas possessões do ser humano – seu senso de eu e sua imagem corporal – não passam de criações fluidas e altamente plásticas, edificadas e mantidas pela mobilização de microeletricidade e um punhado de moléculas, pelo bendito cérebro de cada um de nós. Esses dois atributos podem mudar, ou ser modificados, em poucos segundos. E, como veremos nos próximos capítulos, tais mudanças ocorrem da forma mais inusitada possível.

Durante a primeira metade do século XX, os pioneiros da técnica de registro de neurônios individuais argumentaram, com evidências que na época pareciam definitivas, que toda informação sensorial amostrada do mundo exterior, por meio de sensores corpóreos especializados – como pele, retina, ouvido interno, epitélio nasal e língua –, ascendia por vias neuronais independentes para terminar em áreas corticais específicas. Essas áreas foram identificadas como os sítios primários para o processamento de informação sensorial no córtex.

Elas passaram a ser conhecidas como córtex primário somestésico (processamento tátil), visual e auditivo, e ganharam grande proeminência entre os primeiros neurofisiologistas corticais. Tais descobertas reforçaram de maneira fundamental a visão localizacionista do córtex. Curiosamente, durante o mesmo período, um psicólogo norte-americano, Karl Lashley (1890-1958), despontou como o principal representante da visão oposta, o distribucionismo. A maior obsessão de Lashley, desde o início de sua carreira, foi identificar o local onde o cérebro estoca suas memórias, que ele chamava de "engrama". Em seus experimentos, Lashley removia cirurgicamente tecido cortical de várias áreas do cérebro de ratos, macacos e símios antes e depois de esses animais terem aprendido um novo comportamento. Esses comportamentos podiam envolver apenas a realização de uma tarefa muito simples (aprender a identificar um objeto visualmente e então tentar agarrá-lo) ou a solução de um problema mais complexo (como aprender a se mover em um labirinto). Depois que um animal completava a fase de treinamento, Lashley media o impacto que lesões corticais de diferentes dimensões causavam na capacidade do indivíduo de adquirir ou reter o comportamento ou o hábito que ele aprendera anteriormente. Utilizando essa abordagem experimental, o pesquisador tentou entender como associações sensório-motoras são estabelecidas no córtex.

De acordo com Lashley, depois que os animais eram treinados numa tarefa simples, boa parte do córtex podia ser removida sem que a performance comportamental deles fosse alterada – desde que algum volume do córtex sensorial primário utilizado para aprender e executar a tarefa permanecesse intacto. Na realidade, Lashley calculou que, se apenas 1/60 do córtex visual primário fosse poupado, os animais conseguiriam reter um hábito visomotor aprendido antes da lesão cortical. Assim, quando confrontado com tarefas comportamentais simples, o cérebro dos animais do experimento demonstrou ser extremamente resistente e resiliente, capaz de continuar processando informações a despeito de extensas lesões. Em seu artigo mais famoso, intitulado "Em busca do engrama", Lashley resumiu esses achados na formulação de seu "princípio de equipotencialidade".

De acordo com esse princípio, os traços de memória são estocados de maneira distribuída por toda a extensão das áreas corticais primárias, e não em algum neurônio específico ou em grupos de neurônios especializados em registrar lembranças.

Mas Lashley também verificou que o cérebro exibia uma capacidade menor de recuperação de possíveis traumas quando os animais eram treinados em tarefas mais complexas. Na realidade, eles começavam a exibir erros na execução dessas tarefas com pequenas lesões corticais, e o número de erros aumentava proporcionalmente à quantidade de massa cortical removida cirurgicamente. Uma vez que 50% ou mais do córtex tivesse sido removido, os animais iniciavam o processo de perda do hábito, requerendo um retreinamento extensivo para recuperá-lo. Após certo limite de dano cortical, porém, eles não eram mais capazes de reaprender a tarefa. Baseado nessas observações, Lashley propôs um segundo princípio, que passou a ser conhecido como "efeito de massa neuronal". Esse princípio postula que as memórias resultam de "algum mecanismo fisiológico de organização ou atividade integradora [neural], em vez de ligações associativas específicas".

Nos últimos cinquenta anos, inúmeros neurocientistas criticaram as conclusões que Lashley tirou de seus estudos. Mesmo hoje, a simples menção de seu nome durante uma palestra científica invariavelmente leva a comentários jocosos e sorrisos irônicos da plateia. A grande razão dessa retribuição cáustica deve-se ao fato de Lashley ter baseado todas as suas conclusões num método que se valia exclusivamente da correlação entre o efeito de lesões cerebrais e a performance de animais em tarefas comportamentais. Na opinião de alguns, as tarefas escolhidas eram simples demais, e, na opinião de outros, tão complexas que nenhum controle experimental fino era possível. Além disso, o estabelecimento de uma relação causal entre lesões cerebrais e performance comportamental sempre foi visto com desconfiança pela maioria dos neurofisiologistas, por razões que ficarão mais claras no decorrer desta narração.

Apesar das limitações claras do método, e a despeito de todas as críticas, algumas válidas, outras nem tanto, Lashley certamente mostrou a possibilidade de o córtex funcionar de maneira bem diferente, e muito mais complexa, daquela proposta pela visão localizacionista, que predominava na época em que ele realizou seus experimentos.

Nessa encruzilhada histórica, vale a pena lembrar o dito costumeiro segundo o qual as batalhas acadêmicas são tão sangrentas porque os interesses em jogo são, invariavelmente, tão insignificantes. Acreditem-me, esse não é o caso da disputa que serve de pano de fundo para todo este livro. Definir a verdadeira unidade funcional do cérebro é um empenho solene. Afinal, essa busca visa a identificar exatamente que tipo de matéria orgânica decide, em nosso nome, onde o corpo de cada um de nós começa e termina, o que realmente significa sentir-se um ser humano, quais são as origens de nossas crenças arraigadas e como os nossos filhos, e os filhos de nossos filhos, um dia lembrarão qual foi o nosso legado de vida. Vistas por esse ângulo, poucas aventuras humanas chegam perto do grau de relevância e drama da busca pelas verdadeiras razões que levam cada um de nós a se sentir tão irrevogavelmente diferente e único, e, ainda assim, tão espantosamente semelhante aos demais seres humanos.

Uma analogia muito simples talvez ajude a esclarecer a principal distinção entre as duas visões que disputam a primazia de compreender como o cérebro humano funciona. Imagine, por exemplo, o papel desempenhado pelos músicos de uma orquestra. Se você tivesse comprado ingresso para assistir a uma apresentação dessa orquestra e, na noite do evento, chegasse ao teatro e descobrisse que apenas uma violinista apareceu para tocar, certamente se sentiria desapontado no final da noite. Afinal de contas, mesmo que essa violinista fosse uma virtuose de renome mundial, como Anne-Sophie Mutter, você não conseguiria de forma alguma absorver a mensagem contida em toda a partitura da sinfonia. Para realmente poder transmitir toda a riqueza sonora da peça musical em questão, essa orquestra precisaria contar com um número muito maior de músicos tocando em conjunto. Na visão dos distribucionistas, quando o cérebro cria uma mensagem complexa, destinada a se transformar num comportamento específico, ele está compondo uma espécie de sinfonia. Uma verdadeira sinfonia neuronal.

Codificar uma mensagem neuronal e transformá-la em comportamentos e ações, por meio do trabalho coletivo de um grande número de elementos individuais, é uma tarefa semelhante ao penoso ofício de uma orquestra sinfônica, em que cada músico contribui para a elaboração de uma melodia mais complexa, porém não mais poderosa que aquela entoada por 1 milhão de vozes para destronar um ditador fardado e clamar por eleições presidenciais diretas.

Esse tipo de estratégia distribuída é encontrado com frequência na natureza e em muitos aspectos de nossa vida diária. É o caso da produção de fenótipos complexos, como nossa aparência física, geralmente definida pela expressão simultânea de muitos genes espalhados por nossos cromossomos. Outro grande exemplo de estratégia distribuída envolve os complexos proteicos que operam em conjunto dentro das células, realizando uma enorme variedade de funções, como a tradução e o reparo do DNA ou a secreção de substâncias químicas, conhecidas como neurotransmissores, nas sinapses neuronais. Cada proteína individual é responsável por uma subtarefa específica, e muitas dessas proteínas precisam interagir para que uma função complexa seja concretizada. Por exemplo, vários complexos proteicos, inseridos na espessura da membrana lipídica de cada neurônio, funcionam como verdadeiros túneis, os canais iônicos, que atravessam essa camada gordurosa protetora da célula. Quando um desses túneis proteicos abre suas comportas, um íon específico (sódio, potássio, cloreto ou cálcio) pode entrar ou sair do neurônio. Múltiplos canais iônicos colaboram para manter ou alterar o potencial elétrico que existe entre o interior e o exterior da membrana de um neurônio. Da mesma forma que um neurônio isolado não pode produzir um comportamento, um único canal iônico não tem como regular o potencial da membrana celular. Para funcionar de forma adequada, essa e todas as outras membranas excitáveis de células de nosso corpo dependem da colaboração precisa de uma população de canais iônicos.

Abordagens distribuídas para solucionar problemas cruciais também funcionam bem no âmbito macroscópico na natureza. Por exemplo, leões africanos em geral caçam em grupos, sobretudo quando tentam capturar uma presa grande, como um elefante aparentemente vulnerável que esteja matando a sede num raso poço d'água. Isso permite que, caso um dos leões seja morto ou ferido pelo elefante, o restante do grupo de caçadores possa ainda ter uma grande chance de se deliciar com um "filé-mignon" de elefante no final da noite. Por outro lado, algumas das espécies mais perseguidas por predadores igualmente se valem de uma estratégia distribuída para sobreviver a ataques. Ela se manifesta numa variante defensiva que consiste na formação de grupos, constituídos por um grande número de indivíduos, que se deslocam conjuntamente em busca de alimento e refúgio. Dessa forma, passaredos migratórios cruzando o ar rarefeito da cordilheira do Himalaia, cardumes navegando pelas águas verde-esmeralda do Caribe e grupos de capivaras passeando pelo planalto central brasileiro compartilham a mesma estratégia para se proteger de seus maiores predadores. Quando aumentam o número de seus integrantes, esses grupos de animais não só dividem a atenção dos inimigos como também reduzem, significativamente, a probabilidade de que cada membro individual se transforme na refeição do dia. A longo prazo, essa estratégia distribuída de administração de riscos aumenta a chance de perpetuação de espécies que vivem a rotina de ser sempre a caça, todos os dias de sua existência.

No nosso dia a dia, são comuns as aplicações desse tipo de abordagem. Quando um conselheiro financeiro nos orienta a distribuir nossas economias entre diferentes investimentos (caderneta de poupança, imóveis, certificados bancários, ações, ouro etc.), ele está se valendo da mesma estratégia de redução de riscos utilizada por um bando de capivaras; a distribuição do montante total por múltiplos investimentos evita que a queda brusca do valor de um deles (digamos, o do mercado de ações) arruíne seu cliente. Algo a ser evitado a todo custo, pois cliente falido não paga comissões a conselheiros!

Toda vez que cada um de nós utiliza a mais revolucionária tecnologia moderna de comunicação de massa, a internet, a garantia para que nossa incessante busca por informação seja saciada é mantida pela existência de gigantescas redes distribuídas de computadores. Nenhum computador isolado controla o fluxo de bits e bytes através de toda essa teia virtual; nenhum cabo isolado conecta seu computador à sede do Google em Mountain View, na Califórnia. Quando você realiza uma busca no site do Google, um enorme número de computadores interconectados garante que ela será recebida rapidamente por alguns dos milhares de servidores da empresa e que a lista de sites da web que você procura apareça no seu monitor, como num passe de mágica de algum deus digital. Mesmo que um ou vários desses computadores parem de funcionar, o caráter distribuído da internet permite que você continue surfando sem que nada de anormal transpareça. Como nos experimentos de Lashley, um usuário somente notará algo de errado quando uma fração muito grande da rede de computadores que fazem parte da internet estiver fora de ação.

Mas por que estratégias distribuídas funcionam tão bem em diferentes níveis de organização e em diferentes sistemas? Por que, de proteínas a grupos de capivaras e ao mercado de ações, faz sentido confiar na interação de grandes números de indivíduos para se concretizar uma tarefa essencial ou atingir um objetivo complexo? Para responder a essa questão fundamental, vamos voltar à neurociência e examinar as vantagens que um código populacional confere à nossa habilidade de pensar.

Primeiro, ao distribuir o ato de pensar por uma vasta população de neurônios, o processo evolutivo estabeleceu uma eficiente apólice de seguro para o cérebro. Na maioria dos casos, as pessoas não perdem funções cerebrais importantes quando apenas um neurônio ou pequenos grupos dessas células são destruídos por um trauma localizado ou um acidente vascular cerebral (derrame) de pequenas proporções. Em geral, graças à utilização de uma estratégia distribuída de administração de riscos, sintomas ou sinais de alguma síndrome neurológica tendem a aparecer somente depois do estabelecimento de grandes lesões no tecido cerebral. Por um momento, imagine os riscos que correríamos se isso não fosse verdade. Quão cheia de momentos trágicos seria nossa vida se apenas um neurônio, em todo o cérebro, tivesse o controle absoluto sobre qualquer um de seus aspectos fundamentais. O que você faria, por exemplo, se o neurônio que dita a escolha do seu time favorito de futebol de repente sofresse um colapso e morresse? Com a perda dessa única célula, a fidelidade futebolística de uma vida inteira seria perdida para sempre! Embora um número razoável de nossos neurônios morra a cada dia durante toda a nossa existência, felizmente essas microscópicas tragédias neurobiológicas permanecem abafadas dentro de nossa mente, uma vez que delas não resulta nenhuma alteração fisiológica ou comportamental. Tal bênção se deve, em grande parte, à adoção de um modo distribuído de operação no cérebro.

Além dessa propriedade, os neurônios que formam circuitos neurais são altamente adaptáveis, ou plásticos. Quando neurônios são lesionados ou morrem, aqueles que permanecem ativos num circuito são capazes de autorreorganizar suas propriedades fisiológicas, sua morfologia e a conectividade quando expostos ao ambiente ou a novas tarefas; assim, por meio desse processo de reorganização funcional, o circuito remanescente consegue, em muitas ocasiões, suplantar a perda de alguns de seus elementos celulares. Como meu grande amigo Rodney Douglas, da Universidade de Zurique, recentemente sugeriu, o cérebro funciona de fato como uma orquestra muito peculiar, na qual a música produzida pode, quase que instantaneamente, modificar a configuração dos instrumentos musicais e dos músicos e, nesse processo, compor uma melodia completamente inédita. Tudo isso sem a presença de nenhum maestro de batuta na mão!

O processo da evolução natural pode também ter favorecido uma codificação populacional porque ela é muito mais eficiente em processar múltiplas mensagens do que a alternativa baseada em um único neurônio. A verificação de tal assertiva é muito simples. Suponha que um neurônio só pudesse representar duas mensagens distintas, por meio da alternância de seu padrão de disparo elétrico. Nesse caso puramente hipotético, mas útil para ilustrar o ponto em questão, esse neurônio, devido a limitações biofísicas, só seria capaz de expressar duas frequências bem distintas de disparos elétricos: uma de alta frequência, contendo muitos disparos, e outra de baixa frequência, contendo poucos disparos. Se um animal tivesse de reconhecer imagens do mundo que o cerca através de um sistema visual formado somente por esse neurônio, apenas duas imagens distintas poderiam ser identificadas: uma associada aos disparos de alta frequência e outra reconhecida quando o neurônio disparasse a baixa frequência. Com tal limitação na capacidade de codificação neural, esse animal não teria como representar outras mensagens visuais. Agora, suponha que cem neurônios, atuando da mesma forma que a célula do exemplo anterior (usando apenas dois níveis de frequência para codificar estímulos visuais), formassem o sistema visual desse mesmo animal. Imediatamente, o número de imagens que poderia ser representado por esse sistema visual, baseado numa população de neurônios, aumentaria para 2^{100}!

Além desse aumento dramático na capacidade computacional e de armazenamento de informação, um código distribuído apoia-se invariavelmente num modo paralelo de processamento. Como os neurônios são capazes de estabelecer um grande número de conexões com outros neurônios, tanto localmente como a distância, os circuitos neurais lembram verdadeiras redes de transmissão entrelaçadas, que transmitem informações em todas as direções. Durante meu trabalho de pós-graduação, deparei com essa capacidade quase sobrenatural de processamento paralelo de um desses circuitos. Como parte de minha tese, criei um pequeno programa computacional baseado na chamada teoria dos grafos, que conseguia armazenar, numa matriz quadrada (figura 1.2), as conexões diretas entre pares de áreas e núcleos neurais que compõem o circuito responsável pelo controle das funções cardiovasculares. Para criar essa matriz, primeiro selecionei as quarenta áreas ou núcleos mais importantes desse circuito e, por meio de uma busca exaustiva da literatura que descreve as conexões estabelecidas por essas estruturas, identifiquei todos os pares dessas regiões conectados diretamente por um feixe de axônios ou nervos que utiliza apenas uma sinapse para essa comunicação. Tal conexão neural é comumente denominada via monossináptica. Dessa forma, em meu programa, cada linha da matriz identificava uma das quarenta estruturas que emitia uma via monossináptica em direção a outra área neural, enquanto cada uma das quarenta colunas designava a estrutura que recebia uma projeção monossináptica. Nesse arranjo matricial, a existência de uma via monossináptica que se originava, por exemplo, nos neurônios presentes na estrutura 4 e terminava na área 38 era representada pela presença do número 1 na intersecção da linha 4 com a coluna 38. Se os neurônios presentes na área 38 tinham uma conexão monossináptica recíproca com a área 4, outro 1 era adicionado na intersecção da linha 38 com a coluna 4. No caso de não existir uma conexão monossináptica direta entre duas estruturas (digamos, os núcleos 5 e 24), um 0 era adicionado na intersecção da linha e coluna do par que representava essas áreas cerebrais.

Tendo levado meses preenchendo a matriz quadrada formada por quarenta linhas (origens de uma conexão) e quarenta colunas (alvos de uma conexão) com dados neuroanatômicos, decidi usar meu programa para responder a uma pergunta muito simples: dado todo o universo conhecido de conexões monossinápticas entre pares de estruturas do circuito responsável pelo controle da função cardiovascular, quantas vias polissinápticas – isto é, contendo mais de uma sinapse – poderiam conectar um par de estruturas neurais não conectadas diretamente? A pergunta pode parecer muito simplista, mas até então ninguém havia levantado essa questão ou tentado obter uma resposta quantitativa para ela. Em outras palavras, o que eu estava tentando investigar era a dimensão de possíveis "caminhos neurais" disponíveis para que a informação circulasse entre pares de estruturas de um circuito complexo que não compartilhassem conexões diretas. Tendo identificado a questão central, o passo seguinte foi tentar respondê-la de forma satisfatória. Para tanto, recorri a uma série de vinte microcomputadores IBM-PC XT, então disponíveis no recém-inaugurado laboratório de informática médica da FMUSP, disciplina que ajudei a criar, ainda como aluno de pós-graduação, com meu grande amigo e colega Koichi Sameshima, outra cria acadêmica do professor César Timo-Iaria. Numa tarde de sexta-feira, após a última aula de nossos alunos, rodei vinte versões idênticas de meu programa. Cada um desses computadores tinha como missão identificar, contar e representar, na forma de um histograma, o número total de vias polissinápticas que conectavam um par de estruturas neuronais sem uma conexão monossináptica entre si. Vinte computadores, vinte pares.

A ideia original era que, no final dessa busca computacional coletiva, eu obteria vinte belos histogramas representando o total de vias ligando cada par de estruturas neurais, em função do número de sinapses de cada uma dessas vias (figura 1.2). Com a estratégia definida, iniciei o programa de busca em cada um dos vinte microcomputadores e me despedi de todos no laboratório para celebrar, durante quatro dias e meio, o mais religioso de todos os feriados brasileiros: o Carnaval!

Qual não foi minha surpresa quando, ao retornar das festividades carnavalescas, encontrei pilhas e pilhas de papel impresso espalhadas

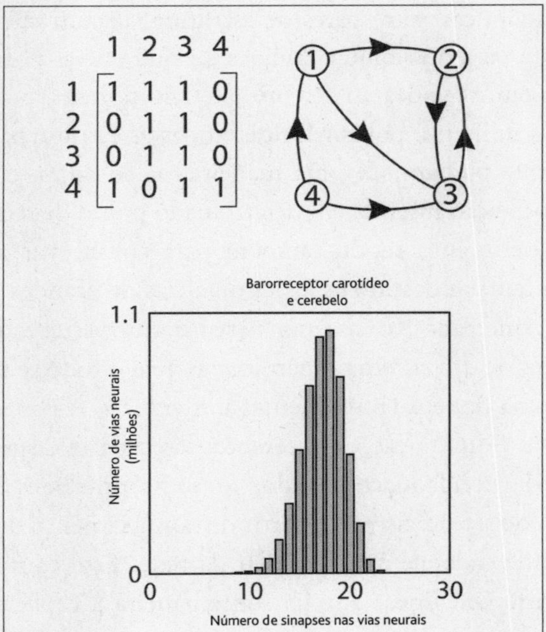

Figura 1.2 – Uso da teoria dos grafos para estudar a distribuição de vias ligando pares de neurônios. No topo, uma matriz quadrada é usada para representar a existência de conexões monossinápticas diretas entre pares de estruturas cerebrais. Nessa matriz, 1 representa a existência de uma conexão direta entre um par de estruturas, enquanto 0 ilustra a inexistência de tal conexão. Do lado da matriz, um grafo representa o mesmo circuito. Círculos com números representam as estruturas, e as flechas direcionais descrevem a conectividade descrita na matriz. O histograma abaixo ilustra o número total de vias polissinápticas conectando duas estruturas (barorreceptor carotídeo e cerebelo) que não estão conectadas diretamente por uma conexão monossináptica. O eixo x representa o número de sinapses das vias neurais, e o eixo y descreve o número de vias encontradas. Note que milhões de vias foram identificadas conectando as duas estruturas selecionadas para este exemplo. (Figura redesenhada pelo dr. Nathan Fitzsimmons, Universidade Duke.)

por todo o laboratório. Metade dos computadores havia terminado sua busca identificando milhares, ou, em alguns casos, milhões, de possíveis vias polissinápticas que conectavam um único par de estruturas neurais não conectadas diretamente. O mais surpreendente foi descobrir que alguns dos dez computadores restantes não tinham sequer terminado de encontrar todas as possíveis vias neurais conectando certos pares de estruturas, enquanto outros tinham simplesmente ficado sem papel para imprimir os milhões de trajetórias encontrados. A conclusão desse pequeno experimento computacional logo ficou evidente: a existência de um número limitado de conexões diretas ou monossinápticas entre pares de estruturas de um circuito neural era suficiente para possibilitar milhões de alternativas para a troca de informação entre regiões do cérebro que não tinham conexão direta. Usando vias indiretas, polissinápticas, todas as estruturas do circuito aparentemente podiam, de uma maneira ou de outra, compartilhar alguma informação inserida em determinado ponto da rede neural.

Esse experimento serviu também para comprovar a crença de que, ao confiar seu destino às ações paralelas de grandes populações de células conectadas, o sistema nervoso dos vertebrados adquire propriedades de um sistema dinâmico no qual o todo se torna maior do que a soma de seus componentes individuais. A partir de interações paralelas e dinâmicas, esses cérebros são capazes de gerar padrões complexos de atividade, conhecidos como propriedades emergentes, que deixam de ser previsíveis a partir do conhecimento dos atributos individuais de cada elemento celular da rede. Esse comportamento extremamente não linear amplia sobremaneira a capacidade desses sistemas nervosos de gerar produtos comportamentais que podem, simplesmente, emergir numa fagulha de tempo e eletricidade. Circuitos neurais formados por milhões ou mesmo bilhões de neurônios produzem continuamente propriedades emergentes, a exemplo de oscilações, padrões de disparo rítmicos que podem ser responsáveis por uma enorme variedade de funções cerebrais, como diferentes estados do ciclo vigília-sono, ou mediar estados patológicos, como crises epilépticas. Propriedades emergentes também são responsáveis por outras funções cerebrais rotineiras, mas altamente complexas, como a percepção do mundo que nos cerca, a geração de expectativas sobre eventos futuros e nosso senso de existir como indivíduos únicos. No topo dessa lista, reside aquela que pode ser considerada a maior dádiva a nós concedida pelos ventres explosivos de supernovas esmaecidas – a consciência humana.

Apesar dessa extensa introdução ao conceito de código distribuído, vale ressaltar que a nova forma de olhar para o cérebro proposta neste livro não se restringe a uma simples transferência de ênfase do neurônio isolado para populações de neurônios. Na realidade, essa nova visão vai muito mais longe. Explico. Até pouco tempo atrás, a maioria das teorias neurofisiológicas ignorou consistentemente o fato de que cérebros complexos como o nosso não se acomodam e se resignam a ficar à deriva, esperando a ocorrência de novos eventos relevantes. Muito pelo contrário. O sistema nervoso está sempre tomando a iniciativa e buscando informações tanto sobre o corpo que habita como sobre o mundo que o circunda, compondo de maneira cuidadosa a máscara de realidade, opiniões, amores e, é preciso lembrar, preconceitos e injustiças, que nós, tão orgulhosa e por vezes cegamente, vestimos a cada milissegundo de nossa vida, jubilosamente ignorantes de como e de onde tudo isso vem. Essa procura incessante e quase obsessiva por informações e conhecimento mantém o que gosto de chamar de "ponto de vista próprio do cérebro". De acordo com minha teoria, esse ponto de vista é formado pela combinação da história evolutiva e individual da vida do cérebro, seu estado dinâmico global a cada momento no tempo e as representações internas que ele mantém do corpo e do mundo. Todos esses componentes, que em conjunto esculpem nossa mais íntima existência mental, amalgamam-se numa interpretação detalhada e preciosa da realidade que conhecemos como a história única de vida de cada um de nós.

O ponto de vista próprio do cérebro influencia decisivamente a maneira como percebemos tanto o mundo exterior como a imagem de nosso corpo e nosso senso de existir. Dessa forma, a visão cartesiana de que o cérebro humano interpreta ou decodifica passivamente sinais gerados no mundo exterior, sem nenhuma opinião prévia, prejulgamento ou expectativa vinculada a esse processo, não pode mais resistir à evidência experimental acumulada nas últimas duas décadas. De fato, para atingir seu enorme potencial científico e humanista – ao desvendar os mandamentos fisiológicos que governam a operação do cérebro humano e descobrir novos tratamentos, como as interfaces cérebro-máquina, capazes de reabilitar ou mesmo curar pacientes devastados por doenças neurológicas –, a neurociência do século XXI terá de se libertar de seus dogmas atuais e abraçar, sem hesitação, a noção de um cérebro ativo e participante.

Em sua obra-prima *The organization of behavior* [A organização do comportamento], publicada em 1949, o psicólogo canadense Donald O. Hebb foi um dos pioneiros a defender o conceito de que populações neuronais (*cell assemblies*) deveriam ser consideradas a verdadeira unidade funcional do sistema nervoso. Aluno de Lashley, Hebb também postulou que "nenhum neurônio isolado ou via neural [é] essencial para a geração de qualquer hábito ou percepção". Apesar de não ser neurofisiologista, ele afirmou corretamente que "a eletrofisiologia do sistema nervoso central indica [...] que todas as partes do cérebro estão continuamente ativas". Na sequência, escreveu que "um sinal que ascende [da periferia do corpo] é necessariamente sobreposto na excitação preexistente dentro do cérebro. Dessa forma, é impossível que a consequência de um evento sensorial deixe de ser influenciada pela atividade existente no cérebro naquele momento".

Ao longo deste livro, defendo a tese de que todas as façanhas miraculosas do cérebro humano se devem à interação dinâmica de bilhões de neurônios individuais que, em conjunto, criam um *continuum* funcional, no qual espaço e tempo neuronais se fundem natural e suavemente, como na teia espaçotemporal que define o universo relativista que nos circunda. Num animal desperto e atuante, como Hebb propôs, nenhum estímulo sensorial é processado sem ser comparado com as predisposições e expectativas internas do cérebro, construídas arduamente ao longo de incontáveis encontros com outros eventos similares e não tão similares, estocados nas memórias que definem toda uma vida. Como veremos, isso explica por que a difusa resposta elétrica evocada no cérebro de um ser consciente que depara com uma nova mensagem, capturada do mundo exterior, depende tão intimamente do estado interno do sistema nervoso no momento exato desse encontro de sinais do universo físico com o cosmos orgânico que constitui nossa mente. Nesse contexto, enquanto a constância da velocidade da luz no vácuo determina que espaço e tempo têm de ser relativizados no que diz respeito ao estado de movimento de um par de observadores no universo, proponho que a história evolutiva e individual de nossa espécie, a quantidade máxima fixa de energia que o cérebro humano pode consumir, e a velocidade máxima de disparo que neurônios individuais podem atingir determinam que uma equivalente relativização do espaço e do tempo ocorra dentro de nosso sistema nervoso.

A maior parte da informação sobre o ambiente onde vivemos e o corpo que habitamos chega ao cérebro como resultado de comportamentos exploratórios iniciados por ele mesmo. A percepção é um processo *ativo*, que começa dentro da mente, e não na periferia do corpo de carne e osso que constantemente entra em contato íntimo com o universo. Por meio de uma série de comportamentos exploratórios, o cérebro testa continuamente seu próprio ponto de vista diante do fluxo de novas informações que recebe. Mesmo que rotineiramente experimentemos na ponta dos dedos as sensações de textura, forma e temperatura, na realidade elas são cuidadosamente esculpidas pelo cérebro durante a fração de segundo na qual a pele entra em contato com um objeto para transmitir, através do emaranhado de terminações nervosas espalhadas pelo corpo, toda uma gama de dados sensoriais para o sistema nervoso. Se algumas dessas informações ascendentes não confirmam a expectativa criada pelo cérebro, ele reagirá criando um momento de surpresa e desconforto, como o que experimentamos quando abrimos a embalagem de pão em busca de uma fatia crocante e deparamos com uma massa amolecida que nos causa repulsa. O mesmo processo comparativo ocorre durante nossa refinada inspeção visual, auditiva, gustativa e olfativa do mundo que nos rodeia. Todos esses processos indubitavelmente humanos brotam da mesma nascente, vastas tempestades elétricas cerebrais a que costumamos nos referir, de maneira quase distraída e casual, como pensamentos.

Mas seria possível estender ainda mais essa definição? Penso que sim. Na realidade, acredito que o cérebro pode ser definido como o mais fenomenal simulador produzido pela evolução no universo conhecido; pelo menos, até onde podemos verificar independentemente. Como um escultor paciente e preciso da realidade, nosso sistema nervoso produz uma série de comportamentos vitais para nossa sobrevivência e nossa existência consciente, que podem ser divididos em três principais categorias:

a) Manter a operação fisiológica de todo o corpo por meio de um processo fisiológico global denominado homeostase.

b) Construir modelos altamente refinados do mundo exterior, de nós mesmos e da interação dinâmica entre os dois.

c) Explorar ativamente o ambiente externo em busca de novas informações para testar e atualizar os modelos internos. Isso inclui a previsão de eventos futuros e recompensas associadas a eles, por meio da geração de expectativas para seus possíveis resultados, custos e benefícios.

Surpreendentemente, essa pequena lista cobre boa parte das funções básicas do sistema nervoso central. Por definição, uma simulação ou modelo permite ao modelador realizar uma análise e uma monitoração contínua de toda sorte de parâmetros que podem levar a uma acurada previsão de eventos futuros. Neurofisiologistas despenderam uma considerável quantidade de tempo investigando como o cérebro mantém o processo de homeostase, e nas últimas décadas houve uma explosão exponencial na investigação experimental dos mecanismos que permitem ao cérebro codificar informações sensoriais, motoras e cognitivas. Mas, devido às óbvias dificuldades experimentais envolvidas, a neurociência moderna ainda evita investigar os mecanismos fisiológicos dos comportamentos mais complexos que sustentam a fascinação obsessiva, presente em todas as culturas, por reconstruir um caminho verossímil, não importa quão abstrato ou místico, de como o universo foi criado, de como a humanidade surgiu desse cosmos envolto num vácuo silencioso e inóspito, e por que a dádiva da vida emergiu, quase que inconsequentemente, numa discreta esquina da periferia do universo. Não é surpresa, portanto, que onde a investigação científica não conseguiu se estabelecer tenha surgido um terreno fértil para a proliferação de inúmeros mitos religiosos, tão ou mais comuns e excludentes hoje do que nos dias de nossos antepassados distantes. Esses mesmos comportamentos complexos que nos levam a inquirir sobre a origem de tudo e de todos definem a curiosidade ardente, marca da essência mental de nossa espécie, que deu à luz a arte e o método científico.

Comportamentos altamente sofisticados também definem as estratégias de convívio social e de corte amorosa empregadas pelos seres humanos para conquistar o monte Everest do processo evolutivo: a transmissão de seus genes para gerações futuras. Neles também encontramos todas as formas de expressão usadas pelos membros de nossa espécie para imprimir ideias e crenças, sonhos e receios, paixões e preconceitos nas memórias de nossos entes queridos, conhecidos e membros de nossa sociedade.

Ao leitor que pode estar se perguntando se toda esta introdução teórica e a proposta de mudança de rumo que sugiro para a neurociência do século XXI não passam de picuinha filosófica, respondo apenas que tal discussão tem desempenhado papel central numa batalha intelectual que, nos últimos duzentos anos, serviu de inspiração para muitos dos maiores praticantes da delicada arte de estudar o cérebro, numa disputa apaixonante e acirrada pelo direito de desvendar os mistérios da essência da natureza humana.

Para minha surpresa, durante os capítulos recentes dessa batalha, a visão aqui proposta do cérebro como um verdadeiro simulador da realidade tem recebido cada vez mais apoio fora da comunidade de neurocientistas. Em seu clássico livro *O gene egoísta*, o biólogo evolucionista britânico Richard Dawkins claramente declara sua concordância com a teoria de que o cérebro, especialmente o humano, desenvolveu a capacidade de criar simulações elaboradas e detalhadas da realidade. Cantando no mesmo tom, o físico israelense David Deutsch vai ainda mais longe, ao propor, em seu livro *A essência da realidade*, que tudo que "experimentamos diretamente não passa de uma construção virtual, convenientemente gerada para nosso usufruto, por nossa mente inconsciente, a partir de dados sensoriais somados a complexas teorias adquiridas e congênitas sobre como interpretar novas informações".

No primeiro parágrafo da sua obra-prima *Cosmos*, o astrônomo norte-americano Carl Sagan reflete: "O cosmos é tudo que existe, existiu ou existirá. A contemplação do cosmos nos comove, provoca calafrios que sobem pela nossa espinha dorsal e nos corta a voz, causando uma sensação de vertigem, como uma memória remota de estar caindo de uma grande altura. Sabemos que estamos nos aproximando do maior de todos os mistérios".

Até onde sabemos, existe apenas uma criação desse cosmos impressionante capaz de decifrar sua linguagem majestosa e, ao mesmo tempo, se dar ao luxo de gerar um enorme repertório de sensações inebriantes, que nossos verdadeiros progenitores, remotas supernovas, nunca tiveram o privilégio de saborear. Justamente porque esses progenitores se queimaram em seu fogo celestial – completamente inconscientes de que, um dia, ventos cobertos de sua poeira estelar seriam capazes de semear o sopro da vida num insignificante planeta azul localizado no obscuro sistema solar de uma galáxia distante –, nosso cérebro nos permite consumir, com lascívia incomparável e incessante, cada bit de uma existência plenamente consciente, enquanto em silêncio ele entalha em nossa mente todos os detalhes mais íntimos de uma existência infinita, enquanto ela durar.

Dessa forma, se algum dia houve uma batalha científica digna de ser travada até as últimas consequências, é essa na qual nós, neurocientistas, nos imiscuímos até o pescoço nos últimos duzentos anos. E se você me pedisse que escolhesse um lado, eu não hesitaria por um só milissegundo em prever que, no ápice desse conflito, como milhões de valorosos brasileiros provaram mais de trinta anos atrás, aqueles que se deixarem seduzir pelo enfeitiçante murmúrio composto por outra gigantesca multidão, formada por bilhões de neurônios conectados, hão de prevalecer, inevitavelmente.

CAPÍTULO 2

PERSEGUINDO TEMPESTADES CEREBRAIS

Sem dúvida alguma, lorde Edgar Douglas Adrian (1889-1977) era um profundo conhecedor das disputas que atormentaram os fundadores da neurociência moderna no final do século XIX. Aboletado no pódio do anfiteatro do Magdalen College, na Universidade de Oxford, naquela manhã de 1946, Adrian, um dos mais celebrados cientistas do corpo docente da eterna rival, a Universidade de Cambridge, decidira discorrer, na primeira palestra de uma série histórica, sobre o tópico que na sua opinião propiciara a primeira grande conquista científica na procura pelos princípios de funcionamento do cérebro humano: a discussão sobre a provável sede da inteligência. Em sua eloquência costumeira, lorde Adrian reacendeu as primeiras chispas dessa jornada épica ao dizer que o cérebro

> é uma estrutura particular de células e fibras nervosas encontrada em alguns, mas não em todos os animais. Aqueles seres que não possuem um cérebro no mais estrito senso anatômico, apesar disso, são capazes de realizar tarefas complexas, bem adaptadas às circunstâncias, definindo um comportamento que pode ser chamado de inteligência. E dentro de nosso próprio corpo existem

muitas células nadando livremente na corrente sanguínea e se comportando como seres vivos mais ou menos independentes, evitando o que lhes é maléfico e se aproveitando do que é bom. Teriam essas células algum direito a reivindicar a posse de uma mente própria?

Adrian relatou então que, no final do século XVII, filósofos de Cambridge e Oxford haviam debatido arduamente essa questão ao inquirir se a inteligência se situava em uma parte do corpo – o cérebro – ou espalhada por ele todo. Os catedráticos de Cambridge tinham optado pela localização única, enquanto os de Oxford tomaram a posição mais surreal.

Para ilustrar a prevalência do ponto de vista de seus antecessores, Adrian recitou os primeiros versos do poema "Alma: or, The Progress of the Mind" [Alma, ou o progresso da mente], publicado em 1718 por Matthew Prior, que fora professor de medicina em Cambridge. Depois de ridicularizar a ideia de que a mente, de "maneira descuidada", como contemplada pela filosofia aristotélica, "se esconde ora aqui, ora ali, como o fantasma de Hamlet" por todo o corpo, Prior revela os argumentos de seus colegas em favor do cérebro como residência única da mente:

As grandes mentes de Cambridge,
Como é voz corrente, negam,
Mesmo sem provas para lhes confirmar;
Alma, eles ardentemente defendem,
Galopa de seu trono o cérebro
E de seu assento de pensamento
Distribui,
Seu prazer soberano
A todos os sentidos

Com essa introdução repleta de sagacidade britânica, Adrian aproveitou-se do momento não só para provocar a audiência em Oxford como também para render tributo a seus ancestrais de

Cambridge, que haviam perseverado em atribuir ao cérebro o papel único e central na composição das vicissitudes da mente humana. Lendo o relato original de sua palestra, mais de seis décadas depois, quase posso visualizar o sorriso dissimulado se desenhando na face do herói de toda uma geração de neurofisiologistas, enquanto ele cinicamente recitava o poema de Prior para sua atônita plateia.

Adrian, todavia, tinha toda a latitude necessária para perpetrar tal ousadia e distribuir muitas outras cutucadas acadêmicas a seus pares. Afinal, naquele pódio se encontrava o primeiro neurofisiologista a medir com exatidão como informações sensoriais sobre o mundo externo e o corpo são codificadas em salvas de eletricidade, a linguagem da mente, para então serem transportadas por nervos periféricos para todo o cérebro. Por suas observações, Adrian compartilhou o Prêmio Nobel de Fisiologia ou Medicina em 1932. Originariamente, um de seus colegas mais próximos, Keith Lucas (1879-1916), tinha proposto que esses disparos elétricos, mais tarde batizados de potenciais de ação, eram por natureza binários, ou seja, do tipo tudo ou nada, 1 ou 0. Adrian investigou em profundidade a natureza desses sinais e descobriu que a intensidade de um estímulo, seja ele tátil, olfatório, visual, auditivo ou gustativo, está relacionada à frequência dos potenciais de ação transmitidos pelos nervos periféricos.

Para traçar as verdadeiras origens da neurofisiologia com a propriedade de quem sabe ter feito história, durante essa mesma palestra em Oxford, Adrian evocou a grande disputa que envolveu dois importantes cientistas italianos, o médico Luigi Galvani (1737-1798) e o físico Alessandro Volta (1745-1827). Desse encontro resultou a descoberta acidental da eletrofisiologia e sua transformação numa área de grande importância na pesquisa científica do final do século XVIII. Por volta de 1783, Galvani observou que, ao tocar o músculo da perna de um sapo morto com duas fitas de metais distintos, criando uma espécie de sanduíche com o tecido muscular entre elas, ele era capaz de induzir o tecido a se contrair. Galvani interpretou essa observação como uma prova de que havia eletricidade estocada nas fibras musculares mortas e de que essa seria a fonte natural da energia da vida. Alessandro Volta, todavia, ficou chocado com essa conclusão ingênua e propôs, de forma enérgica, mas polida, uma explicação alternativa. De acordo com Volta, muito mais plausível era a hipótese de que uma corrente elétrica fosse criada pela presença das duas fitas feitas de metais distintos no sanduíche muscular de Galvani. Na visão do físico, o tecido muscular havia funcionado apenas como um condutor e detector biológico dessa corrente elétrica. Sendo um cientista sério e de grande credibilidade, Volta sabia muito bem que, para que sua hipótese ganhasse aceitação na comunidade científica, ela teria de ser demonstrada experimentalmente. Para tanto, dedicou-se a criar um aparato experimental que pudesse testar sua assertiva. Nesse processo, desenvolveu a primeira bateria elétrica, também conhecida como pilha voltaica, usando, em vez de um músculo de sapo, papel encharcado em água salina como o material que preenchia o espaço entre duas finas placas de metal, feitas de zinco e prata. Como predito por Volta, a pilha funcionou e contribuiu para a imortalização de seu nome.

Como Adrian fez questão de ressaltar, à primeira vista essa história parecia indicar que Volta havia sido o vencedor inegável da disputa, deixando o pobre Galvani com a terrível perspectiva de ser para sempre lembrado, nos anais da história da ciência, como um experimentalista descuidado que não havia conseguido nem ao menos interpretar seus próprios resultados. Porém, para grande felicidade e alívio de Galvani e todos os seus descendentes, outros cientistas da época logo obtiveram evidências conclusivas de que tanto os músculos como o sistema nervoso geravam correntes elétricas durante seu funcionamento. Assim, além de merecer crédito por ter inventado o primeiro artefato neuroprostético capaz de estimular artificialmente fibras musculares e nervosas, Galvani deu início a uma grande revolução científica. A descoberta da eletricidade animal, todavia, não foi o grande choque que Volta imaginou. Na realidade, essas correntes elétricas biológicas são minúsculas, razão pela qual medi-las com precisão constitui uma tarefa cheia de desafios e frustração. A disputa entre Galvani e Volta, repetida muitas vezes na história da ciência, ilustra o fato de que a natureza, aparentemente, não escreve seus concertos com apenas um punhado de notas triviais. Com frequência, ela opta por compor uma sinfonia cheia de variedades tonais, imersa num grande espectro de nuanças rítmicas que soam peculiares e estranhas quando examinadas pela primeira vez por nossos sentidos tão limitados e conservadores. Cientistas que, ao se defrontar com novas evidências ou fenômenos que desafiam dogmas já bem sedimentados, resistem tenazmente à tentação de modificar suas teorias favoritas costumam descobrir que o ruído de fundo numa enxurrada de dados, não importa quão insignificante ele possa soar a princípio, às vezes contém a mais essencial de todas as mensagens. Como veremos a seguir, essa metáfora se aplica como uma luva a múltiplos eventos marcantes da neurociência.

De maneira muito peculiar, um dos responsáveis pelo início do debate central da história da neurociência, duzentos anos atrás, também desempenhou papel essencial na controvérsia vivida por gerações de físicos empenhados em decidir se um facho de luz é constituído por uma combinação de ondas ou de partículas. Enquanto a segunda hipótese (luz como um feixe de partículas) era a solução favorita de sir Isaac Newton e de seu arquirrival gravitacional Albert Einstein, um físico e médico britânico da Universidade de Cambridge, chamado Thomas Young, foi responsável pela formulação da teoria oponente, que supunha que a luz fosse um feixe de ondas.

Além de físico e médico, Young (1773-1829) era egiptólogo de renome internacional, linguista, fisiologista, e foi o primeiro neurocientista computacional da história. Sua brilhante carreira provoca até hoje um senso de admiração quase inigualável na parcela da comunidade acadêmica que, de uma forma ou outra, deparou com alguma de suas inúmeras descobertas. Prova disso é que uma biografia de Young, publicada em 2006 pelo escritor britânico Andrew Robinson, recebeu o inusitado título de The last man who knew everything: Thomas Young, the anonymous polymath who proved Newton wrong, explained how we see, cured the sick, and deciphered the Rosetta Stone, among other feats of genius [O último homem que sabia tudo: Thomas Young, o anônimo polímata que provou que Newton estava errado, explicou como nós enxergamos, curou os doentes e decifrou a Pedra de Roseta, entre outras proezas geniais].

Um dos feitos desse gênio inclui a realização do agora clássico experimento das duas ranhuras (*double-slit experiment*), conhecido universalmente entre os físicos apenas como "o experimento de Young". Nesse experimento, Young iluminou uma fina placa retangular que continha duas ranhuras verticais idênticas, paralelas entre si e separadas por uma pequena distância, enquanto observava o padrão de luz resultante numa tela colocada atrás dessa placa. Ele notou que um claro padrão, no qual se alternavam bandas claras e escuras, aparecia na tela – uma imagem que lembrava muito o "padrão de interferência" observado quando duas ondas de água, produzidas por duas pedras atiradas ao mesmo tempo num lago, colidem. Young propôs então que a luz era, na realidade, formada por ondas. Para se contabilizar a influência decisiva do aparentemente inofensivo experimento de Young na física moderna, basta citar o não menos genial físico norte-americano Richard Feynman (1918-1988), que costumava dizer que esse tinha sido o evento que de fato apresentou a mecânica quântica para o mundo científico.

Incrivelmente, apenas um ano depois de realizar seu experimento revolucionário, Young começou a formular o que viria a se transformar em sua teoria distribuída de codificação neural, imortalizada como a teoria tricromática da visão colorida. Nada mau para o filho mais velho de uma prole de dez crianças geradas por uma família quaker ancorada na pacata localidade de Milverton, no distrito de Somerset, Inglaterra, no final do século XVIII.

Fui apresentado à ciência de Young graças à enorme generosidade de um de meus colegas da Universidade Duke, Robert Erickson, então professor titular do Departamento de Psicologia daquela instituição, a quem conheci logo depois de minha chegada a Durham, no verão de 1994. Famoso mundialmente por seu trabalho como fisiologista gustatório, Erickson sempre foi um ardente seguidor da doutrina distribucionista, que propõe que o cérebro se vale de grandes populações de neurônios para codificar qualquer tipo de informação. Naqueles dias, Erickson era um dos poucos neurocientistas vivos capazes de traçar a origem do interminável debate entre localizacionistas e distribucionistas, das disputas entre Thomas Young e seu maior concorrente, o frenologista Franz Gall.

Todas as evidências sugerem que Gall era um anatomista competente. Alguns anos antes da publicação da teoria tricromática de Thomas Young na tradicional revista científica inglesa *Philosophical transactions of the Royal Society*, Gall começou a popularizar por toda a Europa seu "método clínico", então chamado "cranioscopia". Segundo ele, esse método permitia identificar tanto os traços fundamentais do caráter como as habilidades mentais de seus pacientes por meio da cuidadosa inspeção tátil da conformação de seus crânios. Gall argumentava que certas áreas do córtex cerebral cresciam desproporcionalmente em pessoas que tinham certas habilidades artísticas e mentais e comportamentos aberrantes. Esse crescimento localizado e diferenciado do córtex, ainda de acordo com tal teoria, influenciaria a conformação final do crânio do paciente, permitindo assim que um especialista, ninguém menos do que o próprio Gall, pudesse, depois de palpar cuidadosamente aquela cabeça tão especial, anunciar tanto potenciais aptidões mentais como irremediáveis falhas de caráter detectadas pelo contorno das protuberâncias ósseas. Assim, uma elaborada checagem nos galos de um dado indivíduo permitia julgar se ele tinha vocação para se transformar num grande escritor, num potencial assassino ou ainda, muito raramente, em ambos.

Gall dividiu o cérebro em 27 órgãos (traduzidos como protuberâncias ósseas da superfície do crânio), dezenove dos quais podem ser encontrados em todos os animais, incluindo seres humanos, de acordo com sua teoria. Além de órgãos especializados para diferentes emoções, como o instinto de reprodução, o amor à própria prole, o orgulho, a arrogância, a vaidade e a ambição, Gall sugeriu a existência de regiões corticais especializadas na definição da opção religiosa, no talento poético, na firmeza de caráter e na perseverança. De acordo com seu esquema de divisão do córtex, pessoas dotadas de uma memória prodigiosa exibiriam olhos esbugalhados, devido à grande expansão do lobo frontal!

A maioria da comunidade médica e científica europeia rejeitou categoricamente as conclusões estapafúrdias de Gall e seus seguidores, que ficaram conhecidos desde então como "frenologistas". Nem esse repúdio ostensivo, todavia, fez com que os frenologistas deixassem de espalhar suas ideias por toda a Europa e Estados Unidos. No centro dessa quase ideologia encontra-se a semente da noção de que funções mentais são geradas por regiões especializadas ou módulos funcionais do córtex cerebral. Assim, como Robert Erickson sempre gostava de enfatizar em seus trabalhos, não existe quem escape de sua própria história: na neurociência, todo localizacionista tem por ancestral Gall e, como legado, a teoria frenológica. Por outro lado, todo distribucionista é um legítimo herdeiro de Thomas Young.

Embora Erikcson nunca o tenha mencionado diretamente, muito mais tarde descobri que ele carregava consigo a herança de outra grande dinastia. Na juventude, Erickson havia estudado sob a batuta de Carl Pfaffmann (1913-1994), renomado neurofisiologista norte-americano que demonstrou que o gosto das substâncias somente pode ser codificado no sistema nervoso periférico através da atividade elétrica simultânea de múltiplas fibras nervosas gustatórias. Pfaffmann chegou a essa conclusão medindo como essas fibras são capazes de disparar, em diferentes níveis de intensidade, quando da presença de diferentes substâncias aplicadas na superfície da língua de gatos. Tais fibras nervosas ficaram conhecidas como "nervos de banda larga". Erickson revelou em um de seus excelentes artigos de revisão que Pfaffmann acreditava que "nesse sistema [gustatório], a qualidade sensorial [de um estímulo] não depende simplesmente de uma ativação 'tudo ou nada' de um grupo de fibras nervosas em particular, mas sim do padrão [distribuído] da ativação de múltiplos grupos de nervos".

Pfaffmann fez seus estudos clássicos do sistema gustatório no Departamento de Fisiologia da Universidade de Cambridge. Numa pequena nota de rodapé de um de seus artigos, Erickson revela como seu mentor iniciou a carreira, sob a orientação de lorde Adrian. Àquela altura, Adrian já tinha abocanhado para si a tarefa de investigar quase todos os nervos periféricos e suas projeções no sistema nervoso central. Seu império neurofisiológico incluía os sistemas visual, auditório, olfatório e somestésico (tátil). O único sistema que Adrian não incorporara era o gustatório. Erickson relata que "esse ele deixou para Pfaffmann". Dentro de toda a sua modéstia, meu colega claramente se sentia orgulhoso de pertencer a uma dinastia tão renomada da neurofisiologia. Tal satisfação ficou ainda mais evidente quando, antes de citar a sucinta formulação original da teoria tricromática de Thomas Young em um de seus artigos, Erickson a qualificou como "as duas mais poderosas frases de toda a história da neurociência".

Essencialmente, sem nenhuma outra fonte de informação a não ser sua brilhante lógica, Young previu a existência de três tipos distintos de receptores para cores na retina do olho humano. Eis aqui a primeira dessas frases tão admiradas por Erickson, levemente adaptada para o século XXI, com as quais Young introduziu a sua teoria em 1802:

> Como é quase impossível conceber que cada ponto sensível da retina contém um número infinito de partículas (receptores), cada uma delas capaz de vibrar (responder) em perfeita sincronia com cada possível onda (estímulo colorido), torna-se necessário supor que, em vez disso, a retina contém um número limitado dessas partículas; por exemplo, uma para cada cor principal – vermelho, amarelo e azul – e cada uma ondulando maximamente em magnitude, com valores iguais a, digamos, 8, 7 e 6 para a presença de cada uma dessas cores, e menos intensamente (6,5, 6 e 2) para a presença de outras cores secundárias, como o verde; assim, usando apenas um nervo para cada uma dessas partículas fundamentais, qualquer cor pode ser representada pela atividade conjunta das três principais partículas.

Cinco anos mais tarde, Young iria mais longe ao propor que "as diferentes proporções com que [as respostas de cada partícula] podem ser combinadas seriam suficientes para [representar] um número de cores muito além de qualquer estimativa". Mais de cem anos depois da publicação dessas frases, já em meados do século XX, neurofisiologistas demonstram experimentalmente que a retina humana contém exatamente três receptores para cores, os chamados cones, como Young havia predito.

Em seu rico tratado *Origins of neuroscience* [Origens da neurociência], o historiador e neurocientista Stanley Finger reconstrói os detalhes de como a teoria tricromática de Thomas Young foi salva do ostracismo pelo médico e físico alemão Hermann von Helmholtz (1821-1894), que diligentemente incorporou a ela dados experimentais e uma nova formulação matemática para validá-la. Finger conclui seu relato argumentando que o trabalho de Thomas Young inspirou o fisiologista alemão Johannes Müller (1801-1858) a propor sua "teoria das energias específicas dos nervos", segundo a qual a percepção de diferentes sensações emerge como o resultado direto da estimulação de receptores e nervos periféricos específicos. Apesar de ter apreciado imensamente a leitura da obra de Finger, como fiel discípulo de Young eu não poderia deixar essa última conclusão passar em branco. Na realidade, a teoria de Young sugere uma interpretação totalmente oposta: que uma sensação particular, como a visão colorida, depende essencialmente do padrão de ativação de uma grande população de fibras nervosas, e não apenas de uma fibra nervosa especializada.

Esse conceito costuma ser mais bem compreendido pela análise de uma representação gráfica do modelo de Young para a codificação de cores na retina (figura 2.1). Nesse gráfico, curvas normais (em forma de sino) representam o padrão de resposta de cada um dos três receptores para cores da retina, como proposto por Young. O formato dessas curvas de resposta indica que cada um desses receptores responde maximamente (em termos de números de potenciais de ação produzidos) quando da presença de uma das três cores azul, verde e vermelho). Porém, cada um desses receptores também responde, embora com uma resposta menor, à presença de um grande espectro de outras cores. Essa última característica define precisamente o funcionamento de um receptor ou de um neurônio de banda larga, ou seja, um detector biológico de sinais capaz de responder submaximamente à presença de um grande repertório de valores de um único tipo de estímulo sensorial – como diferentes comprimentos de onda (cores) de luz – e maximamente a um determinado valor desse estímulo (uma determinada cor).

O mesmo conceito se aplica a outros tipos de receptores neurais periféricos espalhados por nosso corpo e também aos neurônios de outros sistemas sensoriais que respondem a outras formas de estímulo, como, por exemplo, níveis de pressão aplicada à nossa pele (sistema tátil), temperatura ambiente, som (sistema auditivo) e concentração de diferentes químicos e odores de alimentos ingeridos (sistema gustatório e olfativo).

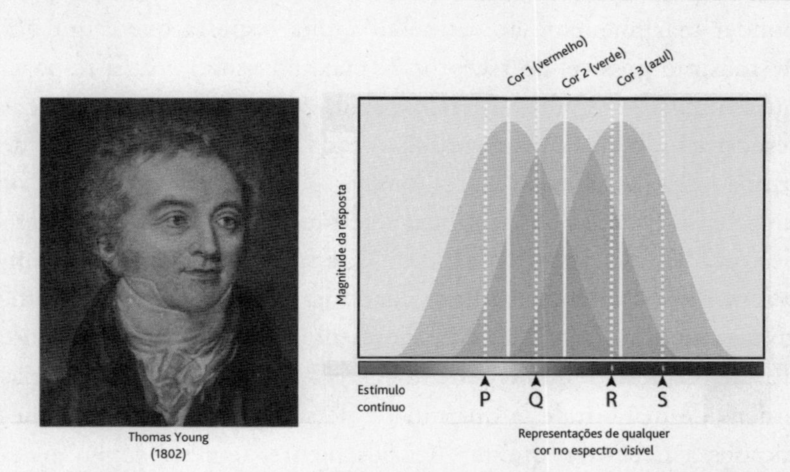

Figura 2.1 – Teoria tricromática da visão colorida de Thomas Young. Um retrato de Thomas Young e a representação gráfica da sua teoria à direita. Note que qualquer estímulo visual colorido (P, Q, R ou S no eixo x do gráfico no canto inferior esquerdo) pode ser representado pela resposta combinada de três receptores de cor distintos, que respondem maximamente para o vermelho, verde ou azul respectivamente, mas que também podem responder, com intensidade inferior à máxima, a cores diferentes. (Retrato de Young reproduzido com permissão da National Portrait Gallery, Londres. Ilustração publicada originariamente em Nicolelis, M.A.L. "Brain-machine interfaces to restore function and probe neural circuits". *Nature Reviews Neuroscience* 4: 417-22, 2003.)

Um detalhe importante a ser lembrado é que as curvas normais que definem o padrão de resposta de cada um dos receptores de cor da retina se sobrepõem consideravelmente, no que tange à sua sensibilidade a diferentes comprimentos de onda da luz (cores). Isso significa que um estímulo colorido qualquer, muito provavelmente, faz surgir uma resposta peculiar em cada um desses três receptores. A figura 2.1 mostra que a "colaboração" do padrão de resposta desses três receptores é essencial para a geração de uma "assinatura neural" precisa e única para cada uma das cores que podem ser percebidas por nós. Assim, cada estímulo visual colorido que atinge a retina do olho humano gera uma resposta elétrica de uma população de fibras nervosas que trafega no nervo óptico, produzida pela soma das respostas elétricas individuais de cada receptor de cor da retina. Por exemplo, imagine que um estímulo colorido "P" é apresentado a um paciente. De acordo com a figura 2.1, esse estímulo geraria uma resposta quase máxima do receptor 1 (especializado em responder maximamente ao vermelho), uma resposta que é um 1/3 do máximo possível do receptor 2 (máximo verde) e uma resposta quase nula do receptor 3 (máximo azul). Usando a combinação das respostas individuais produzidas por cada um dos três receptores de banda larga da retina, o olho humano se transforma num detector hipersensível, capaz de identificar com precisão um enorme número de cores. Como vimos no capítulo 1, essa característica define um dos maiores dividendos obtidos quando a natureza utiliza um código distribuído: a capacidade de representar informação proveniente de um explosivo número de mensagens que excede, em várias ordens de magnitude, a quantidade de sensores ou neurônios dedicados à tarefa em questão. Curiosamente, sem ter acesso a nenhum dos instrumentos computacionais e outros artefatos de alta tecnologia que abundam nos modernos laboratórios de neurofisiologia, Thomas Young, munido somente de papel, tinta, uma pena e muitas velas para iluminar seus devaneios notívagos, foi capaz de deduzir intuitivamente uma das mais fundamentais leis das ciências da mente. Apenas pelo pensamento.

Dois séculos depois da revolução iniciada por Thomas Young, neurofisiologistas acumularam evidências conclusivas de que neurônios de banda larga existem por todo o nosso cérebro de primata. Em vez de exceção, essas células constituem a regra funcional do sistema nervoso central e periférico. Essa realidade inexorável, porém, não era conhecida no século XIX. Consequentemente, uma grande batalha pela verdadeira identidade da "alma do cérebro" começou a ser travada por diferentes grupos de neurocientistas emergentes. Em 1861, todavia, o grupo conhecido como localizacionista marcou o proverbial golaço científico com a publicação de um estudo clínico elaborado pelo médico francês Paul Broca (1824-1880). Nesse estudo, Broca descreveu a evolução clínica de um paciente que havia sofrido uma trágica perda da fala. Para se ter uma ideia da gravidade do caso, no dia de seu exame clínico o paciente só fora capaz de gaguejar a palavra sem sentido "tan", em resposta a qualquer pergunta. Essa afasia era acompanhada de uma paralisia severa do lado direito do corpo. Infelizmente, o paciente evoluiu para um óbito súbito, alguns dias após esse exame clínico. Broca conseguiu recuperar o cérebro do paciente durante a autópsia e processar o tecido para análise patológica. Atônito, descobriu que ele exibia lesões extensas na convexidade medial de seu lobo frontal esquerdo. Pela primeira vez, a prova de um cruel crime neurológico tinha sido encontrada! De acordo com a interpretação dada por Broca e seus discípulos, a correlação das lesões anatômicas com os sintomas clínicos do paciente oferecia a primeira grande prova da teoria da localização de funções mentais, ao identificar um centro da fala em uma região específica do cérebro humano. Sem hesitar, Broca rapidamente tentou dissociar seus achados das predições frenológicas, argumentando que seu recém-descoberto "centro da fala" não correspondia à localização de um dos galos identificados por Gall e sua extensa progênie. Porém, como Stanley Finger descreve em seu livro, ambos os centros da linguagem se localizavam no lobo frontal, e essa coincidência foi suficiente para que os localizacionistas de então, como os de hoje, não pudessem convenientemente fugir do fantasma de olhos esbugalhados de Gall.

Ainda assim, a descoberta de Broca causou comoção na comunidade médica, levando muitos neurologistas a se converter à ideologia que pregava que o cérebro humano era formado pelo conjunto de centros especializados em diferentes funções mentais. Nove anos após a publicação do relato de Broca, dois cientistas alemães, Eduard Hitzig (1838-1907) e Gustav Fritsch (1838-1927), propiciaram o que muitos ainda acreditam ser o golpe fatal na teoria distribucionista de Thomas Young. Aplicando pequenas correntes elétricas sequencialmente em diferentes regiões do córtex frontal de cachorros, Hitzig e Fritsch geraram contrações musculares claras em diferentes partes do lado oposto do corpo desses animais. Os pesquisadores também demonstraram que a remoção cirúrgica de regiões do lobo frontal em um hemisfério cerebral produzia um déficit perceptível, mas não completo, na força e na agilidade dos movimentos da pata do lado oposto. Hitzig e Fritsch usaram esses dados para delinear a presença de um mapa motor completo do corpo numa área bem definida do lobo frontal de cada um de seus cães. Essa região passou então a ser chamada pelo nome que nós, neurocientistas, usamos até hoje: córtex motor. Representações topográficas do corpo de um animal em seu cérebro são conhecidas pelo nome genérico de mapas somatotópicos. Um século depois dos experimentos de Hitzig e Fritsch, sabemos que nosso cérebro contém múltiplos mapas como esse, não somente no lobo frontal, mas também em outras regiões do lobo parietal, bem como em múltiplas estruturas subcorticais.

Apesar da natureza espetacular desses achados, eles foram logo suplantados pelo surgimento de uma nova geração de neurocientistas, armados com seus microscópios e fatias de tecido cerebral coradas por reações químicas que fariam inveja a qualquer alquimista. Esses histologistas propiciaram o instante mais decisivo do parto da neurociência moderna ao contracenar, numa batalha até as últimas consequências, com o último general do exército distribucionista do século XIX, durante a entrega do Prêmio Nobel de 1906.

Numa noite gélida do ponto de vista climático – mas tórrida em termos científicos – do começo de inverno em Estocolmo, o grande salão da Academia Real Sueca de Música estava abarrotado de membros da família real sueca, membros do Parlamento, cientistas de destaque mundial e – de acordo com as memórias de um dos agraciados – várias senhoritas elegantes, no princípio da cerimônia do dia 10 de dezembro, dia historicamente associado à entrega do Prêmio Nobel. Com membros da família do já falecido Alfred Nobel, todos aguardavam a entrega dos prêmios de 1906 pelo rei da Suécia em pessoa. Provavelmente, poucos membros daquela seleta plateia tinham conhecimento da enorme tensão que existia entre os dois distintos senhores que, dali a alguns momentos, dividiriam, pela primeira vez na história da maior láurea do mundo acadêmico, o Prêmio Nobel de Fisiologia ou Medicina.

Logo nos primeiros segundos da cerimônia, o conde Karl Axel Mörner, reitor do Karolinska Institutet, a instituição encarregada de selecionar os ganhadores do prêmio desde sua criação, anunciou os laureados: "Este ano, o Prêmio Nobel de Fisiologia ou Medicina é conferido a trabalhos realizados no campo da anatomia. Os agraciados são os professores Camillo Golgi, de Pavia [Itália], e Santiago Ramón y Cajal, de Madri, em reconhecimento por seu trabalho sobre a anatomia do sistema nervoso". Após recitar seu discurso conciliador e cheio de cumprimentos aos dois cientistas, o conde Mörner também lembrou a seus ouvintes – e a todos os premiados – quão pouco era conhecido o funcionamento do cérebro humano. Depois de uma pequena digressão sobre a complexa anatomia do sistema nervoso central, ele voltou a atenção para os laureados, a quem creditou como os progenitores de uma completamente nova área da medicina.

Assim que o momento mais esperado por todos enfim chegou, quando as contribuições específicas de cada agraciado são descritas ao público, a cuidadosa diplomacia sueca predominou. Dirigindo-se primeiro em italiano a Camillo Golgi, o conde Mörner disse: "Professor Golgi, o corpo docente do Karolinska Institutet, reconhecendo seu papel pioneiro na moderna investigação do sistema nervoso, deseja, na cerimônia anual do Prêmio Nobel, homenageá-lo por sua capacidade técnica excepcional e, dessa forma, contribuir para a perpetuação de seu nome na história da anatomia".

Mörner então se dirigiu ao outro laureado e, em perfeito espanhol, disse: "Dom Santiago Ramón y Cajal, dadas suas inúmeras descobertas e investigações, o senhor criou a forma como o estudo do sistema nervoso é conduzido em nossos dias. E, pela riqueza que seus estudos ofereceram à investigação neuroanatômica, o senhor sedimentou as fundações sobre as quais o futuro desenvolvimento desse ramo da ciência se dará". Em seguida, completou: "Os professores do Karolinska Institutet têm o prazer de honrar seu trabalho conferindo-lhe o Prêmio Nobel de Medicina". Com essas agora históricas palavras, a neurociência foi ungida e batizada.

Nascido em Petilla de Aragón, Santiago Ramón y Cajal era um homem obsessivo e autocrático, um gênio teimoso que, sozinho, deu origem à verdadeira revolução que lançou a neurociência na agenda científica mundial. Tal feito baseou-se principalmente na demonstração de que o cérebro, como outros órgãos, é formado por uma enorme coleção de células. Microscopista quase mágico, Ramón y Cajal combinava uma habilidade laboratorial até então inigualável com um dom artístico apurado para o desenho e uma criatividade para a abstração pouco comum entre seus pares.

Certamente, poucos na plateia iriam acreditar que o homem que agora recebia seu Prêmio Nobel das mãos do rei Oscar II publicara seu primeiro estudo científico sobre o sistema nervoso dezoito anos antes, enquanto servia como um anônimo professor da Faculdade de Medicina da Universidade de Valência. Uma pequena anedota dá a dimensão dos obstáculos que Cajal teve de superar para ser ouvido por seus pares. No início de sua carreira, ele não sabia escrever bem em alemão, a língua preferida pelos principais anatomistas do final do século XIX. Sem pensar duas vezes, Cajal decidiu fundar um periódico científico, a *Revista trimestral de histología normal y patológica*, na qual podia divulgar seus achados fenomenais em sua língua pátria. Indubitavelmente, foi de grande valia o fato de que Cajal continuou a financiar e editar a publicação enquanto ela durou – uma forma muito boa de agilizar a aceitação de seus próprios trabalhos, dada sua proximidade com o editor--chefe e o dono da revista. Em 1896, ele repetiu a experiência e criou o primeiro periódico científico especializado em neurociência, a *Revista trimestral micrográfica*. Como não poderia deixar de ser, o primeiro fascículo da publicação continha seis manuscritos de autoria de dom Santiago. Anos mais tarde, vários anatomistas alemães não tiveram outra opção senão dedicar-se ao estudo da língua espanhola como única maneira de permanecerem atualizados com a fronteira da neurociência, representada agora pelos artigos de Ramón y Cajal. Nada mau para um ex-soldado da Coroa espanhola que quase morreu de malária em Cuba durante a Guerra Hispano-Americana.

Até hoje, Cajal é um dos mais citados autores na literatura neurocientífica. Sua engenhosidade e sua resiliência como experimentalista foram reconhecidas inicialmente quando ele adaptou uma nova coloração histológica, *la reazione nera* (a reação negra), para seus estudos destinados a elucidar a organização anatômica do tecido nervoso. Durante anos, Cajal explorou modificações na receita básica dessa coloração, manipulando pequenos detalhes do caprichoso processo em que pequenos blocos de tecido se tornam enrijecidos e corados, primeiro pela imersão em cristais de dicromato de potássio ou amônia, depois por um banho em nitrato de prata. O resultado final dessa sequência de reações químicas manifesta-se por meio da coloração negra das principais células do tecido nervoso, os neurônios, que repousam sobre um fundo amarelado. Desses blocos, Cajal extraía finas fatias de tecido cerebral, que podiam ser examinadas com grande detalhe por um histologista munido de seu microscópio e de uma enorme dose de paciência. Valendo-se desses atributos, somados a uma obsessão incomparável, ele passou a registrar em gravuras esplendorosas a diversidade de corpos celulares, dendritos e axônios dispersos por amostras de tecido de praticamente todo o sistema nervoso. Ao aplicar a reação negra em amostras obtidas em embriões e animais recém-nascidos, além de animais adultos, Cajal introduziu mais uma inovação vital na principal abordagem usada por seus contemporâneos e concorrentes. Foram vários anos de labuta intensa, solitária e inicialmente anônima, até que todos os elementos de seu revolucionário método de investigação adquirissem a maturidade necessária. Os melhores resultados de Cajal foram obtidos com a aplicação de sua nova versão da reação negra a amostras de tecidos obtidos de cérebros de pássaros, répteis e pequenos mamíferos que ele capturava em seu próprio quintal e, usando a pia da cozinha de sua casa, preparava para posterior análise. Desse esforço incomensurável resultaram verdadeiras obras-primas artísticas e científicas; gravuras que ilustravam as primeiras imagens detalhadas da estrutura microscópica dos elementos celulares que gestam, nutrem e moldam todos os desejos, esperanças e sofreguidão da mente humana.

O método que Cajal inventou para preparar essas gravuras consistia em ilustrar, numa única folha de papel, todos os elementos celulares que podiam ser observados quando ele alterava o plano focal de cada amostra de tecido contida na lâmina de vidro sob a luz do microscópio (figura 2.2). Com essa pequena modificação, Cajal produziu imagens inebriantes, que denotavam, pela primeira vez na história da neurociência, o enorme grau de complexidade estrutural dos circuitos neurais. Nada igual havia sido produzido antes. A precisão dessas gravuras criou um enorme sentimento de otimismo entre os primeiros neurocientistas, muitos dos quais passaram a acreditar que, depois da revolução iniciada pelo pioneiro espanhol, os mais íntimos segredos do cérebro estavam prestes a ser desvendados.

Ano após ano, Cajal continuou a publicar descobertas inéditas que passaram a ditar a agenda de toda a comunidade de cientistas envolvidos na pesquisa de ponta do sistema nervoso. Suas descrições detalhadas sobre a estrutura morfológica de neurônios individuais fundiram-se em sua famosa lei da polarização dinâmica. Essa lei determinava que os neurônios eram células funcionalmente polarizadas, contendo uma região especializada na recepção de informação, os dendritos, e um componente dedicado à sua transmissão, o axônio. Usando esse conceito, Cajal propôs que um estímulo elétrico deveria ser recebido pela árvore dendrítica do neurônio e, depois de percorrer o corpo celular, ser transmitido por seu axônio para outras células. Embora não exista nenhum relato de que Cajal tenha tido a oportunidade de visualizar a ocorrência de potenciais elétricos neuronais em seu laboratório, décadas após sua predição neurofisiologistas foram capazes de demonstrar que Cajal tinha acertado na mosca. Talvez por causa dessa e de outras predições quase inacreditáveis, a história vigente nos idos de 1930, em Madri, onde Cajal encerrou a carreira, era a seguinte: um dia Deus decidiu criar o cérebro. Apesar de ter ficado muito entusiasmado com essa sua nova ideia, Deus decidiu, só por precaução, telefonar para dom Santiago e descrever em detalhes Seu novo projeto e como Sua nova invenção, o cérebro, iria funcionar. Depois de ouvir Deus por alguns segundos, dom Santiago O interrompeu sem a menor cerimônia e disse: "Nada mau para um principiante, mas, por favor, o Senhor deveria vir a Madri o quanto antes para que eu possa Lhe mostrar algumas de minhas lâminas. Aí, sim, o Senhor terá uma ideia real de como o cérebro que o Senhor pensa em criar vai funcionar”.

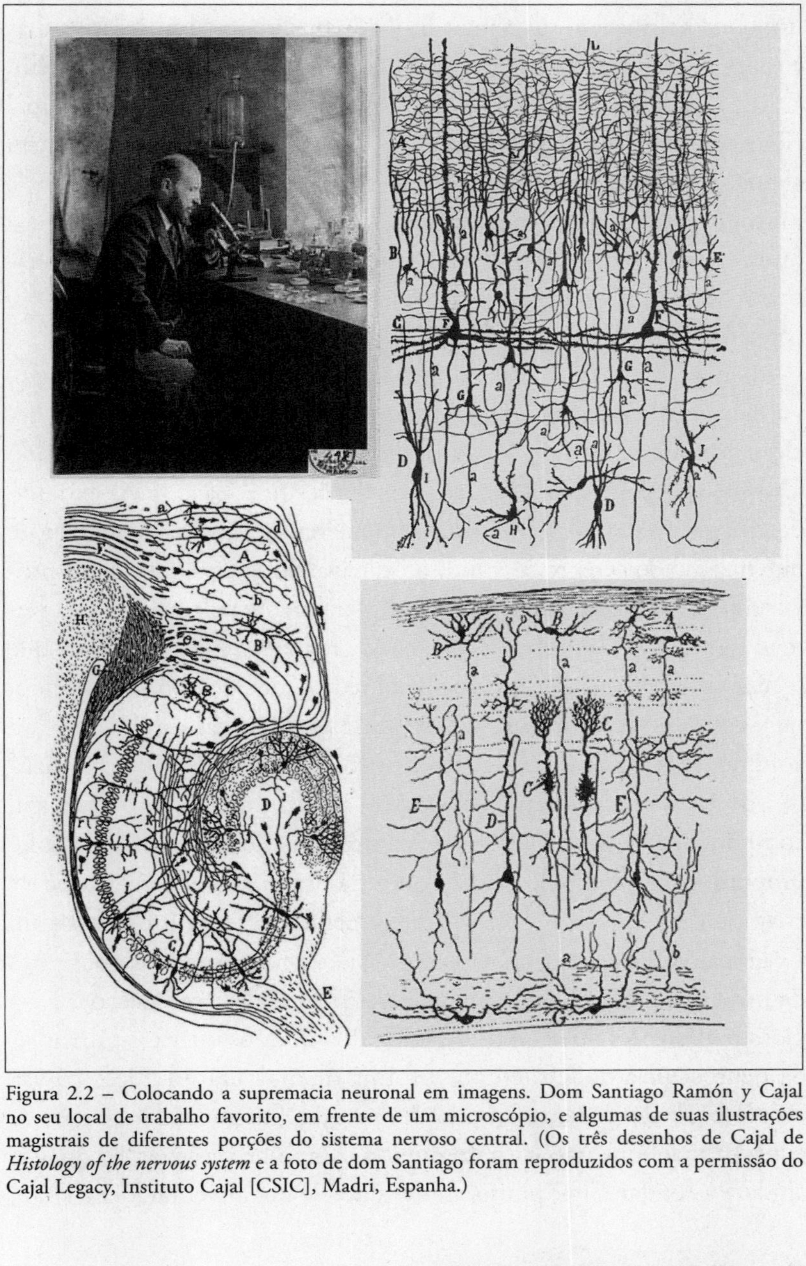

Figura 2.2 – Colocando a supremacia neuronal em imagens. Dom Santiago Ramón y Cajal no seu local de trabalho favorito, em frente de um microscópio, e algumas de suas ilustrações magistrais de diferentes porções do sistema nervoso central. (Os três desenhos de Cajal de *Histology of the nervous system* e a foto de dom Santiago foram reproduzidos com a permissão do Cajal Legacy, Instituto Cajal [CSIC], Madri, Espanha.)

Pelo menos ele disse por favor!

A joia da carreira de Cajal foi a enunciação de uma série de princípios que definiam o que passou a ser conhecido como doutrina neuronal. De acordo com essa doutrina, o cérebro é formado por um enorme número de células individuais que se comunicam umas com as outras através de contatos discretos. Por toda a vida, porém, Cajal lamentou-se por não ter sido o cientista que batizou o principal elemento celular do cérebro. Esse privilégio coubera ao anatomista alemão Wilhelm von Waldeyer-Hartz (1836-1921), que, em 1891, num artigo de revisão que se transformou num clássico, escolheu o termo *neuron* para identificar as células que Cajal ilustrou aos milhares. A despeito dos protestos de Cajal, o nome pegou, e ele teve de se conformar com isso.

Dada a dimensão das conquistas e descobertas de dom Santiago, você deve estar se perguntando por que o comitê do Prêmio Nobel decidiu aquinhoar metade da láurea de 1906 a outro cientista chamado Camillo Golgi. Avesso a todas as conclusões que Cajal havia extraído de seus estudos, Golgi era um ardente defensor da teoria reticular de organização do cérebro, a grande arquirrival da doutrina neuronal proposta pelo gênio espanhol. Proposta inicialmente pelo anatomista alemão Joseph von Gerlach (1820-1896), a teoria reticular propunha que o cérebro era formado por uma vasta rede de tecido neural contínuo, que, como no caso do coração, definiria uma espécie de sincício, um volume protoplasmático sem interrupções de qualquer tipo. Enquanto Von Gerlach acreditava que a fusão de dendritos seria o principal componente de comunicação (ou anastomose) do tecido neural, Golgi propunha que a fusão de axônios era responsável pela gênese do que ele chamou de "redes de nervos". Indiretamente, ao assumir essa posição, Golgi passou a ser, no final do século XIX, um dos maiores opositores da noção de que funções mentais específicas podem ser alocadas a regiões particulares do cérebro. Assim, em ambos os quesitos principais da neurociência de seu tempo, a forma de organização microscópica do cérebro e seu potencial modo de operação funcional, Golgi remava contra a maré que passava a dominar o campo de investigação que ele ajudara a fundar. Sim, porque tinha sido ele que inventara, em 1873, a famosa reação negra que permitira a Ramón y Cajal lançar sua revolução neuronal. Dessa forma, nem mesmo o comitê do Prêmio Nobel podia ignorar o grande anatomista italiano. No que parecia ser, de início, mais uma ocorrência irônica da história da ciência, tal qual no caso de Galvani, mais um cientista italiano, aparentemente o último valioso herdeiro da tradição inaugurada por Thomas Young, havia inventado um método fabuloso, mas fracassado, na interpretação de seus próprios resultados. De fato, além de compartilharem o Prêmio Nobel, a prática cotidiana da reação negra, o uso da cozinha das respectivas esposas como laboratório e uma paixão sem igual por seus microscópios Zeiss, nada mais no planeta Terra era capaz de unir Golgi e Cajal.

Nos anos que antecederam a premiação em Estocolmo, dom Santiago e sua doutrina neuronal haviam dominado a maioria dos recantos que praticavam a arte da recém-nascida neurociência. A experiência acumulada pelo espanhol (e por outros laboratórios) era totalmente favorável à visão defendida por ele. Ainda assim, Golgi resistiu. No dia seguinte à cerimônia de premiação, 11 de dezembro de 1906, Golgi ministrou sua aula Nobel, intitulada "A doutrina neuronal: teoria e fatos", num tom desafiador que demonstrava toda a sua disposição de continuar se opondo à visão dominante da época. Na aula, ele abertamente decretou que essa doutrina logo entraria em declínio. Em seguida, dissecou, ponto a ponto, os princípios propostos por Cajal, alternando suas críticas com a exposição de seus próprios argumentos em favor de uma visão diametralmente oposta. No meio de sua apresentação, ironizou abertamente todos os que aceitavam a doutrina neuronal como verdade absoluta e sacramentada ao dizer: "Devo me restringir e apenas dizer que, enquanto admiro o brilhantismo da doutrina como um produto altamente meritório do alto intelecto de meu ilustre colega espanhol, não posso concordar com ele em algumas questões anatômicas que são de fundamental importância para sua teoria".

No dia seguinte, um Cajal visivelmente irritado subiu ao pódio e, em frente à mesma plateia sueca que testemunhara o protesto de Golgi, iniciou seu bombardeio, movido a ilustrações angelicais, repletas de delicados neurônios negros navegando num espaço extracelular ensolarado, e verve ibérica. Começou evocando a tradição das palestras Nobel, nas quais os agraciados têm a oportunidade de apresentar seus próprios resultados. Ao concluir sua exposição, dom Santiago demonstrou que, infelizmente, nem mesmo os grandes gênios da ciência conseguem se libertar do pecado da vaidade. Olhando diretamente para Golgi, disse que, naquele momento, ele e seus colegas "lamentavam pelo destino desse cientista que, nos últimos anos de uma vida tão bem preenchida com conquistas, tinha de sofrer a injustiça de testemunhar a ascensão de uma verdadeira falange de jovens experimentalistas, que agora ameaçava transformar suas mais elegantes e originais descobertas em meros erros".

Para a maioria dos presentes e para gerações de neurocientistas que nasceram e cresceram à sombra do mito criado naquela noite, Cajal foi o vencedor indubitável do confronto. Ao longo de todo o século XX, localizacionistas marchariam com vigor em sua missão de dividir o córtex cerebral em regiões visuais, auditivas, táteis, gustativas, olfativas, motoras e outras funções cardinais. Essas regiões primordiais logo foram parceladas em sub-regiões, totalmente focadas quer no processamento de informação específica, como a cor ou o movimento de objetos, quer em atributos mais complexos, como o reconhecimento de faces humanas e outras dezenas de funções. Logo a seguir, dependendo de sua localização no córtex e algumas de suas propriedades fisiológicas, células individuais passaram a ser batizadas como neurônios visuais, neurônios-espelho, neurônios táteis, neurônios gustativos e, em alguns casos de expressão antropomórfica extremada, neurônios da vovó (*grandmother neurons*).

Poucas áreas corticais ficaram imunes a essa fúria localizacionista. Ainda assim, nenhum representante dessa linha de pensamento ousou propor uma teoria de como o cérebro como um todo operaria, utilizando todos os módulos e áreas que lhe foram atribuídos, sem nenhuma consulta prévia ao maior interessado: o próprio cérebro. Nessa, como em outras muitas oportunidades, o ponto de vista do cérebro não foi levado em conta. Ironicamente, como no caso de Galvani, mais de um século depois daquele memorável encontro em Estocolmo, muitos de nós, neurocientistas do século XXI, acreditam que talvez Golgi tenha acertado ao focar primordialmente na visão mais ampla do cérebro, na famosa *big picture*, mesmo que cometendo pequenos erros de interpretação ao analisar os detalhes de suas próprias lâminas com amostras de tecido coradas por sua querida reação negra. Talvez mais surpreendente seja a revelação, décadas depois de sua morte, de que vários grupos de neurônios do sistema nervoso central formam de fato redes protoplasmáticas como as que o nobre anatomista italiano imaginou ver em suas preparações. Essas redes neurais contínuas podem ser facilmente identificadas hoje na oliva inferior, uma estrutura envolvida no controle motor, e também em outras classes de neurônios, como interneurônios inibitórios corticais e as células mitrais no bulbo olfatório. Tais redes de neurônios são criadas por verdadeiras pontes citoplasmáticas, conhecidas como *gap junctions*, e lembram com enorme fidelidade a aparência imaginada por Golgi para sustentar sua visão reticulada do cérebro. Assim, de maneira praticamente inesperada, Golgi conseguiu obter sua revanche, mesmo que em total silêncio; quase que anonimamente, e para desconhecimento de grande parte da comunidade neurocientífica e da ciência computacional, Golgi foi um dos primeiros a utilizar o termo "rede nervosa ou neural" e um dos poucos em seus dias a defender até o último instante, mesmo sob pena de ser ridicularizado no palco mais iluminado da ciência mundial, a noção de que o cérebro humano pensa por meio do trabalho coletivo de uma vasta rede de circuitos neurais distribuídos. A rede neural de Golgi, tão depreciada naquela noite histórica em 1906, inspirou futuras gerações de distribucionistas como Lashley, Pfaffmann, Hebb e Erickson a resistir e, principalmente, a sobreviver.

As histórias de Galvani e Golgi me lembram do que uma vez ouvi de um famoso técnico de futebol brasileiro: "Esses italianos conseguem ganhar uma briga das maneiras mais surpreendentes possíveis". Se alguém duvida dessa avaliação, basta perguntar aos milhões de brasileiros que, em 1982, assistiram em total desespero ao centroavante italiano Paolo Rossi marcar três gols inacreditáveis e eliminar da Copa do Mundo o melhor time de futebol do planeta se eles ainda têm pesadelos relacionados com aquele jogo.

Eu certamente ainda tenho!

CAPÍTULO 3

SIMULANDO O CORPO

Depois da coroação triunfal da doutrina neuronal durante a cerimônia do Prêmio Nobel de 1906, a neurociência testemunhou a ascendência quase sem rival da visão localizacionista das funções cerebrais. Esse ímpeto foi ainda mais intenso entre os pesquisadores que passaram a dedicar todos os seus esforços à tarefa de desvendar os princípios de organização do córtex, o bloco de tecido altamente convoluto que define a camada mais externa dos hemisférios cerebrais. Nos primeiros anos do século XX, tal esforço foi acrescido de mais uma disciplina, a citoarquitetura. Essa área de pesquisa se valia de vários métodos de coloração do tecido cerebral, com especial destaque para a técnica de Nissl, baseada na marcação do ácido ribonucleico (RNA) encontrado em organelas intracelulares, para estudar a distribuição de grupos de neurônios.

A citoarquitetura cerebral foi inicialmente alçada ao primeiro plano da pesquisa neurocientífica graças à repercussão da maior descoberta do histologista russo Vladimir Betz (1834-1894), que, em 1874, demonstrou que o córtex motor – a região cortical que Hitzig e Fritsch haviam identificado como sendo a origem dos sinais elétricos que geram os movimentos corpóreos – continha uma camada muito densa, constituída de aglomerados de grandes neurônios cujos corpos celulares lembram a forma de uma pirâmide. Conhecidos desde então como células de Betz, esses neurônios piramidais dão origem a axônios muito longos (usualmente com mais de um metro) que, depois de se agruparem em grossos feixes nervosos, descem até a medula espinhal, formando o trato corticospinal, uma das vias neurais mais importantes e volumosas de todo o cérebro. Por essa razão, as células de Betz são também chamadas de neurônios motores superiores.

O trato corticospinal carrega em seus nervos os comandos voluntários, codificados na forma de pulsos de eletricidade, gerados por esses neurônios motores ditos superiores, até o ponto onde eles alcançam grupos de neurônios motores inferiores do tronco cerebral e da medula espinhal, assim como grupos de interneurônios, células responsáveis por conexões locais da medula espinhal. Por sua vez, os axônios que brotam dos neurônios motores inferiores do tronco cerebral e da medula espinhal terminam, respectivamente, nas fibras musculares da face e do resto do corpo. Quando um desses neurônios motores inferiores dispara uma salva de pulsos elétricos, ao músculo enervado por ele só resta obedecer imediatamente a esse comando irresistível, contraindo-se. Assim, ao transmitir informações detalhadas aos neurônios motores inferiores, o trato corticospinal exerce um controle executivo sobre a geração dos movimentos voluntários de todo o corpo. É por essa razão que tal feixe de nervos é aquinhoado com o papel de principal protagonista envolvido na revelação de nossos desejos motores mais íntimos para o mundo exterior.

Estudos citoarquitetônicos realizados no final do século XIX e no princípio do século XX determinaram que o córtex podia ser dividido em seis camadas de neurônios, empilhadas umas sobre as outras. A partir de então, essas seis camadas corticais passaram a ser numeradas, da mais externa à mais interna, com algarismos romanos de I a VI. Na primeira década do século XX, vários histologistas propuseram esquemas para dividir o córtex em diferentes áreas, levando-se em conta o número e as dimensões dessas camadas corticais, bem como a densidade e a composição celular de cada uma delas. Um dos pioneiros dessa prática, o neurologista alemão Korbinian Brodmann (1868-1918), introduziu, numa série de monografias clássicas publicadas entre 1903 e 1914, aquela que se tornou a mais aceita classificação citoarquitetônica do córtex. Esse esquema baseava-se em resultados obtidos com a técnica de coloração de Nissl e sugeria que o córtex de mamíferos era composto de 52 campos corticais distintos (figura 3.1). Embora um de seus estudos iniciais apresentasse conclusões tiradas de dados derivados da análise de um único cérebro de lêmure, em 1909 Brodmann publicou, naquele que se tornaria seu trabalho mais influente, resultados fartamente ilustrados obtidos em múltiplas espécies de animais. Baseado nesses estudos, ele identificou 49 áreas corticais distintas no cérebro humano.

No esquema proposto por Brodmann, cada área ou campo cortical é identificado por um número. Em alguns casos, a distribuição peculiar de neurônios numa das seis camadas define o principal critério para a designação do número e da função dessa região. Por exemplo, Brodmann notou a proeminente concentração de neurônios piramidais na camada V da região cortical do lobo frontal que ele designou como a área 4. Assim, na sua visão, a área 4 continha o córtex motor primário. Analogamente, ele observou que toda a área cortical que continha grupos de neurônios densamente agrupados na camada IV representava o alvo final de uma das grandes vias sensoriais (tátil, visual e auditiva) responsáveis por transmitir informação da periferia do corpo para o córtex. Brodmann utilizou a existência dessa aglomeração única de neurônios na camada IV para definir a localização do córtex somestésico primário (áreas 3, 1 e 2), visual (área 17) e auditivo (áreas 41 e 42). Até hoje, mais de um século após sua publicação original, essa correlação anatomofisiológica permanece inalterada. Porém, o sucesso experimentado pela classificação de Brodmann gerou, entre outros estudiosos da citoarquitetura cortical, uma verdadeira obsessão por continuar a dividir o córtex em áreas. Na época em que Brodmann publicou seu modelo de divisão do córtex, por exemplo, seus próprios mestres, o casal Cécile e Oskar Vogt, publicaram e veementemente defenderam um esquema alternativo que incluía mais de duzentas áreas corticais distintas. Mesmo quando o campo da citoarquitetura cortical incorporou outros métodos histológicos – como colorações para identificar a densidade de fibras mielinizadas –, seus praticantes não foram capazes de definir de que forma os diferentes esquemas de divisão propostos para o córtex ajudariam a explicar o funcionamento dessa massa de tecido neural como um todo, sobretudo num animal desperto e livre para expressar os mais variados comportamentos e o ponto de vista de seu cérebro.

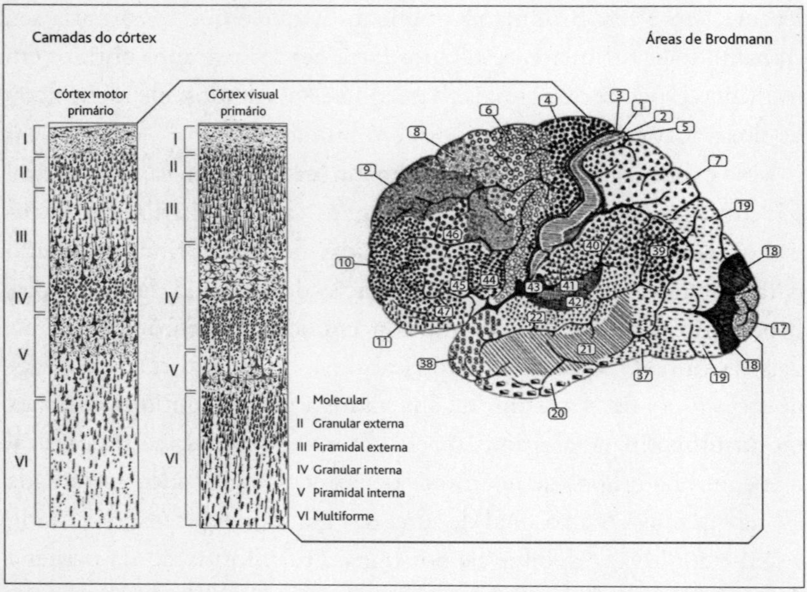

Figura 3.1 – Mapa citoarquitetônico de Korbinian Brodmann representando as seis camadas do córtex. À direita, uma visão lateral do cérebro humano com a designação numérica original das áreas corticais criadas por Brodmann. À esquerda, uma comparação das seis camadas de uma fatia através dos córtices primário motor (M1) e visual (V1). Em termos citoarquitetônicos, o M1 é caracterizado pela presença de grandes células com formato piramidal (células de Betz) na camada V, enquanto o V1 exibe um grupamento muito denso de neurônios na parte inferior da camada IV e parte superior da camada VI. (Dois desenhos de autoria de Santiago Ramón y Cajal em *Histology of the nervous system*, reproduzidos com permissão do Cajal Legacy, Instituto Cajal (CSIC), Madri, Espanha. Mapas de Brodmann, originariamente publicados em 1910, são de domínio público.)

Com toda a justiça, sir Charles Sherrington é considerado por muitos um dos pais da neurociência de sistemas. Durante as duas primeiras décadas do século XX, ele e seus alunos da Universidade de Oxford levaram ao limite máximo a clássica abordagem fisiológica da época, baseada no uso da estimulação elétrica direta do córtex para estudar os comportamentos que esse tecido nobre era capaz de executar. Usando esse método, Sherrington e seus colaboradores demonstraram que o córtex frontal de primatas contém um "mapa motor completo" do corpo. Esses estudos, relatados em um artigo de 87 páginas publicado no *Quarterly journal of experimental physiology* em 1917, incluíram experimentos realizados em 22 chimpanzés, três gorilas e três orangotangos. O mestre britânico identificou a localização precisa do córtex motor primário dos símios no chamado giro pré-central, uma região extensa de tecido cortical localizada na frente do sulco central, a fissura profunda que separa o lobo frontal do parietal. O verdadeiro impacto desse estudo, todavia, só foi sentido quando um dos alunos de Sherrington, o neurocirurgião norte-americano Wilder Penfield (1891-1976), comunicou suas até então desconhecidas observações, obtidas durante procedimentos neurocirúrgicos usados para remover focos epilépticos corticais em pacientes cuja epilepsia não podia ser contida com medicamentos. Depois de estudar com Sherrington, Penfield fez residência no grupo liderado pelo legendário neurocirurgião norte-americano Harvey Cushing (1869-1939) na Escola de Medicina da Universidade Yale e, terminado seu período de treinamento, mudou-se para Montreal, no Canadá, onde fundou e dirigiu o Montreal Neurological Institute, na Universidade McGill. Nos dezenove anos seguintes, Penfield coletou dados intraoperatórios obtidos durante mais de quatrocentas craniotomias em pacientes epilépticos. Nesse procedimento, realizado sob anestesia local, uma janela circular é aberta no crânio por meio da remoção do tecido ósseo, com consequente exposição do tecido cerebral, que se encontra revestido e protegido por uma firme lâmina de fibras colágenas – as meninges. Após uma simples incisão das meninges, o córtex pode ser visualizado diretamente. Como ele é desprovido de qualquer fibra ou receptor neural capaz de sinalizar a presença de um estímulo doloroso (nociceptivo), tanto a manipulação como a estimulação elétrica do tecido são indolores. Por causa dessa peculiaridade, Penfield podia estimular eletricamente diferentes regiões do córtex em busca da área que causava as crises epilépticas em seus pacientes, que permaneciam conscientes durante todo o procedimento. Assim, durante cada período de estimulação elétrica, Penfield podia tanto lhes perguntar que tipo de sensações era criado como observar que tipo de movimento corpóreo era iniciado por ela. Ao longo de vários anos, Penfield e seu grupo de colaboradores, que incluiu o psicólogo canadense Donald Hebb, mapeou o tipo de sensações táteis geradas por estimulações elétricas de regiões corticais localizadas à frente (giro pré-central) e atrás (giro pós-central) do sulco central. Em sua extensa casuística, Penfield observou que 75% dos sítios que geravam sensações táteis quando estimulados eletricamente estavam no giro pós-central, aquele que continha o córtex somestésico primário de acordo com o mapa citoarquitetônico de Brodmann. Curiosamente, 25% dos pontos que geraram a mesma sensação estavam localizados no giro pré-central, onde reside o córtex motor primário. Surpreendentemente, as sensações táteis que emergiram pela estimulação elétrica do giro pré-central persistiam mesmo em alguns casos nos quais o giro pós-central teve de ser removido como parte do tratamento neurocirúrgico de crises epilépticas. Penfield também reportou que a estimulação elétrica do córtex pós-central podia gerar movimentos corpóreos, mesmo quando o giro pré-central fora removido. Em seus escritos, ele defendeu a tese de que esses achados demonstravam que as sensações táteis geradas pela estimulação do córtex motor não eram um mero artefato produzido pela incitação de fibras colaterais nervosas oriundas do córtex somestésico que poderiam ter se espalhado pelo giro pré-central. Sua conclusão era inevitável a essa altura: enquanto o córtex motor primário e o somestésico individualmente exibem um claro grau de especialização funcional, ambas as regiões, apesar de se situarem em dois lobos distintos, aparentemente compartilham suas funções na gênese de comportamentos sensório-motores.

Tal conclusão sugere uma hipótese, radicalmente diferente para a organização funcional de todo o córtex, de que áreas individuais, apesar de especializadas, podem contribuir para outras funções cerebrais envolvidas na criação de múltiplos comportamentos. Nesse arranjo funcional, o córtex motor primário, enquanto envolvido sobretudo na execução de comportamentos motores voluntários, também contribuiria, de forma secundária, para a geração de nossas sensações táteis. Da mesma forma, em condições normais o córtex somestésico primário teria uma probabilidade muito mais alta de estar envolvido na definição de nosso rico repertório de percepções táteis do que na geração de programas motores. Porém, em contraste com o dogma defendido por aqueles que acreditam numa segregação funcional completa do córtex, a probabilidade de que neurônios nessas duas áreas corticais primárias possam ser recrutados para desempenhar outras funções, que não as suas primordiais, não é nem de longe igual a zero.

Dando continuidade a seus estudos com pacientes epilépticos, Penfield teve a lucidez de reconstruir a sequência espacial das sensações táteis induzidas quando lentamente movia a localização do estímulo elétrico da porção mais medial para o extremo lateral da convexidade do giro pós-central cortical, imediatamente atrás do sulco central. Com esse procedimento simples, ele descobriu que, enquanto deslocava o local da estimulação cortical, a localização da sensação tátil relatada pelos pacientes progressivamente se movia também, começando nos artelhos, dorso do pé, depois perna, quadril, tronco, pescoço, cabeça, ombro, braço, cotovelo, antebraço, pulso, mão, cada um dos dedos, face, lábios, cavidade intraoral e, finalmente, garganta e cavidade abdominal. Quando essa sequência espacial foi grafada, sobreposta a uma imagem de uma secção transversa do córtex, Penfield observou a emergência de um mapa topográfico completo do corpo humano, que ficou conhecido desde então como "homúnculo" sensorial. Apesar de ter sido Penfield o principal autor do manuscrito que relatou a existência de um mapa topográfico do corpo humano no córtex somestésico primário, a primeira ilustração desse homúnculo foi confeccionada por uma certa sra. H. P. Cantlie. Foram necessárias duas tentativas para que a artista conseguisse satisfazer ao neurocirurgião, mas no final ela conseguiu a proeza de criar uma das mais famosas e reproduzidas ilustrações da literatura médica de todos os tempos (figura 3.2, à esquerda).

O homúnculo que tanto agradou a Penfield, porém, não lembra nem de longe alguém que podemos ver caminhando pelas ruas de São Paulo ou sentado nas arquibancadas do glorioso Estádio Palestra Itália. Muito pelo contrário, a imagem criada pela sra. Cantlie mostra um corpo humano grotescamente distorcido. Tal distorção, todavia, não reflete um gosto artístico peculiar da famosa ilustradora. Na realidade, a figura reproduz fidedignamente a escultura neural que emerge de um processo ontogenético conhecido como magnificação cortical, que determina que mapas neurais de nosso corpo sofram uma expansão desproporcional de certas regiões em detrimento de outras. Não por coincidência, as regiões que são expandidas no homúnculo – dedos, mãos, face, região perioral e língua – correspondem a estruturas revestidas por um epitélio rico em mecanorreceptores, uma classe de sensores neurais inervados profusamente por terminais axonais altamente especializados de nervos periféricos. São essas terminações especializadas dos mecanorreceptores que traduzem o tempo todo as mensagens contidas em estímulos táteis gerados tanto pelo mundo exterior que nos circunda como pelo universo corpóreo interior que foge do alcance de nosso olhar. É o que ocorre, por exemplo, quando a informação contida pelas diminutas ondas de pressão aplicadas em nossos lábios, durante um beijo apaixonado, é imediatamente traduzida para a linguagem elétrica que o cérebro utiliza para gerar nossa imagem tátil do amor. A expansão desproporcional de certas regiões no homúnculo faz com que a imagem resultante passe a impressão de que parte do corpo sofreu uma "dieta sensorial". Isso acontece porque, nessa representação neural do corpo humano, regiões que abrangem uma grande área de pele, como o tórax e as costas, ocupam uma área muito pequena do homúnculo quando comparadas com a área neural dedicada à representação dos dedos, das mãos e da face, que individualmente ocupam uma área corpórea muito menor. A explicação funcional para a ocorrência do fenômeno de magnificação cortical durante a configuração ontogenética dos mapas táteis do cérebro humano é relativamente simples. Como em nossa espécie a pele que reveste a ponta dos dedos, as mãos e a face contém a maior densidade de mecanorreceptores observada em todo o corpo, essas regiões definem os órgãos táteis mais eficientes e confiáveis, por meio dos quais podemos construir uma imagem tátil do mundo ao redor. Isso explica por que ninguém utilizaria as costas para procurar, no meio da madrugada, o botão que desliga o despertador digital de um quarto-cápsula de hotel em Tóquio quando ele decide tocar horas antes de um horário civilizado para se acordar. Sem medo de cometer nenhuma injustiça com os hábitos táteis de nossa cultura tropical, eu diria que a grande maioria de nós optaria por utilizar os dedos das mãos (ou o punho cerrado) para solucionar esse incidente desesperador.

O fenômeno da magnificação cortical não é um privilégio da espécie humana. No cérebro de todos os mamíferos estudados nos últimos setenta anos, a presença de mapas somatotópicos distorcidos foi amplamente documentada. Por exemplo, em ratos a figura de um "ratúnculo" pode ser inferida pela presença de um mapa cortical que privilegia a expansão da representação das vibrissas faciais (os "bigodes") e das patas dianteiras, em detrimento do resto do corpo (figura 3.2, à direita). Como as vibrissas e as patas dianteiras são os principais órgãos táteis desses roedores, o fenômeno da magnificação cortical se manifesta pela representação desproporcional da pele dessas regiões dentro de seu cérebro. No caso do ornitorrinco, mamífero semiaquático australiano que bota ovo, é o bico achatado que é magnificado desproporcionalmente dentro dos mapas corpóreos que habitam o cérebro desse animal, em particular seu córtex somestésico.

Figura 3.2 – O homúnculo encontra o ratúnculo. Desenhos ilustram um encontro impossível entre a reconstrução do homúnculo cortical, a representação distorcida do corpo humano no córtex somestésico primário, baseada nos estudos de Wilder Penfield, e o ratúnculo cortical, a representação distorcida e equivalente do corpo de um rato, no córtex primário somestésico dessa espécie de roedor. Note a representação exacerbada dos lábios e mãos no homúnculo e das vibrissas faciais, focinho e patas dianteiras no ratúnculo. O queijo é do tipo suíço. (Ilustrado pelo dr. Nathan Fitzsimmons, Universidade Duke.)

Apesar do destaque dado na literatura especializada ao estudo desses mapas somatotópicos no córtex, representações topográficas e altamente distorcidas do corpo são encontradas em todas as estruturas subcorticais que definem o circuito neural por onde trafegam os feixes ascendentes de nervos que carregam informação tátil da pele e órgãos internos, bem como o feedback de sinais originários dos músculos e tendões, para os confins do sistema nervoso central. Tal abundância de mapas levou a grande maioria dos neurofisiologistas do século XX a conferir um papel fisiológico primordial a essas representações topográficas no que tange à construção de nosso vasto repertório de experiências táteis. Apesar da quase unanimidade, um paradoxo aparentemente irremediável logo se interpôs como uma pedra no meio do caminho da consolidação desse dogma central da neurofisiologia clássica. Sem dúvida alguma, a experiência tátil mais extraordinária que cada um de nós desfruta durante toda a vida é a sensação inconfundível de habitar um corpo que é facilmente reconhecido como nossa propriedade inalienável. Desde alguns meses de idade até o final da vida, todo ser humano é capaz de reconhecer o próprio corpo como uma entidade claramente independente de outros corpos ou objetos que habitam o universo. Além disso, ao longo de toda a existência, a grande maioria de nós interage com o mundo exterior unicamente através da perspectiva singular oferecida pelo ponto de vista que parece emanar de dentro desse corpo. Paradoxalmente, nenhuma de nossas experiências táteis cotidianas, nem mesmo a mais privada e significativa, que é a sensação de habitar um corpo único, se relaciona com a forma distorcida do homúnculo descoberto por Penfield e ilustrado pela sra. Cantlie. Essa figura, apesar de já mítica, ainda nos parece estranha e até assustadora porque ela não confirma, nem remotamente, nada que nos habituamos a reconhecer como a moradia do nosso senso de ser e existir.

Neste segundo, o leitor mais atento deve estar se perguntando: se não for pelo trabalho incansável do homúnculo impresso no cérebro, como é possível então que esse nosso senso de eu se manifeste tão rotineiramente na mente de cada um de nós? Para começarmos a responder a essa que é uma das mais profundas questões da neurociência, temos de nos aventurar um pouco mais e mergulhar no território mental de fenômenos como membros fantasmas e experiências sensoriais extracorpóreas, mistérios que há séculos assombram os neurocientistas e para os quais a ortodoxia localizacionista nunca encontrou uma explicação satisfatória.

Certa manhã, próximo de meus últimos dias como estudante de medicina, um jovem cirurgião vascular chamado Nelson de Luccia, que trabalhava no Hospital das Clínicas, o hospital-escola da FMUSP, convidou-me para visitar a enfermaria de ortopedia. Seu convite foi formulado de forma tão peculiar que nenhum graduando, mesmo que já tivesse decidido abandonar a prática clínica, conseguiria recusar.

– Hoje, vamos conversar com um fantasma – disse meu grande amigo, em tom solene. – Não se assuste. Tente ficar calmo. O paciente é muito jovem e ainda não conseguiu aceitar o que aconteceu. Ele está muito traumatizado.

Até então, é claro, eu jamais tivera a oportunidade de me envolver num diálogo com um fantasma legitimamente reconhecido pelo corpo clínico da Universidade de São Paulo. Tal proposta era de fato tentadora, já que em meu minguado currículo acadêmico da época constavam apenas os encontros com as usuais assombrações que habitavam o quadro dos professores titulares da famosa e querida Casa de Arnaldo. Além disso, como minha sábia bisavó ítalo-brasileira, Ada Maria Giusti Della Santa Rocha Leão, tinha me alertado repetidamente durante minha infância, os fantasmas de verdade, aqueles que passeavam gemendo, envoltos em lençóis alvos e correntes, se contentavam em habitar apenas os lares das crianças que se recusavam a ir dormir antes do término do videoteipe dos jogos do Palmeiras, bem tarde da noite, às quartas, quintas, sábados ou domingos. Com essa preconcepção arraigada, decidi checar a teoria de dona Ada empiricamente.

Mesmo tendo uma considerável experiência, adquirida nos inesquecíveis, porque surreais, plantões do teatro de guerra que abrigava o pronto-socorro do Hospital das Clínicas, nada que eu vira até então poderia ter me preparado para meu primeiro encontro com um fantasma de verdade, na enfermaria geral do Instituto de Ortopedia. Ao entrarmos em uma das mais isoladas alas dessa enfermaria, meu amigo e eu fomos recebidos pelo olhar extenuado e inquisitivo de uma mulher de meia-idade que soluçava, desconsolada, numa cadeira ao lado de um leito. Sua face era entrecortada por profundas linhas que traíam o percurso de rios de lágrimas, entalhados certamente por uma vida de tristezas e privações. Suas mãos apertaram as minhas, no mesmo instante em que o olhar de apreensão materno com que fomos recebidos deu lugar a um pedido de súplica. Sentado na cama, ao lado da mãe, um menino de seus doze anos não continha o terror, expresso na face por gotas de suor que brotavam sem controle ou explicação. O corpo dessa criança aterrorizada, coberto por um lençol, tremia como se estivesse tomado por uma dor excruciante.

– Doutor, está doendo demais, é como uma queimadura que queima sem parar. Como se algo estivesse esmagando minha perna.

Bem antes de a frase terminar, já comecei a sentir o nó na garganta que, meses antes, me convencera de que uma vida contemplando o sofrimento alheio não condizia comigo. Em poucos segundos, aquele nó voltou a tomar conta de minha respiração, prometendo agora, poucos dias antes da formatura, me estrangular de uma vez, como que numa forma de vingança.

– Onde dói? – foi a única coisa que me ocorreu perguntar naquele momento de hipóxia aguda.

Sem hesitar, ele respondeu de pronto:

– No pé esquerdo, na batata da perna, na perna toda abaixo do joelho.

Movido por um reflexo motor descontrolado e tomado por uma sensação de revolta por ver uma criança deitada num leito hospitalar com uma dor insuportável sem nenhuma medicação, levantei o lençol que cobria aquele corpo inundado de suor e angústia em busca da causa física de tanto sofrimento. Essa indignação, porém, foi logo substituída pela desorientação quando notei que a metade inferior da perna esquerda daquela criança não existia mais. Alguns minutos depois, ainda surpreso com meu primeiro encontro com um fantasma de verdade, ouvi meu amigo cirurgião contar que a perna tinha sido amputada abaixo do joelho como resultado de um atropelamento.

Já fora da enfermaria, Nelson tentou me acalmar.

– Não era ele que estava falando – repetia. – Era seu membro fantasma!

Até aquele momento, eu nunca tinha me dando conta de que pelo menos 90% dos pacientes que sofrem amputações – milhões de pessoas espalhadas por todo o mundo – experimentam os sintomas que caracterizam o que a literatura médica chama de "membro fantasma": a vívida sensação de que uma parte do corpo, que não existe mais, permanece ativa e ligada a ele. Essa sensação é tão real quanto angustiante, pois, mesmo não podendo mais ver a porção do corpo que foi amputada, o paciente relata, em alguns casos, que o membro fantasma se move, ou que permanece enrijecido e travado numa postura agonizante. Com frequência, essas aparições fantasmagóricas são definidas por uma sensação de formigamento difusa que se estende por todo o membro amputado e, efetivamente, o reconstrói na mente do paciente. Esses membros fantasmas costumam ser extremamente dolorosos e parecem adquirir uma existência aterrorizante dentro do cérebro de suas vítimas. Em um número grande de casos, tais assombrações permanecem ativas por muitos anos, ou mesmo para o resto da vida.

Os primeiros relatos do fenômeno do membro fantasma datam de muitos séculos atrás. Na Idade Média, por exemplo, o folclore europeu glorificava a reposição de membros amputados em soldados. Uma dessas histórias mitológicas se referia a uma série de curas milagrosas, supostamente realizadas no porto de Aegea, na então província romana da Síria, no século IV. De acordo com a lenda, vários pacientes vítimas de amputações tinham tido seus braços ou pernas restaurados graças à intervenção angelical de dois jovens irmãos gêmeos que depois seriam canonizados pela Igreja católica. Segundo os documentos da canonização, São Cosme e São Damião eram capazes de restaurar a sensação de uma perna amputada ao transplantar, miraculosamente, o membro de um morto no coto do paciente. Dizia a lenda que qualquer amputado que evocasse com fervor o nome desses santos poderia, uma vez mais, sentir a presença do membro perdido.

No século XVI, o fenômeno do membro fantasma finalmente saiu do domínio da religião para se alojar nos tratados médicos. Quando o cirurgião militar francês Ambroise Paré (*c.* 1510-1590) descreveu as técnicas por ele introduzidas para melhorar a sobrevida de milhares de soldados vítimas de amputações, resultantes de conflitos armados deflagrados em solo europeu, ele dedicou especial atenção à descrição de múltiplos casos de membros fantasmas entre soldados sobreviventes. Embora acreditasse no relato de seus pacientes, Paré provavelmente ficou com receio de que os colegas duvidassem de sua própria sanidade mental depois de tratar tantos casos como esses. Isso talvez explique por que o emérito cirurgião decidiu publicar seus achados clínicos num tratado em francês, e não em latim, a língua da ciência europeia da época. Certamente, tal escolha não favoreceu a difusão dessas observações, uma vez que o fenômeno permaneceu negligenciado pelos três séculos seguintes.

Esse esquecimento pode ajudar a entender a verdadeira dimensão do heroísmo do venerado almirante britânico Horatio Nelson (1758-1805), que deixou como legado, além das vitórias marítimas, uma das descrições mais completas e realísticas do fenômeno do membro fantasma. Durante a Batalha de Santa Cruz de Tenerife, em 1797, logo após desembarcar de um pequeno bote que o trouxera à praia, Nelson foi atingido no braço direito por uma bala de mosquete espanhol. A lesão foi devastadora, e boa parte de seu braço teve de ser amputada.

Oito anos mais tarde, na véspera da Batalha de Trafalgar, lorde Nelson previu a vitória da Armada inglesa sobre a Marinha francesa e espanhola numa carta endereçada à rainha da Inglaterra. Nessa carta, ele revela que a segurança quanto ao desfecho daquele encontro fatídico devia-se a uma revelação divina: a retomada da sensação mais do que real de que ele podia ainda erguer e empunhar, com o braço e a mão perdidos em Tenerife, a espada com a qual jurara defender a Coroa britânica. Na manhã seguinte, com sua espada fantasma (e mais de 2 mil canhões, vale a pena ressaltar), Nelson derrotou as forças napoleônicas. A despeito da vitória, logo após a batalha o grande almirante faleceu, vítima de outro tiro inimigo que dessa vez foi fatal.

A investigação clínica moderna das causas possíveis do membro fantasma, todavia, teve de aguardar a ocorrência de uma batalha ainda mais sangrenta. Dias depois da carnificina que entrou para a história como a Batalha de Gettysburg, o neurologista norte-americano Silas Weir Mitchell (1829-1914), que servia no Exército do presidente Abraham Lincoln, documentou dezenas de casos de membros fantasmas, a maioria entre os soldados confederados. Sobreviventes de um maciço assalto frontal do exército sulista contra as muito mais numerosas tropas da União, esses recém-amputados agora se sentiam compelidos a reviver sua participação no que foi o mais mortal dos eventos do dia 3 de julho de 1863. Confinados em barracas médicas, eles começavam a experimentar o terror de sentir pernas invisíveis tentando levá-los de volta aos matagais onde haviam sido alvejados. Testemunha do sofrimento desses soldados desesperados, Mitchell batizou a coleção de sintomas que os assolava de "síndrome do membro fantasma".

Entrevistas detalhadas com milhares de amputados foram publicadas desde o final da guerra civil americana. Esses casos sugerem que a presença de dor intensa antes do episódio que leva à amputação de um membro, devido a uma fratura severa, uma úlcera profunda, uma queimadura extensa ou gangrena disseminada, é o maior fator de risco associado ao desenvolvimento de um membro fantasma doloroso. Mais de 70% dos pacientes reportam que seu membro fantasma produz algum tipo de sensação dolorosa depois de uma amputação cirúrgica eletiva; em 60% desses pacientes, uma dor pulsante e incessante, numa parte do corpo que não existe mais, persiste para o resto da vida. Como mencionado acima, no caso dos soldados confederados, membros fantasmas frequentemente realizam movimentos fantasmas. Em enfermarias com grandes números de amputados é comum ouvir gritos de pacientes desesperados com a súbita percepção de que suas pernas inexistentes estão prestes a pular da cama e sair correndo por conta própria! Em um terço desses pacientes, o membro amputado assume postura anormal, e extremamente dolorosa, permanecendo assim por meses ou mesmo anos a fio. Essa postura pode lembrar a sensação de manter o braço imerso em gelo, ou permanentemente torcido numa configuração espiral, ou alojado nas costas numa posição jamais experimentada antes.

Pesquisas revelam que a sensação de membro fantasma pode se manifestar após a amputação de qualquer parte do corpo, e não somente de pernas e braços. Pacientes que perderam uma mama, dentes, genitais e mesmo órgãos internos podem experimentar sua presença após o procedimento ou evento que resultou em sua remoção. Mulheres que passaram por histerectomia reportam cólicas menstruais fantasmas, bem como contrações uterinas semelhantes às causadas pela dor de um parto. Curiosamente, travestis masculinos que optam por realizar cirurgia de mudança de sexo parecem não experimentar um "pênis fantasma", sugerindo que, para seu cérebro, esses homens já viviam num corpo feminino antes da operação.

Mesmo depois de um século de intensa investigação das prováveis causas do membro fantasma, neurocientistas ainda debatem os possíveis mecanismos neurofisiológicos que podem gerar essa complexa síndrome. Uma das primeiras hipóteses foi proposta pelo emérito neurocientista britânico Patrick Wall (1925-2001), durante seus anos no Massachusetts Institute of Technology (MIT). Wall propôs que as sensações táteis de um membro fantasma resultam da ativação espúria de fibras nervosas que, após serem cortadas durante o processo de amputação, passam a proliferar desordenadamente, formando nódulos, conhecidos como neuromas, envoltos pelo tecido cicatricial do coto. De acordo com Wall, esse emaranhado de fibras produziria ondas de sinais elétricos errôneos que seriam transmitidos primeiro para a medula espinhal e a seguir para todo o sistema nervoso central. Baseados nessa hipótese, neurocirurgiões começaram a implementar uma série de potenciais terapias cirúrgicas, focadas na remoção da fonte periférica de sinais neurais adulterados. Todavia, mesmo quando eles passaram a remover os neuromas, os nervos periféricos que conectavam o coto à medula espinhal e, num último ato de desespero, porções da medula espinhal e outras regiões subcorticais potencialmente envolvidas na transmissão desses sinais neurais corrompidos para o sistema nervoso central, ainda assim o membro fantasma mantinha suas vítimas sob seu jugo. Embora em alguns casos desaparecessem temporariamente, os sintomas logo retornavam, em geral ainda mais intensos. O acúmulo desses fracassos cirúrgicos levou muitos neurocientistas a rejeitar a ideia de que os neuromas, ou quaisquer outras causas periféricas, pudessem explicar a síndrome do membro fantasma.

O principal oponente dessa hipótese foi o psicólogo canadense Ronald Melzack (1929-), aluno de Donald Hebb. Em 1965, Melzack e Wall, ambos trabalhando no MIT, propuseram conjuntamente uma ideia audaciosa e inédita que passou a ser conhecida como a "teoria do controle do portão da dor". De acordo com essa teoria, a sensação dolorosa associada a um estímulo periférico nocivo, isto é, que causa algum dano corporal, pode ser modulada ou bloqueada no nível da medula espinhal. Esse bloqueio ocorre quando existe uma ativação de fibras nervosas periféricas que conduzem informação tátil, ou mesmo de nervos que se originam em centros cerebrais superiores e de lá descem até a medula espinhal, ao mesmo tempo que um estímulo nocivo é gerado. Em outras palavras, a ativação de fibras periféricas ou centrais que convergem na medula espinhal e não estão normalmente associadas à condução de informação nociceptiva (dolorosa) é capaz de reduzir ou mesmo eliminar a transmissão de sinais envolvidos na gênese de sensações dolorosas. Melzack e Wall postularam que estruturas nervosas centrais desempenham um papel fundamental no controle da dor. Essa hipótese foi ratificada de forma dramática alguns anos mais tarde, quando grupos independentes descobriram que a estimulação elétrica de uma região do tronco cerebral conhecida como área cinzenta periaquedutal era capaz de induzir uma profunda analgesia em animais submetidos a experimentos e mesmo em seres humanos. Logo a seguir, estudos neuroanatômicos demonstraram que neurônios localizados nessa região têm axônios que terminam nas regiões da medula espinhal para as quais nervos periféricos, inclusive aqueles que carregam informações sobre estímulos nocivos, também convergem. Subsequentes estudos demonstraram que esse potente efeito analgésico era mediado pela produção de opioides endógenos – as chamadas endorfinas –, liberados pelos nervos originários na área cinzenta periaquedutal para dentro dos circuitos da medula espinhal.

A impressionante cadeia de descobertas iniciadas pela formulação da teoria de Melzack e Wall revolucionou esse campo da neurociência ao demonstrar, de maneira inequívoca, que a sensação universalmente conhecida como dor é fruto de uma simulação interna do cérebro. Vem daí a primeira verificação neurofisiológica de que, por ser capaz de bloquear ou amplificar os sinais elétricos que codificam a presença e as características de um estímulo nocivo nos nervos periféricos, o cérebro desempenha o papel de protagonista na criação das tristezas e vicissitudes de toda uma vida. Tal asserção alterou completamente o foco da pesquisa dos mecanismos neurofisiológicos da dor, movendo-o da periferia do sistema nervoso para os domínios controlados pelo ponto de vista interno do cérebro. Assim, pela primeira vez, a neurobiologia pôde ter alguma esperança de explicar por que soldados motivados pela crença numa causa justa (como liberar o mundo das tropas nazistas) continuaram a lutar, a despeito de sofrerem ferimentos terríveis e extremamente dolorosos; por que maratonistas continuam a correr, quilômetro após quilômetro, mesmo depois de ganharem terríveis lesões nos pés; e por que, como Melzack demonstrou categoricamente, mães italianas tendem a gritar muito mais do que as irlandesas durante um parto normal, conduzido num mesmo hospital nova-iorquino.

Depois de trabalharem por muitos anos no refinamento da teoria do controle central da dor, Melzack e seus colegas se dedicaram a desenvolver uma explicação alternativa para o fenômeno do membro fantasma: as ilusões táteis e motoras experimentadas por amputados emergem não como resultado da atividade errônea de neuromas periféricos, mas sim como consequência de um padrão altamente distribuído de atividade elétrica cortical. De acordo com Melzack, fibras ou vias "dedicadas exclusivamente ao processamento da dor", como propunham os localizacionistas, simplesmente não existem. A dor em si, bem como todas as sensações e emoções associadas a ela, exemplifica a maneira como os produtos dos circuitos neurais são concebidos, misturados, construídos e doados à nossa consciência. A dor pode atacar sub-repticiamente, quando você nota, com surpresa, a primeira gota de sangue brotar de um talho que foi produzido segundos ou até minutos antes. Essa mesma dor pode gerar uma angústia incompreensível e, algumas vezes, nos fazer perder o controle do resto de nossa vida, à medida que, gradualmente, se transforma numa companheira indesejável e para sempre presente.

Imediatamente, a explicação oferecida por Melzack desafiou o dogma corrente da neurociência do século XX que costumava ser empregado para explicar a forma como todas as sensações emergem. Ao propor que, além de detectar sinais sensoriais, o cérebro também gera um padrão interno de atividade que ele batizou de "assinatura neural", Melzack postulou que essa assinatura definiria a imagem interna do corpo que o sistema nervoso gesta dentro de si, a cada instante de sua (e da nossa) existência. Melzack sugeriu que a representação cerebral do corpo vai muito além do alcance do homúnculo que Penfield identificou no córtex motor e somestésico, e é ela que nos permite definir a configuração e os limites de nosso corpo e nosso senso de eu. Ainda de acordo com Melzack, a imagem do corpo e de seus limites que o cérebro contém permaneceria ativa mesmo depois da remoção física de um membro, criando a sensação anômala, mas absolutamente real, que caracteriza o membro fantasma.

O trabalho de esculpir dinamicamente a simulação que chamamos de corpo, segundo essa visão, é responsabilidade de uma enorme rede neuronal distribuída que Melzack batizou de "neuromatriz". Essa neuromatriz incluiria o córtex somestésico primário, localizado na superfície do lobo parietal, e as regiões associadas a ele encontradas no mesmo lobo. Além disso, essa neuromatriz compreenderia múltiplas vias neurais, como as que conduzem sinais táteis da periferia do corpo até o tálamo, uma estação subcortical localizada nas profundezas do cérebro, cujos neurônios têm axônios que se projetam diretamente para todo o córtex somestésico, bem como para o sistema límbico, um circuito neural envolvido na geração de um rico repertório de emoções, algumas comumente associadas à presença de um membro fantasma.

A destruição de uma parte considerável dessa neuromatriz pode resultar na perda da sensação de posse de parte do corpo. Por exemplo, lesões extensas do lobo parietal direito, causadas por um trauma cerebral, tumor ou acidente vascular cerebral, podem desencadear um quadro neurológico muito complexo chamado síndrome da hemiagnosia esquerda, na qual os pacientes se tornam indiferentes a todo o lado esquerdo do corpo e, em alguns casos extremos, ao universo que existe ao redor dele. Vítimas dessa síndrome comumente deixam de vestir o lado esquerdo do corpo e, quando questionadas acerca desse comportamento, em geral negam que o braço ou a perna esquerda sejam parte de seu corpo, reportando que esses apêndices pertencem ao corpo de outra pessoa.

Os sintomas dessa síndrome são frequentemente temporários, mas ainda assim podem causar comoção em quem não está acostumado com um comportamento tão exótico. Anos atrás, um astronauta da NASA me contou, durante uma visita a meu laboratório na Universidade Duke, que em sua primeira missão espacial, logo depois do lançamento, o piloto do ônibus espacial começou a agir de forma muito estranha. Sem que ninguém entendesse a razão de sua irritação súbita, ele começou a pedir que os colegas "parassem de pôr uma mão estranha no meu painel de controle esquerdo". Quando o piloto foi informado pelo restante da tripulação de que ninguém tinha posto a mão ali, ele deu de ombros e retrucou que "a mão que se encontra no painel esquerdo certamente não é a minha". Algumas horas depois, para tranquilidade da tripulação (e do controle de voo em Houston), o piloto informou subitamente: "Podem relaxar, acabei de encontrar minha mão esquerda, que estava perdida no painel de controle!".

Melzack argumenta que a estrutura básica da neuromatriz pode estar disponível já no nascimento, uma vez que seu arcabouço muito provavelmente é definido por instruções genéticas. Essa rede neural congênita explicaria por que, como Melzack relatou em 1997, pelo menos um quinto das crianças nascidas sem membros relatam sentir braços e pernas fantasmas desde a infância. Tais achados sugerem que o cérebro humano é capaz de gerar um modelo muito bem definido do corpo e do senso de eu, mesmo na ausência de sinais somáticos derivados de componentes corporais.

Por mais de meio século, desde as observações intraoperatórias de Penfield, a existência de um homúnculo que reproduz, mesmo que de forma distorcida, a superfície do corpo dentro do sistema nervoso central foi aceita, sem nenhum questionamento, como a fonte de todas as nossas experiências táteis. A princípio, neurocientistas acreditavam que esse mapa somatotópico, como outras representações topográficas que tinham sido identificadas nos córtices visual e auditivo, só era maleável durante um período curto do desenvolvimento pós-natal, que passou a ser conhecido como "período crítico". Depois desse ponto, o consenso era que os mapas topográficos encontrados no cérebro se cristalizavam, permanecendo estáveis durante o resto da vida. Essa noção deriva originalmente dos estudos de David Hubel e Torsten Wiesel, que investigaram a segregação das chamadas colunas de dominância ocular, discretos agrupamentos de neurônios observados no córtex visual primário de alguns primatas. Enquanto em animais jovens essas colunas são fundidas e contínuas, após o período crítico de maturação elas se dividem em dois grupos distintos, cada um deles processando informação proveniente de um dos olhos. Como Hubel e Wiesel verificaram que colunas relacionadas ao olho esquerdo ou direito apareciam durante um período do início da vida de gatos e macacos e assim permaneciam pelo resto da vida desses animais, eles concluíram que mapas corticais eram incapazes de exibir qualquer grau de reorganização funcional, ou plasticidade, depois do término desse período crítico de desenvolvimento.

Essa crença, porém, começou a ser desmontada de forma impiedosa em 1983, quando dois neurocientistas norte-americanos, Jon Kaas (figura 3.3, à esquerda), da Universidade Vanderbilt, em Nashville, Tennessee, e Michael Merzenich, da Universidade da Califórnia, em San Francisco, anunciaram que amputações traumáticas do dedo médio de macacos adultos levavam à reorganização funcional do mapa somatotópico encontrado no córtex somestésico primário desses primatas. Em vez de permanecerem silenciosos por algumas semanas ou meses depois da amputação, os neurônios corticais que inicialmente representavam o dedo amputado passavam a responder a estímulos táteis em regiões adjacentes da mão, como o dedo indicador e o anular (figura 3.3, à direita). De repente, a neurociência começava a acreditar que os neurônios de macacos velhos podiam aprender truques novos! Curiosamente, poucos se deram conta naquele momento de que, mais de uma década antes desses achados, Patrick Wall, o mesmo neurocientista que revolucionara o estudo dos mecanismos da dor, havia publicado um artigo na revista *Nature* afirmando que em experimentos com ratos ele fora capaz de induzir uma reorganização plástica no tálamo somestésico, o principal núcleo subcortical das vias somatossensoriais que transmitem informação da pele até o córtex. Até os resultados de Kaas e Merzenich serem publicados, poucos tinham acreditado nos achados de Wall.

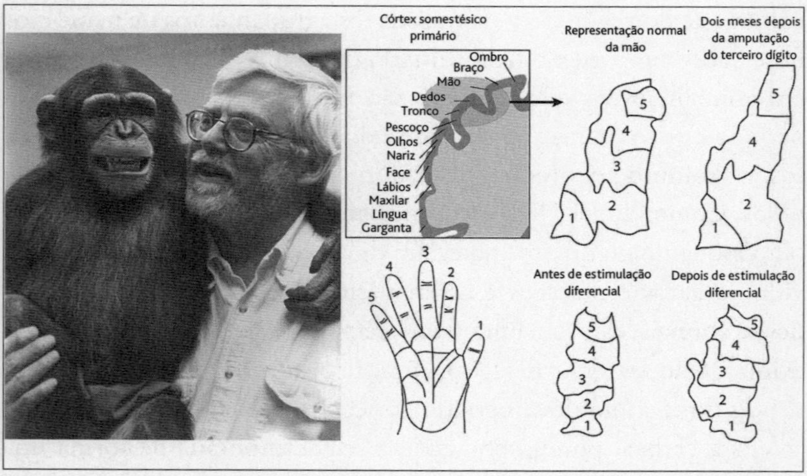

Figura 3.3 – O experimento revolucionário em macacos da noite realizado por Jon Kaas e Michael Merzenich. À esquerda, Jon Kaas posa com um dos seus colaboradores. À direita, a prancha superior descreve como, depois de uma amputação traumática do terceiro médio, o território do córtex somestésico primário representando esse dedo num macaco não permanece silencioso. Ao invés, essa região cortical foi invadida pela representação aumentada dos dedos 2 e 4. A prancha inferior indica que o aumento da representação dos dedos 1-4 pode ser obtida pela estimulação repetida e seletiva desses dedos em detrimento do dedo 5. Para ver esse efeito, compare o mapa cortical na porção mediana da prancha inferior (antes da estimulação seletiva) com aquele mais à direita da mesma prancha (depois de estimulação). (Adaptado de *Neuroscience*, v. 8 (1), MERZENICH, M.M.; KAAS J.H.; WALL J.; NELSON R.J.; SUR M.; FELLEMAN D. "Topographic reorganization of somatosensory cortical áreas 3B and 1 in adult monkey following restricted deafferentation" pp. 33-55, 1983, com permissão da Elsevier.)

Os dados publicados por Kaas e Merzenich causaram uma verdadeira revolução na neurociência de sistemas. A conclusão era inescapável: o cérebro dos mamíferos tinha nascido para ser plástico. Ainda assim, e a despeito dos resultados de Wall, muitos que agora acreditavam na ocorrência de plasticidade em nível cortical continuavam a resistir à noção de que estruturas subcorticais pudessem expressar o mesmo fenômeno. De modo que, em 1993, o professor de fisiologia norte-americano John Chapin, meu orientador de pós-doutorado, e eu causamos certo desconforto nessa comunidade de cientistas teimosos ao demonstrar, sem choro nem vela, que o processo de reorganização funcional se iniciava *logo após* uma pequena quantidade de anestésico local ser injetada no tecido subcutâneo para bloquear uma fração da atividade de nervos periféricos de uma pequena área da pele (e assim induzir de forma menos traumática os mesmos efeitos produzidos por uma amputação). Esses estudos mostraram que o processo de reorganização funcional ocorre também em estruturas subcorticais, como o tálamo. Logo depois da publicação de nosso estudo na *Nature*, o neurocientista norte-americano Tim Pons (1956-2005), do National Institutes of Health, nos Estados Unidos, conduziu experimentos em macacos que tinham sofrido uma interrupção da inervação de todo um braço, e não somente de um dedo, vários anos antes. Esse procedimento, conhecido como deaferentação sensorial, envolve a incisão cirúrgica de todos os nervos sensoriais periféricos que conectam o membro superior à medula espinhal. Pons descreveu em seu artigo, anos depois da realização do procedimento, que ele conseguiu observar um amplo processo de reorganização funcional em diferentes relés das vias somatossensoriais desses macacos. Tal processo de reorganização plástica se caracterizava pelo fato de neurônios corticais e subcorticais que originariamente eram dedicados a responder a sinais provenientes do braço dos macacos passarem, depois da deaferentação, a disparar seus sinais elétricos em resposta à estimulação da face dos mesmos animais – vale lembrar que no homúnculo cortical a representação da face fica muito próxima da área dedicada à representação do braço. Pons e seus colaboradores também observaram que neurônios localizados no córtex, tálamo e tronco cerebral foram capazes de exibir essas mudanças funcionais em seus campos receptivos depois da deaferentação. A plasticidade, após muita controvérsia, não só podia ocorrer durante a vida adulta como também envolvia todas as estruturas do sistema nervoso central, imbuídas do processamento de informação sensorial.

A esta altura, você deve estar se perguntando o que todas essas observações sobre plasticidade sensorial têm a ver com o fenômeno de membro fantasma. A conexão desses dois fenômenos ficou evidente quando o médico e neurocientista indiano V. S. Ramachandran, da Universidade da Califórnia, em San Diego, documentou a ocorrência de uma grande reorganização plástica do homúnculo encontrado no córtex somestésico primário de pacientes de quem um dos braços tinha sido amputado. Usando uma nova técnica conhecida como magnetoencefalografia (MEG), que mede os campos magnéticos produzidos pela atividade elétrica do cérebro, Ramachandran e seus colaboradores demonstraram, no começo dos anos 1990, que a estimulação tátil da face ativava o que corresponderia normalmente à região dedicada a representar a mão dentro do mapa topográfico contido no córtex somestésico primário desses pacientes. Como explica o neurocientista em seu encantador livro *Fantasmas no cérebro*, quando ele tocava um ponto da face do paciente, este instantaneamente dizia que algo ou alguém havia tocado em seu braço fantasma do mesmo lado do corpo. Além disso, a equipe de Ramachandran descobriu que a estimulação de diferentes locais da face levava à sensação de que distintas regiões do membro fantasma estavam sendo estimuladas. O tipo de estímulo aplicado à face – quente, frio, toque leve ou mais profundo – também era sentido pelo membro fantasma. De alguma forma, dentro do cérebro desses pacientes a representação da face estava agora intimamente vinculada à construção mental, ou à memória tátil, de um membro que não mais existia. Essa conexão neurofisiológica entre a plasticidade cerebral durante a vida adulta e a dor do membro fantasma foi também sugerida em um estudo publicado em 1995 pela neurocientista Herta Flor, da Universidade de Heidelberg, na Alemanha. Usando a mesma técnica, MEG, ela e seus colegas relataram a existência, em treze amputados, de uma forte correlação entre a quantidade de reorganização cortical e a magnitude da dor fantasma. Quanto mais reorganização seus cérebros exibiam, mais dor os pacientes sentiam.

Encorajado por esse achado, Ramachandran e seus colegas desenvolveram um tratamento tão simples quanto engenhoso para a síndrome do membro fantasma. Essa terapia se baseava em dois pilares principais: primeiro, que os mapas somatotópicos encontrados no cérebro adulto são capazes de extensa plasticidade funcional; segundo, que simulações geradas internamente pelo cérebro, e não o fluxo ascendente de informações táteis transportadas pelos nervos periféricos, é que ditam a modelagem e a manutenção da percepção da forma e do limite do corpo que habitamos.

A terapia proposta por Ramachandran envolvia a construção de uma pequena "caixa de espelhos" em que pacientes podiam tranquilamente praticar formas de acalmar seus braços fantasmas dolorosos. Nesse aparato, espelhos eram inseridos no lugar do topo da caixa, que era removido. Duas aberturas circulares eram feitas no lado da caixa que ficava de frente para o paciente, de sorte que ele pudesse inserir ambos os braços, o remanescente e o fantasma, dentro do aparato. Cada paciente era então instruído a inserir o braço intacto em uma das aberturas e aproximar da outra o coto do braço amputado. Devido à colocação peculiar dos espelhos, o reflexo da imagem do braço intacto projetava-se exatamente na posição onde o outro braço do paciente, o amputado, deveria estar. Esse truque criava a ilusão visual de que o braço amputado fora restaurado ao corpo. Como era esperado, imediatamente após serem instruídos a observar a imagem resultante dentro da caixa, os pacientes reportaram a sensação de ver ambos os braços quase como se eles tivessem sido presenteados com uma graça de São Cosme e São Damião. Nesse caso, todavia, todos os experimentos foram registrados e os efeitos duradouros, documentados em grande detalhe.

Seis dos pacientes que usaram o aparato durante vários dias relataram que, ao serem instruídos a mover o braço intacto, eles experimentaram a sensação de que o braço fantasma se moveu também, como se obedecesse aos mesmos comandos motores. Quatro dos pacientes usaram essa nova capacidade motora para relaxar e, finalmente, abrir um punho fantasma que permanecera cerrado desde a amputação. Para eles, essa foi a primeira vez que a dor de seus membros fantasmas foi aliviada por completo. Em um paciente, a rotina de apenas dez minutos por dia de prática com a caixa de espelhos foi suficiente para causar o desaparecimento completo de seu braço e cotovelo fantasmas em três semanas. E, quando esse fantasma se foi, a dor insuportável se foi com ele! De alguma forma, a ilusão visual fora suficiente para eliminar o delírio tátil, sugerindo que a atividade do sistema visual pode modificar os parâmetros da neuromatriz de Melzack.

Quase uma década mais tarde, o psicólogo Eric Brodie, da Universidade Glasgow Caledonian, na Escócia, publicou um artigo relatando os resultados de um aparato semelhante para o tratamento de casos de pernas fantasmas. Quarenta e um amputados observaram atentamente o reflexo dos movimentos de sua perna intacta, enquanto tentavam mover a perna fantasma. Um grupo de controle, de 39 amputados, tentou mover a perna real e a fantasma sem o auxílio da caixa de espelhos. Ambos os procedimentos, que envolveram dez movimentos distintos, repetidos dez vezes, diminuíram de alguma forma a sensação da presença da perna fantasma. O uso da caixa de espelhos, todavia, aumentou mais significativamente o número de movimentos e a sensação do membro fantasma do que os exercícios sem ela. De acordo com Brodie, o uso prolongado da caixa de espelhos poderia levar à melhora da dor induzida pelo membro fantasma ao reduzir a magnitude do processo de reorganização plástica cortical.

Pesquisadores também têm tentado utilizar técnicas computacionais comumente usadas na construção de ambientes virtuais para aliviar os sintomas do membro fantasma por meio da simulação de corpos virtuais. Essa tecnologia pode ser usada para construir um corpo virtual completo, incluindo o membro amputado num paciente, permitindo que ele realize movimentos complexos e coordenados dos dedos, mãos, pés, braços e pernas que não são passíveis de reprodução usando-se apenas uma caixa de espelhos. Num estudo preliminar conduzido em 2007, o psicólogo Craig Murray, da Universidade de Manchester, na Inglaterra, expôs dois pacientes que tiveram um braço amputado e um paciente com uma perna amputada a uma simulação, transferindo os movimentos de seus membros intactos aos movimentos de membros virtuais que substituíram o braço e a perna fantasma deles. Os três amputados, que participaram de duas a cinco sessões de treinamento nesse ambiente virtual, relataram ter experimentado sensações no membro fantasma. Em cada um, a dor do membro fantasma diminuiu sensivelmente em pelo menos uma das sessões, sugerindo que essa terapia pode ter um futuro promissor.

Como pudemos ver, a evidência clínica obtida em todos os estudos mais recentes oferece amplo suporte para a teoria de que nossa imagem corporal – esse refúgio inexpugnável de nossa individualidade e unidade mental – emerge graciosamente como um subproduto dinâmico da atividade elétrica coletiva de vastos circuitos cerebrais. Esse subproduto permanece maleável e influenciável, de acordo com os eventos que ocorrem dentro, ou mesmo muito além, dos limites físicos de nossa pele mortal. Como era de esperar de um criador que conhece muito bem os detalhes da arte de esculpir a realidade, o cérebro nos provê da sensação de habitar um corpo concreto e real que, no final das contas, não passa de mera ilusão neural.

Mas, se nossa imagem corporal é só uma simulação, como o cérebro cria e mantém tal ilusão tão convincentemente durante o curso de toda uma vida? Quão facilmente pode esse modelo neural interno ser modificado, e até onde o nosso senso de ser pode se estender? Estudos recentes começaram a abordar essas questões vitais com resultados que surpreenderam grande parte da comunidade neurocientífica. A conclusão de mais de duas décadas de experimentos é que o cérebro compõe um sentimento de posse do corpo, por meio de um processo de integração multissensorial altamente adaptativo, que inclui a mescla de sinais de retroalimentação visuais, táteis, auditivos e proprioceptivos (sinais que se originam dentro do corpo). Por meio dessa amalgamação neural, o cérebro é capaz de, num punhado de segundos, nos fazer aceitar, quase sem resistência aparente, sua determinação de habitar um corpo totalmente novo como a sede de nossa existência consciente.

Considere, por exemplo, os dados obtidos quando sujeitos normais foram confrontados com a ilusão da "mão de borracha" (figura 3.4), introduzida pelo neurocientista Jonathan Cohen, professor da Universidade Princeton. Para a criação de tal ilusão, sujeitos são instruídos a sentar-se numa cadeira e colocar o braço esquerdo próximo da borda de uma pequena mesa posicionada à sua frente. Um painel opaco vertical é então colocado na frente do sujeito, de forma a encobrir a visão da mão. Nesse momento, um braço de manequim é colocado na mesa, bem diante do paciente, numa posição onde o sujeito possa julgar, plausivelmente, que ele é seu próprio braço – mantido parcialmente fora de seu campo visual. A partir de então, instrui-se o sujeito a olhar fixamente o braço de borracha, enquanto um experimentador, de forma simultânea e sincronizada, usa dois pincéis de pelo de camelo (detalhe fundamental!) para tocar locais análogos tanto na mão real quanto na mão de borracha. Depois de alguns minutos de repetição do procedimento, quase todos os voluntários reportaram sentir esse toque na mão de borracha, onde eles haviam focado o olhar, e não na própria mão. Isso ocorre porque, na realidade, a grande maioria desses sujeitos revelou sentir que, durante o período de estimulação, era a mão do manequim que parecia ser sua mão real.

Num experimento subsequente, o mesmo grupo de sujeitos foi submetido a um período maior de estimulação tátil. Logo depois, todos foram instruídos a fechar os olhos e mover o dedo indicador direito até que ele encontrasse o dedo indicador da mão esquerda. Na grande maioria, esses sujeitos movimentaram o dedo direito até que ele atingisse o dedo indicador da mão do manequim, e não da mão real de cada um deles.

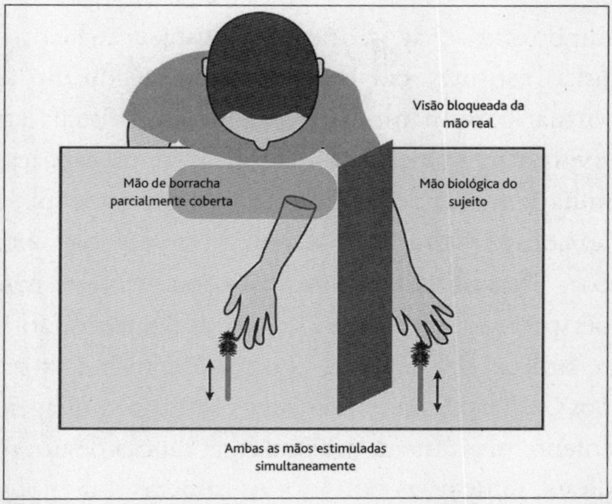

Figura 3.4 – O cérebro assimila uma mão de borracha. Ilustração do aparato experimental usado para induzir a ilusão da "mão de borracha". Veja texto para detalhes. (Ilustração criada pelo dr. Nathan Fitzsimmons, Universidade Duke.)

Se esses efeitos surpreendentes, provocados pela ilusão da mão de borracha, ainda não o convenceram da natureza fluida e mutável de nossa imagem corporal, talvez uma experiência "fora do corpo" seja suficiente para fazê-lo. Como no caso dos relatos do membro fantasma, descrições do fenômeno conhecido como "experiência extracorpórea", a vívida sensação de deixar o próprio corpo ou passar a experimentar a própria existência de um ponto de vista externo, aparece ao longo de toda a história da humanidade. Tal sensação pode ser induzida por vários eventos, entre eles trauma cerebral, experiências de quase morte, acidentes automobilísticos, procedimentos cirúrgicos de grande porte que requerem anestesia geral com a droga ketamina, consumo de drogas psicodélicas, meditação profunda, privação sensorial e de sono, sobrecarga sensorial e toda sorte de experiências de morte aparente.

Olaf Blanke, professor do Instituto do Cérebro e da Mente da École Polytechnique Fédérale de Lausanne, na Suíça, e seus colegas descobriram que múltiplos aspectos de uma experiência extracorpórea podem ser replicados em sujeitos saudáveis por meio da estimulação não invasiva da área da junção dos lobos temporal e parietal no hemisfério direito, usando uma técnica conhecida como estimulação magnética transcraniana.

Expandindo esses achados, o neurocientista sueco Henrik Ehrsson, do Karolinska Institutet, em Estocolmo, empregou um aparato de realidade virtual para manipular sinais táteis e visuais em sujeitos saudáveis. Nesses experimentos, voluntários foram capazes de vivenciar a estranha sensação de existir fora do próprio corpo, assumir a posse de um corpo totalmente novo ou mesmo trocar de corpo com outras pessoas. Para obter tais feitos, Ehrsson primeiro manipulou a chamada perspectiva de primeira pessoa dos sujeitos, ao instruí-los sobre como utilizar um capacete equipado com monitores que cobriam ambos os olhos. Esses monitores projetavam imagens binoculares provenientes de câmeras montadas na cabeça de um manequim posicionado na frente do voluntário. As câmeras foram posicionadas de forma a oferecer ao sujeito imagens originadas sob a perspectiva de primeira pessoa do manequim. Essa visão incluía as mãos, os braços, o tronco e o abdômen do manequim. A seguir, numa manobra que lembrava a estratégia experimental usada nos testes da ilusão da mão de borracha, um experimentador se posicionou entre o sujeito e o manequim, tomando cuidado para ficar fora do alcance das câmeras e, consequentemente, da visão do sujeito. Usando dois bastões, o experimentador passou então a estimular simultaneamente o abdômen do sujeito e o do manequim por alguns minutos, tentando manter essa estimulação o mais sincrônica possível. Durante esses momentos, os sujeitos foram capazes de ver, através das câmeras, um dos bastões tocando o abdômen do manequim. Surpreendentemente, quando solicitada a descrever suas sensações durante esse período de estimulação, a maioria dos sujeitos relatou sentir o toque do bastão no corpo do manequim, e não no seu próprio. Na realidade, a maioria dos sujeitos se mostrou categórica ao afirmar que, a partir de então, o corpo do manequim foi percebido como sendo o seu. Tão vívida foi essa assimilação do corpo do manequim que, quando o experimentador "ameaçou" cortar sua pele abdominal com uma faca, os sujeitos, observando a cena através das câmeras, exibiram um aumento significativo da resposta de condutância da pele, sugerindo que tal "ameaça" à integridade do corpo do manequim era capaz de gerar neles uma ansiedade enorme. Efeitos similares foram provocados usando outras partes do corpo do manequim, como as mãos. Vale ressaltar que se objetos com formas diferentes do corpo humano eram utilizados nesses experimentos, a experiência extracorpórea não se materializava.

Usando o mesmo aparato, Ehrsson e seu time de pesquisadores expandiram essa abordagem e demonstraram que pares de sujeitos eram capazes de trocar de corpo um com o outro, por meio de uma experiência extracorpórea que também podia ser induzida pela manipulação de sinais táteis e visuais. Nesse experimento, os sujeitos usaram os mesmos capacetes com monitores, que projetavam imagens geradas em uma câmera montada na cabeça do experimentador, sentado na frente dos sujeitos e olhando diretamente para eles. Curiosamente, dada a configuração desse aparato, o sujeito observava como sendo sua a mão do experimentador, vista sob a perspectiva deste, que era projetada ao sujeito através dos monitores do capacete. Da mesma forma, o engenhoso aparato permitia que os sujeitos observassem as próprias mãos sob o ponto de vista visual do experimentador, e não de si mesmos. O experimento em si consistia em pedir ao sujeito que estendesse o braço direito para apertar a mão direita do experimentador. Todavia, no momento em que iniciava esse movimento, o que ele observava com os olhos eram as imagens do braço direito do experimentador se movendo ao mesmo tempo em direção ao seu. Em outras palavras, apesar de seu cérebro estar produzindo os comandos para movimentar o próprio braço direito, como o campo de visão do sujeito era definido pela imagem projetada nos monitores do capacete, esse sujeito assumia o ponto de vista do experimentador, e então observava o movimento do braço deste se deslocando a partir do lado direito da imagem. Nessa configuração peculiar, o sujeito visualizava o movimento de seu próprio braço como se ele se originasse de outro corpo posicionado (proveniente do lado esquerdo da imagem vista nos monitores) à frente de seu novo ponto de vista, que para todos os efeitos agora passava a ser aquele definido pela câmera colocada na cabeça do experimentador. Nesse instante o sujeito era instruído a apertar firmemente a mão que se projetava em seu campo visual. O experimentador procedia da mesma forma. Esse aperto de mão entre o sujeito e o experimentador era então mantido por alguns minutos em sincronia com as imagens que eram projetadas nos monitores do capacete usado pelo sujeito.

No final desse período, o sujeito tinha de relatar as impressões e as sensações experimentadas durante esse aperto de mão *sui generis*. Mais uma vez, a grande maioria dos sujeitos reportou sentir que o braço do experimentador – aquele que era projetado nos monitores do capacete, e não seu próprio membro superior direito – era a extensão do corpo de cada um deles. Ao mesmo tempo, afirmaram categoricamente que o corpo do experimentador, aquele que fora projetado nos monitores, tinha passado a ser o corpo de cada um deles, substituindo seu corpo real. Assim, sem nenhum protesto, em apenas alguns minutos, esses sujeitos tranquilamente renegaram seus próprios invólucros orgânicos, que tinham servido como a moradia de sua consciência e senso de eu por décadas, para assumir uma nova residência e identidade corpórea.

Para tornar esses resultados ainda mais convincentes, em outra sequência de experimentos um segundo experimentador, portando uma longa faca, posicionou-se de maneira a simular uma ameaça à integridade física do corpo do primeiro experimentador ou do sujeito. Curiosamente, os sujeitos envolvidos exibiram uma resposta de alarme muito maior quando a mão do experimentador, e não a própria, foi ameaçada pela faca afiada. Vale ressaltar que os experimentos demonstraram também que a transferência de corpos entre sujeitos não foi afetada quando as duplas eram formadas por sexos opostos. Homens podiam assumir um corpo de mulher e mulheres podiam assumir um corpo masculino sem nenhum tipo de preconceito ou dificuldade, achado que demoliu uma série de dogmas neurofisiológicos. Os experimentos ainda diminuíram consideravelmente o apelo ao culto do corpo como razão única de vida, ao sugerir que tais invólucros realmente não passam de uma artimanha dissimulada do mestre de todos os arquitetos da realidade: o cérebro humano.

A ilusão da mão de borracha e as abordagens laboratoriais capazes de induzir uma experiência extracorpórea indicam que o cérebro esculpe ativamente nosso senso de eu e o embala como um corpo físico. No centro dessa nova definição de imagem corporal reside o fato de que nada que ocorre durante nossa rotina diária se assemelha, em aspecto algum, ao formato dos mapas somatotópicos distorcidos reconstruídos por Penfield e sua ilustradora favorita. De todo modo, esses mapas são tão estranhos para nós na vida real quanto o são quando impressos num livro-texto de neurociência. Na verdade, quando registros eletrofisiológicos são obtidos em animais despertos, livres para expressar todos os seus comportamentos naturais, o mapa sensorial do corpo apresenta-se muito mais dinâmico que o do homúnculo; mesmo o mais preciso estímulo tátil da periferia do corpo gera uma onda espaçotemporal de ativação elétrica neuronal que rapidamente se espalha por todo o córtex somestésico primário, chamado de S1, e outros campos corticais. Essa evidência experimental, reproduzida por vários laboratórios pelo mundo afora, confronta diretamente a visão do cérebro como um mosaico de áreas ou regiões independentes, defendida pela doutrina citoarquitetônica de Brodmann. Para atingir uma integração multimodal capaz de modelar uma imagem interna do corpo, o cérebro certamente tem de recrutar redes neuronais distribuídas por boa parte do córtex e provavelmente por múltiplas estruturas subcorticais cuja contribuição fisiológica, na tarefa de reivindicar a posse de um corpo indivisível e único, permanece ainda praticamente desconhecida.

Como veremos no capítulo 9, a definição dessa imagem corporal dentro do cérebro não parece se limitar à última camada do tecido epitelial da pele que recobre nosso frágil corpo de primata. Ao contrário, uma série de estudos recentes sugere que, à medida que macacos e seres humanos adquirem proficiência no uso de ferramentas artificiais, o cérebro tende a assimilar esses artefatos como verdadeiras extensões contínuas do corpo biológico. Isso implica que parte do processo de se tornar um exímio violinista, pianista ou jogador de futebol requer a gradual incorporação das ferramentas que cada um desses profissionais utiliza para expressar sua arte, coisas como violinos, pianos e bolas, como extensões das representações neurais de dedos, mãos, pés e braços que existem espalhadas pelo cérebro.

Mas não é apenas o cérebro de virtuoses e atletas de nível internacional que consegue realizar esse truque impressionante. Em cada um de nós esse órgão está trabalhando continuamente, numa rotina frenética de assimilação de tudo aquilo que nos rodeia, com o intuito de modelar nossa autoimagem corpórea com base num incessante fluxo de informação. Assim, o cérebro não só exibe a capacidade de ser o mais sofisticado construtor de ferramentas parido pelo processo de evolução natural, como também expressa o mais voraz dos apetites por incorporar os objetos que são fruto de nosso inconfundível e incomparável desejo de criar. Devido a tal sina, não resta ao cérebro outro caminho que não seja continuar a adicionar, por toda a vida, nossas roupas, relógios, sapatos, carros, computadores, talheres e quaisquer outros instrumentos que usamos no dia a dia a representações neurais do corpo, que se expandem e contraem, dinamicamente, a cada instante de nossa existência.

Levando essas ideias ao limite, os achados descritos neste capítulo dão crédito à noção de que, à medida que aprendemos a utilizar uma interface cérebro-máquina, na qual o cérebro interage diretamente com ferramentas artificiais localizadas perto ou à distância do corpo biológico, o sistema nervoso central incorpora esses artefatos como parte de nós. Para algumas pessoas, a potencial fusão futura entre cérebros e máquinas pode soar aterrorizante e mesmo servir como um prenúncio do fim da humanidade como a conhecemos. Eu não poderia discordar mais dessa avaliação. Na realidade, acredito que a ânsia do cérebro em incorporar ferramentas abrirá um capítulo inédito em nossa evolução como espécie, oferecendo, por exemplo, novos meios de estender nossa presença física numa variedade de ambientes em que, hoje, nós não podemos penetrar.

Acredito, além disso, que uma melhor compreensão dos mecanismos fisiológicos que definem essa capacidade neurobiológica de assimilação pode também explicar os sentimentos mais íntimos que norteiam alguns dos comportamentos essenciais de nossa espécie. Evidências categóricas demonstram que, no momento em que nos apaixonamos, é o cérebro, e não o coração, que indelevelmente combina carícias, murmúrios, gostos e cheiros provenientes do corpo de nossos entes amados numa vívida e aconchegante extensão de nós mesmos. É por essa razão que acredito que o compositor norte-americano Cole Porter realmente acertou no alvo ao compor os versos da famosa canção "I've got you under my skin", imortalizada pela interpretação magistral de Frank Sinatra.

Bastaria a qualquer um ouvir a voz impecável de Sinatra interpretando os versos de Porter, numa noite de verão, dançando com a amada nos braços, para entender quão doloroso é ser privado do toque de um verdadeiro amor. Se você tinha alguma dúvida antes, agora pode ir dormir sossegado: a dor do amor é mais do que real, muito provavelmente porque, para o cérebro de primata, perder o objeto do amor é como amputar uma parte real do nosso senso de eu.

Assim, não é mais surpresa postular a verdadeira razão que impede milhões de pessoas de imaginar a possibilidade de se separar, mesmo que por um único segundo, de seus amados telefones celulares. Uma vez que seus sentimentos primordiais sejam despertos, o cérebro não titubeia: ele imediatamente abraça tudo que o rodeia, sem pensar mais por um só instante onde ficavam, momentos antes, suas vãs fronteiras!

CAPÍTULO 4

GRAVANDO UMA SINFONIA CEREBRAL

Ao longo dessas três décadas de aventuras científicas, nunca deixei de me surpreender com a prontidão com que a maioria das pessoas, incluindo cientistas, abraça toda e qualquer teoria que proponha que o sistema nervoso central se vale de uma organização hierárquica rígida para desempenhar suas funções efetivamente. Por alguma razão que desconheço, esse tipo de estrutura quase militar parece nos remeter a uma solução universal, quase natural (*the way things ought to be*, como gostam de dizer os americanos), que possui grande apelo inclusive dentro da comunidade neurocientífica. Na minha concepção, tal visão tem muito mais a ver com uma posição ideológica conservadora do que com qualquer tentativa desinteressada de explicar objetivamente os mecanismos de funcionamento da mente humana. Seguindo essa mesma linha de raciocínio, o historiador de ciência norte-americano Philip Pauly (1950-2008) propôs que o fascínio da visão localizacionista do sistema nervoso tem origem em doutrinas políticas que pregam a ordem e a disciplina como pilares essenciais da construção de qualquer sistema complexo. Em seu artigo "The political structure of the brain: cerebral localization in Bismarckian Germany" [A estrutura política do cérebro: localização cerebral na Alemanha de Bismark], ele nos conta que Eduard Hitzig e Gustav Fritsch, os descobridores do córtex motor, tinham o hábito de descrever sua visão de como o sistema nervoso central opera usando metáforas extraídas do dia a dia da burocracia prussiana, venerada por esses cientistas como o ápice de organização e eficiência da raça humana.

Não há dúvida de que uma visão hierárquica do cérebro, que exulta a ordem desde o nível microscópico de um neurônio isolado até a estrutura macroscópica formada pelas 52 áreas corticais de Brodmann, era muito mais palatável para a maioria dos neurocientistas que estabeleceram sua área de pesquisa durante a transição do século XIX para o século XX. Ideologia à parte, é possível imaginar também que limitações do uso da linguagem oral e escrita tradicionalmente usada por anatomistas e histologistas para descrever, categorizar e sumarizar a forma de organização do tecido neural contribuíram para o estabelecimento, a disseminação e a cristalização da visão hierárquica do cérebro. Certamente, para um anatomista do século XIX, a maneira mais rápida e segura de atingir o topo da carreira era ter o privilégio de batizar um pequeno território de tecido neural ou com seu próprio nome, ou com uma função específica qualquer. Robert Erickson, meu colega na Universidade Duke, insistia que, como cientistas sempre buscam palavras para descrever fenômenos naturais, inclusive os comportamentos e as funções gerados pelo cérebro humano, quase todos imperceptivelmente cometem o deslize lógico de acreditar que categorias funcionais – criadas quase do nada pela palavra verbal ou escrita – deveriam ser associadas a regiões particulares do cérebro. Como minha pesquisa nos últimos trinta anos tem demonstrado, palavras por si só não fazem justiça à labuta da mente humana, que invariavelmente tende a ser de uma natureza muito mais analógica e probabilística do que qualquer uma das linguagens escritas e faladas usadas por neurocientistas para descrever a forma como nossos pensamentos emanam de um emaranhado de fibras nervosas.

Sir Charles Sherrington foi um dos primeiros neurocientistas a reconhecer a natureza distribuída do pensamento ao demonstrar que funções neurológicas básicas, como os arcos reflexos espinhais, dependem da cooperação contínua de múltiplas estruturas nervosas periféricas e centrais. Por essa descoberta vital, Sherrington foi agraciado com o Prêmio Nobel de Fisiologia ou Medicina em 1932. Ao definir que essa colaboração entre estruturas neurais caracterizava um sistema integrado, ele ajudou a lançar a área de pesquisa conhecida como neurociência de sistemas. Curiosamente, apesar da magnitude impressionante de seu trabalho experimental, Sherrington também se dedicava à literatura, como meio de expressar suas teorias sobre a mente humana. No livro *Man on his nature* [O homem em sua natureza], ele usou de uma prosa quase poética para descrever sua intuição sobre o funcionamento íntimo do cérebro: "O cérebro está acordando e com ele a mente retorna. Como se toda a Via Láctea entrasse, subitamente, numa dança cósmica, a massa de tecido neural se transforma num tear encantado no qual milhões de lançadeiras tecem, instantaneamente, um padrão etéreo, um padrão sempre cheio de significado, mas nunca definitivo; uma harmonia de padrões, sempre em fluxo".

A neurociência integrativa de Sherrington reacendeu a crença de que uma estratégia distribucionista pudesse explicar de maneira mais apropriada a fisiologia que existe por trás da geração de nossos pensamentos. Mas, como frequentemente acontece na ciência, não havia nenhuma tecnologia disponível nas primeiras décadas do século XX que permitisse a Sherrington e a seus colegas neurofisiologistas realizar uma investigação mais detalhada das funções globais do cérebro.

Essa situação começou a mudar dramaticamente em 1924, quando o alemão Hans Berger (1873-1941), médico e professor da Universidade de Jena, fez uma descoberta impressionante. Berger tinha sido colaborador de Oskar Vogt e Brodmann, os líderes do movimento citoarquitetônico do início do século. Após seu retorno dos campos de batalha da Primeira Guerra Mundial, ele se frustrara com sua inabilidade em usar medidas de circulação sanguínea cerebral como meio de estabelecer uma correlação direta entre a atividade neural e a expressão de certos comportamentos. Decidiu então, num ímpeto, mudar radicalmente o rumo de suas pesquisas, passando a buscar uma forma de medir a atividade elétrica gerada pelo cérebro.

Richard Caton, um cientista britânico, tinha feito experimentos em que registrara a eletricidade produzida pelo tecido cortical exposto de animais em 1875, e o fisiologista russo W. Prawdicz-Neminski havia documentado, antes da Primeira Guerra Mundial, a atividade elétrica cerebral que brotava do crânio intacto de cachorros. Após inúmeras tentativas malsucedidas de obter registros elétricos corticais usando eletrodos de prata inseridos no couro cabeludo de voluntários, entre os quais se incluía seu próprio filho, Berger descobriu – para alívio imediato de seus alunos e do herdeiro – que era possível obter um registro claro e contínuo dos minúsculos potenciais elétricos gerados pelo córtex humano simplesmente usando pequenos eletrodos planos, feitos de folhas de prata, aplicados na superfície do couro cabeludo e conectados a um galvanômetro tradicional. De posse dessa nova e revolucionária tecnologia, Berger passou a registrar a atividade elétrica do cérebro humano numa variedade enorme de sujeitos e condições clínicas, incluindo pacientes que sofriam de ataques epilépticos. Esses estudos lhe permitiram concluir que diferentes ritmos cerebrais globais estão associados a comportamentos rotineiros. Por exemplo, uma de suas primeiras descobertas foi a identificação da presença de uma oscilação da atividade elétrica cortical, registrada na região do couro cabeludo que cobre o osso occipital, caracterizada por atividade máxima na frequência de dez ciclos por segundo (ou dez hertz), que se manifesta quando pacientes sentam ou deitam imóveis, com os olhos fechados e relaxados. Berger batizou esse novo método com o nome de eletroencefalograma, ou EEG (figura 4.1).

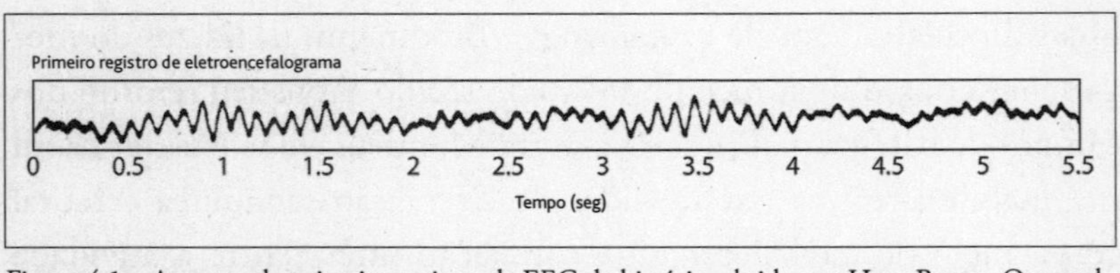

Figura 4.1 – Amostra do primeiro registro de EEG da história, obtido por Hans Berger. O traçado representa alguns segundos da atividade elétrica do cérebro do filho de Berger, registrada com o auxílio de eletrodos de superfície do couro cabeludo. (Reproduzido com permissão do European Archives of Psychiatry and Clinical Neuroscience, v. 87 (1), Über das Elektrenkephalogramm des Menschen, p. 527-570, 1929, Springer.)

Hoje, o EEG é rotineiramente utilizado em todo o mundo como uma ferramenta essencial, tanto para pesquisa como para diagnóstico. Nesses noventa anos de serviços prestados à humanidade, a técnica permitiu aos neurofisiologistas demonstrar a existência de uma grande variedade de ritmos cerebrais correlacionados com diferentes estados dinâmicos internos do cérebro e com uma série de comportamentos. Incluem-se nessa categoria o alerta (ou vigília desperta) e também os diferentes estados do ciclo do sono. Condições corticais patológicas, como diferentes formas de epilepsia, só puderam ser definitivamente reconhecidas e catalogadas por meio do uso do EEG. Em suma, foi só a partir da introdução dessa técnica que a neurociência adquiriu a habilidade de documentar a atividade integrativa do cérebro desperto.

Apesar da revolução causada pela introdução do EEG e de outro método similar, o potencial evocado cortical, que passou a permitir que neurofisiologistas registrassem a atividade cortical gerada por um estímulo sensorial periférico, a tradição já consolidada nas primeiras décadas do século XX de se olhar localmente em busca de uma determinada função cerebral se expandiu, sem hesitação, à medida que neurocientistas liderados por lorde Adrian e seus colegas da Universidade de Cambridge adquiriram, quase que simultaneamente, a capacidade de registrar os potenciais de ação produzidos por neurônios individuais. A ferramenta favorita dessa nova geração de neurofisiologistas era o microeletrodo (figura 4.2). Em sua encarnação mais tradicional, ele consiste em um cilindro metálico (feito de tungstênio ou aço inoxidável) rígido e fino com alguns centímetros de comprimento e uma ponta muito afiada, que mede apenas alguns micrômetros de diâmetro. Com exceção dessa ponta, todo o cilindro metálico que compreende o microeletrodo é recoberto com um material isolante, como resina, vidro ou plástico. Uma vez que a superfície do cérebro esteja exposta cirurgicamente, na versão clássica desse método um único microeletrodo é inserido progressivamente no tecido cerebral, criando uma trilha pelo tecido extracelular ao longo da qual se pode registrar a atividade elétrica de neurônios individuais, localizados próximos da ponta exposta desse sensor de sinfonias neurais. Um fio terra, usualmente conectado à dura-máter, a membrana mais externa das meninges, provê um ponto de referência para os sinais elétricos neurais capturados pelo microeletrodo. Dado que a eletricidade extracelular gerada pelos potenciais de ação neuronais é muito pequena – por volta de um milivolt –, os sinais registrados por um microeletrodo devem ser filtrados e amplificados consideravelmente para que a atividade de um neurônio único possa ser documentada.

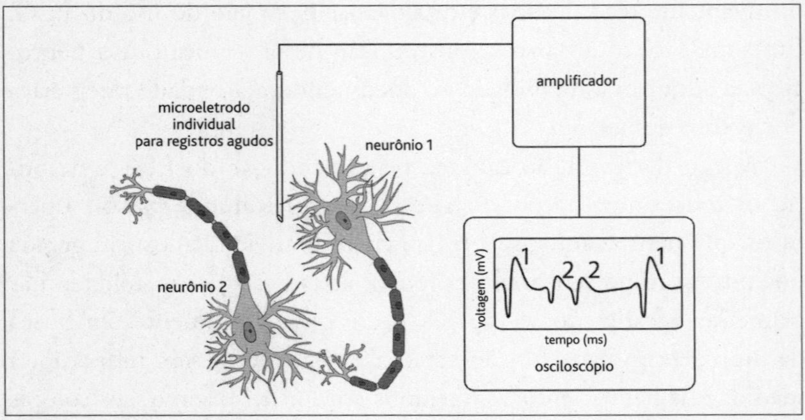

Figura 4.2 – Método de registro neuronal com microeletrodo único. Um único microeletrodo de metal, posicionado no espaço extracelular próximo a dois neurônios, é capaz de registrar os potenciais de ação extracelulares de ambas as células. A inspeção dos registros na tela de um osciloscópio revela que os potenciais de ação dos dois neurônios têm diferentes formas e magnitudes, permitindo a distinção entre as duas células. (Ilustrado pelo dr. Nathan Fitzsimmons, Universidade Duke.)

Usando microeletrodos, neurofisiologistas podem monitorar a atividade de um neurônio por um período que varia de alguns minutos a, no máximo, algumas horas. Uma vez que os potenciais de ação de um neurônio sejam identificados e registrados, o microeletrodo pode ser prontamente movido alguns micrômetros para a frente ou para trás, de modo a capturar a atividade de outra célula cerebral. Quando uma penetração no tecido termina, o microeletrodo pode ser removido e uma nova penetração pode ser iniciada, algumas dezenas de micrômetros distante da região anteriormente explorada. Desde sua introdução, há pouco mais de nove décadas, neurocientistas usam essa técnica de registro eletrofisiológico, conhecida como amostragem serial, durante uma sessão experimental para obter uma caracterização neurofisiológica sequencial de uma população de neurônios.

No final da década de 1940, a introdução de uma variação nesse método permitiu aos neurofisiologistas registrar, pela primeira vez na história da neurociência, a atividade elétrica gerada pelo espaço intracelular de um neurônio. Para tanto, foi necessário criar uma nova família de microeletrodos. Feitos de pipetas de vidro, esses microeletrodos têm uma extremidade aquecida e esticada rapidamente para gerar uma ponta bem fina e alongada, capaz de penetrar através de uma membrana celular extremamente delicada sem causar grande dano. Após a configuração da ponta, essa pipeta precisa ser preenchida com uma solução eletrolítica condutiva (como cloreto de potássio) e um filamento metálico que conecta o microeletrodo com um amplificador. Usando esse novo sensor, neurofisiologistas começaram a medir tanto o potencial de repouso da membrana de um neurônio – o pequeno dipolo elétrico que se estabelece pela diferença em concentração e fluxo de íons, carregados positiva e negativamente, entre o espaço extra e intracelular – como correntes sinápticas que continuamente bombardeiam a membrana dessa célula e, por fim, levam à produção de salva de potenciais de ação. Uma vez gerados, esses potenciais de ação se propagam rapidamente através do axônio de um neurônio. Ramos desse axônio estabelecem contatos sinápticos com outros neurônios que participam de um circuito neural. É por meio de sua gama de múltiplos contatos sinápticos que um neurônio pode influenciar a fisiologia de todos os outros neurônios com os quais ele está conectado.

Muito do trabalho experimental pioneiro envolvido na caracterização de potenciais sinápticos – e seu papel na geração de potenciais de ação – foi conduzido por um dos alunos de sir Charles Sherrington, o neurofisiologista australiano John Eccles (1903-1997), que, como seu mentor, também ganhou o Prêmio Nobel de Fisiologia ou Medicina. Aproveitando todas as vantagens oferecidas pelo novo método de registro neuronal intracelular, Eccles descobriu que potenciais sinápticos gerados pela estimulação das fibras dos nervos periféricos que alcançam a medula espinhal podiam gerar influências excitatórias ou inibitórias na membrana dos neurônios. Ele também observou que, quando a soma dessas influências sinápticas cruzava certo nível de voltagem, um neurônio da medula espinhal era capaz de gerar um potencial de ação.

Armado com seus amados microeletrodos, pelas duas décadas seguintes um exército de neurofisiologistas passou a explorar várias estruturas neurais com o método experimental desenvolvido por Adrian, devotando uma ênfase particular aos campos corticais primários que tinham sido tão úteis na validação do esquema citoarquitetônico de Brodmann. Um dos mais proeminentes protagonistas dessa era foi o lendário neurocientista norte-americano Vernon Mountcastle (1918-2015). Durante uma série de experimentos, posteriormente descritos num artigo histórico publicado no *Journal of neurophysiology* em 1957, Mountcastle e seus alunos da Universidade Johns Hopkins, na cidade de Baltimore, realizaram inúmeras penetrações com microeletrodos metálicos, a fim de quantificar as respostas táteis de neurônios corticais encontrados ao longo de toda a extensão vertical do córtex somestésico primário (S1) de gatos e macacos anestesiados. Ao mostrar que a maioria dos neurônios encontrada em cada penetração vertical exibia as mesmas propriedades neurofisiológicas – por exemplo, todos respondiam com salva de potenciais de ação quando a mesma região da pele era estimulada mecanicamente –, Mountcastle acreditou ter obtido evidência experimental incontestável em favor da hipótese de que todo o córtex S1 era formado por uma série de colunas funcionais, cada uma delas edificada por "um grupo de células ligadas verticalmente". Baseado nesses achados, ele propôs que essa coluna de tecido neural representava na realidade a verdadeira unidade funcional do córtex.

Em seu relato, Mountcastle tomou a precaução de reconhecer que a hipótese da existência de um módulo vertical de organização cortical fora previamente proposta pelo prodigioso neuroanatomista espanhol Rafael Lorente de Nó (1902-1990). Na tenra idade de vinte anos, Lorente de Nó tinha dado início à sua carreira ao provocar uma disputa com ninguém menos que dom Santiago Ramón y Cajal, ao submeter um artigo para a revista do gênio espanhol. No artigo, De Nó argumentava, em oposição a Cajal, que a organização citológica do córtex de camundongos era virtualmente idêntica e tão rica quanto a observada no córtex humano. Em vez de censurar o artigo de seu aluno, Cajal publicou o trabalho. Essa nobre atitude, porém, não impediu que a relação entre mentor e aluno se deteriorasse a ponto de o jovem De Nó ter de emigrar para os Estados Unidos para dar continuidade à carreira. Infelizmente, o reconhecimento dado por Mountcastle ao verdadeiro proponente da hipótese das colunas corticais foi ignorado por subsequentes gerações de neurofisiologistas envolvidos na árdua missão de desvendar os mistérios do córtex.

Mountcastle não estava sozinho em sua missão neurofisiológica. Na mesma época, a particularmente industriosa dupla formada por David Hubel e Torsten Wiesel também passara a dedicar todos os seus esforços na tarefa de caracterizar as respostas sensoriais de neurônios individuais do córtex visual primário (V1) de gatos anestesiados. Munidos de seus microeletrodos e usando a mesma técnica de amostragem serial, eles expandiram consideravelmente o programa de pesquisa de seu orientador, o neurofisiologista húngaro-americano Stephen Kuffler (1913-1980), que havia causado sua própria revolução ao demonstrar que células ganglionares da retina respondem à luz através de campos receptivos circulares.

Quando Hubel e Wiesel começaram a registrar a atividade extracelular de neurônios individuais do córtex visual primário e a caracterizar a forma dos campos receptivos dessas células, eles descobriram, para sua surpresa, que cada uma delas respondia primariamente a uma barra de luz projetada com uma angulação (ou orientação) particular. Outros neurônios localizados em V1 respondiam mais vigorosamente caso essa barra de luz se movesse numa direção específica. Hubel e Wiesel passaram então a medir qual orientação da barra de luz era capaz de induzir a resposta elétrica mais intensa para cada neurônio registrado em cada penetração vertical feita pelo córtex V1. Como no caso de Mountcastle, eles descobriram que a grande maioria dos neurônios encontrados durante uma penetração vertical em V1 exibia a mesma preferência de orientação do estímulo visual (a barra de luz) para gerar uma resposta máxima de disparo. Por meio da repetição sequencial desse procedimento, Hubel e Wiesel foram então capazes de reconstruir, em cada um de seus animais, um mapa completo de todas as possíveis colunas de orientação de um estímulo visual retangular representadas em V1. A descoberta desse mapa, que passou a ser conhecido como mapa de orientação de estímulos visuais, causou um verdadeiro tsunami na comunidade neurocientífica ao oferecer suporte para uma teoria proposta por Horace Barlow, neurocientista britânico do Trinity College, da Universidade de Cambridge. Bisneto de Charles Darwin, Barlow promoveu durante toda a sua carreira a noção de que neurônios corticais individuais funcionam como verdadeiros "detectores de atributos", respondendo unicamente à presença de um único parâmetro de um estímulo sensorial complexo. No caso do sistema visual, a forma, a orientação, a direção de movimento e a cor de um estímulo luminoso definiriam os diferentes atributos que cada neurônio se especializaria em representar.

Desde os registros pioneiros da atividade elétrica de neurônios individuais realizados por lorde Adrian nos anos 1920, passando pelos experimentos revolucionários de Hubel e Wiesel, até o cume do prestígio atingido pela técnica do microeletrodo único durante as décadas de 1980 e 1990, a abordagem experimental usada para investigar como o cérebro gera experiências perceptuais não mudou muito. Para começar, o estudo das bases neurofisiológicas da percepção sempre foi pautado a partir do ponto de vista ou perspectiva de um observador externo, responsável por apresentar um estímulo sensorial unimodal e bem controlado por um receptor corpóreo periférico específico (por exemplo, pele, retina, ouvido interno, língua ou epitélio nasal) de um animal de experimentação. O mesmo experimentador era também encarregado de medir o potencial elétrico evocado produzido pelo cérebro do animal e manter estável o estado interno desse mesmo sistema nervoso. Isso explica por que na grande maioria desses experimentos todos os animais foram mantidos num estado de anestesia profunda: condições experimentais eram mais facilmente controláveis dessa forma.

A popularidade dessa abordagem experimental certamente influenciou a crença expressa por ao menos três gerações de neurocientistas de que o cérebro normalmente permanece estático, destituído de qualquer vínculo histórico com seu próprio passado, e pacientemente espera pela apresentação de um novo estímulo físico, proveniente do mundo exterior, para decodificar toda a informação nele contida por meio de um processo que se resume a dividir o estímulo inicial em seus múltiplos atributos básicos. No caso de estímulos visuais, por exemplo, esses atributos incluem orientação, cor e movimento. Tal paradigma reducionista, portanto, eliminava qualquer possibilidade de incorporar o ponto de vista próprio do cérebro, que, mesmo num experimento que envolve a apresentação de um estímulo sensorial primário, obrigatoriamente inclui:

a) O estado dinâmico interno do cérebro no momento do encontro com um novo estímulo, assim como as expectativas internas criadas por ele antes desse encontro.

b) A história evolutiva e perceptual acumulada que resume os múltiplos encontros prévios do sistema nervoso de toda uma espécie e de cada um de seus indivíduos com estímulos semelhantes e distintos.

c) A habilidade adaptativa do cérebro, que lhe permite modificar suas expectativas internas a partir do encontro com uma nova experiência perceptual.

d) O valor emocional associado com o estímulo.

e) A produção de uma série de comportamentos motores, incluindo movimentos oculares, da cabeça e das mãos, que visam a produzir uma amostragem ativa do estímulo.

Em vez disso, a grande maioria dos experimentos dessa era enfocou a identificação de neurônios que podiam ser induzidos a disparar maximamente em resposta à apresentação de um estímulo primitivo. Dessa forma, não foi preciso muito para convencer quase toda a comunidade neurocientífica da validade da teoria de que a presença de certos atributos individuais induzia apenas grupos especializados de neurônios, localizados em diferentes regiões do córtex, a disparar maximamente quando da apresentação de um estímulo sensorial. Franz Gall, sem dúvida, se sentiria orgulhoso dessa nova geração de localizacionistas. Em resumo, neurônios corticais seriam categorizados com base em sua capacidade teórica de "extrair atributos primitivos" de um determinado estímulo externo. Nessas novas categorias incluíram-se os neurônios especializados em discriminar a presença de barras de luz orientadas, descritos por Hubel e Wiesel no córtex V1. Muitas outras classes de neurônios e suas estranhas designações antropocêntricas se uniram a essa aberração original, gerando uma verdadeira orgia localizacionista.

Células especializadas em detectar cor ou movimento foram identificadas em diferentes regiões do córtex visual fora do território de V1. Essas descobertas alimentaram a teoria dominante que propunha a existência de uma rígida hierarquia de áreas corticais visuais, originando-se do córtex visual primário e se espalhando pelo resto dos lobos occipital, temporal e parietal. De acordo com essa teoria, tal hierarquia era dividida em duas grandes vias que cruzavam, em paralelo, toda a extensão dos lobos parietal e temporal e que ficaram conhecidas como as vias dorsal e ventral. Assim, como a teoria pressupunha que a localização espacial de um neurônio determinava seu papel no processamento de informações visuais, essas duas subdivisões do sistema visual passaram a ser a via do "onde e como" (dorsal) e a do "o quê" (ventral). Experimentos posteriores, todavia, revelaram a existência de um alto grau de "conversação funcional" entre essas duas grandes vias. Como resultado, muitos hoje questionam a real validade fisiológica de dividir o sistema visual de forma tão simplista.

Nos anos subsequentes à introdução dessa subdivisão do sistema visual, esquemas similares foram propostos para o sistema auditivo e, com menor ênfase, para os sistemas somestésico e motor. Ainda assim, nenhuma dessas imitações foi capaz de rivalizar com o grandioso esquema proposto pelos neurofisiologistas que dedicaram a carreira a dividir e subdividir os domínios dos lobos occipital, temporal e parietal, onde se acredita que o dito córtex visual se localiza.

Ao longo dos anos 1980 e 1990, apenas algumas poucas almas foram capazes de confrontar os herdeiros de Gall. Nessa época, a neurociência de sistemas, quase que inconscientemente, caiu na armadilha intelectual de prosseguir cegamente na direção de classificar e batizar cada um dos neurônios encontrados nas inúmeras penetrações feitas pelas profundezas do córtex de acordo com critérios cada vez mais antropocêntricos, que, no limite, beiraram o absurdo completo. Por exemplo, um neurônio que por acaso respondesse vigorosamente à projeção de um rosto familiar – como a fotografia da avó de um paciente – foi imediatamente batizado, em 1969, como neurônio da vovó. Esse digno representante da "neurofisiologia familiar" foi logo superado pela descoberta da primeira celebridade neuronal. O fato inusitado se deu quando um neurônio cortical, localizado no córtex inferotemporal de um paciente masculino submetido a um procedimento neurocirúrgico no hospital-escola da Universidade da Califórnia, em Los Angeles, passou a disparar freneticamente logo após a projeção de uma foto da atriz Halle Berry na sala cirúrgica. Certamente, não haveria lugar mais apropriado para a primeira aparição de uma celebridade neural do que num teatro cirúrgico californiano! Mas qual seria o verdadeiro papel desempenhado por uma categoria de neurônios com essa propriedade?

Numa primeira análise, qualquer um de nós aceitaria como plausível a ideia de que neurônios que respondem com um grande aumento na frequência de disparos, quando confrontados com a imagem de uma face amada (avó) ou admirada (Halle Berry), devem estar envolvidos no processo neural ligado ao reconhecimento da identidade dessas personagens. Todavia, na realidade, essas imagens representam apenas os melhores estímulos encontrados pelos experimentadores para induzir uma resposta máxima dos neurônios corticais registrados. Em muitos casos, esses mesmos neurônios respondem, com menor intensidade, a outros estímulos visuais. Além disso, como é impossível investigar todo o universo de estímulos visuais que poderiam induzir uma modulação significativa na frequência de disparo de cada um desses neurônios, nunca se pode ter certeza absoluta de que uma dada resposta neuronal observada realmente represente o estímulo ideal codificado por um dado neurônio. Contudo, ao enfocar exclusivamente as respostas máximas obtidas em cada um de seus registros, neurofisiologistas ficaram cada vez mais e mais presos ao alvo de seus microeletrodos: um único neurônio. Nas sábias palavras de um dos mais admirados e respeitados neurofisiologistas norte-americanos, James T. McIlwain, da Universidade Brown,

> o uso disseminado da técnica do microeletrodo único levou nossa abordagem experimental a se concentrar no comportamento do neurônio individual e na possibilidade de que as propriedades individuais dessa célula pudessem definir tudo aquilo que o cérebro como um todo realiza [...]. Posso dar meu testemunho pessoal de quão sedutora era essa visão. Sentado num laboratório às escuras, enquanto você explora o campo receptivo de um neurônio com um pequeno estímulo visual, fascinado com o som produzido [pelas descargas elétricas desse neurônio que são reveladas] por um alto-falante, é fácil esquecer que a célula que você está monitorando é apenas uma de muitas que estão respondendo ao mesmo estímulo simultaneamente.

A despeito da pura e simples elegância – e do aparente sucesso experimental – da filosofia de estudar o sistema nervoso central a partir da classificação de neurônios em grupos distintos, de acordo com as propriedades fisiológicas mais salientes dessas células, na década de 1980 o cientista computacional alemão Christoph von der Malsburg expôs uma limitação fundamental da abordagem teórica que norteia o modelo da "extração de atributos", proposta por Horace Barlow e ratificada desde os primeiros estudos de Hubel e Wiesel. O desafio criado por Malsburg, que ficou conhecido pelo nome de "problema da encadernação" (*binding problem*), pode ser enunciado da seguinte forma: se o cérebro de fato processa cada novo estímulo sensorial, primeiramente por meio de uma decomposição da estrutura original desse estímulo num conjunto de atributos primários, cada um dos quais representado por um único grupo especializado e espacialmente segregado de neurônios corticais, qual é o mecanismo que permite que esse mesmo cérebro "encaderne" toda essa informação, que foi quebrada e espacialmente dispersa em diferentes áreas corticais, para reconstruir cada uma de nossas experiências perceptuais cotidianas dos objetos complexos encontrados no mundo que nos cerca? Sem dúvida, essa é uma boa pergunta!

Os proponentes da teoria de extração de atributos simplesmente não tinham nenhuma resposta a oferecer para a questão fundamental levantada por Malsburg. Na realidade, a simples presença desse questionamento criou uma profunda lacuna na neurociência de sistemas, algo semelhante à falta de sintonia que ainda perdura na física entre a mecânica quântica e a teoria geral da relatividade. Ainda assim, depois de um furor inicial causado pelo desafio inconveniente de Malsburg, a maioria dos neurocientistas retomou o trabalho, usando as mesmas técnicas, os mesmos termos e a mesma forma ultrapassada de pensar.

Desde o começo dos anos 1950, alguns dissidentes, desejosos de escapar da tirania do microeletrodo único, mostravam-se ansiosos por mergulhar de cabeça na aventura inédita de registrar a atividade elétrica de populações de neurônios. Nenhum desses pioneiros foi mais audacioso que o neurofisiologista, filósofo e escritor norte-americano John Cunningham Lilly (1915-2001).

Depois de se formar em física e biologia, com a ajuda de uma bolsa de estudos, no California Institute of Technology em 1938, Lilly continuou seus estudos na Universidade da Pensilvânia, onde se graduou em medicina e começou seu treinamento em psicanálise. Depois da Segunda Guerra Mundial, foi recrutado pelo National Institutes of Health (NIH), em Bethesda, Maryland, para o cargo de cientista-chefe de um novo departamento que recebeu o exótico, para a época, nome de Unidade de Integração Cortical. Os anos que ele passou no NIH deram a clara demonstração de um cientista cuja personalidade era totalmente devotada à exploração de ideias não convencionais.

Lilly tinha um interesse de longa data em estudar os mecanismos envolvidos na gênese da consciência humana. Em 1954, ele mergulhou na investigação de como o cérebro humano reagiria a um ambiente pobre em estimulação sensorial. Nessa busca, implementou e usou extensivamente um aparato experimental que chamou de tanque de isolamento sensorial. Lilly e um de seus colegas, Edward Evarts (1926-1985), participaram como investigadores e sujeitos desses estudos, que, décadas depois, inspiraram o filme *Viagens alucinantes*, estrelado por William Hurt no papel de um neurocientista que explora os mistérios da mente humana. Lilly e Evarts se revezavam dentro do tanque de isolamento sensorial, que era à prova de ruído e continha um fluxo contínuo de água salgada morna. Dentro do tanque, o corpo do sujeito ficava parcialmente suspenso, de modo que apenas o topo da cabeça permanecia acima do nível da água. Uma máscara também lhe cobria toda a cabeça, reduzindo ainda mais qualquer estimulação sensorial. Enquanto quase totalmente mergulhado na água morna, ele utilizava um tubo de borracha para respirar. Depois de algumas sessões de condicionamento ao novo ambiente, Lilly e Evarts passaram, cada um, a usar diariamente o tanque por duas horas, durante as quais tinham de relaxar e restringir os movimentos. No final de cada sessão, preenchiam um relatório detalhando suas experiências. Durante uma década de autoexperimentação, Lilly expandiu seu atrevimento investigativo ao introduzir golfinhos como companheiros de imersão no tanque de isolamento e ao decidir estudar, em si mesmo, os efeitos da droga psicodélica LSD dentro desse ambiente de escassa estimulação sensorial.

Os experimentos de Lilly com LSD e outras drogas, bem como suas tentativas de demonstrar a possibilidade de se comunicar efetivamente com seus queridos golfinhos, causaram seu distanciamento progressivo da comunidade científica mais ortodoxa. Como resultado dessa cisão, suas descobertas neurofisiológicas mais mundanas, porém revolucionárias, desapareceram quase que completamente da literatura neurocientífica.

Começando em 1949, Lilly e sua equipe decidiram inventar um método para registrar a atividade elétrica cerebral de grande alcance em animais despertos e estimular constantemente regiões cerebrais com pulsos elétricos sem produzir nenhum dano tecidual. O objetivo de Lilly era criar um novo paradigma que permitisse a futuros investigadores unir a neurofisiologia com a psicologia experimental, duas disciplinas que naquela época permaneciam completamente separadas uma da outra. Na opinião dele, se essas duas áreas de investigação não se unissem, seria impossível obter uma verdadeira "descrição espaçotemporal acurada da atividade elétrica do sistema nervoso central e dos comportamentos produzidos por ela em intervalos muito curtos [de tempo]". O primeiro passo nessa empreitada, segundo Lilly, seria estudar a atividade cerebral em animais não anestesiados.

Audacioso, Lilly construiu um aparato experimental capaz de implantar eletrodos em animais despertos e, a partir de então, registrar a atividade elétrica produzida por grandes territórios cerebrais. Assim, em vez de limitar sua abordagem, como todos os seus contemporâneos, ao uso de um único microeletrodo, ele inventou uma das primeiras matrizes formadas por múltiplos microeletrodos. Usando essa nova matriz, começou a obter registros elétricos simultâneos, derivados de mais de duas dúzias de pontos da superfície cortical. Nesses experimentos neurofisiológicos, restringiu-se ao uso de gatos e macacos, poupando o próprio cérebro. Lilly batizou esse aparato com o nome de "bavatron de 25 canais". Os registros elétricos que obteve pela primeira vez na história da neurofisiologia cortical foram denominados de "eletroiconogramas".

Para registrar os dados neurofisiológicos obtidos em animais despertos nessa época pré-computador, Lilly teve de superar enormes barreiras tecnológicas. Numa versão inicial do bavatron, ele utilizou 25 filamentos metálicos, inseridos em 25 tubos de vidro e dispostos num arranjo quadrado de cinco por cinco tubos, com dois milímetros de espaçamento um do outro, para criar uma matriz de microeletrodos. Cada um dos tubos de vidro dessa matriz, por sua vez, foi inserido em uma cânula de aço inoxidável, que podia ser parafusada numa craniotomia de aproximadamente dois centímetros de diâmetro, aberta no crânio do animal durante uma cirurgia de implantação. Quando o animal se recuperava dessa cirurgia, ele era levado para uma câmara totalmente à prova de ruído, revestida com uma extensa rede metálica. Essas precauções permitiam, por um lado, reduzir qualquer tipo de estimulação sonora que pudesse distrair a atenção do animal e, por outro, eliminar quase que por completo as potenciais interferências eletromagnéticas indesejáveis, como a causada pelas transmissões de ondas de rádio das estações de Washington. Para reduzir ainda mais qualquer fonte de ruído externo, os tubos de vidro eram preenchidos com uma solução salina e posicionados de modo a repousar gentilmente na superfície do córtex. Uma vez que as cânulas metálicas e os microeletrodos nelas contidos estivessem posicionados, cada um dos filamentos metálicos era conectado a uma das entradas de um pré-amplificador de 25 canais situado próximo ao animal. Os sinais de saída gerados por esse pré-amplificador eram então transmitidos, através de longos cabos, para 25 amplificadores posicionados fora da câmara à prova de som. Um cientista que trabalhou no NIH por muitos anos e que acompanhou alguns experimentos me contou que, no início, esse aparato experimental utilizou todo o estoque de amplificadores disponíveis na época para todos os pesquisadores do instituto. Lilly certamente estava atrás de algo muito grande!

De acordo com a configuração definida por Lilly, cada um dos 25 sinais filtrados e amplificados desse sistema de registro indicava a diferença entre o potencial elétrico obtido por um microeletrodo em particular e a média do sinal obtido por todos os microeletrodos em conjunto. Essa estratégia permitiu cancelar (ou filtrar) do registro de cada canal individual os sinais que fossem comuns a todos os microeletrodos. Conhecida como registro diferencial, essa mesma abordagem é usada até hoje para garantir que apenas os sinais eletrofisiológicos neurais de interesse, produzidos por neurônios localizados nas proximidades de cada microeletrodo, sejam registrados em animais despertos, enquanto qualquer outro ruído experimental (como os de artefatos mecânicos gerados pelos movimentos do animal, sinais elétricos provenientes da contração de músculos, contaminação de sinais eletrocardiográficos etc.) captado globalmente por todos os microeletrodos é prontamente eliminado dos registros.

A criatividade e a astúcia de Lilly alcançaram seu ápice durante a construção de seu sistema para apresentar visualmente e registrar, de modo permanente, as ondas espaçotemporais de atividade elétrica cerebral capturadas pelo bavatron de 25 canais. Sem ter o luxo de poder contar com poderosos computadores ou qualquer outra tecnologia capaz de armazenar grandes quantidades de dados, Lilly decidiu conectar cada um dos outputs de seu amplificador de 25 canais a uma matriz contendo 25 lâmpadas comuns, dispostas na mesma configuração de cinco por cinco elementos que definia o quadrado de microeletrodos do bavatron, implantados na superfície cortical. Nesse aparato, a intensidade da luz emitida por cada lâmpada era modulada, para cima ou para baixo, a partir de um valor médio calculado para todo o bavatron, de acordo com a magnitude do sinal elétrico obtido continuamente pelo microeletrodo conectado a cada lâmpada. Assim, se o sinal elétrico proveniente de um microeletrodo era negativo (em relação ao potencial elétrico médio de toda a matriz de eletrodos do bavatron), a intensidade da luz da lâmpada conectada a esse eletrodo aumentava. Por outro lado, se o sinal gerado por um microeletrodo era positivo em relação à média de toda a matriz, a luz emitida pela lâmpada diminuía de intensidade. Usando essa estratégia, Lilly começou a observar ondas espaçotemporais de luz que correspondiam aos padrões espaçotemporais de atividade elétrica gerados por uma pequena região da superfície cortical de animais treinados para produzir algum tipo de movimento corpóreo, ouvir algum estímulo auditivo ou simplesmente tirar uma boa soneca e depois despertar.

Valendo-se do tipo de conexão humana que nos projeta muito além dos limites convencionais de tempo e espaço, e da liberdade criativa que só mesmo a prática apaixonada pela ciência e pela arte pode conquistar, John Lilly, recluso em seu laboratório perdido nas colinas de Maryland, silenciosamente se transformou no primeiro neurofisiologista a espiar, como sir Charles Sherrington havia previsto, o brotar humilde, o espalhar decidido e o desaparecer surpreendente dos variados padrões de atividade elétrica neural que, inexoravelmente, definem os sempre plenos de significado, mas nunca definitivos, rumos de nosso pensar.

Como se todo esse empenho não fosse mais do que suficiente para certificar sua maestria, Lilly ainda teve forças (e recursos) para utilizar o melhor equipamento cinematográfico amador disponível à época: uma câmera Bell & Howell 70G de 16 mm e *super-speed motion*, para filmar continuamente as ondas de luz produzidas pela matriz de lâmpadas que reproduzia pensamentos. Em um dos primeiros trabalhos em que descreve o método, ele relata que essa câmera de filmar gerava tanto ruído que não houve alternativa a não ser transferir o aparato de visualização (matriz de lâmpadas) e seu "estúdio cinematográfico" para bem longe da câmara silenciosa onde os animais se encontravam, de modo a não distraí-los com o processo de documentar a trilha visual de cada um de seus "filmes cerebrais". (Pouco depois de demonstrar a operação desse aparato, Lilly ainda teve a pachorra de inventar um método para converter cada quadro dos filmes cerebrais em esculturas de madeira, criando assim a primeira manifestação sólida, em três dimensões, da naturalmente fluida dinâmica cerebral.)

Inicialmente, Lilly obteve dados com seu bavatron usando animais anestesiados. Essa primeira abordagem lhe permitiu testar todos os componentes do novo aparato, incluindo a matriz de microeletrodos e o novo sistema de documentação da atividade elétrica cortical. Ele relatou os resultados obtidos numa série de trabalhos publicados nos mais importantes periódicos científicos da época, incluindo a mais renomada publicação de neurofisiologia norte-americana, o *Journal of neurophysiology*. Simultaneamente, durante o mesmo período, demonstrou a eficácia de um novo método de estimulação elétrica contínua do cérebro, usando pulsos elétricos bifásicos, no qual a carga total era balanceada. Essa técnica, que ficou conhecida como a "onda de Lilly", tornou-se o padrão utilizado por neurofisiologistas para estimular eletricamente o cérebro sem causar lesões no tecido neural. Depois de sobrepujar muitos obstáculos técnicos, Lilly finalmente conseguiu testar sua nova metodologia em macacos despertos, que tinham a cabeça imobilizada, mas que de resto eram livres para produzir uma série de comportamentos motores, como movimentos dos membros superiores e inferiores, ou dirigir a atenção para novos estímulos sonoros. Infelizmente, muito pouco ficou registrado na literatura neurocientífica sobre os resultados obtidos nesses estudos. Num único capítulo publicado no volume dedicado a relatar as palestras de conferencistas de um simpósio realizado em meados dos anos 1950, Lilly descreveu como ele e os colegas foram capazes de implantar 610 microeletrodos por praticamente todo o córtex cerebral de um macaco rhesus adulto. Como o aparato de registro limitava a observação da atividade elétrica cortical obtida a apenas 25 microeletrodos, Lilly nunca teve a chance de gravar uma sinfonia espaçotemporal captada por todos os seus 610 sensores.

Embora em seus últimos anos Lilly provavelmente não estivesse a par da evolução da área de investigação que havia ajudado a criar, ou nem se importasse mais com ela, é seguro afirmar que os experimentos neurofisiológicos realizados durante sua juventude influenciaram sobremaneira sua vida. Tal certeza é corroborada pelo fato de que, ao descrever suas aventuras no tanque de isolamento durante uma de suas primeiras "viagens" com LSD, Lilly relatou ter experimentado a sensação de estar navegando dentro do próprio cérebro, vendo imensas populações de neurônios corticais disparando em uníssono. Certamente as longas noites passadas no NIH – em que admirava infindáveis e misteriosos padrões de luz que traduziam as sensações e desejos de seus animais de experimentação – esculpiram memórias para toda uma vida no cérebro desse pioneiro e audacioso explorador neural.

Durante os anos 1960, Edward Evarts, o principal colaborador de Lilly nos estudos com o tanque de isolamento, introduziu seu próprio método para realizar registros neurofisiológicos em macacos despertos. Essa técnica, que se transformou no novo paradigma da neurofisiologia de sistemas de primatas, enfocava exclusivamente o registro da atividade elétrica de neurônios individuais enquanto os animais realizavam alguma tarefa. Grande parte do que é sabido acerca das propriedades fisiológicas de neurônios individuais corticais e subcorticais em primatas decorre da utilização dessa abordagem, ou de pequenas variações dela, nos últimos cinquenta anos. Assim, seu sucesso é inquestionável. Todavia, sem o emprego de matrizes de múltiplos microeletrodos, como Lilly pregava, a neurofisiologia de sistemas não tinha como entender os mecanismos de funcionamento de circuitos neurais, formados por gigantescas populações de neurônios conectados, em condições cotidianas. Apesar de todo o progresso desencadeado pela introdução da técnica de Evarts, as limitações da neurofisiologia do final do século XX estavam expostas para todos os que quisessem vê-las.

Dentre essas limitações pode-se citar o fato de que, até recentemente, os registros da atividade elétrica de neurônios individuais, obtidos através da lenta inserção de um único microeletrodo nas profundezas do córtex, eram obtidos de maneira sequencial, um de cada vez. Além disso, na forma mais tradicional do método, esses registros da atividade neural individual só se iniciavam depois de terminado o período de treinamento comportamental dos animais. Assim, no momento em que os registros eletrofisiológicos tinham início, os animais já tinham atingido um estado de treinamento comportamental máximo. Tal realidade criava um problema grave para a interpretação dos dados neurofisiológicos. Por exemplo, o experimentador costumava deparar com a identificação de neurônios cujos padrões de disparo podiam ser correlacionados com diferentes parâmetros da contingência comportamental utilizada no treinamento dos animais. De posse desse resultado, porém, o neurofisiologista não tinha como concluir se essas eram características inerentes a esses neurônios ou se refletiam apenas o fato de que, por serem altamente adaptáveis, tais células haviam sido condicionadas, pelo treinamento comportamental, a adquirir propriedades fisiológicas que mostravam a proeminência de certos atributos da tarefa que os animais haviam aprendido. Em alguns casos, essa confusão transformou alguns experimentos neurofisiológicos em verdadeiros exercícios tautológicos cujo principal resultado obtido era, após meses de treinamento comportamental, a simples descrição de uma fração de neurônios com padrões de disparo que se correlacionavam com algum parâmetro da tarefa que os animais realizavam quase automaticamente, horas a fio, a cada dia. Como essa única tarefa se constituía, em geral, na mais relevante e notável atividade mental da rotina diária desses animais de experimentação, tal achado não soa tão surpreendente hoje em dia. Vale também ressaltar que, por razões técnicas, no paradigma de Evarts o foco do experimentador se restringe a coletar sequencialmente a atividade de neurônios isolados de uma única estrutura neural por animal, em cada estudo. Dessa forma, o cérebro integrativo de Sherrington foi mais uma vez destrinchado em seus múltiplos componentes e estruturas microscópicas, em vez de receber permissão de expressar toda a riqueza de seus maravilhosamente complexos circuitos neurais.

Ainda assim, poucos neurofisiologistas acreditavam que houvesse algo de errado com essa abordagem. Na realidade, a maioria esmagadora não via esperança alguma de que essa crença pudesse ser alterada e de que outras formas de inquirir o cérebro a respeito de seus mais íntimos segredos pudessem ser desenvolvidas.

Uma tarde, por volta de 1987, durante uma pausa de um experimento que insistia em não funcionar, peguei-me folheando um livro de astronomia comprado recentemente em minha livraria favorita em São Paulo. Escrito pelo professor titular da Cadeira Savilian de Astronomia da Universidade de Oxford, Joseph Silk, era intitulado *The big bang: the creation and evolution of the universe* [O big bang: a criação e a evolução do universo]. De repente, deparei com uma ilustração que imediatamente capturou minha imaginação: a imagem tridimensional de fontes de ondas de rádio de um setor do universo, obtida através de um radiotelescópio de quase um quilômetro e meio de comprimento, formado pelo encadeamento em fase de múltiplos telescópios menores numa localidade da Inglaterra (figura 4.3). Ao grafar no eixo z picos que refletiam a magnitude das fontes de rádio num espaço bidimensional, representado pelos eixos x e y, o "mapa" resultante identificava a localização e a intensidade de radiogaláxias e quasares num determinado setor do universo. Totalmente absorto na contemplação da imagem, e completamente esquecido do experimento, quanto mais eu inspecionava aquele gráfico, mais sentia que uma abordagem gráfica idêntica poderia ser aplicada ao estudo da atividade elétrica cerebral.

Movido pela inspiração gráfica contida nesse livro, comecei a imaginar como seria implantar múltiplos sensores matriciais em

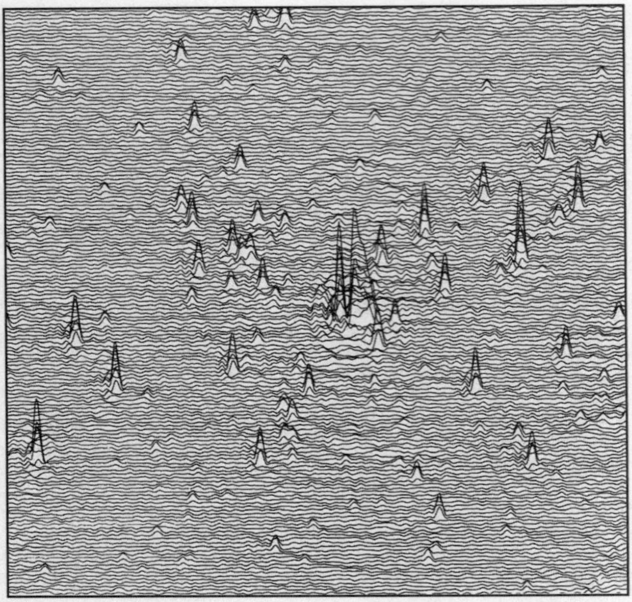

Figura 4.3 – Imagem tridimensional de um pequeno setor do espaço produzido por uma matriz de radiotelescópios em Cambridge, Inglaterra. Os picos identificam galáxias que emitem sinais de rádio. A altura de cada pico descreve a magnitude dos sinais de rádio produzidos por cada galáxia. (Original publicado em *The Big Bang*, Joseph Silk, 1986, W. H. Freeman, San Francisco, com permissão do Mullard Radio Astronomy Observatory [MRAO] e Cavendish Laboratory, Cambridge.)

diferentes localidades do cérebro que definem um circuito neural, e então criar um mapa neurofisiológico tridimensional que pudesse fazer mais justiça à riqueza dinâmica das sinfonias neurais. Para tanto, todavia, seria necessário adicionar a esse mapa uma quarta dimensão, representando o tempo. Nascia, naquele instante, a obsessão que iria me acompanhar pelo resto de minha carreira: criar novas formas de visualizar, monitorar, medir e decifrar a melodia produzida pelos universos neurais.

Semanas depois desse encontro astronômico providencial, juntei coragem suficiente para conversar com meu orientador, dr. César Timo-Iaria, sobre minhas experiências gráficas. Ele não precisou de muito tempo para examinar meus humildes rascunhos de uma nova visão de como o cérebro poderia ser estudado a partir de seu próprio ponto de vista e como sua atividade elétrica de larga escala poderia ser ilustrada dali para a frente.

Seu veredicto foi rápido e direto:

– Penso que está na hora de você terminar sua tese, deixar o laboratório e fazer um estágio no exterior.

– Porventura fiz algo errado? – Eu quase não conseguia acreditar naquelas palavras dele.

– Não, imagine. Você simplesmente está pronto para nos deixar. Nem eu nem ninguém no Brasil pode mais ajudá-lo nisso que você deseja realizar.

Dez meses e cinquenta cartas recusadas depois, encontrei numa tarde, inesperadamente, um envelope enorme, enviado por um certo John Chapin, professor associado da Universidade Hahnemann, em Filadélfia, me aguardando sobre minha mesa. Dentro desse envelope, havia uma série de presentes. O primeiro era um plano de pesquisa detalhado, recém-financiado pelo mesmo NIH de John Lilly, voltado à implementação de uma nova metodologia neurofisiológica que poderia, um dia, gerar o tipo de mapas espaçotemporais do cérebro que eu tinha em mente. Original e audacioso ao limite, esse plano envolvia um grau de inovação técnica que eu jamais havia encontrado nas dezenas de trabalhos científicos que tinham feito parte de minhas leituras no curso de pós-graduação da Universidade de São Paulo. Chapin queria descolar toda a neurociência de sistemas das tradições dos registros de microeletrodo unitário e carregá-la consigo para a nova fronteira da neurofisiologia de populações neurais. Nesse novo mundo neurocientífico, uma nova técnica permitiria aos experimentadores monitorar e registrar simultaneamente a atividade de dezenas de neurônios de um circuito neural de animais despertos e livres para expressar comportamentos, não por algumas horas ou mesmo um dia, mas por semanas e meses a fio. Chapin queria alcançar e agarrar o Santo Graal da neurofisiologia – e nos cinco anos seguintes!

Numa análise superficial, todo o projeto lembrava uma aventura impossível ou mesmo lunática. Por exemplo, em vez de utilizar microeletrodos metálicos rígidos, a norma dos sessenta anos anteriores, Chapin propunha empregar um novo tipo de sensor, construído a partir de matrizes ou feixes, contendo de oito a dezesseis filamentos flexíveis de aço inoxidável, com o diâmetro de um fio de cabelo. Para isolar eletricamente cada filamento, ele sugeria envolvê-los numa fina camada de Teflon que cobriria o novo microeletrodo com exceção da ponta, que agora seria rombuda e não mais extremamente fina. Quando implantados no cérebro, segundo a previsão de Chapin, esses filamentos permitiriam ao neurofisiologista monitorar a atividade elétrica extracelular de dezenas de neurônios individuais, tanto em ratos anestesiados quanto em animais despertos. Para alcançar essa proeza, as matrizes ou os feixes de microeletrodos teriam de ser implantados numa estrutura neural qualquer, como, por exemplo, o córtex somestésico primário, durante o que parecia ser, mesmo depois de várias leituras, um dos mais complexos procedimentos neurocirúrgicos em animais de experimentação de que já se tivera notícia. Todas as matrizes e todos os feixes de microeletrodos eram desenhados para permanecerem implantados, permanentemente, no cérebro do animal – uma abordagem que rompia com o *statu quo* dominante na neurofisiologia da época.

Anteriormente, alguns neurocientistas haviam experimentado deixar microeletrodos rígidos, de pontas finas, implantados no cérebro de roedores, numa tentativa de registrar a atividade extracelular de neurônios por longos períodos. Todas essas tentativas haviam falhado. Depois de um ou dois dias imersos no cérebro dos animais, os microeletrodos simplesmente paravam de funcionar, e nenhum sinal neuronal podia ser obtido por meio deles. A razão para essa falha catastrófica foi logo identificada. No momento em que os artefatos eram implantados no cérebro dos animais, desencadeava-se uma reação inflamatória, levando à produção de depósitos de material proteico e células ao longo de toda a sua superfície, inclusive a ponta fina, que permanecia exposta. Esses depósitos de material extracelular criavam um bloqueio que a partir de certo grau passava a impedir a captação de sinais elétricos neurais extracelulares pela ponta exposta do microeletrodo. Além disso, quando o cérebro dos animais se movia, mesmo que levemente, dentro da cabeça, a rigidez dos microeletrodos criava, ao longo do tempo, lesões cortantes no tecido neural, levando à degeneração e à morte dos neurônios localizados perto deles.

John Chapin acreditava que esses dois problemas fundamentais poderiam ser solucionados, ou pelo menos reduzidos consideravelmente, com a utilização de microfilamentos metálicos flexíveis com ponta rombuda (figura 4.4). Por causa da larga área de exposição da ponta desses microfilamentos, Chapin postulava que a reação inflamatória não seria capaz de cobrir toda a superfície dela. Muito pelo contrário, no caso desses novos sensores, a resposta inflamatória levaria, paradoxalmente, a uma melhora da qualidade dos registros, duas ou três semanas após o procedimento de implantação. Tal evento produziria, dentro do cérebro dos animais, a transformação de um microeletrodo de baixa impedância para um de alta impedância, requisito vital para o sucesso dessa abordagem. A reação inflamatória também serviria para ancorar cada microfilamento junto ao tecido nervoso. Como esses novos microeletrodos eram muito flexíveis, uma vez ancorados no cérebro eles passariam a se deslocar em sincronia com os movimentos deste, reduzindo assim o risco de qualquer lesão do tecido nervoso.

Durante a implantação cirúrgica, essas matrizes e esses feixes deviam ser introduzidos no cérebro de maneira bem delicada e lenta, para permitir que as pontas rombudas dos microfilamentos pudessem ser posicionadas ao longo do espaço extracelular, próximo de múltiplos neurônios viáveis. Essa configuração permitiria que potenciais de ação gerados por um grande número de neurônios pudessem ser registrados continuamente por múltiplos amplificadores. Em sua proposta ao NIH, Chapin sugeriu que um novo tipo de equipamento de registro teria de ser desenvolvido para dar conta da enxurrada de dados eletrofisiológicos que começariam a ser produzidos dali para a frente em seus experimentos. Ele também alertava que uma nova série de métodos analíticos teria de ser introduzida na neurofisiologia de sistemas para que os neurofisiologistas pudessem analisar seus novos bancos de dados.

Baseado em seus próprios resultados preliminares, publicados como parte de sua tese de doutorado, John Chapin observou que ratos se recuperavam rapidamente do procedimento neurocirúrgico usado para implantar matrizes e feixes de microfilamentos.

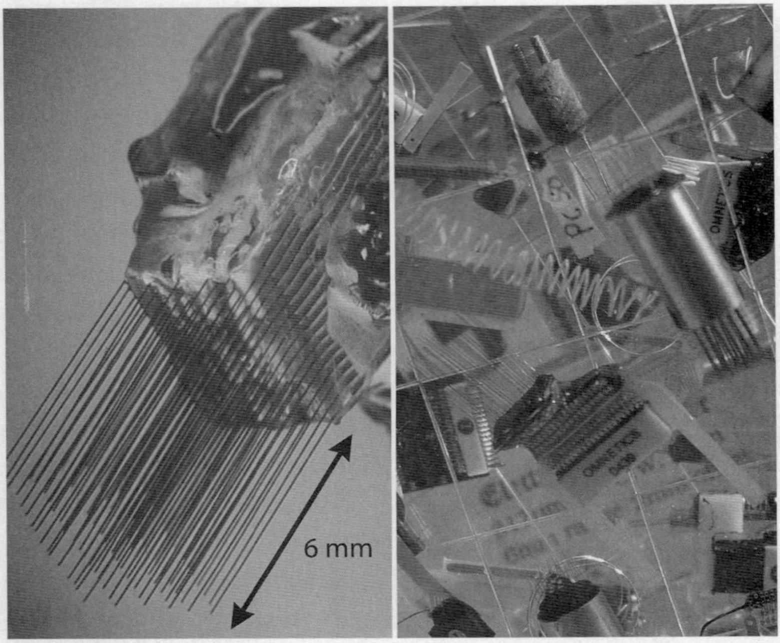

Figura 4.4 – Criando uma forma mais apropriada de escutar as sinfonias neurais. À esquerda, uma alta magnificação de uma das matrizes de multieletrodos produzidas por Gary Lehew do Centro de Neuroengenharia da Universidade Duke (DUCN). Note que múltiplos filamentos finos de metal formam uma dessas matrizes. Tais filamentos são flexíveis o suficiente para serem implantados sem causar dano ao cérebro e permanecer ativos por meses ou anos. À direita, uma amostra dos diferentes tipos de matrizes de multieletrodos criados no DUCN na década passada. (Cortesia do dr. Miguel A. L. Nicolelis.)

Na realidade, após esses procedimentos, os ratos continuavam a viver uma típica vida de roedor, fazendo tudo que qualquer outro membro de sua espécie faz num laboratório, sem nenhuma limitação. Eles eram mesmo capazes de aprender novas tarefas comportamentais sofisticadas, enquanto um neurofisiologista mais do que sortudo registrava a atividade do cérebro deles.

Ao ler o projeto submetido ao NIH, rapidamente percebi a enorme influência que os experimentos que John Chapin estava propondo teriam no futuro da neurofisiologia se eles, um dia, saíssem do papel para se transformar em realidade. Pela primeira vez havia uma ampla estratégia científica disponível para nos levar às fronteiras ainda desconhecidas do cérebro: o lugar onde a atividade elétrica de populações distribuídas de neurônios se mistura para dar à luz nossos pensamentos. Chegar lá seria extremamente difícil, talvez impossível. Mas, decerto, essa era uma viagem que valia a pena ser feita, pois todo o seu trajeto seria percorrido nos braços inebriantes da maior aventura de nossa vida.

Cheguei ao humilde campus da Universidade Hahnemann no dia 20 de fevereiro de 1989, com a maravilhosa insensatez e liberdade que caracterizam um aluno de pós-doutorado. Lá, empossado como o novo aprendiz do mago Merlin da neurofisiologia de múltiplos eletrodos, uni-me a John Chapin em sua obsessão irresistível de vasculhar o desconhecido. Para tanto, porém, tivemos de iniciar nossa jornada com um desafio um pouco mais mundano e, aparentemente, trivial.

A partir daquela primavera norte-americana de 1989, John e eu buscamos desesperadamente descobrir como é que Jerry, o rato, sempre achava um meio de escapar de Tom, o pobre gato!

CAPÍTULO 5

COMO OS RATOS ESCAPAM DOS GATOS

No momento em que, com seu movimento horizontal controlado por computador, as portas corrediças se abriram, revelando uma câmara tão escura como a noite, Eshe fez exatamente o que dela se esperava depois de todas aquelas semanas de treino. Sem hesitar – e talvez já contando com a recompensa que receberia, dada sua performance soberba nos dias anteriores –, ela projetou-se a toda velocidade para dentro do corredor estreito que ligava a porta à parede posterior da câmara, mirando um alvo peculiar que se encontrava alguns centímetros à sua frente.

Claramente, Eshe estava pronta para se exibir.

Como sempre, o experimento começou assim que a cabeça de Eshe cruzou um feixe de luz infravermelha localizado diante de uma abertura de largura variável, situada no meio do corredor por onde ela agora caminhava. A cada novo passeio de Eshe por esse corredor, a largura da abertura variava, pois era definida pelo posicionamento horizontal de duas barras de metal em forma de T, que emergiam de posições simétricas das duas paredes laterais do corredor. Um programa de computador controlava o deslizamento horizontal das barras, de modo que as extremidades dos braços menores dos dois Ts, que se moviam um em direção ao outro, ficassem frente a frente, como se estivessem planejando se beijar. Como o programa de computador nunca permitia que as barras se tocassem, elas paravam de se mover a alguns milímetros uma da outra, definindo uma passagem ou abertura no meio do caminho que Eshe tinha de percorrer para alcançar o outro lado da câmara (figura 5.1). Embora Eshe já tivesse dominado a execução dessa tarefa, seu trabalho estava longe de ser trivial. Primeiro, ao término de alguns passos, ela precisava posicionar cuidadosamente o nariz pontiagudo num pequeno orifício criado na parede posterior da câmara situada depois da abertura. Enquanto tentava colocar o nariz nessa posição, ela também tinha de se concentrar em usar apenas os bigodes (vibrissas), localizados em ambos os lados da face, para estimar, numa única tentativa e o mais rapidamente possível, o tamanho da abertura formada pelos dois Ts. Para complicar ainda mais as coisas, o mesmo programa de computador se encarregava de fazer a largura da abertura definida pelos dois Ts variar a cada tentativa. Assim, de acordo com as regras do jogo que ela agora dominava, para obter a recompensa que tanto ansiava receber Eshe precisava determinar se a abertura num dado momento era mais, ou menos, estreita do que aquela que ela havia acabado de explorar na tentativa anterior. Tudo isso na maior escuridão.

Sem conseguir ver as barras que definiam o tamanho da abertura por onde devia passar, Eshe só tinha uma opção para conseguir seu objetivo a cada tentativa: precisava confiar cegamente (literalmente falando) em seu ultrassensível senso do tato, bem como em sua já ampla experiência acumulada em realizar a tarefa, dezenas de vezes por dia, no curso do último mês. Surpreendentemente, em 90% das tentativas, Eshe conseguia estimar corretamente, num período de 150 milissegundos, se aquela abertura, que ela tocava apenas com seus graciosos pelos faciais, era mais estreita ou mais larga do que a que ela encontrara na tentativa anterior – mesmo quando o programa de computador que controlava a posição das barras em T optava por reduzir essa diferença para alguns milímetros.

Eshe atingiu a proficiência de uma verdadeira virtuose tátil ao usar, em cada tentativa, a ponta das vibrissas faciais para tocar as bordas das duas barras de metal que definiam a abertura por onde ela devia passar. Qualquer homem que tentasse realizar a mesma tarefa esfregando as pontas do bigode ou da barba nas extremidades que definiam a abertura falharia. (Esse prognóstico também valeria para qualquer mulher que optasse por tentar a sorte usando o mesmo aparato biológico.)

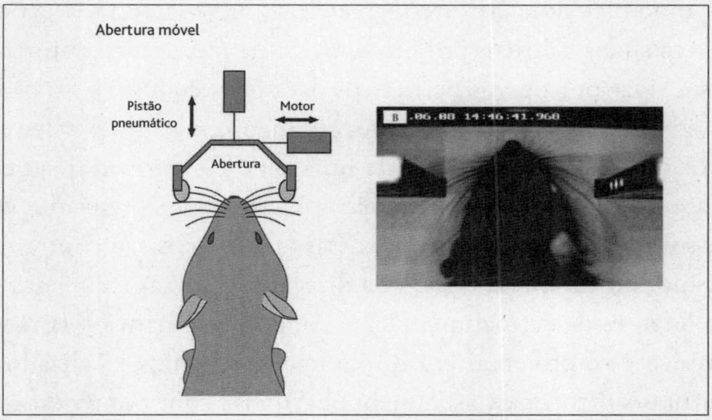

Figura 5.1 – Aparato experimental criado para testar a habilidade de ratos em usar suas vibrissas faciais para discriminar o diâmetro de uma abertura no escuro. Eshe pode ser vista na porção direita da figura realizando tal tarefa com gosto! (Ilustração publicada originariamente em KRUPA, D. J. et al. "Layer specific somatosensory cortical activation during active tactile discrimination". *Science* 304, 1989-1992, 2004.)

Seres humanos, evidentemente, tendem a usar a ponta dos dedos para realizar tarefas que requerem discriminação tátil fina. Essa estratégia funciona muito bem, porque a pele que cobre a polpa dos dedos contém uma densidade muito alta de mecanorreceptores, estruturas que, graças a uma morfologia bastante elaborada, são capazes de detectar forças diminutas aplicadas à superfície do corpo. O chamado campo receptivo de um desses mecanorreceptores periféricos (ou de um neurônio do sistema nervoso central) equivale à área de pele que, quando estimulada, leva esse receptor (ou neurônio) a gerar uma salva de potenciais de ação. Assim, quando o campo receptivo de cada um desses mecanorreceptores é ativado pela força externa que define um chamado estímulo tátil, a informação contida nesse estímulo é imediatamente traduzida para a linguagem de faíscas elétricas utilizadas pelo cérebro. O processo fisiológico que medeia essa conversão, conhecido como transdução sensorial, garante a fiel representação da localização, intensidade e duração de qualquer estímulo tátil. Dessa maneira, a abundância de diferentes tipos de mecanorreceptores periféricos permite que o cérebro construa uma imagem tátil do mundo que existe nas cercanias da pele (e dos pelos) de nosso corpo de primata.

Como mencionado anteriormente, as mensagens táteis, convertidas em sinais elétricos por um exército de mecanorreceptores, são transmitidas por nervos periféricos para o sistema nervoso central, para sofrer outras formas de processamento. Os grossos feixes de nervos que ascendem através de uma série de estruturas subcorticais até atingir o córtex somestésico primário são conhecidos como "vias somestésicas ascendentes". Essas vias neurais são contrabalançadas por outras que trafegam na direção oposta: as chamadas "vias descendentes de retroalimentação", que se originam no córtex somestésico e se projetam em direção aos neurônios localizados em estruturas subcorticais usualmente batizadas com nomes estranhos (por exemplo, tálamo e núcleos do tronco cerebral). Na realidade, todos os sistemas sensoriais exibem uma organização similar, com vias ascendentes e descendentes.

Sem saber, Eshe estava participando de um experimento planejado para abordar uma das mais básicas questões relacionadas com a potencial interação fisiológica dessas vias neurais ascendentes e descendentes. Concebida pelo norte-americano David Krupa, neurofisiologista brilhante que trabalhou por quase uma década em meu laboratório da Universidade Duke, a tarefa de discriminação tátil que Eshe havia aprendido com tanta acurácia visava a quantificar as interações dessas duas vias neurais somestésicas durante a exploração tátil ativa de objetos.

A razão que levou Eshe a usar as vibrissas faciais para realizar a tarefa não poderia ser mais indicativa das habilidades que a natureza lhe conferiu. Afinal de contas, Eshe era uma rata. E, quando ratos precisam de fato escapar de algum gato mal-intencionado, passando através de um buraco qualquer cuja localização e diâmetro eram até havia pouco totalmente desconhecidos, sua única esperança de ser bem-sucedidos reside em confiar, cegamente, nos movimentos rítmicos de seus pelos faciais para julgar se tal rota de fuga comporta a passagem de todo o seu corpo. Como qualquer gato nos diria se tivesse a oportunidade de expressar verbalmente suas frustrações, roedores destemidos, com mais frequência do que nosso amigo felino gostaria de admitir, conseguem se safar de virar uma suculenta refeição graças à fascinante proeza tátil que Eshe reproduzira em nossos experimentos.

Como a ponta dos dedos dos primatas, o folículo piloso de cada pelo facial dos roedores contém uma grande diversidade e densidade de mecanorreceptores, responsáveis pela transdução de toda e qualquer diminuta deflexão mecânica dessas vibrissas em uma salva de potenciais elétricos, que podem então ser distribuídos rapidamente por vias ascendentes para todo o sistema nervoso central. Essa tarefa é executada com eficácia pelo sistema trigeminal, uma divisão do sistema somatossensorial especializado em transmitir e processar informação gerada por estímulos táteis aplicados à face.

Entender como os ratos usam as vibrissas faciais para realizar seus truques de fuga é uma questão científica interessante por si só. Todavia, muitos neurofisiologistas se deram conta, desde os primeiros estudos realizados com esse sistema, de que a investigação dos mecanismos fisiológicos que permitem a grandes populações de neurônios processar toda sorte de informação tátil tem muito mais importância do que simplesmente desvendar o mistério de como ratos ansiosos tendem a iludir, frequentemente, gatos em busca de uma refeição grátis. Na realidade, desde o início dos anos 1970 o sistema trigeminal de roedores passou a ser um dos alvos experimentais favoritos de neurofisiologistas interessados em desvendar as bases do código neural utilizado por mamíferos para representar informação sensorial captada do mundo exterior. Foi exatamente esse objetivo que motivou Janaina Pantoja, aluna brasileira de pós-graduação de meu laboratório, a passar boa parte de seus dias "ouvindo" neurônios do sistema trigeminal disparar livremente. Esse "ouvir de neurônios" só foi possível graças à implementação da técnica neurofisiológica de registros contínuos múltiplos, criada e testada durante meus dias como aluno de pós-doutorado no laboratório de John Chapin e depois expandida em minha própria "garagem neurofisiológica" da Universidade Duke.

Em sua versão atual (2016), essa técnica permite a neurofisiologistas registrar simultaneamente a atividade elétrica extracelular de até mil neurônios individuais, distribuídos em múltiplas estruturas interconectadas que formam um circuito neural, por períodos que variam de algumas semanas (camundongos) até vários anos (macacos). Durante os últimos 25 anos, a ampliação do espectro de amostragem espacial e temporal permitido por essa técnica fez dela uma ferramenta inestimável para a investigação neurofisiológica de circuitos neurais. A figura 5.2, originariamente concebida pelo neurocientista computacional norte-americano Terry Sejnowski, do Salk Institute, em San Diego, ilustra bem a comparação dessa técnica com os métodos tradicionais disponíveis para investigação do cérebro.

Nos últimos 25 anos, uma geração de neurocientistas da Duke e de todo o mundo teve a chance de aplicar o método para registrar a atividade simultânea de centenas de neurônios, distribuídos em múltiplas estruturas neurais que definem o sistema trigeminal, enquanto ratos executam várias tarefas comportamentais. Todavia, a possibilidade de realizar tais experimentos, considerados quase impossíveis meras duas décadas atrás, não surgiu logo. Ela exigiu praticamente uma década de desenvolvimentos tecnológicos, uma árdua fase de validação do método e a publicação de cerca de uma centena de artigos científicos que comprovaram a utilidade e a relevância dessa nova abordagem experimental. Na realidade, só por meio dessa verdadeira enxurrada de publicações e de muita saliva foi possível persuadir a grande maioria da comunidade de neurofisiologistas, tão viciada em seus belos registros neuronais unitários, a aceitar uma nova forma de escutar essas sempre inebriantes, porque misteriosas, sinfonias neurais.

Esse processo de persuasão iniciou-se, em completo anonimato, em fevereiro de 1989, quando cheguei ao laboratório de John Chapin, localizado no Departamento de Fisiologia e Biofísica da Escola de

Medicina da Universidade Hahnemann, em Filadélfia, também conhecida como a "cidade do amor fraternal". Durante os cinco anos subsequentes, meu único objetivo na vida foi implementar e testar cada componente, tecnologia e processo envolvidos no

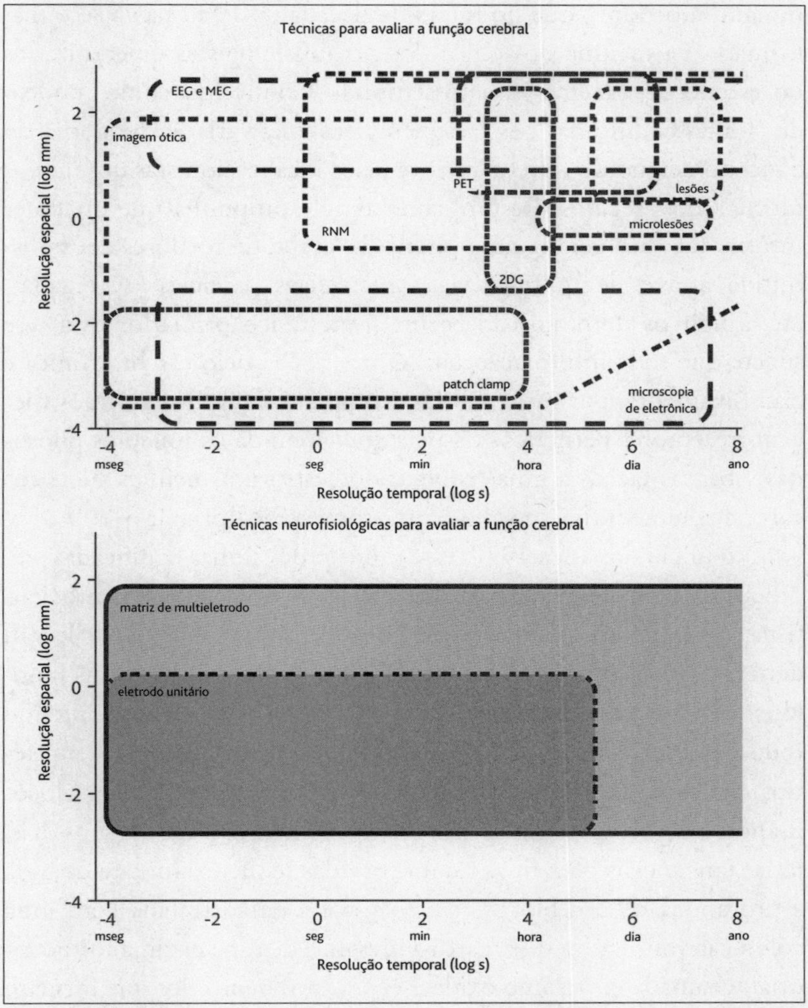

Figura 5.2 – Resolução espacial e temporal dos métodos de registro com microeletrodo unitário e múltiplo. Gráfico superior relaciona a resolução espacial e temporal da maioria das técnicas utilizadas para investigar funções cerebrais. O gráfico inferior compara os métodos de registro com eletrodo único e múltiplo usando os mesmos parâmetros. (Adaptado com permissão de MacMillan Publishers Ltd, A. Grinvald e R. Hildesheim. "VSDI: a new era in functional imaging of cortical dynamics". *Nature Reviews Neuroscience* 5: 874-885, 2004.)

estabelecimento dessa nova técnica eletrofisiológica. Uma amostra do tipo de dado eletrofisiológico obtido com ela pode ser vista na figura 5.3.

Meu projeto de pesquisa como aluno de pós-doutorado envolvia testar a validade do modelo de codificação neural do sistema trigeminal de roedores, que no início da década de 1990 havia se transformado na menina dos olhos dos neurofisiologistas especializados no estudo do sistema somatossensorial. Conhecido como modelo de "linhas codificadas", esse esquema era uma variação moderna do conceito defendido ferrenhamente pelos localizacionistas durante os últimos dois séculos. Resumidamente, ele propunha que qualquer informação tátil gerada na periferia do corpo de roedores era transmitida, através de múltiplas vias somestésicas, paralelas e segregadas, até atingir os domínios do córtex somestésico primário. Essa tese sugere que toda informação tátil é processada pelo cérebro, única e exclusivamente, por meio de vias ascendentes que conectam os mecanorreceptores periféricos da pele que circunda os folículos pilosos das vibrissas faciais a uma sequência de estruturas neurais subcorticais que define o trajeto até o córtex somestésico primário.

No início dos anos 1970, esse modelo de "linhas codificadas" recebeu um enorme incentivo, graças à descoberta de dois neurocientistas, o norte-americano Tom Woolsey e o holandês Hendrik Van der Loos, ambos da Escola de Medicina da Universidade Johns Hopkins. Num estudo seminal, eles extraíram blocos de tecido contendo todo o córtex somestésico primário de cada um dos dois hemisférios cerebrais de camundongos. A seguir, "achataram" esses blocos usando um peso para comprimi-los levemente. Passados alguns dias, fatias tangenciais bem finas foram cortadas sequencialmente de toda a profundidade dos blocos. Cada fatia foi então tratada com uma coloração histológica que marca a presença de uma enzima mitocondrial, chamada citocromo oxidase (CO), nos neurônios que formam o córtex somestésico primário (S1).

Como em outros mamíferos, o córtex de camundongos pode ser dividido em seis camadas, numeradas a partir da superfície do cérebro até a porção mais profunda com algarismos romanos de I a VI.

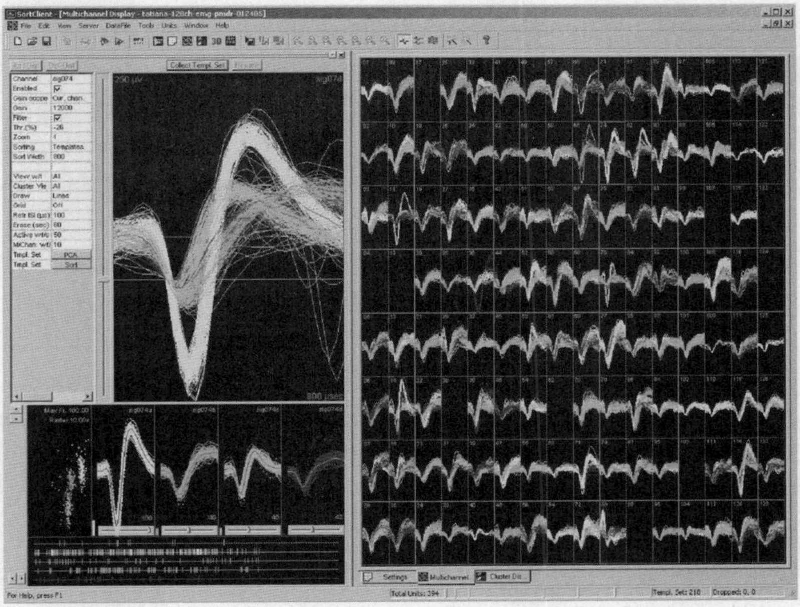

Figura 5.3 – Identificação de múltiplos neurônios individuais. Imagem de uma tela de computador ilustrando os potenciais de ação produzidos por uma amostra de 394 neurônios registrados simultaneamente num primata desperto envolvido na execução de uma tarefa comportamental. O painel mais à esquerda desta ilustração representa quatro tipos de potenciais de ação, demonstrando que a atividade elétrica de quatro neurônios corticais distintos foi amostrada simultaneamente. Esses quatro neurônios distintos são exibidos no canto inferior esquerdo da gravura. (Cortesia do dr. Miguel A. L. Nicolelis.)

Após o tratamento com a coloração histológica, Woolsey e Van der Loos analisaram sequencialmente as fatias amarronzadas do córtex S1, da mais superficial (I) até a mais profunda (VI). Para sua surpresa, eles descobriram, no meio dessa pilha de tecido cortical, no nível da camada IV, a presença de múltiplos grupamentos neuronais bem definidos e segregados, contendo cada um uma alta densidade de neurônios com grande concentração da enzima mitocondrial citocromo oxidase. Mais chocante ainda foi verificar que tais grupamentos definiam um claro arranjo matricial, no qual linhas e colunas, formados por múltiplos grupamentos neuronais densos e ricos em CO, podiam ser facilmente identificados. Woolsey e Van der Loos batizaram cada um desses grupamentos tridimensionais de neurônios ricos em CO de "barril", e a matriz completa, de "campo de barris" do córtex S1. Curiosamente, esse campo de barris definia um belo, ainda que levemente distorcido, mapa da distribuição espacial das vibrissas faciais de camundongos. Nesse mapa topográfico cortical, cada um dos barris identifica precisamente a posição de uma única e particular vibrissa facial. Da mesma forma, as linhas e as colunas observadas no campo de barris cortical representam a distribuição espacial de todas as vibrissas na face do lado oposto ao hemisfério cerebral examinado. As linhas ou fileiras paralelas de vibrissas faciais são distribuídas, de cima para baixo no eixo vertical da face, como linha A até linha E; já as colunas (ou arcos) são distribuídas no eixo horizontal da face, da porção mais posterior (arco 1) até a porção mais anterior (de 5 a 10, dependendo da linha). Assim, a representação de cada uma das vibrissas da face de um camundongo pode ser facilmente identificada, com grande precisão, por sua localização numa das diferentes linhas e arcos do mapa topográfico cortical revelado pela distribuição espacial de grupamentos de neurônios ricos em CO. Por exemplo, a vibrissa C2 (uma das favoritas de neurofisiologistas táteis ao redor do mundo) corresponde, tanto na face quanto no córtex somestésico contralateral de qualquer camundongo, ao segundo elemento da terceira linha desses mapas periférico e central.

A descoberta de Woolsey e Van der Loos desencadeou um enorme interesse da comunidade neurocientífica pelo sistema trigeminal. Logo depois, um arranjo similar ao campo de barris foi identificado em ratos (figura 5.4). E ele não era limitado ao córtex. Mapas topográficos com a mesma estrutura de linhas e colunas foram identificados no principal relé talâmico do sistema trigeminal de ratos, o núcleo ventroposterior medial (VPM), assim como nas principais subdivisões do complexo trigeminal do tronco cerebral. No núcleo VPM, cada um dos grupamentos neuronais ricos em CO foi batizado de "barreloide", enquanto no complexo trigeminal eles receberam a designação de "barreletes". No conjunto, esses estudos demonstraram que o sistema trigeminal de ratos e camundongos, aquele que conecta os principais órgãos táteis (vibrissas faciais) desses animais com o córtex S1, é formado por uma pilha de estruturas neuronais, cada uma contendo um mapa topográfico neuronal que representa perfeitamente a distribuição espacial das vibrissas na face desses roedores. Experimentos realizados logo após a descoberta de Woolsey e Van der Loos revelaram que neurônios individuais, localizados em um barreloide do núcleo VPM – por exemplo, o que representa a famosa vibrissa C2 –, emitiam axônios que terminavam maciçamente no coração do barril que representa a mesma vibrissa no campo de barris do córtex S1. Tal achado validou quase que instantaneamente a noção de que o sistema somatossensorial de roedores constitui o exemplo quintessencial de um sistema de linhas codificadas. Então, neurofisiologistas logo propuseram que neurônios individuais, localizados dentro de cada um dos barris corticais, barreloides talâmicos ou barreletes do tronco cerebral, deveriam responder significativamente com salvas elétricas apenas após a estimulação mecânica de uma única vibrissa facial, aquela que cada um desses neurônios representava.

Como esperado, os experimentos eletrofisiológicos, obtidos em animais profundamente anestesiados, logo confirmaram as predições propostas pelos defensores do modelo de linhas codificadas, ao

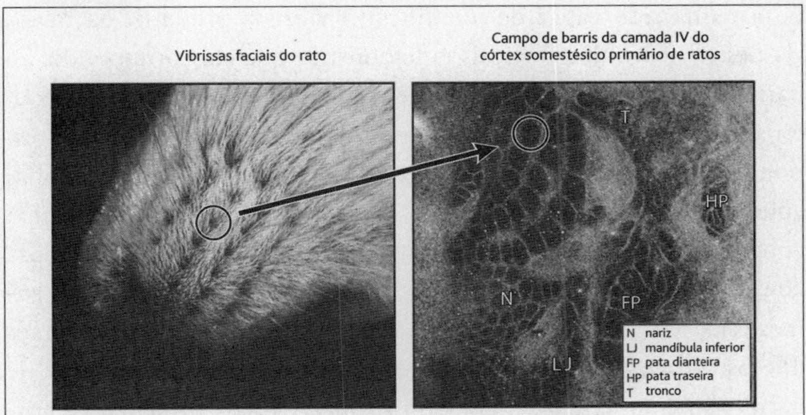

Figura 5.4 – O mapa cortical das vibrissas faciais do rato. O painel esquerdo ilustra a distribuição de vibrissas faciais no focinho de um rato, formando quatro linhas e múltiplas colunas. A metade à direita da figura representa uma fatia horizontal através da camada IV do córtex somestésico primário (S1) de um rato contendo um ratúnculo completo. Este inclui a representação das vibrissas (córtex de barris), nariz (N), mandíbula inferior (LJ), pata dianteira (FP) e traseira (HP). Agregados escuros representam altas concentrações de neurônios na camada IV. Note que o córtex de barris contém uma representação isomórfica das linhas e colunas de vibrissas encontradas na face do rato. Círculos identificam a vibrissa C2 tanto na face do rato como no córtex S1.

demonstrar que neurônios localizados em um barril cortical respondiam vigorosamente apenas quando uma vibrissa facial (chamada vibrissa principal), isto é, aquela que cada um desses neurônios supostamente representava no mapa cortical contido no campo de barris, era deslocada mecanicamente. Durante a década que se seguiu à descoberta de Woolsey e Van der Loos, registros da atividade elétrica de neurônios individuais, localizados em barris corticais, barreloides talâmicos e barreletes trigeminais, continuaram a confirmar o mesmo achado. Como resultado coletivo desses estudos, a hipótese de que esse sistema neural se valia de um modelo de linhas codificadas começou a ganhar o tipo de consenso absoluto que apenas as grandes teorias científicas são capazes de atingir.

Todavia, no final da década de 1980, algumas brechas na já quase inexpugnável cidadela de Woolsey e Van der Loos começaram a aparecer. O primeiro ataque frontal foi desferido pelo neurofisiologista britânico Michael Armstrong-James, da Universidade de Londres, que decidiu registrar as respostas elétricas de neurônios individuais localizados em múltiplos barris corticais de ratos anestesiados. Embora tenha sido capaz de identificar a vibrissa principal da maioria desses neurônios corticais e demonstrar que ela correspondia ao barril no qual o neurônio em questão estava localizado, ele notou, espantado, que cada um dos neurônios também era capaz de responder significativamente à deflexão mecânica de vibrissas vizinhas àquela definida como principal. Naquela que foi considerada uma conclusão quase herética dentro da pequena mas sempre contenciosa comunidade neurocientífica especializada no estudo do córtex somestésico de roedores, Armstrong-James e seus colegas sugeriram que os campos receptivos de um neurônio localizado no córtex de barris não eram circunscritos a uma única vibrissa principal. E postularam que a estimulação mecânica de múltiplas vibrissas localizadas ao redor da principal era capaz de induzir neurônios corticais a produzir respostas elétricas que, apesar de serem menos intensas e possuírem uma latência de início maior que aquela induzida pela estimulação da vibrissa principal, eram, de maneira evidente, significativas estatisticamente.

No verão de 1991, durante o período mais intenso dessa controvérsia, John Chapin e eu decidimos que estava na hora de aplicar nossa nova técnica de registros de múltiplos eletrodos à questão da definição do tamanho dos campos receptivos de neurônios do sistema somatossensorial trigeminal de ratos. Até então, tínhamos passado dois longos anos testando circuitos e placas eletrônicas e construído novas matrizes de microeletrodos. De início, decidimos medir os campos receptivos de neurônios individuais localizados nos barreloides do núcleo VPM do tálamo de ratos, a maior fonte de nervos que se destinam ao campo de barris do córtex dos roedores. A escolha desse núcleo foi intencional, porque ele contém apenas uma classe de neurônios, chamados de células talamocorticais (TC). Neurônios TC exibem dendritos amplos e elaborados, que normalmente recebem centenas de contatos sinápticos de nervos que se originam em neurônios trigeminais do tronco cerebral. Além desses dendritos exuberantes e continuamente ocupados, neurônios TC têm axônios longos que, ao sair do tálamo, se projetam diretamente para os campos de barris do córtex somestésico de ratos, onde formam sinapses excitatórias nos dendritos de neurônios corticais. Essa via talamocortical completa o último componente da via ascendente que conecta uma matriz de vibrissas na face de ratos ao córtex somatossensorial desses animais (figura 5.5, à esquerda).

Existe outro componente importante dessa projeção talamocortical ascendente que precisa ser mencionado. Antes de atingir o córtex S1, os axônios dos neurônios TC geram um ramo colateral que termina numa estrutura semelhante a uma concha, formada por uma única camada fina de neurônios conhecida como núcleo reticular (RT) do tálamo. O núcleo RT contém somente neurônios que utilizam o ácido gama-aminobutírico (mais conhecido pelo acrônimo GABA), um neurotransmissor que inibe a excitabilidade de células nervosas. Curiosamente, os axônios desses neurônios GABAérgicos do núcleo RT projetam-se de volta para os neurônios do núcleo VPM do tálamo, definindo a única fonte de sinapses inibitórias a influenciar as células que dão origem às projeções talamocorticais

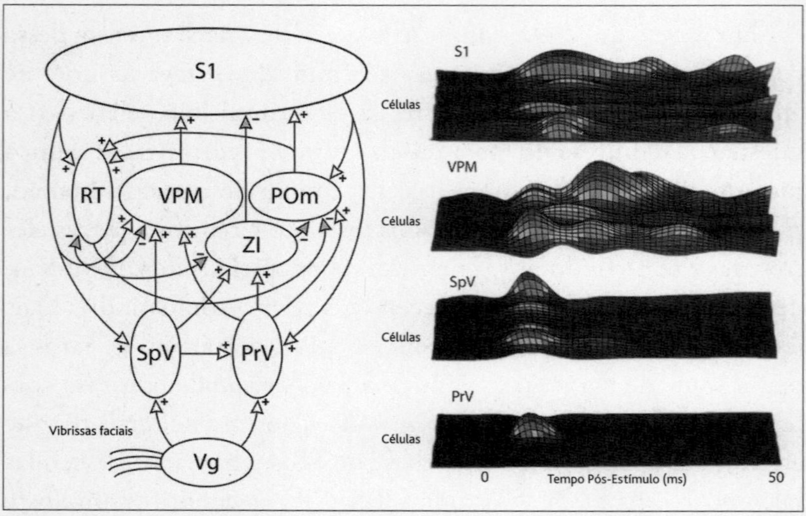

Figura 5.5 – A metade esquerda da figura ilustra a conectividade de algumas das principais estruturas cerebrais que definem o sistema somestésico trigeminal de ratos. Conexões excitatórias (+) e inibitórias (-) são descritas. Estimulação mecânica de vibrissas faciais geram respostas elétricas de neurônios do gânglio trigeminal (Vg). Esses neurônios mandam projeções para dois núcleos trigeminais distintos no tronco cerebral: o núcleo espinhal (SpV) e o núcleo principal (PrV). Esse dois núcleos, por sua vez, emitem nervos para três núcleos talâmicos: o ventroposterior medial (VPM), o posterior medial (POM) e a zona incerta (ZI). O núcleo reticular (RT) é a principal fonte de inibição para o VPM e POM. VPM, POM e ZI geram nervos talâmicos que terminam no córtex S1. Dessas projeções talâmicas, a ZI é a única fonte de projeções talâmicas inibitórias para S1. Na metade direita da figura, uma pilha de gráficos tridimensionais ilustra as respostas elétricas neuronais registradas simultaneamente de populações de neurônios individuais localizados em diferentes níveis do sistema trigeminal. (Adaptado de Nicolelis et al. "Sensorimotor encoding by synchronous neural ensemble activity at multiple levels of the somatosensory system". *Science* 268, 1353-1358, 1995; NICOLELIS et al. "Reconstructing the engram: simultaneous, multi-site, many single neuron recordings". *Neuron* 18, 529-537, 1997, com permissão da Elsevier.)

desse núcleo. Esse circuito recíproco entre os núcleos VPM e RT facilita demais a vida de neurofisiologistas incautos que desejam testar a validade de um novo método neurofisiológico, uma vez que qualquer neurônio registrado no núcleo VPM de um rato é, por definição, um neurônio TC excitatório que pertence a um dos barreloides desse núcleo. Como cada um desses neurônios TC provê a principal fonte de excitação talâmica de um barril cortical e também do núcleo RT, e neurônios RT, por sua vez, geram a única fonte de inibição de neurônios VPM, o conhecimento da organização peculiar desse pequeno circuito talamocortical foi essencial para a definição de nosso primeiro plano de estudo.

De certa forma, nossa ideia inicial era bem simples: registrar simultaneamente a atividade elétrica de cerca de duas dúzias de neurônios, dispersos ao longo de múltiplos barreloides do núcleo VPM, e então quantificar as respostas táteis dessas células evocadas pela estimulação mecânica, sequencial e aleatória da maioria das vibrissas faciais de ratos levemente anestesiados. Para registrarmos simultaneamente a atividade elétrica de múltiplos neurônicos TC no núcleo VPM, construímos matrizes e feixes de microeletrodos que permitiam a monitoração neurofisiológica estável e robusta que podia se iniciar uma semana após a cuidadosa implantação desses sensores no cérebro de nossos ratos.

Levou algum tempo, mas, após várias tentativas frustradas, aprendemos que, para obter os melhores resultados, cada uma dessas implantações neurocirúrgicas de matrizes de microeletrodos precisava ser realizada muito lentamente, para garantir que não ocorresse nenhuma lesão traumática do tecido nervoso pelo qual esses microfilamentos tinham de passar em seu caminho até o tálamo. Nesse processo de aperfeiçoamento de nossa técnica neurocirúrgica, a velocidade de penetração foi dramaticamente reduzida, até atingir cerca de cem micrômetros por minuto, com intervalos que variavam de um a três minutos de repouso entre cada avanço dos microeletrodos, para permitir que o tecido cerebral tivesse tempo de se ajustar à inserção dos sensores. Foi nessa época de infindáveis cirurgias que, acompanhado apenas do som da principal estação de rádio de Filadélfia, me tornei fã incondicional de dois ícones locais: a Orquestra Filarmônica e os Philadelphia Phillies (o time de beisebol da cidade). Depois de meses praticando meus implantes cerebrais num refúgio isolado, contando apenas com a preciosa colaboração do maestro Eugene Ormandy, do rebatedor John Kruk e do arremessador Mitch Williams, as coisas começaram a funcionar como planejado.

Chegou enfim o momento de esperar pela recuperação pós-cirúrgica dos animais (e a minha própria) e prosseguir para a fase de teste do tipo de sinais neurais que cada microeletrodo implantado seria capaz de produzir. Como John Chapin havia previsto em sua proposta para o NIH, depois de um período de recuperação, assim que os animais foram trazidos de volta para o laboratório, começamos a identificar a existência de atividade elétrica neuronal de alta qualidade presente na grande maioria dos microeletrodos implantados. É realmente difícil de traduzir em palavras o que senti ao visualizar, pela primeira vez, o rápido traçado fluorescente verde de nosso osciloscópio, revelando a presença de claros potenciais de ação extraídos daqueles implantes pioneiros no minúsculo núcleo VPM. Usando um amplificador de múltiplos canais especialmente construído para a ocasião, podíamos filtrar, amplificar e armazenar todos os diminutos sinais elétricos produzidos por cada um dos neurônios que se dispunham a disparar suas faíscas de eletricidade neural nas vizinhanças da ponta exposta de cada um dos microfilamentos implantados no cérebro de nossos ratos. Usando esse aparato, podíamos agora monitorar os disparos simultâneos de aproximadamente duas dúzias de neurônios espalhados pelos barreloides do núcleo VPM. Durante esses experimentos, eu remetia o sinal de saída amplificado de cada um dos microeletrodos para um alto-falante comum a fim de, com o girar de um único botão, conceder àquela faísca neural uma voz tão enfeitiçante, tão melódica, que, como Ulisses, qualquer um teria de tapar os ouvidos com cera para não se apaixonar perdidamente por aquele canto cerebral de sereias – a sinfonia dos neurônios, como o professor Timo-Iaria gostava de chamar esse som incomparável. Depois de três anos de espera, eu podia finalmente começar a apreciar essas serenatas neurais.

Embora ouvidos não treinados que tomavam contato com os disparos neurais emergindo do alto-falante usualmente os descrevessem como algo similar ao ruído de "pipoca estourando na panela, transmitido de uma rádio AM mal sintonizada", para mim esse som refletia a mais pura das melodias, composta e interpretada por virtuoses de uma orquestra neural dispersa pelas profundezas do cérebro. Naquele pequeno refúgio à prova de som de nosso laboratório da desconhecida Universidade Hahnemann, estávamos dando um passo fundamental para a revelação dos segredos mais íntimos de um circuito neural. Uma vez superados os últimos obstáculos técnicos, demos início a uma série de experimentos que duravam de doze a dezesseis horas. Ainda me recordo com satisfação de certa ocasião em que, às cinco da manhã, depois de passar um dia e uma noite tentando consertar um minicomputador Eclipse que se recusava a colaborar com nosso esforço, John Chapin e eu, no meio de uma pausa, nos demos conta de que nossas quatro mãos tentavam segurar, ao mesmo tempo, um rato implantado, uma chave de fenda e um calhamaço de papel impresso, sem saber o que fazer a seguir com cada um desses itens. Naquele momento inusitado, a única coisa que me ocorreu dizer a meu claramente desorientado, mas tremendamente feliz, orientador foi: "Pelo menos podemos dividir o mesmo advogado para nossos divórcios".

Depois de nos enfeitiçar por completo, o canto de sereia contido naquela salva de neurônios não nos deixara nenhuma alternativa a não ser rir da piada e voltar imediatamente para o trabalho de gravar nossas primeiras sinfonias neurais.

Tendo sido bem-sucedidos em registrar simultaneamente os sinais elétricos produzidos por 24 neurônios do núcleo VPM, nosso desafio seguinte foi criar um método eficiente para estimular mecanicamente vibrissas individuais da face de nossos colaboradores bigodudos! Tal procedimento permitiria avaliar quantitativa-mente como cada neurônio do núcleo VPM registrado simultaneamente responderia a um estímulo tátil bem controlado. Depois de alguns dias de exploração, John Chapin e eu descobrimos uma solução de baixo custo, retirada das prateleiras da RadioShack, uma rede de lojas de kits eletrônicos para cientistas amadores, e da farmácia mais próxima. Para criar esse artefato, toda manhã, ao chegar ao laboratório, eu iniciava minha rotina removendo o algodão que cobria um daqueles cotonetes longos e finos, de madeira delicada, usados normalmente nas salas de emergência de hospitais. Depois, com meu canivete suíço, eu afiava a ponta do cotonete até que ela ficasse fina como uma agulha. Usando cola instantânea, eu então cimentava a outra extremidade cilíndrica do cotonete na superfície plana do eixo metálico de um pequeno motor elétrico. Esse motor era colocado numa caixa metálica, posteriormente envolta numa fina tela de cobre. Quando conectada a um fio terra, a tela permitia eliminar todo ruído elétrico gerado pelo motor. Com um simples estimulador para impulsionar o motor, eu produzia um movimento muito preciso do eixo metálico, criando um deslocamento igualmente acurado do cotonete e sua ponta bem afiada.

Uma vez que esse aparato "altamente sofisticado" estivesse pronto para a maratona diária, o experimento principal começava. Depois de anestesiar um rato que fora anteriormente implantado com nossa matriz de microeletrodos e transferi-lo para uma plataforma acolchoada, colocada dentro de uma caixa de acrílico, eu podia dar início aos nossos registros. Para tanto, bastava ligar o conector da matriz de microeletrodos ao equipamento responsável por amplificar, filtrar, visualizar e armazenar a atividade elétrica extracelular dos neurônios do núcleo VPM registrados simultaneamente. A seguir, era preciso iniciar a estimulação mecânica de cada uma das vibrissas localizadas na face do lado oposto ao hemisfério cerebral que recebera o implante.

Estimular individualmente as vibrissas faciais de um rato não é das tarefas mais fáceis. Olhando através de uma lente de aumento, montada perto da plataforma onde meu "paciente" dormia, eu tinha de posicionar a ponta afiada do cotonete travestido de estimulador de pelos sob uma das vibrissas, a uma distância não superior a dez milímetros de sua raiz. Uma vez que essa posição fosse atingida, a vibrissa deveria repousar confortavelmente na superfície da ponta do cotonete, de modo que eu pudesse dar início ao procedimento de estimulação mecânica. Para tanto, bastava agora acionar o motor elétrico através do estimulador. A vibrissa escolhida era então defletida meio milímetro (ou três graus) para cima, durante cem milissegundos. Após esse período, ela retornava à posição original e lá ficava, em repouso, pelos novecentos milissegundos seguintes. Essa manobra era então repetida 360 vezes, uma vez por segundo (um hertz). Ao término dessas 360 deflexões, eu movia a ponta do cotonete para debaixo de outra vibrissa e repetia o procedimento de estimulação, até que todas as vibrissas tivessem sido estimuladas, uma de cada vez.

Enquanto essa rotina tediosa de estimulação de vibrissas prosseguia, a atividade elétrica produzida pelos neurônios TC do núcleo VPM que eu estava monitorando era registrada em perfeita sincronia. Dado o grande intervalo de tempo entre uma deflexão e outra (do ponto de vista do cérebro, novecentos milissegundos representam um período muito longo), eu também tinha a oportunidade de registrar a atividade elétrica espontânea de cada um desses neurônios. Ao final de cada sessão experimental, eu podia reconstruir o campo receptivo tátil de cada um dos neurônios registrados, bem como todo o mapa somatotópico da face embutido no núcleo VPM de cada um de meus ratos. Na realidade, essas foram as primeiras reconstruções dos mapas topográficos do núcleo VPM baseadas em registros obtidos com múltiplos microeletrodos.

De acordo com o modelo de linhas codificadas, o campo receptivo de cada um dos neurônios do núcleo VPM deveria ser restrito a uma única vibrissa principal, definida *a priori* pela posição do barreloide dentro do qual cada um desses neurônios estava localizado. Os resultados que emergiram daquelas longas e solitárias noites de verão, passadas a estimular pelos faciais de ratos, pintaram uma imagem muito distinta dessa visão clássica. Depois de dezoito meses de análise de nossos dados, Chapin e eu demonstramos categoricamente que neurônios individuais do núcleo VPM eram capazes de responder de forma significativa à estimulação mecânica de muitas vibrissas faciais. Quando os campos receptivos desses neurônios foram mensurados de forma quantitativa, a única conclusão plausível foi que todos os neurônios do núcleo VPM exibiam campos receptivos formados por múltiplas vibrissas. A principal predição proposta pelo modelo de linhas codificadas não chegara nem perto de ser confirmada. Nada poderia ser mais distinto da verdade do que supor que cada um desses neurônios respondia apenas à estimulação de uma única vibrissa. Quando nossos achados foram publicados em dois artigos, um na *Proceedings of the national Academy of Sciences,* em 1993, e o outro em *The journal of neuroscience,* em 1994, as figuras contidas nesses trabalhos mostravam que alguns dos campos receptivos de neurônios VPM eram grandes a ponto de incluir toda a face do rato!

Uma ilustração do resultado obtido em um desses experimentos ajuda a descrever esse achado surpreendente. A figura 5.6 contém a representação gráfica original usada para quantificar nossos achados. Esses gráficos, conhecidos como histogramas periestímulo (*peri-stimulus time histogram* – PSTH), foram usados para medir a resposta de cada neurônio à estimulação de uma vibrissa. Cada um dos PSTHs representa a frequência de potenciais de ação (eixo y) gerados por um único neurônio VPM ao redor do tempo (eixo x) de estimulação de uma dada vibrissa, com t = 0 ms indicando o momento preciso no qual iniciei a deflexão mecânica dessa vibrissa, e t = 100 ms indicando o instante em que essa deflexão foi interrompida. Nesses histogramas, podemos observar várias coisas interessantes. Primeiro, antes do início da estimulação, os neurônios VPM disparavam poucos potenciais de ação, ou seja, sua frequência de disparo basal era muito baixa. Porém, cinco milissegundos após o início da estimulação, o mesmo neurônio produziu uma vigorosa salva elétrica que alcançou uma frequência instantânea de quase 150 hertz (impulsos elétricos por segundo). Essa resposta, também chamada de curta latência, dada sua proximidade temporal com o início da estimulação periférica, é em geral muito breve, decaindo rápido como consequência da ação dos neurônios GABAérgicos do núcleo RT que são conectados reciprocamente com esse neurônio VPM. Na realidade, por causa da conexão entre neurônios VPM e RT, essa onda inibitória é gerada pela resposta de curta latência do próprio neurônio VPM.

Depois de inspecionar centenas de PSTHs como os apresentados na figura 5.6, descobri que um único neurônio VPM respondia, variando a magnitude e a dispersão temporal de seus disparos elétricos, à estimulação mecânica de muitas vibrissas individuais. Além disso, quando analisei cuidadosamente o padrão temporal dessas respostas, observei um padrão muito rico. Na realidade, essa análise revelou que a precisa localização do campo receptivo de cada neurônio VPM variava consideravelmente durante o período de tempo que se seguia ao começo da estimulação. Esse novo tipo de imagem, que passei a chamar de campo receptivo espaçotemporal, pode ser visto na figura 5.7, itens A e C.

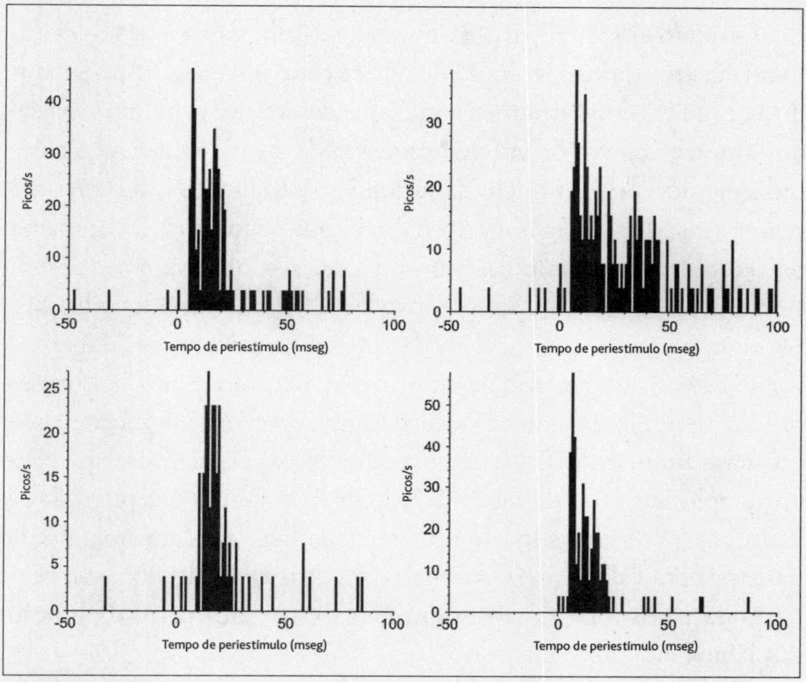

Figura 5.6 – Histogramas de respostas neuronais em torno de um estímulo tátil. Quatro desses histogramas ilustram a resposta elétrica média de um neurônio localizado no núcleo VPM, imediatamente após a estimulação de uma vibrissa facial. Em cada histograma, o eixo x representa o tempo ao redor do estímulo em milissegundos, com 0 indicando o momento exato da deflexão mecânica da vibrissa. O eixo y representa o número de disparos produzidos pela célula. (Cortesia do dr. Miguel Vieira, Universidade Duke.)

Cada uma dessas ilustrações (figura 5.7, itens A e C) usa três dimensões para indicar como a magnitude da resposta elétrica de cada neurônio VPM (eixo z) varia em função da localização espacial da vibrissa estimulada (eixos x e y, descrevendo as linhas e as colunas que identificam cada vibrissa na face do animal). Usando uma sequência desses gráficos tridimensionais para representar a distribuição espacial desses campos receptivos em função do tempo decorrido desde o início do estímulo mecânico das vibrissas, criei um gráfico de quatro dimensões que media, pela primeira vez, como a estrutura dos campos receptivos de neurônios VPM variavam em intervalos de cinco a dez milissegundos, após o início do estímulo. Enfim, meus "radiotelescópios" cerebrais estavam produzindo as primeiras imagens daquele universo neuronal.

Revendo esses gráficos, Chapin e eu reconhecemos que algo muito intrigante estava emergindo de nossos experimentos. Inspecionando a primeira "fatia" tridimensional, que descrevia o domínio espacial do campo receptivo de um neurônio VPM, calculado de cinco a dez milissegundos após o início da estimulação (figura 5.7, item A) – o tempo (ou latência) mais curto no qual um neurônio VPM poderia ter recebido informação das vibrissas faciais –, observamos que essa célula já exibia um campo receptivo que incluía múltiplas vibrissas. De acordo com o gráfico, além da vibrissa principal, que induzira a resposta mais intensa e mais rápida desse neurônio, outras vibrissas produziram respostas menos robustas, mas altamente significativas, e que levavam mais tempo para atingir seu pico. Especificamente para o exemplo ilustrado na figura 5.7, item A, o campo receptivo desse neurônio VPM estava localizado na região mais caudal (próximo da parte posterior do rosto do animal) da matriz facial de vibrissas, centrado na vibrissa E1 (a vibrissa principal), que fica perto da junção dos lábios superior e inferior.

Uma vez que neurônios VPM em geral respondiam com diferentes latências (tempos variados de resposta pós-estímulo) à estimulação de diferentes vibrissas, logo ficou claro para nós que o domínio espacial do campo receptivo de cada um desses neurônios variava significativamente de acordo com a progressão contínua do tempo pós-estímulo. Assim, para o neurônio VPM ilustrado na figura 5.7, item A, na fatia tridimensional que correspondia a um período de tempo de 25 a 35 milissegundos após o início do estímulo tátil, o centro do campo receptivo havia migrado da vibrissa E1, na porção caudal da boca, para a vibrissa E4 (ver o último gráfico do item A), um pelo bem curto localizado na porção anterior do focinho do animal. Da mesma forma, o restante da configuração espacial desse campo receptivo sofrera uma redistribuição tão dramática quanto seu centro; enquanto no período de cinco a dez milissegundos pós-estímulo ele se fixara nas vibrissas C1, C2, D1, D2 e E2, durante o intervalo de 25 a 35 milissegundos após o início do estímulo ele se movera para as vibrissas C3, D3, D4 e E3. Assim, os campos receptivos de neurônios VPM não eram somente enormes, incluindo múltiplas vibrissas,

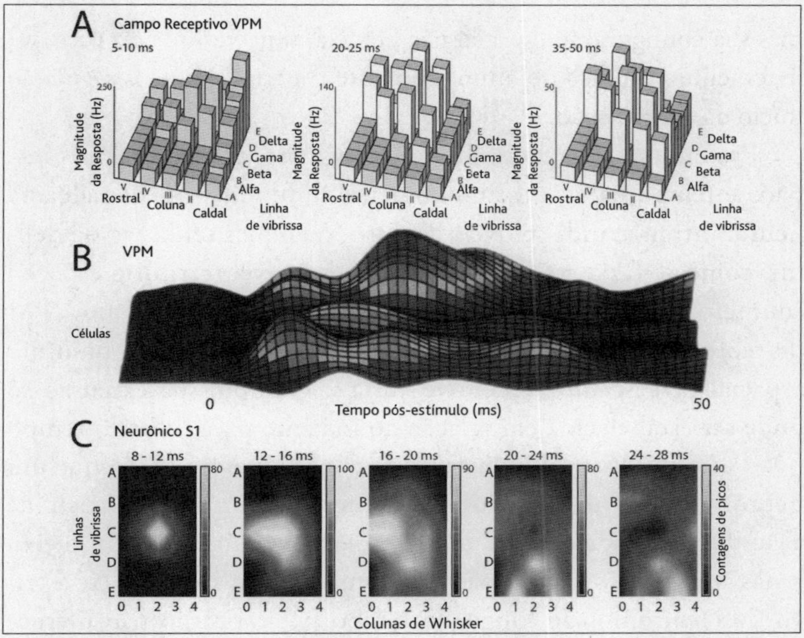

Figura 5.7 – Campos receptivos e mapas espaçotemporais. (A) Campo receptivo espaçotemporal de um neurônio único do núcleo VPM do tálamo. Cada gráfico tridimensional representa o domínio espacial de um neurônio do núcleo VPM durante um intervalo particular de tempo pós-estímulo (isto é, 5-10 ms, 20-25 ms, 35-50 ms). Em cada gráfico tridimensional os eixos x e y ilustram a posição de vibrissas faciais em linhas e colunas observadas na face de ratos. O eixo z representa a magnitude da resposta elétrica do neurônio quando uma vibrissa em particular é mecanicamente estimulada. Note que no intervalo 5-10 ms, a vibrissa E1 produziu a resposta elétrica mais intensa desse neurônio VPM, enquanto a estimulação de outras vibrissas gerou respostas menos intensas. Já no intervalo 35-50 ms após início da estimulação, foi a estimulação da vibrissa E4 que gerou a resposta mais intensa desse mesmo neurônio. Tal observação serviu para demonstrar que o centro espacial dos campos receptivos de neurônios do núcleo VPM do tálamo mudam de posição ao longo do tempo após o início do estímulo. (B) Um histograma espaçotemporal é utilizado para ilustrar as respostas táteis de uma população de neurônios VPM registrada simultaneamente. Nesta figura, o tempo pós-estímulo é representado no eixo x, enquanto 0 marca o início da estimulação mecânica de uma vibrissa. O eixo y ilustra o número de neurônios VPM registrados simultaneamente. Tons de cinza foram usados no eixo z para representar a magnitude da resposta elétrica desses neurônios VPM em função do tempo. (C) Campo receptivo espaçotemporal de um neurônio individual localizado no córtex somestésico primário de um rato. Em cada um dos gráficos tridimensionais, o eixo x representa colunas de vibrissas, enquanto o eixo y representa linhas de vibrissas, e o eixo z (em uma escala de tons de cinza) ilustra a magnitude da resposta elétrica do neurônio. Cada gráfico tridimensional representa um intervalo de tempo após o início do estímulo (8-12, 12-16, 16-20, 20-24, 24-28 ms). Note que, como no caso do neurônio VPM, o domínio espacial do campo receptivo desse neurônio cortical muda em função do tempo. (Adaptado de NICOLELIS, M. A. L. et al. "Sensorimotor enconding by synchronous neural ensemble activity at multiple levels of the somatosensory system". *Science* 268: 1353-1358, 1995; from NICOLELIS, M. A. L. et al. "Reconstructing the engram: simultaneous, multiple site, many single neuron recordings". *Neuron* 18: 529-537, 1997 com permissão da Elsevier; de NICOLELIS, M. A. L. e CHAPIN, J. K. "The spatiotemporal structure of somatosensory responses of many neuron ensembles in the rat ventral posterior medial nucleus of the thalamus". *J. Neuroscience* 14: 3511-3532, 1994 com permissão; e de GHAZANFAR, A. A. e NICOLELIS, M. A. L. "Spatiotemporal properties, of layer V neurons in the rat primary somatosensory cortex". *Cerebral Cortex* 9: 348-361, 199 com permissão de Oxford Journals.)

mas sua configuração espacial não era fixa, uma vez que ela passeava livremente pela face do animal durante o período que se seguia ao início da estimulação.

Escondidos nas profundezas do cérebro de nossos ratos, espaço e tempo pareciam simplesmente se fundir numa amálgama neural íntima e indissolúvel. Por isso, qualquer tentativa de definir, como se fazia até então, apenas o provável território espacial (número de vibrissas) do campo receptivo de um neurônio VPM de repente perdeu a relevância e o significado; como o domínio espacial desse campo receptivo varia no tempo, sua extensão só pode ser estabelecida em relação ao instante particular do tempo pós-estímulo. Para complicar ainda mais a questão, dado que um neurônio VPM não produz o mesmo número de potenciais de ação durante cada período de estimulação de uma vibrissa, o eixo z das figuras tridimensionais que representam o campo receptivo dos neurônios ao longo do tempo pós-estímulo não oferece uma indicação da magnitude absoluta de disparo desse neurônio. Em vez disso, ele oferece apenas uma estimativa probabilística de como essa célula pode disparar em resposta à estimulação mecânica de uma dada vibrissa, durante um momento particular do tempo após o início desse estímulo (a figura 5.7, item C, mostra outro exemplo de um campo receptivo de uma célula localizada no córtex S1).

Com base nesses achados, formulei o *princípio da incerteza da neurofisiologia*, um dos princípios que descrevem como o cérebro relativístico produz pensamentos a partir de seu próprio ponto de vista.

PRINCÍPIO DA INCERTEZA DA NEUROFISIOLOGIA

Não é possível definir a extensão espacial do campo receptivo de um neurônio sem especificar simultaneamente o momento no tempo pós-estímulo em que essa definição é feita. Em outras palavras, espaço e tempo no cérebro estão firmemente acoplados num *continuum* espaçotemporal.

Esse acoplamento espaçotemporal emerge como resultado do fato de que, a cada momento no tempo, combinações distintas de sinais neurais aferentes convergem em cada neurônio.

Como era de esperar, a descoberta da existência de campos receptivos espaçotemporais desafiou diretamente o modelo de linhas codificadas. Além disso, em vez de comprovar a noção, até então aceita por toda a área, de que o mapa somatotópico do núcleo VPM era definido apenas pelas projeções neurais ascendentes originadas na periferia, nossos resultados sugeriram que essa representação tátil resultava da interação assíncrona de pelo menos três projeções nervosas: a via ascendente excitatória trigeminal-talâmica, a projeção corticotalâmica descendente, também excitatória, e a potente projeção inibitória do núcleo RT. Essas três vias neurais convergem em diferentes localidades da árvore dendrítica dos neurônios VPM, em diferentes momentos no tempo, para definir o mapa espaçotemporal contido nesse núcleo talâmico (figura 5.7, item B).

Esse *princípio da convergência assíncrona* define o segundo dos dez princípios neurofisiológicos do cérebro relativista.

PRINCÍPIO DA CONVERGÊNCIA ASSÍNCRONA

Tanto o campo receptivo de cada neurônio quanto os "mapas" embutidos dentro de regiões cerebrais são definidos pela convergência espaçotemporal assíncrona de múltiplas projeções ascendentes, locais e descendentes originárias de uma miríade de outros neurônios. Campos receptivos e mapas só podem ser definidos de forma apropriada pelo acoplamento de seus domínios espaciais e temporais num único *continuum* espaçotemporal.

Em conjunto, os princípios da incerteza e da convergência assíncrona desmontam a definição clássica de campos receptivos e mapas somatotópicos, na qual o tempo não desempenha papel algum. Em vez disso, a nossa nova teoria propunha que tanto os campos receptivos como os mapas não eram nada mais do que entidades altamente dinâmicas e fluidas, que representavam a distribuição espaçotemporal dos padrões probabilísticos de disparo de populações neuronais.

Logo após essa descoberta, nós nos demos conta de que havia ainda outro achado fundamental embutido nos experimentos. Basicamente, observamos que o mapa dinâmico que havíamos identificado no núcleo VPM conferia aos neurônios localizados nessa estrutura o potencial de reorganizar ou "remapear" suas próprias respostas táteis rapidamente – quase de imediato após qualquer manipulação experimental que alterasse o fluxo ascendente de informação tátil gerada nas vibrissas faciais de nossos animais. Tal predição foi testada diretamente por meio da anestesia local de pequenas regiões da face dos ratos, seguida da quantificação dos efeitos dessa manipulação na estrutura espaçotemporal dos campos receptivos de neurônios VPM.

Segundos depois que uma pequena área de pele facial havia sido anestesiada com lidocaína, um anestésico local, documentei o início de uma enorme reorganização funcional dos campos espaçotemporais de neurônios VPM. Como consequência imediata dessa reorganização funcional, todo o mapa representando as vibrissas da face no núcleo VPM também sofreu um processo de reorganização, atingindo uma nova configuração quase que instantaneamente. Uma vez mais, a capacidade de registrar a atividade elétrica de múltiplos neurônios dispersos por toda a estrutura tridimensional do núcleo VPM nos permitiu documentar com detalhes, a partir das pontas de nossos microeletrodos, como esse mapa somatotópico graciosamente alterou sua configuração funcional para representar a nova realidade sensorial da periferia cutânea da face dos animais.

Para alguns neurofisiologistas, esses últimos resultados, publicados na revista *Nature* em 1993, foram ainda mais chocantes do que nosso estudo inicial. No começo da década de 1990, poucos acreditavam que estruturas subcorticais, como o núcleo VPM do tálamo, pudessem exibir o tipo de reorganização funcional (ou plástica, no jargão neurofisiológico) observada em nível cortical em animais adultos. Alguns anos após essa primeira demonstração, já no meu laboratório na Universidade Duke, publiquei um novo estudo descrevendo a ocorrência simultânea desse fenômeno ao longo de todas as estruturas que formam o sistema somatossensorial trigeminal. Usando uma nova estratégia experimental, decidimos implantar múltiplas matrizes de microeletrodos em diferentes estruturas do cérebro de um novo grupo de ratos. Tal abordagem nos permitiu registrar simultaneamente, numa mesma sessão experimental, a atividade elétrica de 48 neurônios dispersos por múltiplas estruturas neurais que definem a via trigeminal desses animais. A figura 5.5 (à direita) ilustra um exemplo desses registros, que incluiu o gânglio trigeminal, dois subnúcleos do complexo trigeminal do tronco cerebral, o núcleo VPM do tálamo e o córtex S1. Essa foi a primeira vez na história da neurofisiologia de sistemas que a atividade de todo um circuito neural foi monitorada e quantificada num animal desperto e livre para exibir qualquer um de seus comportamentos naturais. Sim, você leu corretamente: livre, inclusive para explorar o mundo por meio de movimentos rítmicos de suas vibrissas, conhecidos em nosso meio como *whisking*.

Depois de anos de preparação, enfim havia chegado o momento de registrar a atividade de populações de neurônios em animais despertos, enquanto suas vibrissas individuais eram estimuladas mecanicamente. Nosso objetivo principal era claro: medir o espalhamento espacial das respostas táteis geradas por esses estímulos periféricos e testar a hipótese de que, em cada uma das estruturas que formam o sistema trigeminal, essa dispersão percorre múltiplos grupamentos de neurônios ricos em citocromo oxidase, que definem barris, barreloides e barreletes desse circuito. Ao término dos primeiros experimentos, esse efeito foi mais categoricamente documentado no núcleo VPM do tálamo, no córtex S1 e em um dos subnúcleos do complexo trigeminal do tronco cerebral. As exceções a essa regra ficaram por conta do gânglio trigeminal e do núcleo principal do complexo trigeminal do tronco cerebral. Em resumo, essa observação demonstrou que a grande maioria dos neurônios que pertencem a esse circuito exibe campos receptivos que se espalham por múltiplas vibrissas da face de ratos. Finalmente havíamos posto as mãos numa verdadeira representação distribuída, encontrado um legítimo código populacional neural, enquanto ele se dispunha a executar uma de suas sinfonias neurais prediletas, bem ao alcance de nossos olhos e ouvidos atentos e maravilhados.

De novo, nada poderia ser mais diferente do modelo de linhas codificadas proposto originariamente para o mesmo sistema. Em vez de encontrar neurônios altamente especializados (como o famoso neurônio da vovó), que disparam somente em resposta a um único estímulo (a face da vovó), deparamos com representações distribuídas formadas por neurônios capazes de responder a vários estímulos (também conhecidos como neurônios de sintonia ampla) e que, por conseguinte, conduzem pequenas quantidades de informação individualmente. Como tal, quando considerada isoladamente, a frequência instantânea de disparos de cada um desses neurônios é incapaz, por si só, de discriminar a identidade de estímulos ou sustentar qualquer comportamento complexo. Todavia, quando grandes populações desses neurônios de sintonia ampla trabalham em conjunto, computações precisas podem ser obtidas. Por exemplo, durante a década de 1980, o neurofisiologista greco-americano Apostolos Georgopoulos, então professor na Universidade Johns Hopkins, relatou que neurônios individuais do córtex motor primário de macacos rhesus apresentavam uma sintonia ampla no que se referia à codificação da direção dos movimentos do braço. Numa série de experimentos, Georgopoulos demonstrou que cada um desses neurônios corticais disparava significativamente, com diferente magnitude e dispersão temporal, antes do início dos movimentos do braço do animal em diferentes direções. Dessa forma, ele só conseguiu prever com exatidão em qual direção o animal planejava mover o braço, num determinado momento, quando combinou a atividade de centenas desses neurônios. A mesma estratégia distribuída parecia ser usada pelo sistema somatossensorial trigeminal de ratos para representar a identidade da vibrissa estimulada mecanicamente em cada um de nossos experimentos. Ao combinarmos a atividade elétrica de uma grande população de neurônios individuais que exibiam campos receptivos formados por múltiplas vibrissas, conseguimos, pela primeira vez, decodificar que tipo de estímulos táteis nossos ratos estavam obtendo como resultado de sua exploração do mundo exterior – ao mesmo tempo que o cérebro deles chegava à mesma resposta.

Contudo, havia mais dentro dessas representações distribuídas que a existência de grandes populações de neurônios de sintonia ampla. Como essa nova abordagem para registros neurofisiológicos simultâneos em múltiplas estruturas me permitiu amostrar a atividade de pequenos grupos de neurônios ao longo de todo o sistema trigeminal de ratos despertos, um dia, por mera curiosidade, decidi observar como esse circuito neural se comportava quando um rato desperto permanecia imóvel dentro da caixa onde todos os registros eram feitos, sem receber nenhum tipo de estimulação mecânica de suas vibrissas. A princípio, esse experimento supostamente serviria apenas como um procedimento de calibração, um meio de testar nosso novo sistema de registros, antes de iniciarmos a rotina de estimulação.

Alguns minutos foram suficientes, porém, para que eu percebesse que os sinais neurais que comecei a registrar não tinham nada a ver com um cérebro passivo, engajado a contragosto num experimento de calibração. Na realidade, esse cérebro de roedor estava claramente envolvido em algo muito mais complexo e interessante. No momento exato em que meu rato favorito parou de se mover dentro da caixa de registros e focou a atenção no espaço vazio à sua frente, um som rítmico começou a brotar de meu já familiar alto-falante de neurônios. Enquanto meu amigo roedor mantinha seu estado de atenção imóvel, comecei a mudar a fonte de sinais que alimentavam o alto-falante, pulando de neurônios corticais para neurônios talâmicos e depois para células localizadas no tronco cerebral, tentando escutar e perseguir o som rítmico que agora brotava, de repente, de todo aquele circuito. Com espanto, notei imediatamente que a grande maioria dos neurônios distribuídos por todo o sistema trigeminal estava disparando da mesma forma rítmica, seguindo a mesma frequência, o mesmo compasso neural. De novo, com exceção dos neurônios do gânglio trigeminal e de uma subdivisão do complexo trigeminal do tronco cerebral, a maioria dos neurônios corticais e subcorticais desse circuito parecia ter se juntado a uma mesma reverberação, que se repetia continuamente, na mesma frequência de sete a doze hertz (ciclos por segundo).

Após alguns segundos desse encontro inusitado, o rato, totalmente desinteressado pela minha espionagem de seu cérebro, começou a movimentar com delicadeza todas as suas longas vibrissas de forma sincrônica. Durante cada um desses ciclos de movimento, as vibrissas de ambos os lados de sua face moviam-se rapidamente para a frente e após algumas dezenas de milissegundos se retraíam de volta para a posição original. Logo depois, um novo ciclo de movimentos das vibrissas se iniciava. A amplitude total desses movimentos sincronizados de bigodes faciais era muito pequena, sugerindo que tal comportamento era distinto daquele no qual movimentos de grande amplitude dessas mesmas vibrissas são usados por ratos para reconhecer os objetos encontrados quando eles exploram o ambiente. A mais conspícua característica desses movimentos de pequena amplitude de vibrissas, todavia, era sua frequência: por volta de dez ciclos (ou hertz) por segundo, ou seja, dentro do ranger das oscilações neurais que precediam o início desses "tremores de vibrissas", como os apelidei.

Assim que se iniciavam, os tremores de vibrissas modulavam a atividade neuronal rítmica que varria todo o sistema trigeminal. Enquanto o rato permanecia numa postura imóvel, tanto as oscilações cerebrais como os tremores continuavam ininterruptamente (figura 5.8). Quando o animal finalmente decidia se mover e explorar toda a extensão da câmara de registros, a amplitude dos movimentos de suas vibrissas aumentava de repente, enquanto sua frequência caía pela metade (entre quatro e seis hertz) em relação à que era observada durante os tremores de vibrissas. Esse comportamento foi chamado de *whisking*.

Depois de ter coletado algumas horas de dados de "calibração", passei várias semanas analisando os registros neurofisiológicos obtidos nas sessões experimentais. Para minha diversão, descobri que as oscilações cerebrais associadas ao estado de imobilidade corporal dos ratos, cuja potência de frequência estava distribuída entre sete e doze hertz, sempre se iniciavam em algum lugar do córtex S1. Após se espalharem por quase todo o córtex S1, num período de dez a vinte milissegundos, as ondas de disparos neuronais sincrônicos

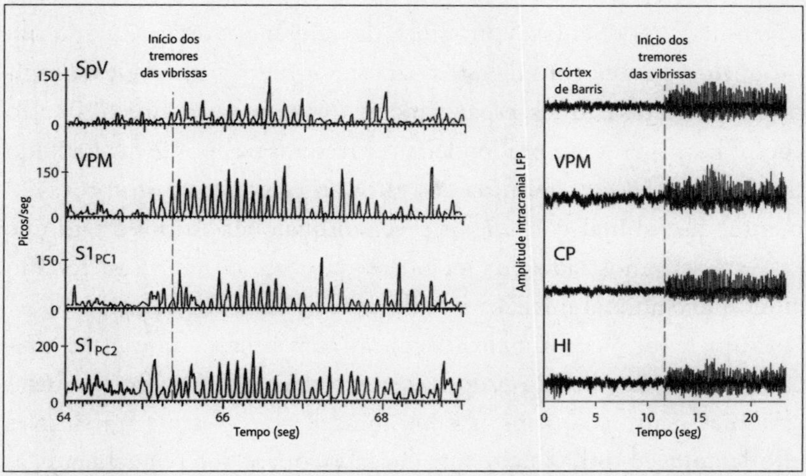

Figura 5.8 – Exemplo de oscilações rítmicas μ, na faixa de 7-14 Hz observadas, no sistema trigeminal de ratos. No painel da esquerda diferentes traçados obtidos simultaneamente ilustram o fato de que esse ritmo μ se inicia no córtex S1, espalha-se para o núcleo VPM do tálamo e mais tarde recruta neurônios no subnúcleo espinhal do complexo trigeminal (SpV), localizado no tronco cerebral, antes do início de movimentos conhecidos como "tremores de vibrissas". No painel da direita, a figura ilustra a relação entre o ritmo μ e os tremores das vibrissas que é estabelecida usando registros simultâneos da atividade de neurônicos localizados no córtex de barris, núcleo VPM do tálamo, gânglios da base (CP) e hipocampo (HI). (Original publicado em Nicolelis et al. "Sensorimotor encoding by synchronous neural ensemble activity at multiple levels of the somatosensory system". *Science* 268: 1353-1358, 1995.)

começavam a surgir no núcleo VPM do tálamo, onde quase todos os neurônios talamocorticais eram recrutados para participar desse padrão rítmico de atividade neural. Oscilações similares podiam ser observadas em outros núcleos talâmicos e em pelo menos uma subdivisão do complexo trigeminal do tronco cerebral. Assim, mesmo antes que o animal tivesse tido a chance de produzir qualquer tremor de suas vibrissas faciais, todo o seu sistema trigeminal já havia sido invadido pela onda de oscilações corticais na faixa de sete a doze hertz. Curiosamente, o padrão de espalhamento dessa onda de sincronia neuronal seguia o caminho inverso das vias ascendentes do sistema trigeminal.

Num trabalho publicado na revista *Science* em 1995, Chapin e eu propusemos a existência de uma representação espaçotemporal dinâmica e distribuída de informação tátil que se espalhava por todo o sistema trigeminal de ratos. Além disso, sugerimos que esse padrão de disparo neuronal rítmico, observado em todo o sistema trigeminal, representava um sinal de referência temporal interno produzido pelo cérebro de ratos para sincronizar a atividade de múltiplas estruturas neurais, espacialmente dispersas, num único circuito coeso. Esse sinal temporal poderia ser responsável por gerar o estado de alta atenção que permitia aos ratos antecipar e, muito provavelmente, discriminar com maior precisão qualquer estímulo tátil que pudesse ser amostrado por meio dos tremores de vibrissas, mesmo antes que o animal iniciasse a exploração ativa do ambiente.

Aquele foi meu primeiro encontro com uma manifestação típica do ponto de vista do próprio cérebro em ação. Ouvindo aquelas sinfonias neuronais rítmicas e encantadoras através de um simples alto-falante, eu tinha finalmente chegado, quase que por acidente, às fronteiras inexploradas da neurociência de sistemas.

Não havia dúvida alguma em meu próprio cérebro de que meu único desejo era mergulhar de cabeça nesse novo e misterioso mundo e descobrir o quanto suas fronteiras poderiam ser estendidas.

Aqueles foram os últimos experimentos que realizei na condição de aluno de pós-doutorado na Universidade Hahnemann. Ainda sem saber exatamente como ratos escapam de gatos, no outono de 1994 eu estava construindo um novo laboratório no recém-criado Departamento de Neurobiologia da Universidade Duke. Logo após minha chegada ao campus, um jovem estudante norte-americano descendente de paquistaneses chamado Asif Ghazanfar, que recentemente terminara sua licenciatura em Biologia e Filosofia na Universidade de Idaho, juntou-se a meu grupo. Para os demais membros de nosso departamento, essa união de um brasileiro e um paquistanês deu origem ao "laboratório de lugar algum"!

Pelos dois anos seguintes, Ghazanfar e eu trabalhamos intensamente para testar as ideias que haviam surgido como resultado de minhas pesquisas na Universidade Hahnemann. Ghazanfar, que hoje é professor titular do Departamento de Psicologia da Universidade Princeton, confirmou que neurônios individuais do córtex S1 de ratos também exibiam campos receptivos grandes e dinâmicos, formados por múltiplas vibrissas. A seguir, mostrou que o domínio espacial desses campos receptivos corticais também se alterava ao longo do tempo pós-estímulo (figura 5.7, item C). Posteriormente, ele observou que populações de neurônios com campos receptivos contendo múltiplas vibrissas podiam, em conjunto, prever com grande precisão a localização de um estímulo mecânico aplicado a uma única vibrissa. Essa demonstração foi obtida alimentando uma série de algoritmos computacionais, conhecidos como redes neurais artificiais (RNA), desenvolvidos para o reconhecimento de padrões complexos, com a atividade elétrica produzida por populações de neurônios corticais durante a estimulação de múltiplas vibrissas. Nesses experimentos, Ghazanfar treinava uma RNA para reconhecer a localização de um estímulo aplicado a uma única vibrissa, baseando-se apenas no padrão espaçotemporal de atividade de populações de neurônios corticais registrados simultaneamente. Assim que uma RNA atingia um alto nível de performance em classificar essa "amostra de treinamento", ele introduzia um novo conjunto de padrões de atividade neuronal (conhecido como amostra de teste) que não havia sido apresentado durante a fase de treinamento da RNA. Ghazanfar observou que essas RNAs eram capazes de classificar com grande precisão a identidade da vibrissa estimulada em cada sessão apenas quando a atividade espaçotemporal de uma população de neurônios corticais, mas não de uma única célula do córtex S1, servia como amostra de teste.

A essa altura, outros laboratórios começaram a colher dados, usando vários novos métodos, que replicaram nossos achados eletrofisiológicos. O neurofisiologista israelense Ron Frostig, da Universidade da Califórnia, em Irvine, por exemplo, empregou um novo método para medir a atividade cerebral global. Conhecido como imagem óptica intrínseca, o método permitiu quantificar o recrutamento de neurônios do córtex S1 produzido pela estimulação de uma única vibrissa facial. Usando essa nova abordagem experimental, Ron foi capaz de demonstrar que esse pequeno estímulo mecânico periférico induzia o surgimento de uma complexa onda de ativação cortical que cruzava a maior parte do volume do córtex S1 em ratos. Na mesma direção, registros intracelulares da atividade elétrica de neurônios S1, realizados por Chris Moore, Sacha Nelson e Mriganka Sur no MIT e pelo laboratório de Barry Connors na Universidade Brown, revelaram que cada um desses neurônios corticais, independentemente da localização em termos de camadas corticais, recebiam informação aferente de múltiplas vibrissas. Em outras palavras, cada um desses neurônios era bombardeado por correntes sinápticas que resultavam da estimulação de múltiplas vibrissas. Como em nossos resultados, quando esses pesquisadores quantificaram o campo receptivo dos neurônios S1, observaram que eles continham múltiplas vibrissas.

Ghazanfar continuou seus estudos, demonstrando que tanto neurônios do núcleo VPM como do córtex S1 podiam integrar informação gerada pela estimulação simultânea de múltiplas vibrissas de uma vez. Também provou que, ao bloquear a atividade neuronal no córtex S1, ele podia interferir na habilidade de neurônios VPM em responder a estímulos de múltiplas vibrissas. Alguns meses mais tarde, David Krupa, então aluno de pós-doutorado em meu laboratório, observou que, ao bloquear a atividade de neurônios S1 que davam origem à via corticotalâmica, ele era capaz de reduzir a capacidade de neurônios VPM (o principal alvo dessa via descendente) em exibir reorganização funcional após a anestesia local de algumas vibrissas faciais. Esses achados deram ainda mais apoio ao princípio da convergência assíncrona, ao demonstrar, inequivocamente, que projeções descendentes, ou de retroalimentação, geradas no córtex S1 e que têm como alvo o núcleo talâmico VPM desempenham um papel primordial no controle do fluxo de informação tátil que ascende pelo tálamo. Com base nesses resultados, propusemos que as respostas táteis dinâmicas de neurônios S1 e VPM eram determinadas pela convergência assíncrona de várias projeções neurais ascendentes (vindas da periferia do corpo), descendentes (vindas do córtex), locais (RT e interneurônios corticais) e modulatórias que convergem nos dendritos de cada um desses neurônios em diferentes momentos do tempo pós-estímulo.

Muitas das predições derivadas do princípio da convergência assíncrona requerem uma ampla validação experimental. Por exemplo, quando era aluna de doutorado em meu laboratório nos anos 1990, Erika Fanselow planejou um experimento muito engenhoso para medir como os neurônios S1 e VPM responderiam a estímulos táteis idênticos apresentados durante estados comportamentais distintos em animais despertos. Erika conseguiu essa proeza graças à invenção de um eletrodo capaz de estimular nervos periféricos, como o nervo infraorbital (NIO), o ramo do nervo trigeminal que inerva as vibrissas faciais. Usando esse eletrodo, ela conseguiu distribuir sequências precisas de estímulos elétricos diretamente no NIO, enquanto registrava as respostas evocadas por populações de neurônios individuais no núcleo VPM e no córtex S1. Empregou então o novo aparato experimental para medir como essas respostas táteis neuronais variavam de acordo com comportamentos típicos, exibidos por ratos durante seu ciclo de vigília e sono.

Erika primeiro observou que, quando ratos estavam movendo as vibrissas, as respostas táteis de neurônios corticais e talâmicos, geradas pela estimulação elétrica do NIO, eram muito distintas das respostas observadas quando a mesma estimulação ocorria em animais que, embora despertos, permaneciam imóveis, sem gerar movimentos dos bigodes. Assim, durante períodos de movimentos das vibrissas, em vez de exibirem o clássico padrão composto de uma breve resposta excitadora inicial, seguida por um longo período de inibição (padrão observado em animais imóveis), esses neurônios corticais e talâmicos produziram uma resposta tátil excitadora muito mais longa em resposta a um único impulso elétrico do NIO. Nessa resposta não se notava a presença de nenhum período de inibição pós-excitadora. Tal padrão de resposta tátil sustentada ocorria independentemente do tipo de movimento de vibrissas (tremor de pequena amplitude ou movimentos exploratórios de grande amplitude) produzido pelos animais. Tal achado levou Erika a realizar novos experimentos, nos quais era usado um par de impulsos elétricos, em vez de apenas um. O resultado obtido nesse novo experimento foi surpreendente. Quando os ratos permaneciam despertos mas imóveis, sem produzir movimentos das vibrissas faciais, seus neurônios corticais e talâmicos conseguiam responder apenas ao primeiro impulso elétrico do par que Erika aplicava ao NIO; durante esse estado de imobilidade, a potencial resposta tátil desses neurônios ao segundo pulso era completamente mascarada pelo período de inibição pós-excitadora gerado por essas células. Por outro lado, quando os mesmos animais estavam engajados em comportamentos que envolviam a produção de qualquer movimento das vibrissas faciais, seus neurônios S1 e VPM podiam responder bem a ambos os estímulos elétricos aplicados ao NIO; esses neurônios podiam responder a ambos os estímulos mesmo quando eram aplicados com um intervalo de apenas 25 milissegundos. Obviamente, a produção de movimentos das vibrissas permitia tanto ao córtex como ao tálamo representar fielmente a sequência de estímulos táteis aplicados aos mecanorreceptores da periferia do corpo dos ratos, algo que não era possível enquanto os animais permanecessem no estado de completa imobilidade.

Os resultados obtidos por Erika demonstraram claramente que as respostas táteis de neurônios da via trigeminal variavam de acordo com o estado comportamental do animal. Ainda assim, como seus animais não estavam envolvidos em nenhuma tarefa comportamental que tivesse algum propósito concreto, todos nós começamos a nos perguntar como o sistema somatossensorial desses ratos se comportaria quando eles tivessem de utilizar as vibrissas para realizar um trabalho concreto e especializado – algo como usar os bigodes faciais para julgar o diâmetro variável de um buraco na parede! Como os gatos caseiros sabem muito bem, esse é um truque que todo rato que pretende desfrutar de um futuro auspicioso realiza com maestria.

Enquanto David Krupa trabalhava incansavelmente para construir o aparato experimental adequado para testar essa ideia, outro membro de nosso grupo de pesquisadores, Marshall Shuler, que agora é professor assistente na Universidade Johns Hopkins, descobriu que uma grande porcentagem de neurônios S1 localizados fora dos barris da camada IV respondia à estimulação mecânica de vibrissas localizadas em ambos os lados da face de ratos. Essas respostas táteis bilaterais foram observadas inicialmente em animais anestesiados. Alguns anos mais tarde, Mike Wiest, aluno de pós-doutorado de meu laboratório e hoje professor assistente do Wellesley College, repetiu esses experimentos em animais despertos. Mike confirmou os resultados de Marshall; ratos claramente avaliavam o diâmetro de um buraco integrando informação tátil gerada por vibrissas de ambos os lados da face.

A essa altura, David tinha descoberto uma forma de treinar ratos para realizar a tarefa que Eshe veio a dominar anos mais tarde. Isso nos permitiu investigar se as respostas táteis de neurônios S1 e VPM variavam no caso de a estimulação mecânica de múltiplas vibrissas ser aplicada passivamente ou resultar do envolvimento ativo do animal numa tarefa que requeria a correta discriminação de um estímulo e envolvia uma recompensa pelo sucesso de sua execução. Para controlar a possibilidade de que essas vibrissas faciais pudessem ser estimuladas de maneira diferente quando o animal era passivamente estimulado ou ativamente tocava a abertura, David construiu um aparato que permitia que uma abertura, criada por duas barras metálicas, pudesse se mover em direção à face de um rato desperto, mas imobilizado. Nesse aparato, as vibrissas de ambos os lados da face do rato são tocadas pelas extremidades de duas barras, de modo a reproduzir com perfeição a maneira como o animal ativamente usa os bigodes para discriminar o tamanho do "buraco" quando entra apressadamente na câmara experimental onde toda essa ação se desenrola. A única diferença entre as duas condições de execução da tarefa (passiva e ativa) é que durante a discriminação ativa o animal tem de usar as vibrissas ativamente para discriminar o tamanho da abertura e, logo após, receber uma recompensa líquida como prêmio pelo seu sucesso.

Esse experimento demonstrou que, se múltiplas vibrissas são estimuladas passivamente, quer por um estimulador mecânico concebido para produzir esse tipo de estímulo em animais anestesiados ou imobilizados, quer pelo deslocamento de todo o aparato em direção à face do animal, até que seus bigodes sejam defletidos em conjunto, neurônios VPM do tálamo produzem respostas táteis caracterizadas pelo clássico padrão que se inicia com uma resposta excitadora de curta duração. Nessa condição, poucas respostas neuronais puramente inibitórias são observadas. Todavia, quando os animais engajam as vibrissas faciais ativamente na tarefa de avaliar o tamanho de uma abertura em troca de uma recompensa, uma grande porcentagem dos neurônios S1 e VPM exibe respostas táteis excitadoras muito mais intensas e de duração muito mais longa do que a observada na condição passiva (figura 5.9). Além disso, uma grande porcentagem de neurônios corticais exibe respostas táteis puramente inibitórias, de longa duração, que nunca são observadas em animais anestesiados ou em animais despertos, mas imóveis.

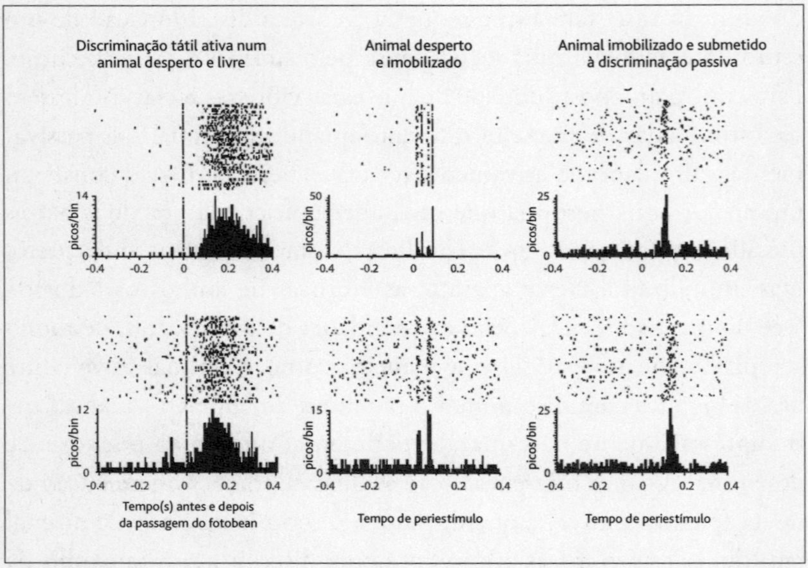

Figura 5.9 – Histogramas periestímulo ilustram o padrão de resposta elétrica de um neurônio individual do córtex somestésico primário de rato sob três condições comportamentais distintas: discriminação tátil ativa num animal desperto e livre para se locomover (painel mais à esquerda), animal desperto mas imobilizado (painel central), e animal imobilizado e submetido à discriminação passiva (painel mais à direita). Note que o padrão de resposta elétrica desse neurônio é completamente diferente, dependendo do contexto comportamental em que ele se encontra. Para cada histograma, o eixo x representa o tempo ao redor do estímulo, com 0 indicando o começo da estimulação mecânica das vibrissas, e o eixo y representa a resposta elétrica do neurônio em potenciais de ação por segundo. (Original publicado em KRUPA, D. J. "Layer specific somatosensory cortical activation during active tactile discrimination". *Science* 304: 1989-1992, 2004.)

Quando David Krupa analisou essas respostas neuronais ao longo de todas as camadas corticais, ele descobriu que a frequência de disparos de neurônios, localizados nas camadas II/III e V/VI, tendia a crescer ou diminuir precocemente em cada tentativa de discriminação, muito antes de as vibrissas do animal entrarem em contato com a extremidade das barras. Mais surpreendentemente, a modulação da frequência de disparo desses neurônios começava antes de qualquer alteração da atividade de neurônios na camada IV – o principal alvo das projeções ascendentes talamocorticais que carregam informação tátil da periferia para o córtex S1 – poder ser observada. Usando várias medidas fisiológicas, Krupa conseguiu mostrar que, durante a execução dessa tarefa, neurônios localizados em diferentes camadas corticais se comportavam de maneira distinta. Esses achados se contrapunham frontalmente à noção proposta originalmente pelo ilustre neurofisiologista Vernon Mountcastle de que neurônios localizados numa coluna vertical do córtex S1 disparam de forma similar em resposta a um mesmo estímulo tátil. Pelo menos no que se refere ao córtex somestésico primário de ratos, quando esses animais usam as vibrissas para solucionar um enigma tátil, a unidade funcional do pensamento não se materializa numa coluna de neurônios, mas sim numa população neural distribuída por todo o volume tridimensional do córtex S1.

Numa derradeira demonstração, Krupa alimentou uma rede neural artificial com os padrões de disparo espaçotemporais gerados por uma população de neurônios durante a execução dessa tarefa de discriminação tátil. Isso lhe permitiu demonstrar que a combinação da atividade de aproximadamente cinquenta neurônios S1, que exibiam respostas táteis caracterizadas por longos períodos de excitação ou inibição, podia ser empregada para prever, com grande precisão, se seus ratos podiam identificar corretamente o tamanho de uma abertura estreita ou larga numa única tentativa.

Usando a mesma tarefa, Janaina Pantoja, Mike Wiest e Eric Thomson mostraram que parte dessa atividade antecipatória neuronal, observada nas camadas II/III e V/VI, emerge durante o período de treinamento comportamental de nossos ratos. Esses jovens neurofisiologistas também observaram que, mesmo quando as vibrissas deixam de tocar as extremidades das barras, neurônios S1 e, num grau menor, neurônios VPM continuam a exibir padrões de disparo que representam a identidade do estímulo tátil por centenas de milissegundos. Na realidade, essa atividade elétrica sustentada dura até que o animal receba sua justa recompensa. O padrão espaço-temporal de atividade de populações de neurônios S1 também permite prever a expectativa que o animal cria sobre a magnitude da recompensa que receberá ao término da execução de uma tentativa da tarefa, refletindo o fato de que esses padrões também contêm informação relativa à probabilidade de que ele será bem-sucedido na discriminação de um dado estímulo tátil.

Depois de uma década estimulando vibrissas e ouvindo as melodias produzidas por cérebros de ratos, nosso grupo de pesquisadores da Duke estava chegando cada vez mais perto de compreender como Jerry, o camundongo, parecia sempre conseguir escapar dos planos mirabolantes de Tom, o gato sem sorte. Ainda assim, e a despeito de toda a evidência obtida nos experimentos descritos neste capítulo, nosso trabalho coletivo mal conseguiu convencer alguns dos adeptos da teoria de linhas codificadas a abandonar seus princípios e teses e deixar de considerar o cérebro como um decodificador passivo da informação proveniente do mundo exterior. Poucos colegas nossos se converteram à tese, defendida por nosso grupo, de que o cérebro deveria ser considerado um simulador, um verdadeiro escultor, dinâmico e distribuído, da realidade, valendo-se, para essa tarefa, de uma grande diversidade de vias ascendentes, descendentes, locais e moduladoras que, em conjunto, são capazes de criar uma vasta e elaborada rede orgânica onde espaço e tempo se fundem sem deixar nenhuma marca visível dessa união explosiva. Para todos os envolvidos nessa década de experimentos, o sistema somatossensorial de ratos havia se transformado no exemplo mais claro de uma nova visão funcional do cérebro. Nessa nova visão, o cérebro passa a ser considerado um ente ativo, sempre em fluxo, sempre em processo de adaptação e totalmente apto a expressar seu próprio ponto de vista e suas expectativas sobre o mundo exterior, mesmo antes que qualquer informação sobre esse mundo chegue à sua central de processamento, como resultado da ativação de uma ampla constelação de receptores periféricos. Todavia, fora da pequena e altamente provinciana comunidade especializada em estudar "o córtex dos barris dos roedores", poucos acreditaram que nossos achados tinham fôlego suficiente para montar um ataque decisivo aos cânones defendidos pelos cardeais da igreja da neurofisiologia do século XX.

Para provarmos nosso ponto de vista, decidimos prosseguir como o personagem interpretado por Clint Eastwood no filme de ação *Raposa de fogo*, de 1982. Nesse longa-metragem, Eastwood consegue realizar a proeza de roubar um avião MIG secreto da União Soviética usando um capacete que lhe permite pensar em russo e comandar a aeronave sem mover um único dedo. Durante um jantar à base do famoso churrasquinho com queijo de Filadélfia regado a limonada, John Chapin e eu decidimos que também íamos criar uma ligação direta entre um cérebro e uma máquina e fazer com que esta obedecesse aos desejos voluntários motores de uma mente de primata, usando apenas a "força do pensamento".

Como frequentemente se diz em círculos acadêmicos, o melhor apoio que um cientista pode obter para uma ideia pouco ortodoxa é o que advém de seus pares. Com certeza, foi isso que recebemos naquela noite, quando um motorista de caminhão que ouvira atentamente a nossa conversa de uma mesa próxima nos fez um sinal de positivo, enquanto, com a boca cheia, nos disse: "Esta não é uma má ideia, mesmo!".

CAPÍTULO 6

LIBERTANDO O CÉREBRO DE AURORA

Sentada em sua cadeira cativa no nosso laboratório, bebericando seu suco de fruta favorito, Aurora realmente parecia relaxada e em total controle da situação. Até aí, nada de novo. Nas últimas semanas, ela havia atingido o auge de sua forma. E, no processo, deixara todos a par disso, sem falsa modéstia ou humildade.

Como a estrela principal do show que estava para começar, Aurora chamara toda a responsabilidade para si, sem pestanejar. Nenhum resquício de insegurança, nenhum microtraço de complexo de inferioridade. Naquela noite, como em muitas outras noites recentes, Aurora transpirava confiança e, como consequência, o seu aroma de poderosa se espalhava por todos os espaços à sua volta. Depois de muitas agruras vividas com um estoicismo digno das deusas gregas, chegara o momento de ela deixar uma marca indelével no mundo da ciência.

Para chegar até ali, Aurora havia superado muitos obstáculos, decepções e, em alguns casos, flagrantes injustiças – e todos os dias ela parecia ansiosa em nos deixar a par de todas essas desventuras e dificuldades, enfrentadas e vencidas. Como qualquer outra pioneira, ela tinha tolerado tais percalços com megadoses de obstinação e idealismo, algo que só mesmo uma paixão incandescente por aventuras no limite do desconhecido pode produzir. Nessa noite, ela teria, enfim, a oportunidade de canalizar toda essa energia para a tarefa que poderia significar o zênite de sua carreira científica.

Embora estivéssemos relegados ao papel de coadjuvantes das proezas de Aurora, era com grande devoção e entusiasmo que seguíamos as instruções oferecidas por nossa heroína. Afinal de contas, todos nós adorávamos sua personalidade carismática. Talvez toda essa química tivesse origem no fato que, de uma forma misteriosa e peculiar, ela se transformara numa de nós – uma coinvestigadora, contribuindo decisivamente, e com o maior empenho, para o sucesso de uma empreitada capaz de cruzar os limites mais remotos do entendimento sobre o funcionamento do cérebro e da mente. A essa altura, Aurora já era um membro essencial de um grupo pouco convencional, recrutado para demonstrar aquilo que, apenas alguns meses antes, fora classificado como ficção científica. Depois dessa noite, a despeito de todas as suas experiências prévias fracassadas, ninguém teria coragem de negar o papel vital desempenhado por nossa companheira de bancada, no instante crucial de nosso esforço coletivo para demonstrar que o impossível, em alguns momentos, pode se tornar factível.

Em linguagem desses nossos tempos modernos, nessa noite épica, Aurora era simplesmente a "cara"!

Trabalhadora de meia-idade, sem um grande currículo, Aurora fora malsucedida em quase tudo que tentara anteriormente, em sua eterna vida de aprendiz. Depois desses desencontros pouco alvissareiros, havia sido forçada a tentar um novo começo em sua carreira. Agora, depois de meses de trabalho árduo, tinha provado sua competência profissional por meio do esforço meticuloso e obsessivo dentro da rotina de nosso laboratório. Tudo isso sem nenhum "brinde". Nenhum favor especial. Nenhum "quem indicou" ou "jeitinho". Nem mesmo alguma exploração de seus consideráveis dotes femininos. É verdade, está na hora de admitir publicamente: Aurora era uma graça de menina! E uma namoradeira de primeira, devo acrescentar.

Mas nada disso serviu como trampolim para sua carreira. Usando apenas seus atributos neuronais, Aurora tinha progredido e se transformado na "garota de ouro" de nosso laboratório. Tal era o grau de seu status de VIP entre nós que alguns de seus contemporâneos, todos do sexo oposto, não conseguiam esconder os sinais de inveja, manifestada, de forma tipicamente masculina, por ataques histéricos ruidosos, voltados para atrair nossa atenção. Nada, porém, poderia ter comprometido o vínculo fraterno que nos unia à nossa camarada.

Certamente, a vida não tinha sido um passeio no parque para Aurora. No final de seu primeiro estágio de treinamento científico, sejamos francos, ela não tinha chegado a lugar algum. Como principal resultado desse lamentável destino, ela não havia obtido nenhuma prova concreta de seu potencial intelectual. Nenhum trabalho publicado na *Science* ou na *Nature* para se gabar. Nenhuma menção em índices de citação que só podia ser descrito, de forma caridosa, como totalmente inexistente e medíocre. Seu histórico de financiamento para pesquisas era totalmente nulo. Apesar de esses indicadores não serem incomuns no mundo contemporâneo da ciência norte-americana, Aurora tinha sido recusada para um emprego público federal numa instituição renomada de pesquisa biomédica, localizada num subúrbio da cidade de Washington. Na terminologia usada por instituições acadêmicas dos Estados Unidos, ela passara a ser conhecida apenas pelo estigma burocrático, carimbado em seu dossiê de concursada, que resumia, numa única palavra, seu status para a ciência daquele país: "Rejeitada". Em seu relatório final, os examinadores que tinham avaliado as credenciais acadêmicas e conduzido a entrevista obrigatória da então candidata Aurora concluíram que ela era intoleravelmente arrogante, superambiciosa e criativa demais!

Antes que o leitor comece a duvidar da sanidade e do senso de justiça desses distintos cientistas, vale ressaltar que Aurora realmente não era um docinho de coco. Sem dúvida, não era nada fácil servir como seu mentor. Todo cientista sênior que tentava guiá-la na realização de algum projeto essencial para qualquer um dos laboratórios onde ela trabalhou logo se dava conta de que Aurora não tinha a menor intenção de dedicar tempo e atenção a qualquer experimento ou tarefa. Somente as aventuras experimentais mais inovadoras e excitantes tinham chance de atrair sua devoção irrestrita. E, sem esse grau de comprometimento absoluto, Aurora simplesmente optava por não mexer um dedo! Assim, a grande maioria dos projetos oferecidos por outros cientistas a essa prima-dona da neurofisiologia era simplesmente rejeitada com um olhar de desdém, como quem diz: "Você realmente acha que eu vou me dar ao trabalho de participar dessa coisa sem graça?".

O fato de Aurora ser, digamos, um pouco mais narcisista que a média de seus colegas de trabalho também não ajudava em seu progresso profissional. Além disso, durante a longa espera por um experimento que a motivasse a dar o melhor de si, ela havia ficado para trás em relação a seus pares. Esse estado de coisas devia-se, em grande parte, à sua dificuldade em assumir seus erros e recuperar-se deles. Assim, enquanto seus contemporâneos de classe eram classificados como "astros", Aurora continuava a ter problemas para exibir todo o seu potencial científico. Alguns desses pares, os "astros" (todos do sexo oposto, vale ressaltar novamente), chegaram mesmo a apostar que ela jamais chegaria a ser alguém no mundo da academia.

O que eles não percebiam era que Aurora era uma guerreira dotada de uma feroz desconsideração por qualquer tipo de autoridade estabelecida. Ela podia ser cruel perante qualquer um, independentemente de posição ou título, sem mostrar um pingo de remorso na face ou na consciência (se é que ela tinha alguma!). Às vezes, cientistas que trabalhavam no mesmo laboratório que ela caíam de joelhos, implorando para que realizasse o que dela era esperado. Outros se punham a chorar, como crianças. Todavia, nada parecia demovê-la de sua decisão de não cooperar. Sem nenhum sinal de misericórdia, ela certamente contribuiu para que alguns neurocientistas menos determinados desistissem de seguir a carreira científica. Pelo menos, assim reza a lenda que Aurora criou por onde passou.

Sua perseverança e seus princípios, todavia, foram recompensados, e as memórias de sua origem humilde e de todos os contratempos tornaram as perspectivas de sucesso nessa noite algo ainda mais

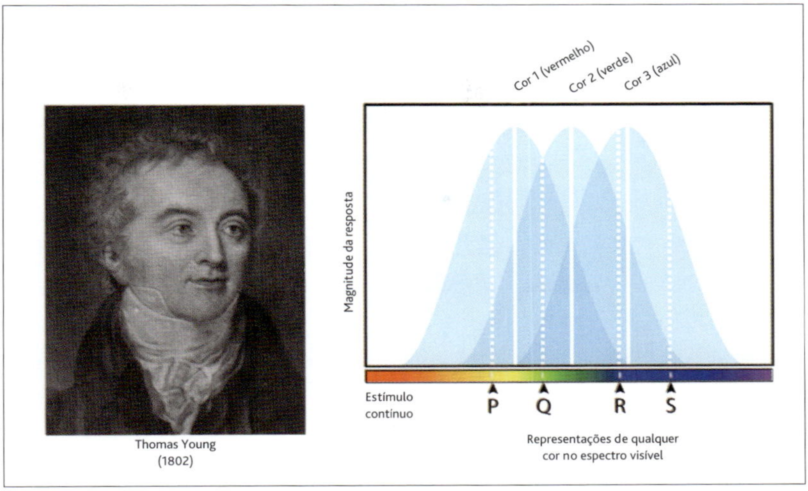

Figura 2.1

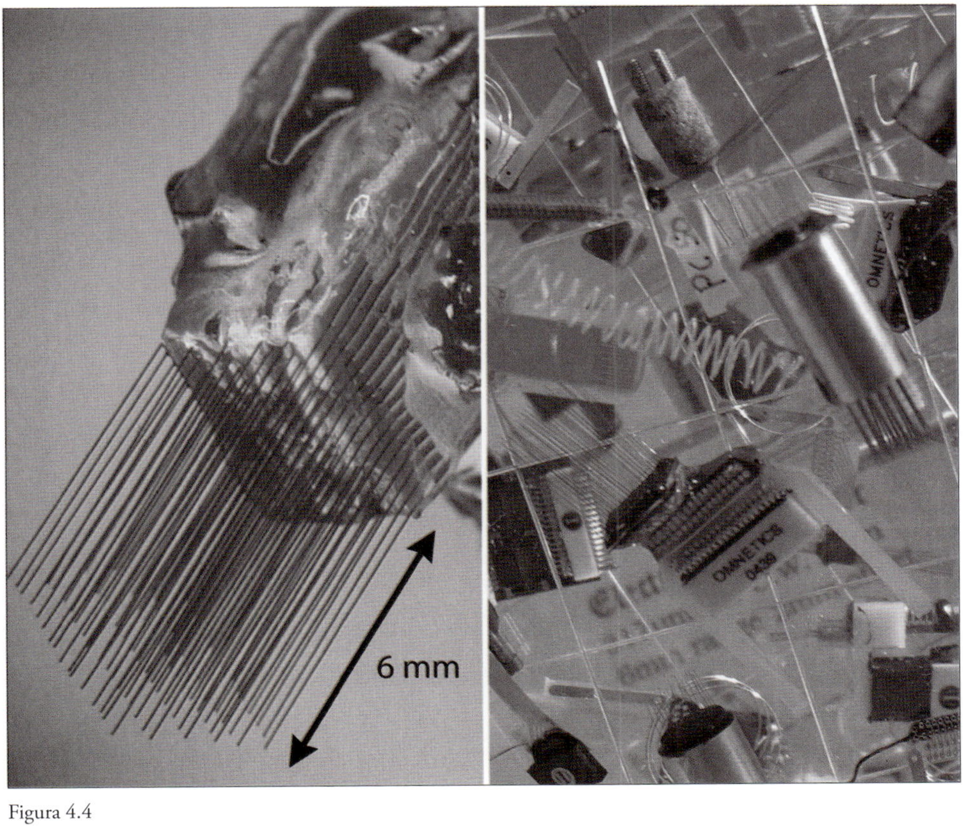

Figura 4.4

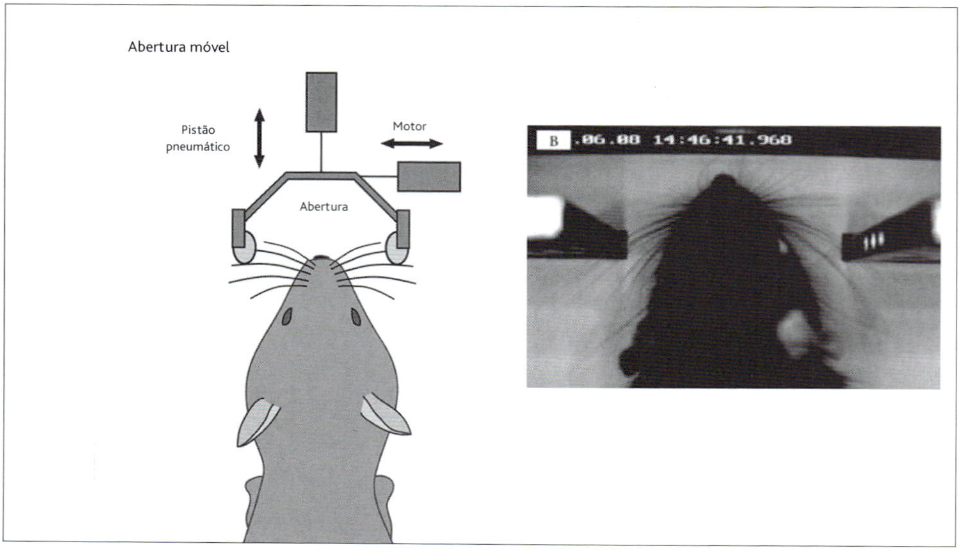

Figura 5.1

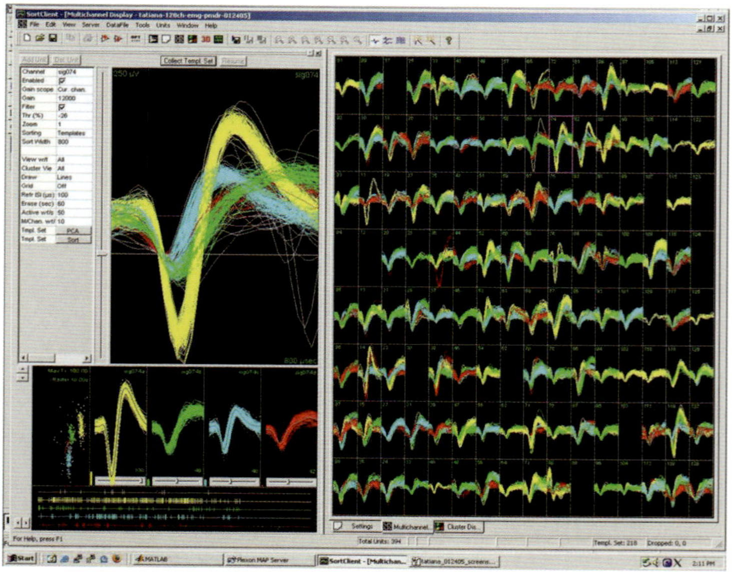

Figura 5.3

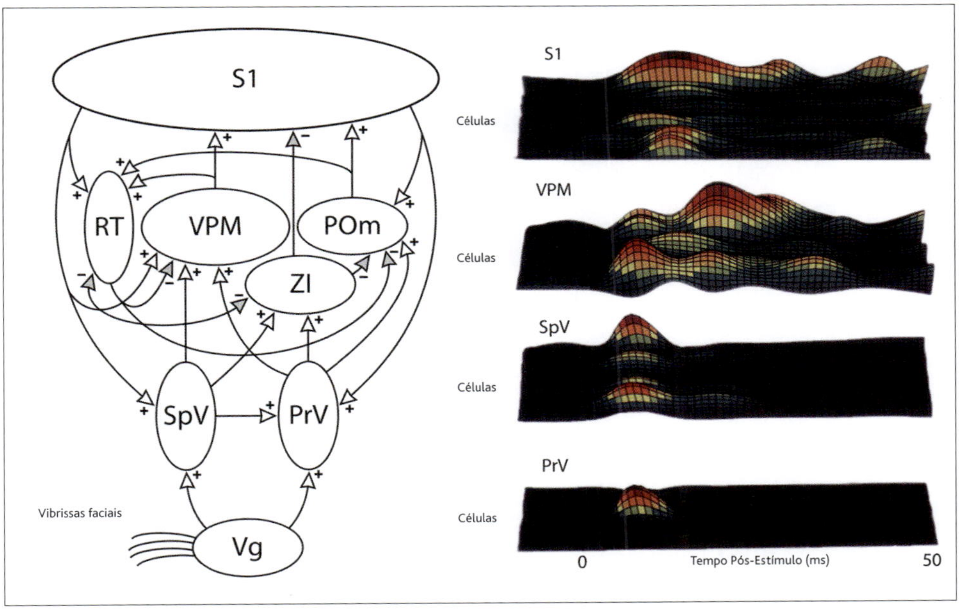
S1
RT
VPM
POm
ZI
SpV
PrV
Vg
Vibrissas faciais
Células
Tempo Pós-Estímulo (ms)
0
50

Figura 5.5

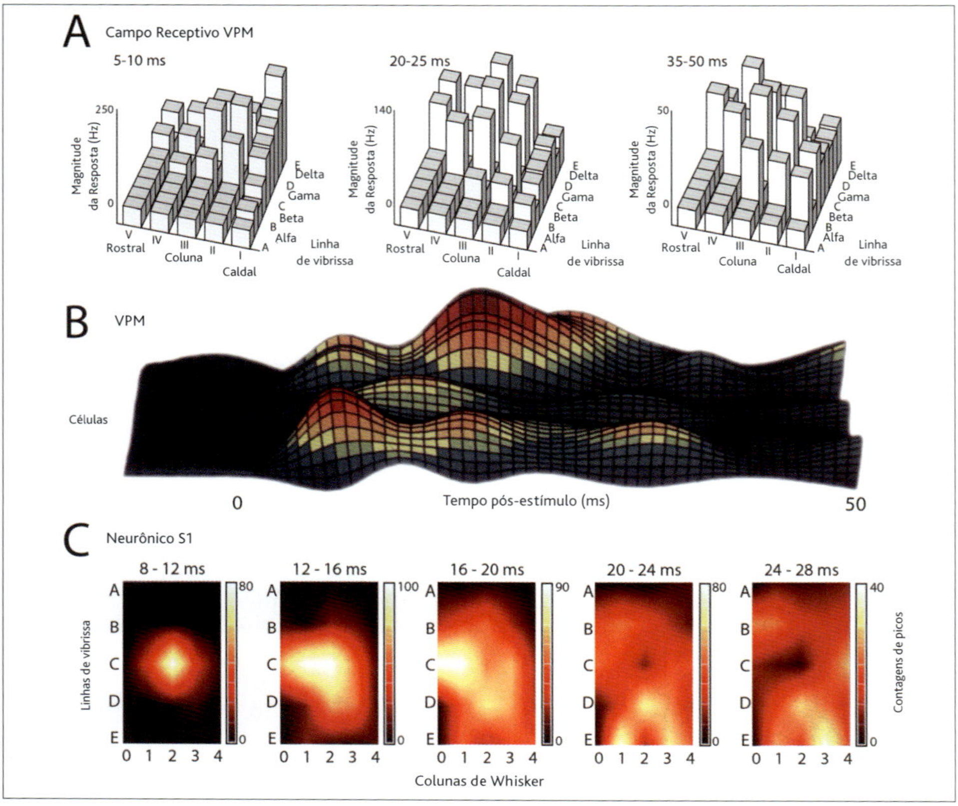

Figura 5.7

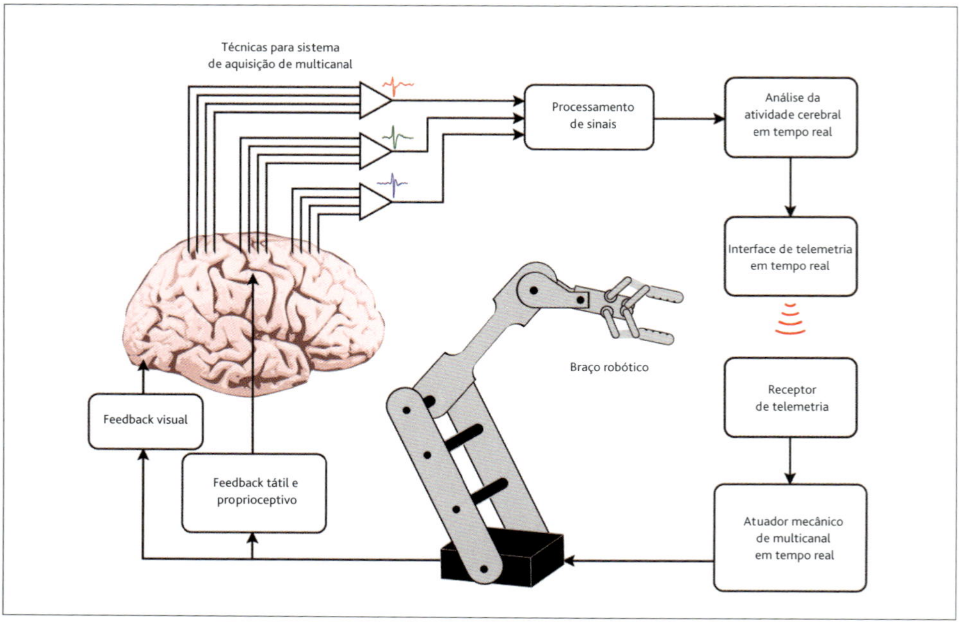

Figura 6.1

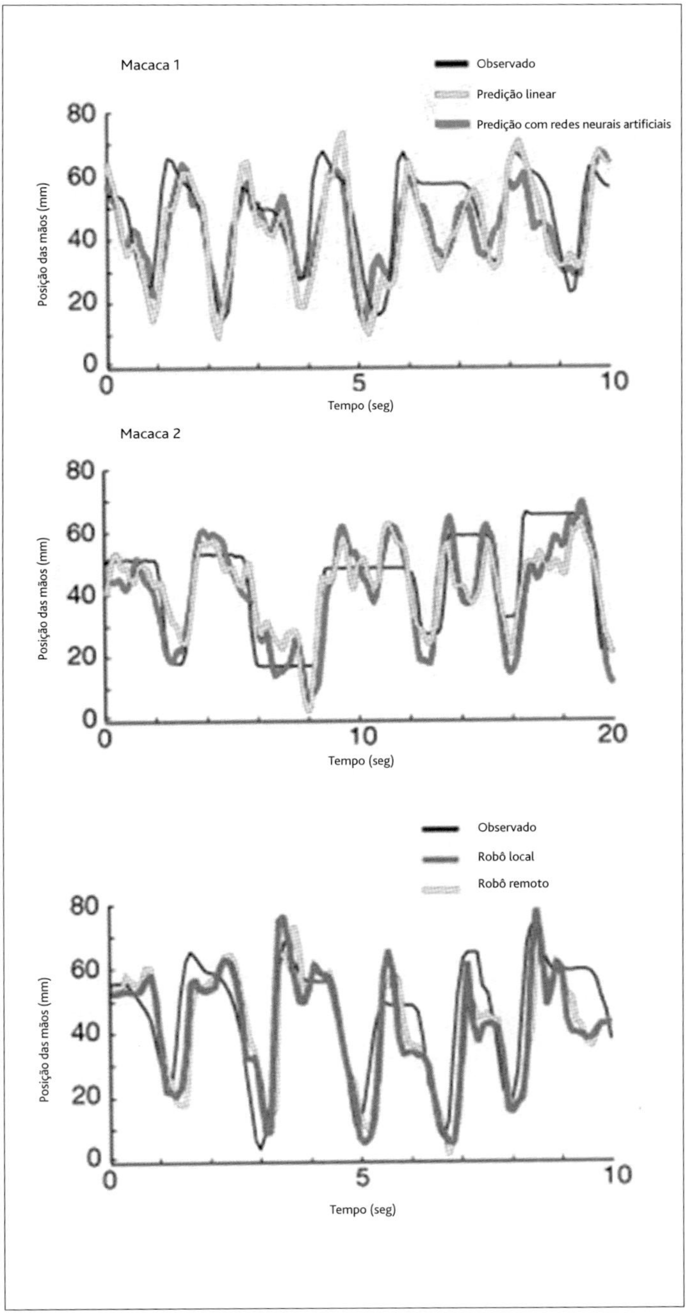
Macaca 1
Observado
Predição linear
Predição com redes neurais artificiais
Posição das mãos (mm)
80
60
40
20
0
0
5
10
Tempo (seg)
Macaca 2
Posição das mãos (mm)
80
60
40
20
0
0
10
20
Tempo (seg)
Observado
Robô local
Robô remoto
Posição das mãos (mm)
80
60
40
20
0
0
5
10
Tempo (seg)

Figura 6.3

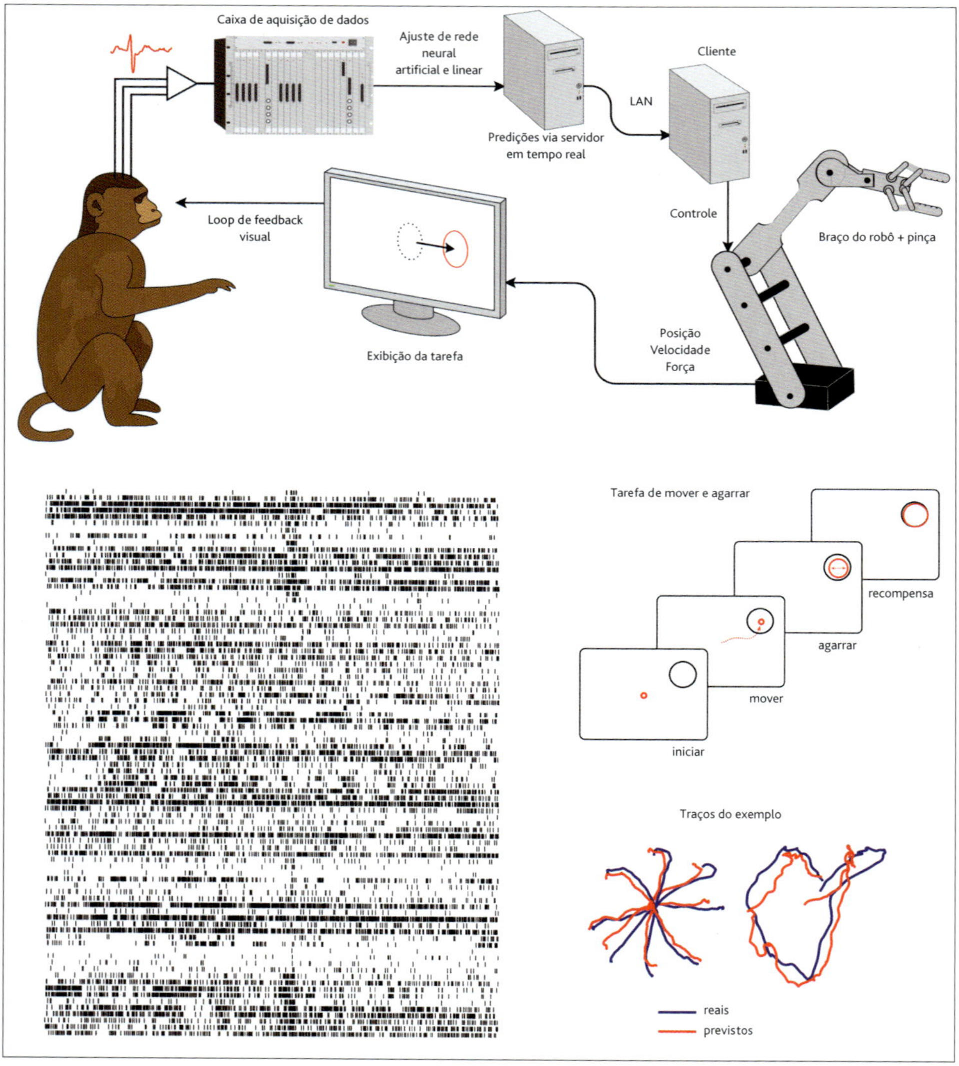

Caixa de aquisição de dados
Ajuste de rede neural artificial e linear
Predições via servidor em tempo real
LAN
Cliente
Controle
Braço do robô + pinça
Loop de feedback visual
Exibição da tarefa
Posição
Velocidade
Força
Tarefa de mover e agarrar
recompensa
agarrar
mover
iniciar
Traços do exemplo
reais
previstos

Figura 6.4

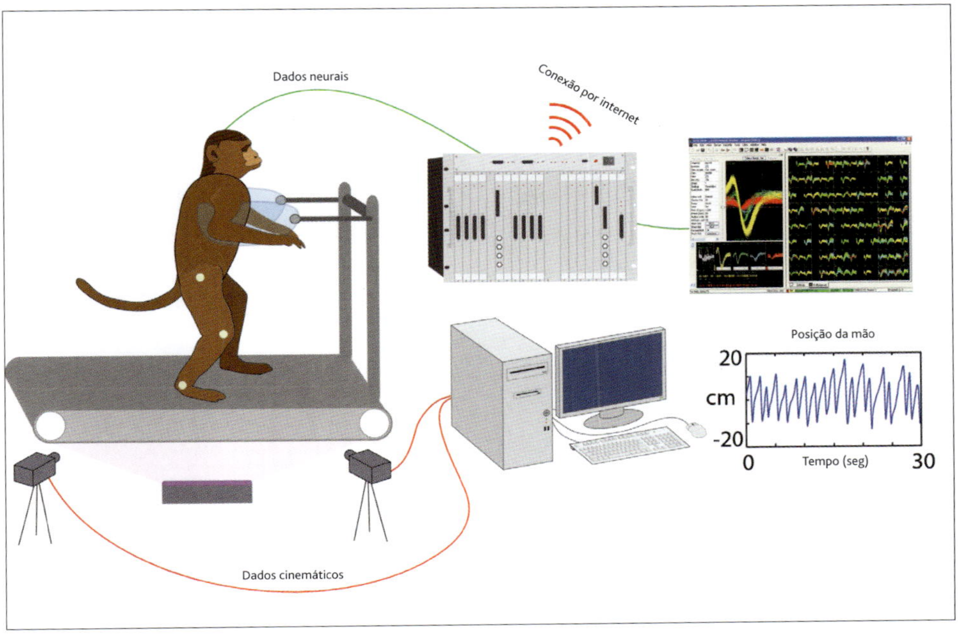

Figura 8.1

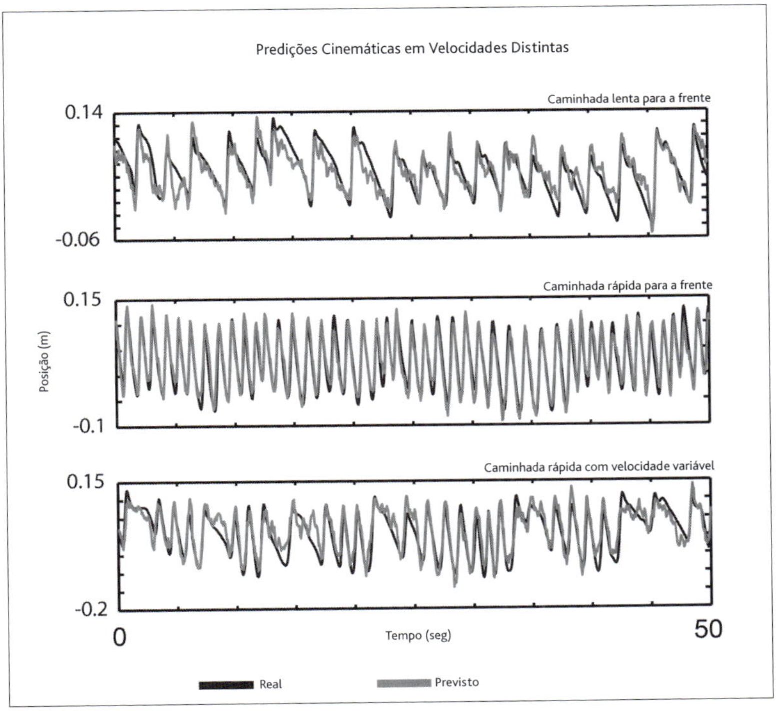

Figura 8.2

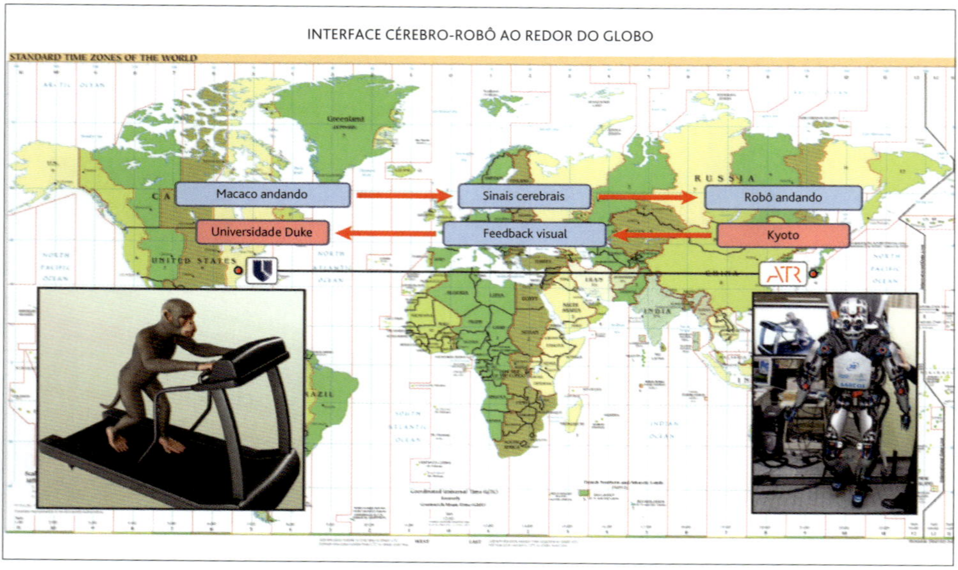

Figura 8.3

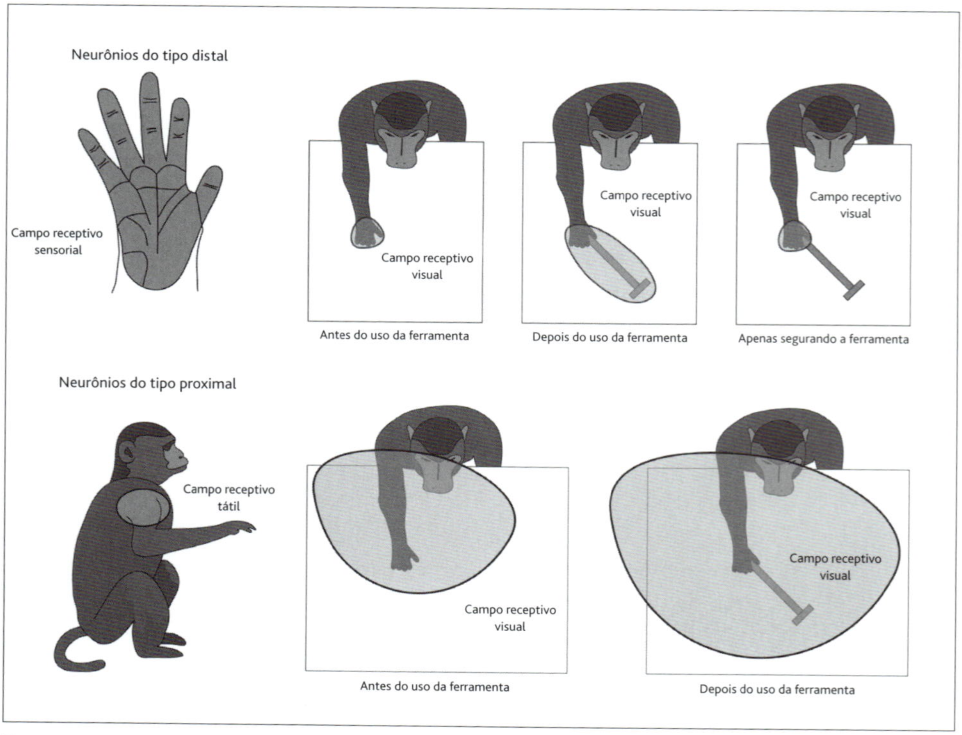

Figura 9.2

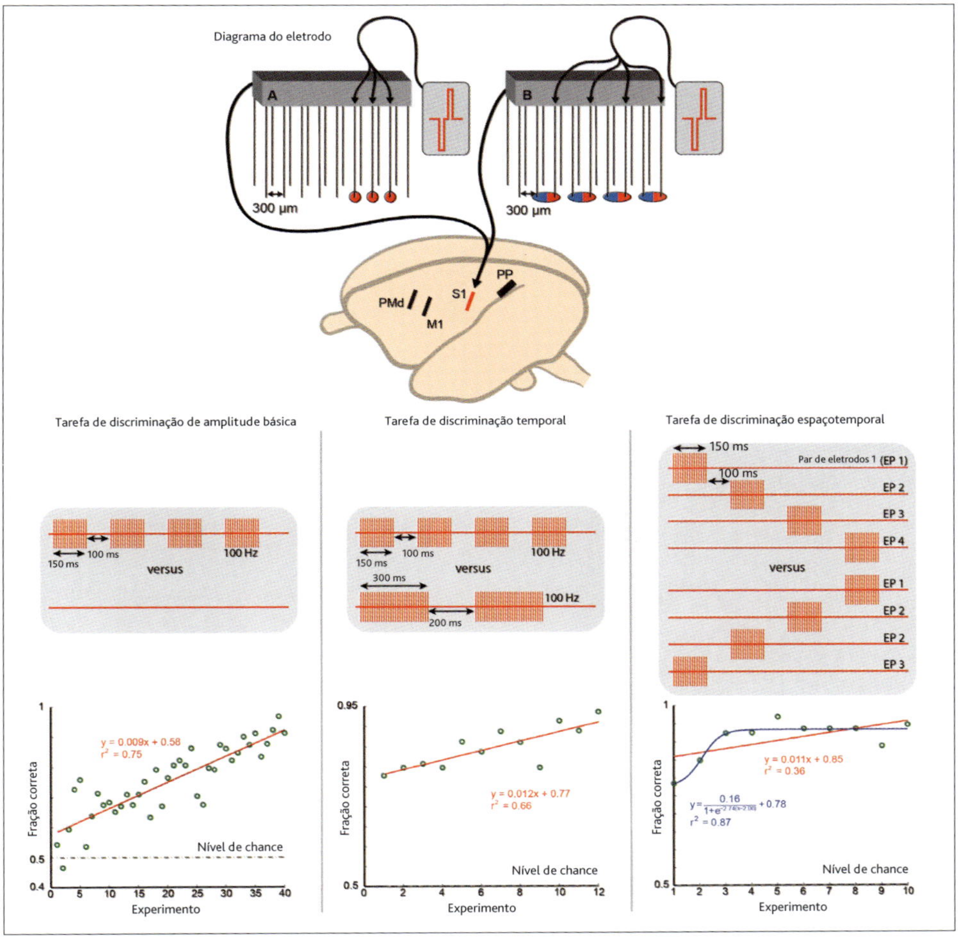

Diagrama do eletrodo
A
B
300 µm
300 µm
PMd
M1
S1
PP
Tarefa de discriminação de amplitude básica
Tarefa de discriminação temporal
Tarefa de discriminação espaçotemporal
150 ms
100 ms
100 Hz
versus
300 ms
200 ms
Par de eletrodos 1 (EP 1)
EP 2
EP 3
EP 4
EP 1
Fração correta
Experimento
Nível de chance
y = 0.009x + 0.58
r² = 0.75
y = 0.012x + 0.77
r² = 0.66
y = 0.011x + 0.85
r² = 0.36
r² = 0.87

Figura 10.3

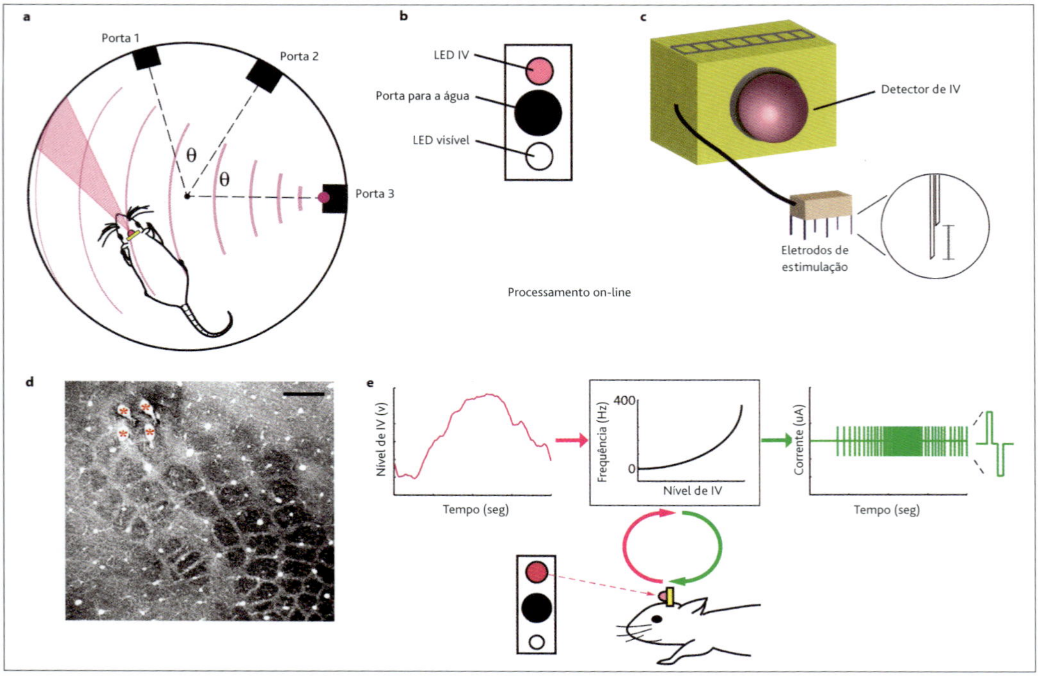

Figura 10.4

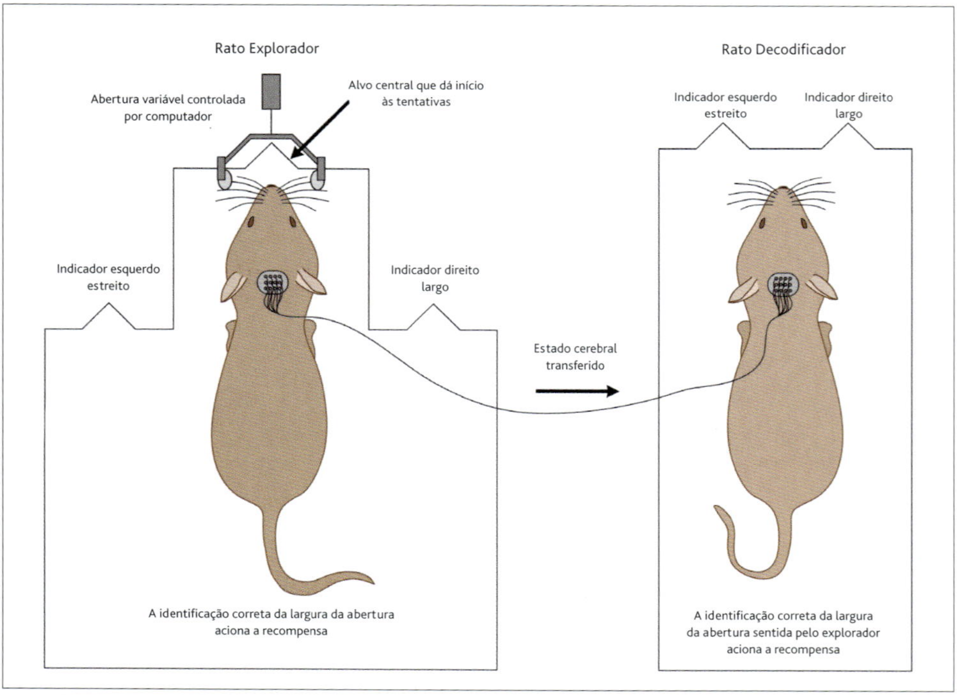

Figura 10.5

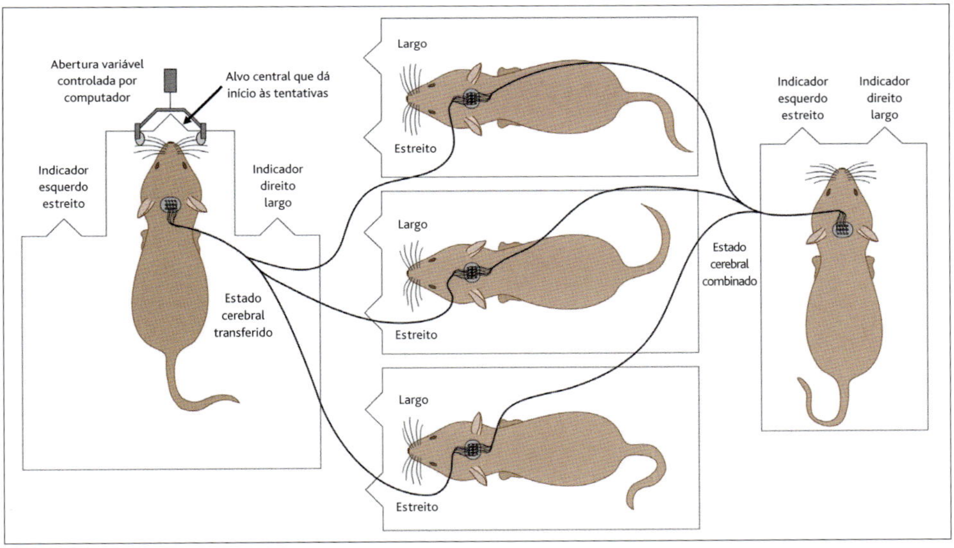

Abertura variável controlada por computador
Alvo central que dá início às tentativas
Indicador esquerdo estreito
Indicador direito largo
Estado cerebral transferido
Largo
Estreito
Largo
Estreito
Largo
Estreito
Indicador esquerdo estreito
Indicador direito largo
Estado cerebral combinado

Figura 10.6

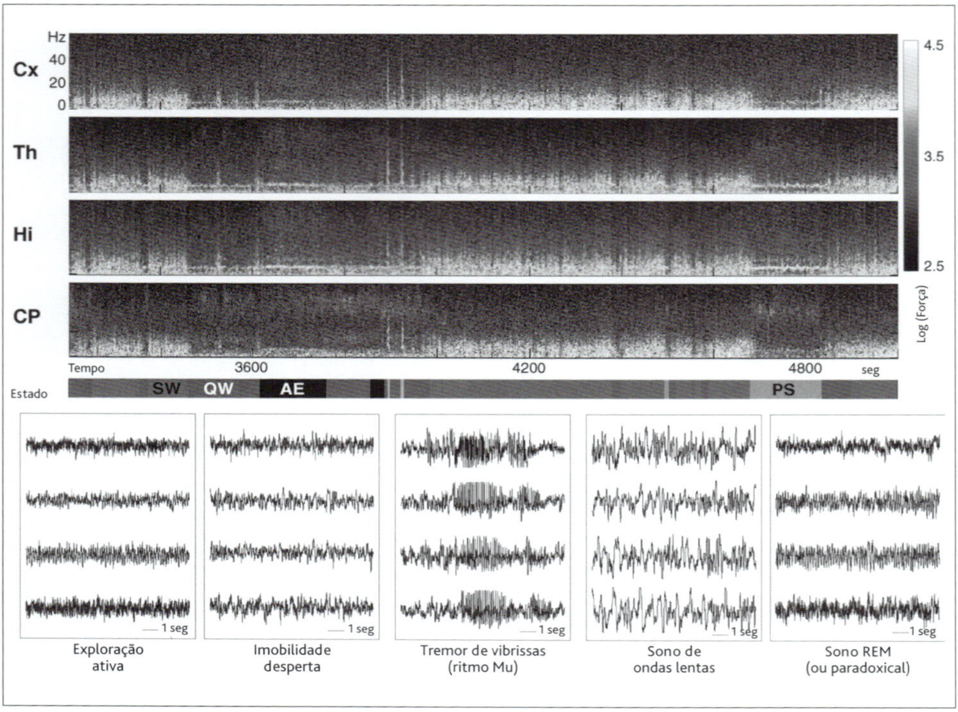

Figura 11.1

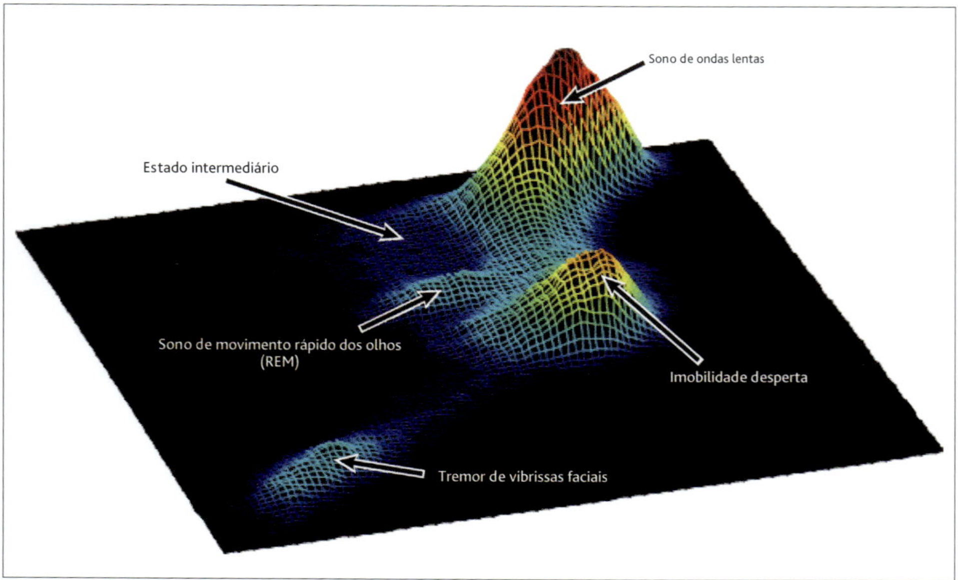

Figura 11.3

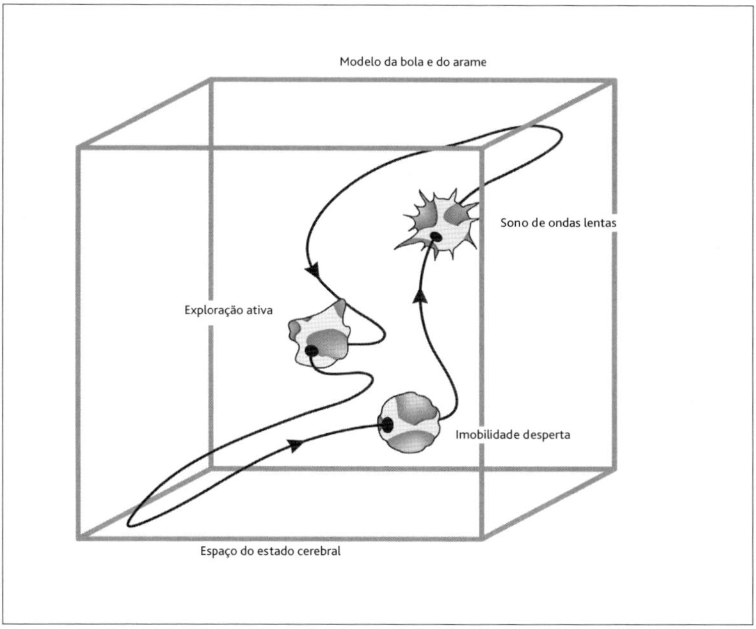

Modelo da bola e do arame
Sono de ondas lentas
Exploração ativa
Imobilidade desperta
Espaço do estado cerebral

Figura 11.4

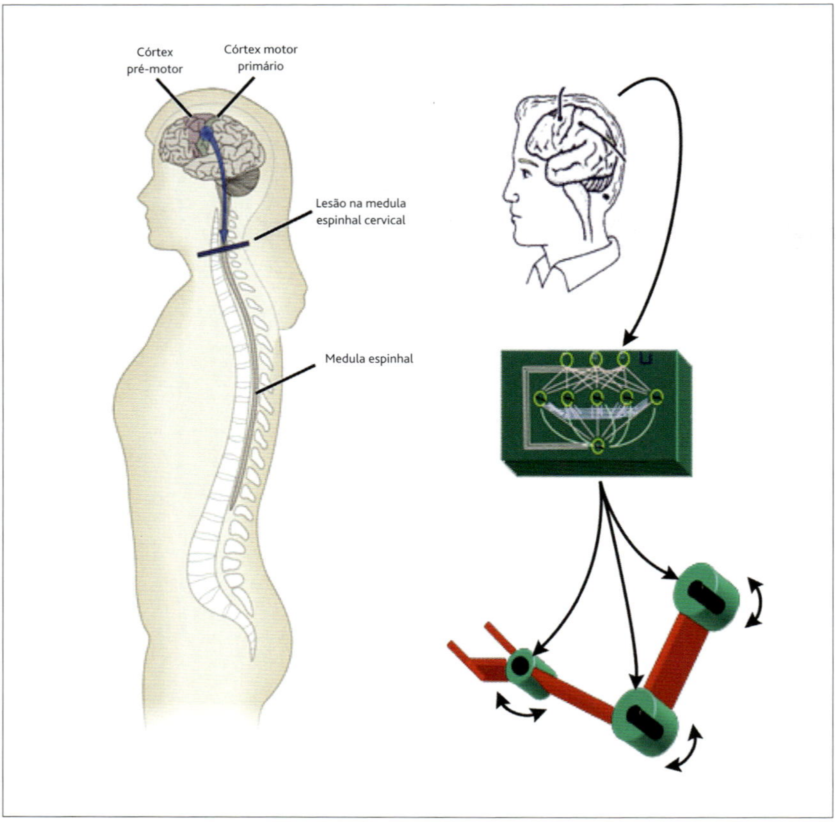
Córtex
pré-motor
Córtex motor
primário
Lesão na medula
espinhal cervical
Medula espinhal

Figura 13.1

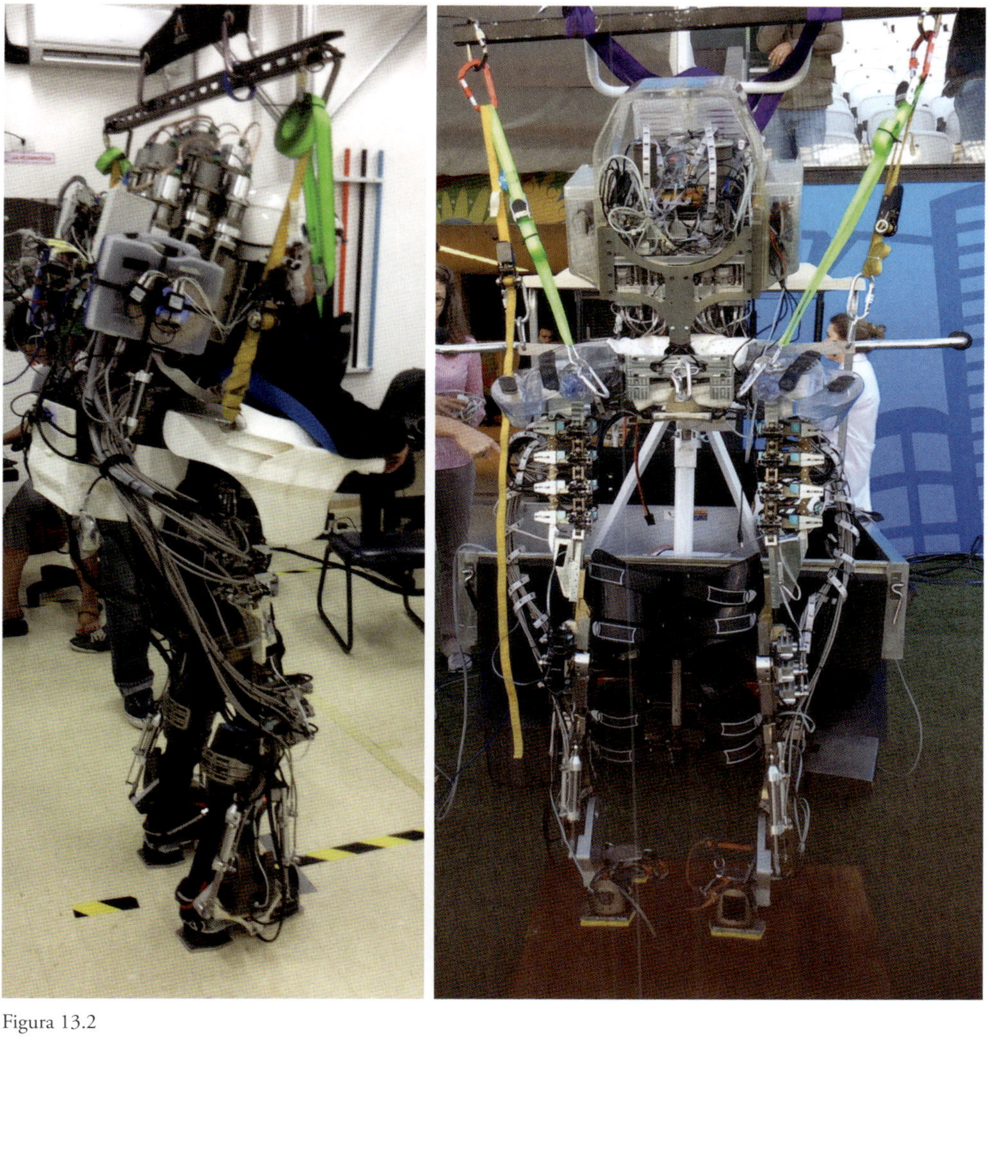

Figura 13.2

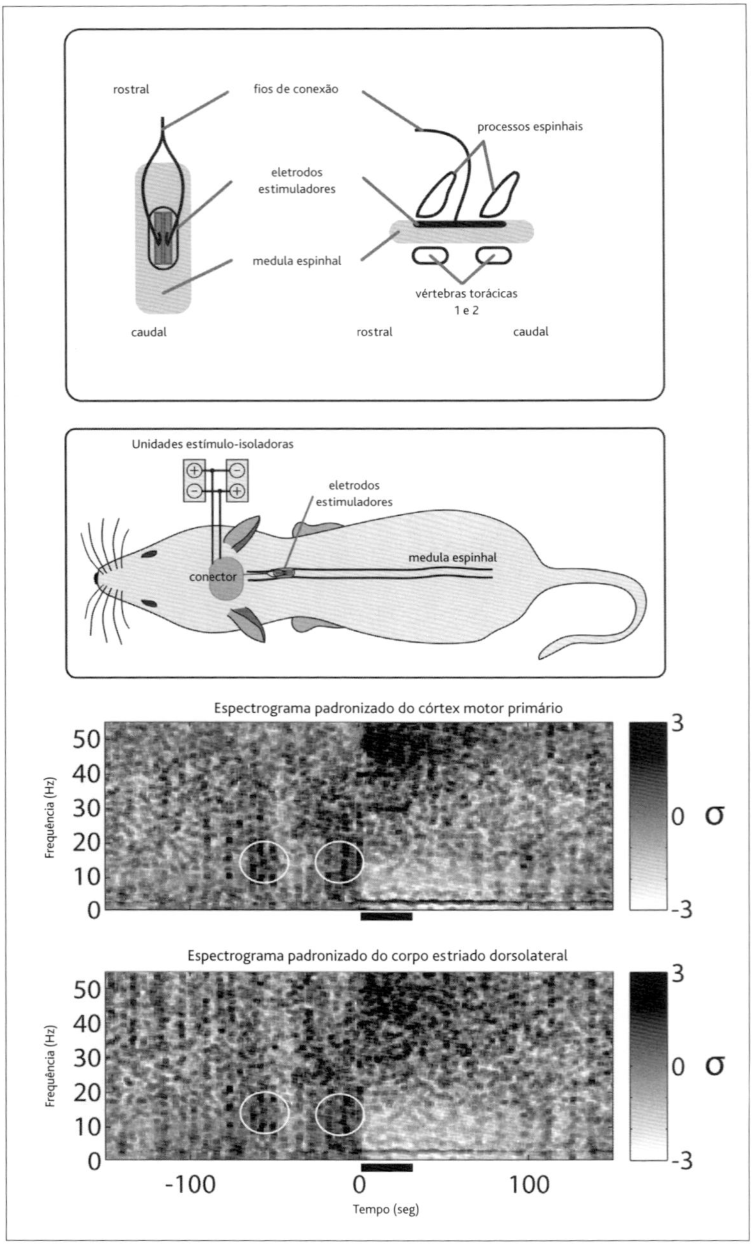

rostral
fios de conexão
processos espinhais
eletrodos
estimuladores
medula espinhal
vértebras torácicas
1 e 2
caudal
rostral
caudal
Unidades estímulo-isoladoras
eletrodos
estimuladores
medula espinhal
conector
Espectrograma padronizado do córtex motor primário
Frequência (Hz)
Espectrograma padronizado do corpo estriado dorsolateral
Frequência (Hz)
Tempo (seg)
σ

Figura 13.3

especial. Olhando-nos do topo de sua cadeira, com aqueles olhos negros desafiadores, ela geralmente resmungava algo quando nos via andar à sua volta tentando fazer ajustes de última hora. Nesses intervalos da rotina do laboratório, podia ser vista bebericando seu suco de laranja ou mesmo tirando uma soneca, totalmente alheia a tudo e a todos. Essa era Aurora: um espírito livre – sem respeito algum por neurocientistas hesitantes ou indecisos.

Acima de tudo, Aurora era adepta incondicional da ação. Uma vez dentro do ambiente do laboratório, ela não se furtava a liberar enormes quantidades de adrenalina. Queria realizar cada tarefa, cada jogo, todo o tempo operando no limite, e sempre com muita rapidez. Com Aurora em sua equipe, você podia esquecer qualquer tentativa de realizar tarefas comportamentais extremamente entediantes. Ela queria experimentos que motivassem seu gosto pela novidade, risco e intensidade. Como os eventos daquela noite iriam provar, mesmo uma "rejeitada" como Aurora, quando dada uma nova chance, num ambiente apropriado, podia nutrir a esperança de carimbar uma contribuição fundamental no grande livro da ciência.

Um dia, durante uma conversa telefônica com um amigo que trabalhava na mesma instituição federal de pesquisa que negara um emprego a Aurora, mencionei, casualmente, que nosso laboratório estava procurando um colaborador para um novo projeto. Sem hesitar um microssegundo, ele imediatamente propôs que Aurora viesse trabalhar conosco. Quanta gentileza, pensei na hora! Meu amigo, todavia, não deu detalhes sobre o tempo que ela havia passado em seu laboratório, como aprendiz.

Devo admitir que nosso primeiro contato não foi auspicioso nem agradável. Aurora me dedicou apenas alguns olhares furtivos e uma atitude que parecia querer me dizer que eu não estava à sua altura. Nenhum sinal de camaradagem foi compartilhado naquele encontro, em que fui o único a falar. Aurora permaneceu calada o tempo todo. Ao final da entrevista, concluí que, para tirar o máximo dela, seria melhor não tentar impor meu modo de fazer as coisas e deixá-la à vontade. Na verdade, algo em seu olhar escrutinador me convenceu de que poderia ser uma ótima colega e, talvez, mesmo uma amiga, se eu lhe permitisse ser simplesmente ela mesma.

Durante seus primeiros meses no laboratório, Aurora detestou se envolver com os alunos de pós-doutorado, os técnicos, os engenheiros e até o pessoal da limpeza. Reagia com desprezo a qualquer um que tentasse conversar com ela sobre algum novo achado psicológico ou nova técnica de treinamento comportamental. Não estava nem um pouco disposta a abrir mão de suas crenças e de seu código de conduta, a menos que sua recompensa fosse doce, muito doce. Como enfim descobrimos, Aurora era viciada em suco de frutas. Ela faria qualquer coisa por você, especialmente se uma jarra de suco de laranja brasileira fosse colocada a seu alcance!

Tal descoberta mudou tudo na vida de Aurora. Sem mais nem menos, numa noite de outono em 2001, Aurora decidiu que, apesar de nossas limitações intelectuais evidentes, éramos merecedores de sua atenção e de sua colaboração efetiva. Foi nesse momento que ela começou até a simular um sorriso meio amarelo para os alunos de pós-graduação.

É verdade que Aurora ainda se mostrava difícil às vezes. Um dia, num de seus frequentes ataques de prima-dona, no auge da ira, ela tentou arranhar um colaborador. Felizmente, suas unhas afiadas e bem tratadas não o alcançaram. Alguns ficaram chocados, mas a maioria sabia que quem tentasse mexer com ela, sobretudo na hora de seu almoço, estava se arriscando a isso.

Durante uma reunião em que a repreendi em termos duros, deixei claro que esse tipo de comportamento agressivo não seria mais tolerado. Novamente, Aurora não disse uma palavra. Enquanto eu falava, ela apenas me fitou com aquele seu olhar de quem não estava entendendo a razão de tanto transtorno e, independentemente da interpretação que deu a esse sabão, a verdade é que algo igual nunca mais aconteceu. Pelo menos na minha frente. Essa ressalva é necessária porque sabíamos que Aurora podia ser muito dissimulada também!

Com todos esses acidentes de percurso, em apenas alguns meses Aurora se transformou em nossa mais qualificada colaboradora, apta a realizar qualquer tarefa que eu lhe delegasse. Noite após noite, ela assumia o papel de participante em tempo integral de nosso grupo, dentro daquele pequeno refúgio que o laboratório da Universidade Duke passou a ser.

Minha motivação pessoal para realizar esse passo de nosso programa de pesquisa atingiu um novo patamar quando da chegada de notícias do Brasil: dr. César Timo-Iaria tinha sido diagnosticado com uma moléstia neurodegenerativa terrível, a esclerose lateral amiotrófica (ELA), doença que por fim tomaria sua vida quatro anos mais tarde.

Para a maioria de nós, é virtualmente impossível imaginar quão aterrador seria perder o controle sobre todos os movimentos voluntários do corpo, um músculo de cada vez, em um processo inexorável de definhamento que culmina com a falência do componente mais resistente de nossa musculatura, a que nos permite respirar. Esse cenário descreve o destino de pacientes que sofrem de ELA, patologia que se tornou conhecida como doença de Lou Gehrig, por seu efeito devastador na vida de Lou Gehrig, um dos maiores jogadores de beisebol dos Estados Unidos, falecido em 1941, aos 37 anos.

Numa dessas incríveis ironias da vida, dr. César Timo-Iaria tinha iniciado sua carreira como neurocientista trabalhando num novo método para diagnosticar a ELA. Durante a década de 1950, quando era aluno de pós-doutorado na cidade de Nova York, ele fora um dos primeiros neurofisiologistas a observar que as vítimas dos primeiros sintomas de ELA passavam a exibir uma redução contínua na velocidade de condução dos nervos periféricos. Ao longo do progresso da doença, mais e mais tempo era necessário para que um impulso elétrico trafegasse por um nervo e pudesse induzir um músculo a se contrair. Quarenta anos depois, Timo-Iaria, já professor emérito de fisiologia da Faculdade de Medicina da Universidade de São Paulo, calmamente me informou que seu diagnóstico tinha sido confirmado por uma versão moderna do teste que ele aperfeiçoara quando jovem.

Durante seus últimos anos de vida, Timo-Iaria seguiu com grande interesse os experimentos que estavam sendo conduzidos em meu laboratório da Duke. A primeira razão para isso, todavia, não era, como se poderia imaginar, a possibilidade de ele se beneficiar daquilo que estávamos descobrindo. Neurofisiologista experiente e realista, dr. César sabia muito bem que não haveria tempo hábil para que nossas descobertas experimentais pudessem ser levadas à prática clínica em tempo hábil de ajudá-lo. Na realidade, seu interesse estava voltado ao impacto que tais avanços poderiam ter no futuro da neurociência e como eles poderiam ajudar outras gerações de pacientes em décadas futuras.

Dois anos antes de meu encontro com Aurora, John Chapin e eu tínhamos decidido criar uma plataforma experimental que funcionasse em tempo real e que permitisse demonstrar, categoricamente, que populações de neurônios, em vez de uma única célula cerebral, definem a verdadeira unidade funcional do sistema nervoso central. Boa parte de nosso trabalho anterior fora realizada com o sistema somatossensorial de ratos, e muitos de nossos colegas neurofisiologistas tinham desafiado abertamente a significância de nossa tese de que um código neural, baseado em representações distribuídas e dinâmicas, seria o principal determinante fisiológico da gênese de comportamentos fundamentais, como a codificação de movimentos ou a identificação de objetos no mundo exterior. Ratos, infelizmente, não têm o hábito de conversar com os neurocientistas que os treinam. Dessa forma, alegavam nossos colegas, não tínhamos nenhum meio de verificar o que nossos roedores sentiam ou experimentavam, em termos táteis, quando ondas espaçotemporais de atividade elétrica neuronal se espalhavam pelo seu córtex S1, em resposta a algum estímulo mecânico de suas vibrissas faciais. Alguns opositores extremados de nossa hipótese argumentaram que a complexidade espaçotemporal que caracterizava tanto os campos receptivos de neurônios individuais quanto os mapas somatotópicos que havíamos identificado em estruturas corticais e subcorticais do sistema trigeminal era completamente desprovida de significado quando nossos ratos decidiam produzir algum comportamento vital. De acordo com esse ponto de vista, os ratos poderiam ignorar totalmente essa complexidade indesejada e simplesmente levar em consideração a maior resposta tátil de um número reduzido de neurônios para decidir que tipo de mensagem o estímulo aplicado a uma vibrissa carregava. Nesse processo, conhecido como "limiar de resposta", um nível arbitrário e muito alto de atividade elétrica neuronal seria definido pelo cérebro como significativo do ponto de vista perceptual. Assim, somente estímulos que gerassem uma resposta neuronal que cruzasse esse limiar produziriam uma experiência perceptual consciente. No caso do sistema trigeminal de roedores, esse limiar de resposta poderia ser definido de forma que apenas a atividade elétrica de alta magnitude e curta latência, originada pela estimulação da vibrissa principal de cada neurônio, seria levada em conta pelo resto do cérebro para construir uma imagem tátil do mundo exterior. Desse modo, as respostas de magnitude menor e de longa latência, obtidas pela estimulação de outras vibrissas que geravam os componentes dinâmicos e periféricos de cada um dos campos receptivos dos neurônios do sistema trigeminal, seriam convenientemente filtradas e eliminadas de imediato de qualquer consideração posterior pelo sistema somatossensorial.

Essa foi a maneira mais rápida e limpa de dispensar qualquer segundo a mais lidando com a terrível dor de cabeça que nossos achados criaram para nossos distintos colegas. Apesar de proporem essa elegante solução, porém, os mesmos colegas foram um pouco mais vagos e reticentes em suas raras tentativas de esclarecer como o cérebro conseguiria determinar o limiar de resposta ideal *a priori*, que servisse otimamente para cada condição que os ratos encontrassem. Eles tornaram-se mais tímidos quando inquiridos sobre como o sistema nervoso saberia distinguir entre um potencial de ação útil, aquele gerado pela estimulação da vibrissa principal, e todos os outros que deveriam ser filtrados. Por que, perguntamos, toda essa riqueza dinâmica neuronal precisaria ser considerada um problema, um vilão, algo que se deveria eliminar rapidamente do córtex (e de nossas teorias)? Ao propor que um limiar de resposta era ativamente estabelecido pelo sistema nervoso central, nossos amigos estavam, no fundo, removendo a dimensão temporal – nossa quarta dimensão – dos campos receptivos e mapas somatotópicos. Era como se um cérebro dinâmico fosse tão indesejável, tão inaceitável como parte de qualquer teoria da mente que qualquer solução, por mais inadequada e grotesca que fosse, seria melhor que a evidência que havia brotado de nossos dados experimentais. Somente relações espaciais estáticas poderiam, na visão de nossos adversários, gerar o verdadeiro senso de percepção tátil. Nessa visão, a sensação do toque originava-se, exclusivamente, no epitélio da pele e então, por vias neurais que se comportavam como linhas codificadas paralelas, ela ascendia, quase que totalmente segregada, através de pilhas de múltiplos mapas topográficos no longo caminho até a camada IV do córtex S1, onde florescia num padrão de interações elétricas entre neurônios que reproduzia, do ponto de vista espacial, a natureza do estímulo tátil periférico. Esses neurocientistas, muitos deles descendentes de Vernon Mountcastle, ainda eram prisioneiros do dogma estabelecido por esse emérito neurofisiologista nos anos 1950: a ordem espacial, não o caos temporal, era o substrato utilizado pela mente para gerar nosso senso tátil. Assim, de acordo com essa teoria, se você passar a polpa do dedo indicador sobre uma letra A impressa em alto-relevo, dentro de sua cabeça os neurônios corticais estarão muito ocupados reproduzindo, com grande fidelidade espacial, o formato desse A no córtex S1. Segundo essa visão, o tempo não desempenhava nenhum papel relevante na representação interna cerebral do mundo exterior.

Para provar que a nossa teoria estava muito mais próxima da realidade, Chapin e eu tentamos demonstrar que populações de neurônios, trabalhando em conjunto como parte de um vasto circuito neuronal, poderiam representar suficiente informação, usando padrões espaçotemporais de atividade elétrica, para sustentar um comportamento motor complexo. Nessa encruzilhada, não seria suficiente observar e quantificar as propriedades fisiológicas dos neurônios individuais que registrávamos enquanto nossos animais despertos executavam alguma tarefa motora. Embora esse fosse o paradigma seguido por virtualmente todos os neurofisiologistas corticais na ativa no final da década de 1990, incluindo a minoria que defendia a existência de um código populacional distribuído no córtex motor, nossa estratégia experimental tinha de ser completamente reinventada. Para convencermos nossos colegas céticos, precisaríamos criar um novo paradigma experimental para investigar o córtex motor de animais despertos. Foi assim que, partindo do zero, chegamos à ideia que ficou conhecida como interface cérebro-máquina (figura 6.1).

Em nossa concepção original, registros contínuos de multieletrodos, derivados da amostragem simultânea de múltiplas estruturas neurais, seriam usados para a obtenção do maior número possível de neurônios corticais em cada um de nossos animais de experimentação. A essa altura, nossos implantes nos permitiam manter registros eletrofisiológicos viáveis de populações de neurônios individuais por semanas ou mesmo meses, dependendo da espécie animal usada em cada estudo. Tudo que precisávamos agora era registrar a atividade de grandes populações de neurônios, distribuídos por múltiplas áreas frontais e parietais do córtex, enquanto nossos animais aprendiam a realizar movimentos dos membros superiores, que podiam ser facilmente monitorados, para solucionar uma tarefa motora específica.

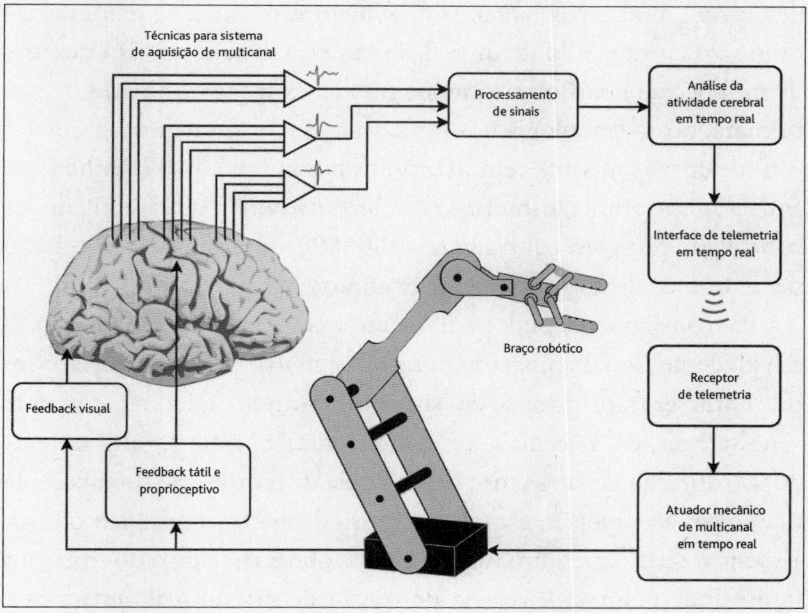

Figura 6.1 – Versão esquemática da organização geral de uma interface cérebro-máquina. Matrizes de microeletrodos e microchips são usadas para registrar a atividade elétrica cerebral em alta escala. Técnicas de processamento de sinal biológico são aplicadas para traduzir os sinais elétricos neuronais em comandos digitais que podem ser empregados para reproduzir, num braço robótico, as intenções motoras voluntárias geradas pelo cérebro. Sinais de retroalimentação visual, tátil e proprioceptiva gerados pelo movimento do braço robótico são transmitidos de volta ao cérebro do operador. (Original publicado em NICOLELIS, M. A. L. "Principles of neural ensemble physiology underlying the operation of brain-machine interfaces". *Nature Reviews Neuroscience* 10: 530-540, 2009.)

Além disso, em vez de simplesmente medirmos as propriedades fisiológicas de cada um dos neurônios registrados, criamos uma abordagem que surpreendeu até o mais crítico de nossos opositores. Durante cada um dos experimentos, depois de amplificar e filtrar os potenciais de ação individuais gerados por neurônios corticais monitorados simultaneamente, nosso sistema de registro multicanal também desempenharia a função de enviar esses sinais neuronais para um microcomputador. Uma vez lá, o contínuo fluxo de dados neuronais alimentaria, tão próximo do tempo real de sua geração quanto fisicamente possível, uma série de modelos matemáticos, criados por nós para combinar otimamente os padrões espaçotemporais de atividade neuronal, de forma que pudéssemos agora extrair, dessa tempestade cerebral, os comandos motores construídos pelo cérebro de nossos animais para gerar os movimentos de braços e mãos necessários para a execução de uma dada tarefa. Embora existam dezenas de milhões de neurônios somente no córtex motor primário de um primata, nossa tecnologia nos limitava naquele momento à amostragem de apenas míseros cem neurônios por animal. Isso significa que aquela nossa primeira interface cérebro-máquina (ICM) teria de ser controlada por algo equivalente a 0,000001% de toda a população de neurônios disponíveis no córtex motor!

Para que animais pudessem operar essa ICM consistentemente, a atividade neuronal registrada por nossas matrizes de microeletrodos precisaria ser transformada em sinais de controle digital rapidamente – nesse caso, em não mais do que duzentos a trezentos milissegundos. A duração deveras curta dessa janela de tempo não foi escolhida por acaso. Na verdade, ela refletia nosso desejo de reproduzir os movimentos de um membro num artefato robótico, dentro dos mesmos limites que definem o tempo de reação de um animal; em ratos e macacos, são necessários de duzentos a trezentos milissegundos para o cérebro gerar um plano motor e colocá-lo em operação, por meio dos movimentos de um membro. Curiosamente, mais tarde iríamos aprender que, se o tempo utilizado por uma ICM para reproduzir um comportamento motor ultrapassava em demasia esse limite de duzentos a trezentos milissegundos, o animal deixava de colaborar e logo se desinteressava pelo experimento. Partindo do princípio de que as predições contínuas produzidas pelos nossos modelos matemáticos continham informação suficiente acerca de importantes parâmetros motores envolvidos na geração de movimentos de um membro, previmos que uma ICM totalmente funcional poderia transferir com eficiência esses comandos digitais para um artefato robótico – por exemplo, uma prótese de braço – e fazer com que cada centímetro de metal, plástico e fios de cobre dele pudesse realizar, em conjunto, o sonho supremo de qualquer máquina: transformar-se, súbita e quase milagrosamente, num ser vivo cheio de intenção, capaz de realizar os desejos motores mais íntimos de seu novo mestre de aluguel, um cérebro animal.

Mas nossa ICM envolvia mais do que simplesmente fazer um braço robótico mover-se como um membro de verdade. Para reportar a seu novo mestre quão fidedigna era sua performance, o braço protético teria de, a cada momento, retribuir sua dádiva de vida com a transmissão de sinais sensoriais de volta para o cérebro que o controlava. Dadas as dificuldades técnicas de gerar e transmitir sinais de retroalimentação sensorial de um braço robótico direto para um cérebro de rato ou macaco, optamos inicialmente por restringir esse componente de nossa ICM ao uso de feedback visual, que era gerado simplesmente pela inclusão do braço artificial, ou de uma representação gráfica de seus movimentos, no campo visual do animal. Assim, cada vez que o braço robótico se movia sob o comando de sinais derivados do cérebro de um animal, esse sujeito poderia avaliar diretamente, por meio de um feedback visual, quão bem a ICM estava operando o artefato mecânico.

Como esperado, os desafios envolvidos em montar toda essa operação eram enormes. Primeiro, precisávamos ter acesso a uma amostra suficientemente boa de neurônios por meio de nossos implantes. Uma vez que era impossível amostrar uma grande parte do córtex motor primário, tínhamos de nos contentar com um número relativamente pequeno de células bem isoladas para tentar demonstrar nossa tese: que populações de neurônios, em vez de uma única célula, definem a verdadeira unidade funcional do sistema nervoso.

Além disso, esses registros neuronais precisavam durar tempo suficiente para que os animais pudessem aprender a tarefa motora escolhida para testar a eficiência de nossa ICM. Havia outro detalhe que punha toda essa aventura sob um enorme ponto de interrogação: até então, ninguém descrevera um algoritmo computacional capaz de extrair múltiplos comandos motores da atividade elétrica do cérebro, em tempo real, e valendo-se apenas de um microcomputador Dell, o único compatível com nossas severas limitações orçamentárias. Por fim, ninguém tinha a menor ideia de como os animais reagiriam à cena na qual, repentinamente, um braço artificial começaria a realizar a tarefa motora que até então tinha sido executada, com maestria, pelo seu próprio membro biológico.

Surpreendentemente, a despeito da reação pugnaz dos revisores de nossa proposta, o National Institutes of Health decidiu financiar o projeto original de nossa primeira ICM, criada por John Chapin e por mim. Com os recursos iniciais proporcionados por esse pequeno projeto de pesquisa, em 1997 começamos a realizar os primeiros experimentos que nos permitiram avaliar a performance de ratos operando uma interface cérebro-máquina. Em sua primeira versão, essa ICM já exibia um completo "loop de retroalimentação". Isso significa que ela não só utilizava sinais elétricos derivados do cérebro para controlar os movimentos unidimensionais de um modesto artefato mecânico como também permitia ao rato-operador acesso contínuo à performance do artefato por meio de sua presença no campo visual dele.

Durante várias semanas, Chapin e sua equipe treinaram seis ratos, um processo entediante que requeria toda a paciência que um neurofisiologista poderia recrutar. Primeiro, os animais tinham de aprender a pressionar uma barra metálica com uma das patas dianteiras, e não com o bumbum peludo, o método preferido, apesar de não ortodoxo, usualmente selecionado pela maioria deles quando desafiados a solucionar esse quebra-cabeça comportamental. Uma vez adquirida tal habilidade, os ratos tinham de aprender a repetir esses movimentos múltiplas vezes – perseverando por vários minutos por sessão de registro –, para que a equipe de John tivesse a chance de coletar dados neurofisiológicos suficientes para alimentar nossa ICM.

Nesse aparato experimental, os ratos deviam apertar uma barra metálica, eletronicamente conectada a uma alavanca que possuía, na extremidade, um pequeno recipiente. Se o animal apertasse a barra de leve, a depressão dela faria com que a alavanca se mexesse a ponto de posicionar o pequeno recipiente debaixo de um tubo do qual pingava água. Ao manter o recipiente nessa posição por um segundo, ele podia usar esse aparato para coletar algumas gotas de água. Então, bastava o rato aliviar devagar a pressão aplicada pela pata à barra metálica para fazer com que a alavanca trouxesse a água coletada no recipiente de volta para uma região próxima da boca, de tal maneira que ele pudesse agora apreciar sua recompensa adquirida com tanto esmero e eficiência.

Depois que o rato dominava essa tarefa motora, uma matriz de microeletrodos era implantada em seu córtex motor primário (M1) para que, posteriormente, pudéssemos colher a atividade elétrica neuronal necessária para operar a ICM. Nosso objetivo era fazer com que ele passasse a repetir toda essa operação usando a ICM, sem a necessidade de executar os movimentos da pata dianteira. Para tanto, ele teria de aprender a usar sua atividade elétrica cortical para controlar os movimentos da alavanca e trazer para a boca algumas gotas de água conquistadas apenas pelo pensamento!

Foi nesse momento que entramos naquela que poderia ser descrita como a "face oculta" da neurofisiologia do final do século XX, um lugar onde a questão principal que pairava no ar era se nossos amigos roedores seriam capazes de entender o conceito de usar apenas o pensamento para obter a tão desejada recompensa líquida, literalmente sem mover um dedo.

Depois de algumas semanas se recuperando da cirurgia de implante da matriz de microeletrodos, os melhores ratos que John Chapin já havia treinado retornaram a seu laboratório, onde foram preparados para o primeiro grande teste de uma ICM. Uma cuidadosa inspeção de cada um dos implantes cerebrais revelou, para nossa satisfação, que em cada um dos animais até 48 neurônios do córtex M1 disparavam robustamente durante a execução dos movimentos da pata dianteira requeridos para pressionar a barra metálica. Monitorando a atividade elétrica simultânea desses neurônios enquanto os animais moviam as patas para pressionar a barra, logo reparamos que a grande maioria dessas células exibia "atividade pré-motora" – equivalente à atividade de preparação gerada pelo córtex M1 no tempo de duzentos a trezentos milissegundos que antecede a produção de um movimento corporal. Essa observação nos deu a clara indicação de que estávamos registrando o tipo de atividade cerebral de alta qualidade necessária para operar uma ICM.

Agora, quando os ratos pensavam em comandar a pata para pressionar a barra, Chapin podia registrar todos os potenciais de ação produzidos pela amostra de neurônios corticais M1 obtidos pela matriz de microeletrodos implantada semanas antes. Uma matriz paralela de resistores elétricos, colocados numa placa integradora, podia agora ser usada para "pesar" a contribuição de cada um dos neurônios corticais registrados. Nessa primeira versão de nossa ICM, devido às limitações impostas pelos microcomputadores disponíveis na época, Chapin tinha de ajustar os valores dos resistores manualmente, a cada sessão experimental. Uma vez que os sinais neuronais fossem "pesados" de maneira individual pelos valores impostos aos resistores, todos os sinais resultantes eram somados linearmente, de forma ponderada, para gerar um único sinal analógico e contínuo de controle motor que poderia agora ser usado para controlar os movimentos da alavanca diretamente, por meio de nossa ICM. Em essência, esse sinal extraído do cérebro nos possibilitou obter uma predição razoavelmente precisa dos movimentos das patas dos ratos, algumas centenas de milissegundos antes que tais movimentos fossem gerados por eles. Assim, usando esse sinal motor como fonte de controle para gerar os movimentos da alavanca que continha o recipiente usado para coletar água, postulamos que os animais seriam capazes de utilizar a ICM para reproduzir num artefato mecânico, e em tempo real, as intenções motoras voluntárias geradas em seu cérebro.

Alguns dias depois que os ratos começaram a demonstrar sinais de que estavam aptos a realizar a transição entre usar a pata e apenas a atividade mental para movimentar a alavanca que lhes permitia matar a sede, John Chapin decidiu pregar uma peça em seus amigos bigodudos: sem aviso prévio, ele apenas desconectou a barra metálica da alavanca. Nesse momento, mesmo que os ratos pressionassem a barra, a alavanca permaneceria imóvel. Frustrados, eles continuaram a pressioná-la repetidamente, mas sem alcançar o resultado desejado.

Foi então que, inesperadamente, algo quase inimaginável aconteceu. Quando Chapin ligou a ICM, permitindo que a atividade elétrica do cérebro passasse a controlar os movimentos da alavanca diretamente, os ratos reagiram a essa repentina introdução de esperança como qualquer um de nós teria reagido: tentando encontrar uma forma de fazer a alavanca se mover, não do modo antigo (pressionando a barra), mas agora apenas por meio do pensamento.

Inicialmente, os movimentos da alavanca foram cautelosos e, como tais, incapazes de alcançar a fonte de água. Mas, como algumas dessas tentativas foram bem-sucedidas, outras logo se seguiram. Quanto mais cada rato conseguia beber a água por meio desse pouco usual sistema de entrega, mais confiança depositava no sistema de movimentar a alavanca apenas com a atividade do cérebro e provar a máxima de que "querer é poder"! Embora nenhum dos animais soubesse o que estava acontecendo, eles estavam cumprindo à risca o script que exigia que eles produzissem padrões espaçotemporais de atividade elétrica neuronal similares àqueles produzidos quando eles usavam a pata dianteira para controlar os movimentos da alavanca. Depois de alguns minutos de interação com a ICM, a maioria simplesmente deixou de pressionar a barra metálica com a pata. Por meio de um breve processo de tentativa e erro, os animais tinham descoberto que a tão desejada recompensa (gota de água) podia agora ser obtida apenas fitando a barra e – supomos – imaginando, dentro de suas cabecinhas triangulares, os movimentos que deveriam ser feitos pela pata dianteira para pressioná-la; depois disso, bastava se deliciar com toda a água que pudessem ingerir. Evidentemente, os quatro ratos que se deram bem dessa maneira não faziam ideia do trabalhão que nós – sobretudo John Chapin – tínhamos tido para interpretar e realizar seus sedentos desejos motores. O que eles verdadeiramente apreciaram, tenho certeza, foi o fato de que haviam se tornado os primeiros de sua colônia que podiam obter bebida grátis toda vez que eram trazidos para o laboratório onde sonhos e desejos embutidos em pensamentos podiam se transformar em realidade.

Em grande parte, Aurora devia a oportunidade que se materializara naquela noite de inverno da Carolina do Norte a uma macaca-da-noite chamada Belle, que três anos antes tinha introduzido seus primos primatas na era de tecnologias ativadas pelo cérebro.

Belle, tanto quanto nossos filhos ou Aurora, era viciada em video games. Ao longo de vários meses, havia se especializado num jogo que requeria que ela usasse a mão direita para pegar um joystick, enquanto observava uma série de lâmpadas pequenas dispostas num eixo horizontal colocado à sua frente em um painel. Durante o treinamento, Belle tinha aprendido que, se uma primeira lâmpada acendesse nesse painel e ela movesse o joystick para a esquerda ou para a direita, seguindo a direção da progressão em que as lâmpadas seguintes acendiam, ela seria recompensada com uma gota de suco de fruta. Mais do que qualquer outro de nossos macacos-da-noite, Belle adorava brincar com esse jogo simples. Além disso, ela também era viciada em suco de fruta!

Enquanto Belle tranquilamente jogava, nossa atenção estava concentrada em quatro conectores plásticos, fixados no topo de sua cabeça com uma camada de cimento cirúrgico, material normalmente usado para reparos ósseos do crânio. Por debaixo dessa camada protetora de cimento, esses conectores se ligavam a quatro matrizes retangulares, formadas por microeletrodos de aço inoxidável coberto com uma fina camada de Teflon. Durante um procedimento cirúrgico, esses microeletrodos haviam penetrado alguns milímetros em quatro regiões corticais dos lobos frontal e parietal do cérebro de Belle. As áreas corticais escolhidas para receber os implantes tinham sido previamente identificadas, em vários estudos, como estando envolvidas no planejamento visomotor que primatas utilizam para traduzir mensagens visuais, como sequências de luzes piscando, em movimentos das mãos usados para deslocar um joystick para um alvo qualquer. Um par desses implantes estava localizado no córtex motor primário (M1) e em outras áreas corticais, ditas motoras, do lobo frontal. A atividade elétrica coletiva – obtida dessas áreas pelos implantes – nos permitia ler uma pequena fração do programa motor detalhado criado pelo cérebro de Belle, para dirigir os músculos do braço e da mão na concretização dos movimentos necessários para que ela pudesse jogar o video game. Enquanto ela refletia sobre a melhor maneira de realizar os truques motores, os implantes tinham a oportunidade de obter uma visão privilegiada das tempestades elétricas cerebrais que se espalhavam por seu córtex, forjando ações motoras futuras, faísca por faísca, a partir de pensamentos fugidios.

Para garantir registros de ótima qualidade, cada uma das pontas metálicas achatadas dos microfilamentos que serviam como nossos microeletrodos tinha sido imersa no fluido extracelular levemente salgado em que se encontravam mergulhados os delicados neurônios corticais de Belle. Posicionados dessa forma estratégica, esses sensores de pontas nuas ouviam atentamente, como um confessor privilegiado, os murmúrios elétricos produzidos pelas células.

Dentro do cérebro de Belle, cada vez que um neurônio localizado perto de um microeletrodo produzia um potencial de ação, uma pequena corrente elétrica fluía pelo espaço extracelular e podia ser captada pela ponta do microfilamento. As descargas elétricas neuronais captadas por todos os microeletrodos podiam então ser transmitidas para os microprocessadores conectados a um dos conectores plásticos fixados na camada de cimento cirúrgico. Esses microprocessadores, usualmente chamados de neurochips, continham todos os recursos eletrônicos necessários para realizar o primeiro nível de amplificação e filtragem dos pequenos sinais elétricos produzidos pelos neurônios de Belle.

De cada neurochip, um feixe de fios conduzia os impulsos nervosos de Belle para outro módulo eletrônico posicionado num dos gabinetes colocados dentro da câmara à prova de som onde ela se divertia com seu video game. Esse módulo eletrônico, por sua vez, estava conectado a um microcomputador central, responsável por traduzir os pensamentos de Belle para um rio de sinais digitais que seriam empregados para controlar os movimentos de dois braços mecânicos, usando apenas as intenções motoras voluntárias de seu cérebro.

Mas como realizar essa tradução de atividade cerebral pura em comandos digitais que um robô possa entender? Embora nos primeiros dias dessa área de pesquisa muitos acreditassem que esse seria o obstáculo mais difícil a ser vencido, a resposta para tal dilema provou ser muito mais simples do que o esperado. Ainda me lembro vividamente do dia em que Johan Wessberg, neurofisiologista sueco que estava trabalhando como aluno de pós-doutorado em meu laboratório, entrou em meu escritório e me disse, com seu jeito contido mas cheio de confiança, que tinha encontrado uma forma de implementar um algoritmo computacional capaz de operar nossa nova ICM, criada especificamente para primatas. A ideia brilhante de Johan, que abriu as portas para o uso disseminado de ICMs experimentais na década seguinte, surgiu quando ele analisava dados neurofisiológicos costumeiramente registrados em nosso laboratório. Depois de uma cuidadosa inspeção dos dados, Wessberg descobriu que, usando um algoritmo relativamente simples, conhecido pelos estatísticos como regressão linear múltipla e pelos engenheiros como filtro de Wiener, para somar linearmente a atividade elétrica produzida por neurônicos corticais registrados de maneira simultânea, ele era capaz de gerar predições bastante precisas da localização futura da mão de Belle! Basicamente, esse método era capaz de identificar uma forma ótima de "pesar" a contribuição da atividade elétrica de cada neurônio registrado. Uma vez que cada neurônio tivesse sua contribuição relativa estimada através de um coeficiente de regressão, todas as contribuições dos neurônios amostrados podiam ser somadas para se obter um sinal motor contínuo que podia então ser usado para reproduzir os movimentos da mão de Belle num artefato robótico (figura 6.2). Esse era um grande avanço, sobretudo se levarmos em conta o fato de que apenas um ano antes John Chapin tivera de realizar a mesma operação manualmente, usando uma placa cheia de resistores para pesar a contribuição de cada neurônio registrado.

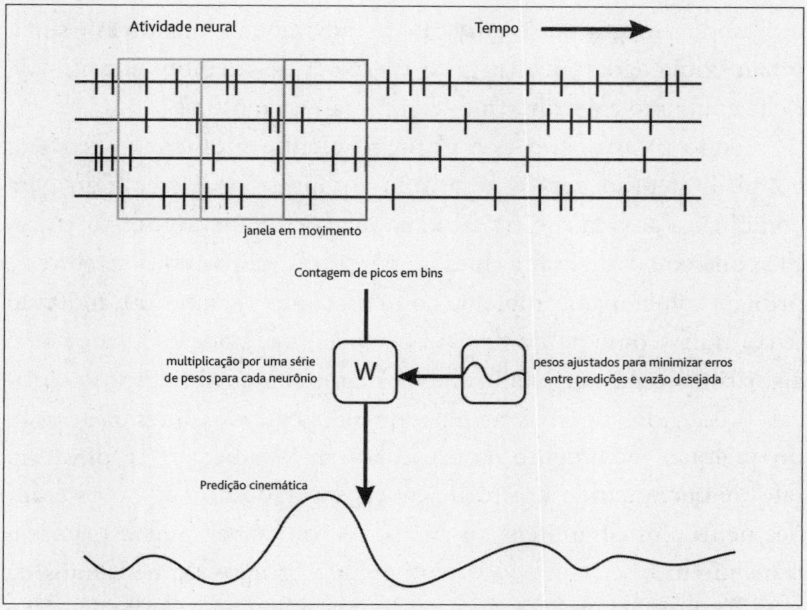

Figura 6.2 – Algoritmo computacional utilizado na tradução da atividade elétrica neuronal em comandos digitais que podem ser empregados para prever parâmetros cinemáticos e controlar os movimentos de ferramentas artificiais através apenas da atividade cerebral (veja texto para detalhes). (Ilustrado pelo dr. Nathan Fitzsimmons, Universidade Duke.)

Para que esse novo método computacional pudesse funcionar, Wessberg precisava encontrar uma forma de obter boas medidas dos movimentos do membro superior de Belle, aqueles que ele estava tentando prever usando apenas a atividade cerebral de nossa macaca pioneira. Por ser Belle uma macaca-da-noite – um primata pequeno, com braços muito delicados –, as restrições sobre qual tecnologia selecionar para fazer essas medidas cinemáticas eram enormes. Novamente, nosso colega superou esse obstáculo usando sua inventividade característica ao adaptar um instrumento conhecido como *shape-tape* (fita de forma) – uma fita plástica achatada, estreita e muito flexível, contendo em seu interior sensores feitos de fibra óptica, para o uso em macacos-da-noite. Essa fita podia ser presa com feixes de velcro ao longo do braço, antebraço e pulso dos macacos. Assim, cada vez que o animal realizasse um movimento do membro superior, a fita seria deformada proporcionalmente, ativando os sensores contidos em seu interior. Uma vez ativados, eles produziam um sinal indicando a magnitude e a direção do movimento. Usando esse sinal, Johan podia agora reconstruir a trajetória do membro superior de Belle enquanto ela realizava diferentes tarefas motoras.

Tendo solucionado esse primeiro grande problema, Wessberg voltou a atenção para o algoritmo computacional escolhido para combinar a atividade elétrica de populações de neurônios corticais. Ele começou a analisar a questão considerando como o cérebro de primata soluciona o problema computacional de fazer um músculo se contrair. Como ponto de partida, apegou-se à noção de que nosso algoritmo computacional tinha de manipular sinais elétricos corticais produzidos algumas centenas de milissegundos antes da geração de qualquer movimento da musculatura. Wessberg se inspirou no fato de que, quando um plano motor é gerado no córtex, os grandes neurônios piramidais da camada V do córtex motor primário transmitem esses comandos para grandes grupos de neurônios da medula espinhal, através dos seus longos e grossos axônios, que são altamente mielinizados para que a transmissão seja o mais rápida possível. Ao receberem esse bombardeio elétrico cortical, os neurônios da medula espinhal produzem o produto motor final que será remetido diretamente aos músculos.

Inspirado nessa estratégia altamente eficiente selecionada pelo cérebro para a produção de movimentos voluntários, Wessberg idealizou uma versão computacional similar para a transformação de pensamentos de primata em movimentos robóticos. Primeiro, para prever uma dada trajetória do pulso de Belle em movimentos do membro superior realizados durante uma tarefa motora bem controlada, ele analisou a atividade elétrica gerada por cada um dos cem neurônios corticais que podíamos registrar simultaneamente, até um segundo antes do início desses movimentos. Esse segundo foi dividido em dez períodos consecutivos de cem milissegundos. A seguir, para cada neurônio, o algoritmo de Wessberg contava o número de potenciais de ação gerados pela célula, em cada um desses segmentos de tempo, também chamados de "bin". Ao final do processo, ele tinha construído um banco de dados temporário que incluía dez bins de cem milissegundos por neurônio registrado, cada um dos quais contendo o número de potenciais de ação produzidos pela célula num período de tempo anterior ao início dos movimentos do braço de Belle. Assim, enquanto ela movia seu elegante e delicado braço no curso de alguns minutos, a posição espacial do pulso e a atividade elétrica do cérebro, produzida até um segundo antes de cada deslocamento do membro superior, eram registradas por Wessberg. Esse componente do algoritmo computacional é conhecido como *data binning*.

Os dados obtidos resultaram em duas longas séries temporais: uma descrevendo a variação no tempo da trajetória espacial em três dimensões do pulso de Belle e a outra contendo a atividade elétrica dos neurônios corticais dividida em sequências de bins discretos, calculada até um segundo antes de cada movimento realizado por Belle. Essas duas séries temporais eram então usadas para calcular a correlação linear entre o padrão espaçotemporal produzido por nossa amostra de neurônios corticais do cérebro do animal e a trajetória de seu braço.

Para nossa surpresa, essa correlação linear mostrou-se altamente significativa. Depois de ser alimentado com as duas séries temporais, o filtro de Wiener produziu um grande número de coeficientes de regressão ótimos, cada um deles relacionado com um dos grupos de dez bins usados para representar o padrão de disparo de cada neurônio registrado. O valor de cada um desses coeficientes refletia diretamente a relevância de um dado bin temporal em prever a posição futura do pulso de Belle: se um dado coeficiente de regressão era alto, o bin que descrevia a atividade de um neurônio num dado período de cem milissegundos previa com grande precisão a posição do pulso de Belle no futuro. Por outro lado, se o valor do coeficiente era muito baixo e próximo de zero, a atividade neuronal contida no bin associado a esse coeficiente não tinha nenhuma chance de prever onde o pulso do animal estaria no futuro. Esse bin de dados podia até ser removido da análise. Além disso, se o coeficiente de regressão era positivo, o disparo do neurônio estava diretamente correlacionado com a futura posição do pulso de Belle. Se o coeficiente era negativo, o disparo neuronal era inversamente correlacionado com a posição do pulso. Usando um grande número desses coeficientes de regressão, derivamos uma equação multivariada linear que descrevia o grau de correlação linear entre nossa amostra de populações de neurônios corticais e os movimentos do braço de Belle. Dessa forma, podíamos agora treinar esse algoritmo para converter linearmente a atividade espaçotemporal de uma amostra qualquer de neurônios corticais numa trajetória do membro superior variando no tempo. Logo notamos que, depois de longas sessões de treinamento, esses coeficientes convergiam a valores que tendiam a permanecer estáveis, como se uma solução ótima do sistema de equações lineares tivesse sido atingida. Por essa razão, nossa versão do filtro de Wiener podia, num grau rudimentar, reproduzir o tipo de tarefa neurofisiológica complexa normalmente realizada pelos circuitos neurais da medula espinhal (figura 6.3).

Mas Wessberg não havia terminado ainda. Numa tentativa de encontrar os limites de sua mais nova solução computacional, ele decidiu investigar a possibilidade de "rodar" múltiplas versões desse algoritmo computacional, usando como entrada o mesmo padrão espaçotemporal de atividade gerada pela mesma amostra de neurônios. Nosso colega queria testar a hipótese de que predições simultâneas de múltiplos parâmetros motores, como a variação temporal da posição espacial do pulso, cotovelo e ombro, poderiam ser extraídas da mesma população de neurônios corticais. Contra a opinião de muitos, essa hipótese provou ser totalmente verdadeira; múltiplos parâmetros motores podiam ser extraídos da atividade da mesma população de neurônios corticais. O único detalhe é que, para cada parâmetro motor, uma nova família de coeficientes de regressão precisava ser encontrada por meio do emprego do filtro de Wiener. Por todos os ângulos, esse foi um resultado espetacular. Bastava misturar a atividade dos mesmos neurônios corticais de formas distintas, usando diferentes somas ponderadas da atividade elétrica das células, para que Wessberg pudesse obter simultaneamente múltiplos parâmetros cinemáticos. Não havia mais dúvida: o cérebro de Belle era capaz de funcionar no modo multitarefa!

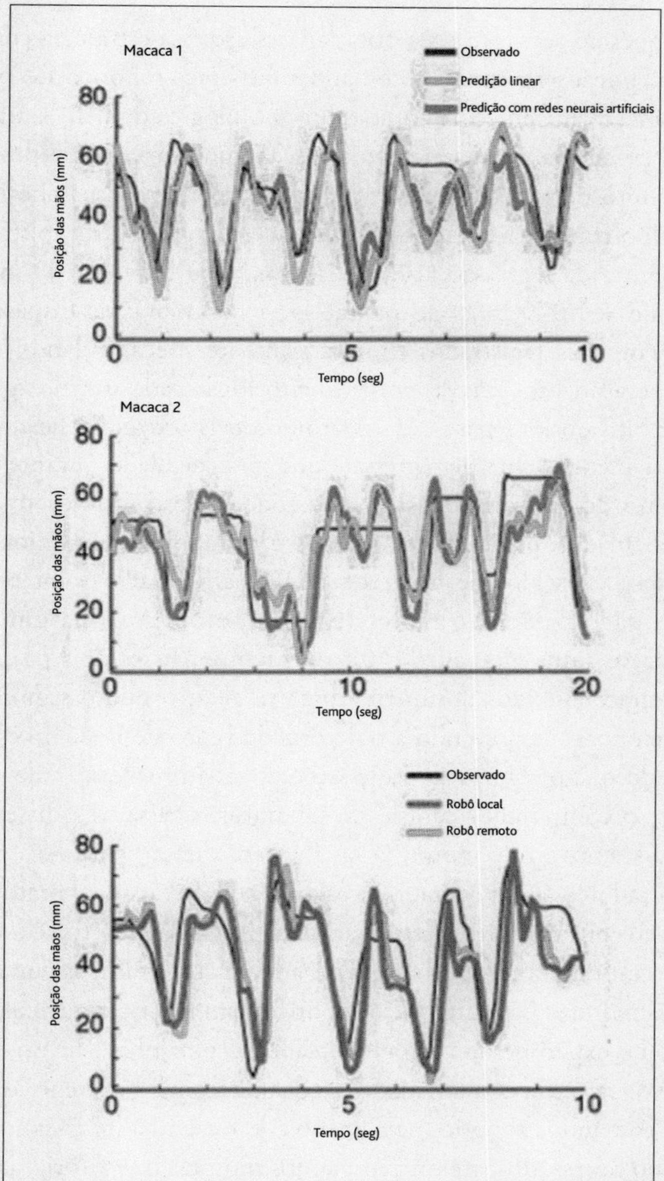

Figura 6.3 – Para onde o pulso de Belle irá? Gráficos ilustram as predições em tempo real, derivadas da atividade elétrica dos cérebros das macacas Belle e Carmen, e quão bem elas podem reproduzir a posição espacial das mãos desses dois animais. O painel inferior ilustra que as mesmas predições podem ser utilizadas para controlar dois braços robóticos, um ao lado dos animais na Universidade Duke e outro, remotamente, localizado no MIT. (Original publicado em WESSBERG, J. et al. "Real-time prediction of hand trajectory by ensembles of cortical neurons in primates". *Nature* 408: 361-365, 2000.)

A questão seguinte a ser abordada era se essa estratégia computacional linear seria capaz de comandar um braço robótico a se mover da mesma forma eficiente como o braço biológico de Belle rotineiramente executava suas tarefas motoras. Como visto, para reproduzir cada ponto da trajetória do pulso de Belle num braço robótico, o algoritmo computacional bolado por Wessberg tinha de aplicar mil coeficientes de regressão (100 neurônios × 10 bins de 100 ms por neurônio = 1.000 bins) ao padrão espaçotemporal de disparo dos cem neurônios registrados simultaneamente. Recapitulando como essa operação funcionava, em primeiro lugar cada um dos grupos de dez bins obtidos para cada neurônio devia ser multiplicado pelo respectivo coeficiente de regressão, que fora calculado durante a fase de treino do algoritmo. Assim que todos esses produtos tivessem sido calculados, os resultados obtidos para todos os neurônios eram somados, acrescidos de uma constante, para gerar o valor predito de um dado parâmetro motor (posição do pulso numa dimensão do espaço) num momento futuro no tempo. Esses dois passos seriam então repetidos novamente para se gerar o ponto seguinte da série temporal descrevendo a trajetória do braço de Belle no espaço. Supondo que o algoritmo pudesse gerar cada um desses valores em tempo, o computador central do laboratório passaria a disseminar os sinais de controle motor, já no formato digital, para dois outros computadores, um localizado na sala ao lado do nosso laboratório da Duke e o outro no MIT, em Cambridge, Massachusetts. Cada um desses computadores estava encarregado de transmitir os comandos digitais motores para um braço robótico com múltiplas articulações. Como no experimento com ratos realizado por John Chapin, nosso objetivo era traduzir a atividade elétrica neuronal do cérebro de Belle em comandos robóticos em menos de trezentos milissegundos – o tempo necessário para que comandos motores que se originam no cérebro de um primata alcancem seus músculos e um movimento voluntário se inicie.

Depois de meses de trabalho árduo, construindo todos os componentes desse novo aparato experimental, finalmente era hora de dar início ao show! No momento em que Wessberg acionou o aparato experimental e luzes começaram a piscar, uma de cada vez, diante dela, Belle imediatamente passou a mover o joystick para a frente ou para trás com a mão, de acordo com as indicações contidas nesse estímulo visual. Nos trinta minutos seguintes, que para todos nós pareceram ter durado uma eternidade, nosso computador central trabalhou incessantemente para calcular um grupo preliminar de coeficientes de regressão linear, até que as sub-rotinas do algoritmo que Wessberg desenvolvera indicassem que um conjunto ótimo desses coeficientes fora obtido. Nesse ponto, com os coeficientes estabilizados, tínhamos atingido o momento pelo qual todos havíamos esperado ansiosamente por quase dois anos. Estava na hora de ligar nossa interface cérebro-máquina.

Nos momentos seguintes, cheios de expectativa e incerteza, uma vez que nada semelhante havia sido tentado com um primata, continuamos a observar qual seria a reação de Belle. Inicialmente, como parece ser a norma em eventos singulares como esse, nada fora do comum aconteceu. Belle continuava a jogar seu jogo e a receber módicas quantidades de suco de fruta, enquanto um dos mais profundos silêncios que já ouvi num laboratório de pesquisa tomou conta de toda a sala de controle.

Sem nenhuma fanfarra ou aviso, o delicado braço robótico que fora colocado a nosso lado começou a mexer os tendões de borracha e as articulações de metal. Na tela do computador que controlava todo o experimento, de repente duas linhas brilhantes surgiram simultaneamente. A vermelha descrevia em tempo real os movimentos suaves do braço biológico de Belle, enquanto ela continuava a se divertir com seu joguinho. Gerada pelos sensores da *shape-tape* afixada ao seu membro superior, essa linha reproduzia a posição tridimensional de seu pulso enquanto ela movia o joystick, tentando seguir a sequência de luzes que se acendiam à sua frente. Perto, outra linha, da cor azul-marinho da Duke, começava a traçar a trajetória do braço robótico, encarregado de acompanhar os movimentos do braço de Belle, usando apenas as ondas elétricas de seu cérebro como guia. Durante os primeiros segundos dessa perseguição da linha azul à linha vermelha, as duas trajetórias estavam separadas por uma considerável distância, indicando que as predições iniciais geradas pela ICM não eram precisas o suficiente. Em alguns minutos, todavia, a linha azul começou a alcançar a linha vermelha e a se sobrepor a ela, de modo que, nos instantes que se seguiram, as duas linhas passaram a caminhar juntas e quase completamente sobrepostas. Essa era a prova cabal de que, naquele momento, o cérebro de Belle tinha conseguido realizar a proeza de controlar, simultaneamente, dois braços muito distintos; um, o braço biológico, seu velho conhecido, que desde o início de sua vida consciente lhe servira como meio de explorar o mundo, e outro, um braço robótico criado por seus primos primatas, apenas recentemente incorporado à sua rotina de vida, mas que já não oferecia nenhuma resistência em seguir, a cada instante, os desígnios motores de sua mente.

Nesse momento, peguei o telefone para checar com meus colegas do MIT o que se passava com o robô deles.

– Ele já está se movendo? – foi a primeira pergunta que me veio à mente, uma vez que a esperada explosão de felicidade não havia se materializado do outro lado da linha.

– Nada. Nenhum sinal de vida! Mais morto impossível!

– Como pode? O nosso está se mexendo perfeitamente.

– Aqui, nada está acontecendo. O braço está parado, congelado, imóvel. Não conseguimos ver nem mesmo um tremor ou uma tentativa de iniciar o movimento.

Embora eu estivesse tentando manter a cabeça fria, a tensão que se acumulava a meu redor, bem como do outro lado da linha, era quase insuportável. Enquanto nossa equipe da Duke ouvia minha conversa com o grupo do MIT, qualquer um que entrasse no laboratório pensaria que o experimento tinha sido um fracasso. Comecei a buscar algo que explicasse a falha para meus colegas que esperavam ansiosos na linha por algum sinal de esperança.

– Não tenho a menor ideia do que está acontecendo. Ele deveria estar funcionando como o nosso. Você já verificou a linha de transmissão?

– Sim, verifiquei tudo. Na verdade, já percorri três vezes nossa lista de procedimentos. Isso lembra o filme *Apollo 13*. Eu deveria estar dizendo: “Durham, nós temos um problema!”.

Sem outra saída, apelei para o último bote salva-vidas operacional de cientistas habituados a utilizar tecnologia de alta complexidade:

– Lá em casa, quando algo assim acontece, nós começamos checando se o botão on/off foi colocado na posição ON!

Por um segundo, tive a impressão de que meu interlocutor não estava prestando a menor atenção no que eu estava dizendo. Frustrado além da conta, ele parecia estar falando consigo mesmo.

– Reiniciei os computadores e tentei tudo, mas... espere, me dê um minuto. Esqueci uma coisa. Como deixei de checar isso?

– O quê? O que você esqueceu? – Agora era eu que estava a ponto de perder o controle da ansiedade.

– Esqueci de ligar o botão de potência do braço robótico.

Não houve tempo para nenhuma réplica ou confirmação formal – do outro lado da linha a explosão de gritos, como se um golaço tivesse sido marcado pela seleção brasileira em pleno estádio La Bombonera, em Buenos Aires, anunciou que o braço robótico do MIT havia começado sua jornada rumo à história moderna da neurociência.

Naquele estágio de nossa pesquisa, o algoritmo criado por Johan Wessberg não podia nem de longe reproduzir todas as tarefas fisiológicas complexas de um circuito neural. Mas era mais do que suficiente para gerar os sinais motores contínuos necessários para reproduzir os graciosos movimentos gerados pelos atléticos membros superiores de Belle.

Enquanto nossos colegas no MIT continuavam a receber os sinais de controle motor derivados do cérebro de Belle, em nossa sala de controle em Durham uma terceira linha apareceu no monitor do computador que controlava o experimento que agora envolvia uma macaca e dois braços robóticos separados por mais de 1.500 quilômetros. Ela traçava a trajetória do braço robótico do MIT, em sua tentativa de também reproduzir os movimentos do braço de Belle. Quando essa linha alcançou as duas anteriores e se uniu a elas, todos os presentes, testemunhas privilegiadas do encontro inédito entre a mente de um primata e dois braços mecânicos, começaram a dar vazão à emoção reprimida durante todos os meses necessários para que esse resultado pudesse enfim se materializar. Comovido com o simbolismo daquele momento inesquecível, lembrei-me da frase que Galileu supostamente murmurou em sua defesa durante seu julgamento pela Inquisição italiana: "Eppur si muove" (E, ainda assim, ela se move).

No inverno de 2002, nossa equipe de pesquisadores estava pronta para realizar o experimento mais importante de nossas respectivas carreiras, o qual passei a chamar, nos corredores da universidade, de Projeto Mané – um acrônimo derivado da frase "The mother of all neurophysiological experiments" (a mãe de todos os experimentos neurofisiológicos). Não por coincidência, esse acrônimo me lembrava um dos heróis míticos de minha juventude, Mané Garrincha, uma das estrelas do escrete de ouro, epíteto mais que merecido da seleção brasileira de futebol que nos anos de 1958 e 1962 ganhou o bicampeonato mundial e, no processo, definiu novos critérios de excelência e beleza para o esporte mais popular do planeta. Nascido com graves deformações ósseas que faziam com que seus joelhos e pernas se dobrassem em direções opostas, Garrincha, a partir dessa conformação pouco usual dos membros inferiores, criou uma nova técnica de drible – cheia de jogo de cintura e simulações de movimento. Seguindo essa partitura à risca, ele encantou primeiro seus colegas de time, que impuseram sua escalação ao técnico Vicente Feola no meio da Copa do Mundo de 1958, e depois todo o planeta, que, assombrado, não conseguia entender de onde viera aquele ser extraterrestre. Tal classificação era justificada pelo fato de que, para Garrincha, o futebol não era um esporte, mas sim uma forma extremamente elaborada de balé, uma dança na qual sua parceira favorita, a bola, nada mais era do que uma extensão de seu pé.

Por todo o Brasil, Garrincha também era conhecido pelo carinhoso diminutivo que o acompanhava, desde os tempos das peladas, no campo de terra de Pau Grande, sua cidade natal no estado do Rio de Janeiro. Esse apelido era Mané!

O nosso Mané era um pouco diferente do verdadeiro Mané. Tratava-se de um experimento extremamente difícil de ser planejado e executado devido à existência de múltiplos gargalos computacionais e tecnológicos, cada um dos quais contendo múltiplos procedimentos e partes novas, que tinham de funcionar perfeitamente, em tempo real, para que os dados coletados pudessem ser usados da forma imaginada. Além disso, como qualquer coisa que nunca foi tentada antes, era quase impossível prever o resultado daquela empreitada. Vale dizer que, sem o auxílio de um cientista visionário e experiente, o dr. Alan Rudolph, nós não teríamos tido a menor chance de obter o financiamento necessário para rodar o Mané em 2002.

Depois de quase um ano construindo os equipamentos, gerando novos programas computacionais, corrigindo problemas e convencendo Aurora a jogar uma nova geração de video games, o momento da verdade havia chegado. Era hora de rodar o Mané pela primeira vez.

Durante as horas que antecederam os últimos preparativos para o lançamento do projeto, as conversas dos membros de nossa equipe eram interrompidas apenas pelos chamados impacientes de Aurora, pressionando para que deixássemos de papo e passássemos à ação! Nenhum de nós podia culpá-la por toda essa ansiedade. Depois de semanas de treinamento intenso, várias tentativas preliminares de rodar todo o experimento tinham sido abortadas por razões técnicas. Mas, para variar, naquela noite nossos novos computadores, espalhados por uma ampla bancada da nova sala de controles do laboratório, estavam conseguindo dar conta do verdadeiro tsunami de dados que começava a alimentá-los.

Aurora, como de hábito, mantinha-se aboletada em sua cadeira favorita, agora equipada com um moderníssimo joystick, um painel de cristal líquido e um sistema para entrega rápida de suco de fruta, acessório essencial para que ela pudesse beber o quanto fosse necessário para adoçar seu humor durante a execução do experimento. Próximo dela, um processador neurofisiológico de múltiplos neurônios (*multineuronal acquisition processor* – MNAP), contendo 512 canais, a maior máquina desse tipo no mundo na época, repousava tranquilamente, pronto para iniciar sua tarefa principal da noite: ler os pensamentos de Aurora. Surpreendentemente, para realizar essa tarefa quase incomensurável, apenas alguns meses antes iríamos utilizar apenas 96 canais do MNAP. Os membros de nosso grupo presentes naquele momento – o espanhol Jose Carmena, engenheiro elétrico hiperativo que adorava operar múltiplos microcomputadores, cada um com dois monitores (muito caros) de cristal líquido, e Mikhail (Misha) Lebedev, físico russo transformado em neurofisiologista, com uma incomum e ansiolítica capacidade de resolver qualquer problema – começavam a se acomodar em nosso bunker à espera do grande momento de Aurora. Como grandes fãs do "jogo bonito", Jose e Misha se distraíam comentando as campanhas de seus times favoritos, Valencia e CSKA, nos respectivos campeonatos europeus. Além de seu conhecimento enciclopédico e grande proficiência técnica, Misha também trazia outro atributo fundamental para a equipe. Anos antes, ele havia trabalhado com Aurora em outro laboratório. Assim, tinha uma noção exata de quão difícil ela poderia ser em alguns momentos. Secretamente, todos nós tínhamos a sensação de que Aurora nutria uma paixão secreta por nosso camarada Lebedev. O afeto fraternal, diga-se de passagem, era mútuo!

Atrás da sala de controle, tínhamos anteriormente acondicionado um braço robótico industrial, capaz de realizar movimentos bem mais elaborados que os dos equipamentos usados com Belle. Ele podia executar movimentos com sete graus de liberdade; uma mão rudimentar acoplada em sua extremidade distal continha apenas dois apêndices, capazes de apreender um objeto e mantê-lo seguro. Essa mão me lembrara a de outro robô famoso, o fiel escudeiro metálico de Will Robinson, do seriado de TV norte-americano *Perdidos no espaço*. Como todos da minha geração podem confirmar, o Robô, como era conhecido, aprendera a repetir a máxima programada por seu mestre, o cientista louco dr. Zachary Smith. Olhando para aquela enorme mão robótica me encarando, eu não conseguia deixar de me lembrar, a toda hora, do inesquecível lema: "Nada tema, com Smith não há problema!".

Nosso robô, mais humilde e mudo, permanecia imóvel, com o ombro e o cotovelo artificiais parcialmente estendidos, a mão aberta, como que convidando alguém para apertá-la – uma bela peça de engenharia, quase implorando para que algo ou alguém assumisse o controle de suas articulações e motores inertes para que, enfim, movimentos cheios de intenção pudessem emergir daquela massa inanimada.

Arrulhando feliz, Aurora – ou melhor, seu cérebro – preparava-se para sua libertação de forma, até então impensada. Em tentativas anteriores, ela não tinha se omitido em nos comunicar que, se o braço robótico não estava se mexendo, certamente a culpa não era dela. Nessa noite, todavia, estava envolvida em seu protagonismo, sem nenhuma reclamação. Antes do passo final, Misha entrou na sala reservada para nossa colega e, depois de se espremer entre os cabos e o equipamento para chegar próximo de onde ela estava sentada, sussurrou algo em russo em seu ouvido. Misha nunca revelou o que foi dito naquele momento, mas claramente fez Aurora se sentir inspirada. Fitando atentamente o monitor de computador à sua frente, ela ainda teve tempo de encarar a câmera que a filmava de frente e fazer algumas expressões, como uma atriz experiente que se prepara para subir ao palco de forma arrasadora e, como se diz nos bastidores do teatro, "quebrar uma perna"!

Aurora estava se divertindo com a chegada do que para sempre seria lembrado como o momento mais crucial da vida profissional de todos nós. Naqueles últimos segundos de espera, aquele par de olhos negros inquisitivos parecia estar perdendo a paciência, querendo iniciar logo sua jornada. Ao mesmo tempo, parecia nos dizer: "Não se preocupem, meninos, deixem comigo, minha hora de brilhar finalmente chegou!".

Tão logo Misha fechou a sala da câmara à prova de som onde Aurora foi deixada sozinha, Jose Carmena deu a partida, e o Projeto Mané finalmente saiu do papel para entrar em nossa memória. Naquele segundo, os anos acumulados de pesquisa dos cientistas que sempre sonharam em concretizar as esperanças de milhares de pessoas pelo mundo afora – as quais, apesar de severamente paralisadas, sonham com o dia em que poderão libertar seus desejos motores de um corpo que não mais pode realizá-los – uniram-se numa voraz expectativa de conseguir o impossível.

Sabíamos que a maior parte do experimento dependia do funcionamento do MNAP, de alguns computadores e, sobretudo, do cérebro notoriamente teimoso de Aurora. Quando ela acariciou o joystick, colocado do lado esquerdo de sua cadeira, e, com a mão esquerda estendida, começou a aplicar a força que se transformara em instrumento de tradução de suas intrigantes, mas sempre charmosas, intenções voluntárias motoras para jogar seu video game favorito, nossa atenção foi logo capturada pelas luzes brilhantes, emanando tal qual um bando de vaga-lumes perdidos, de uma matriz de monitores à nossa frente.

Como John Lilly imaginara meio século antes, esse faiscar de luzes agora transmitia ao mundo exterior o padrão espaçotemporal de atividade elétrica produzida por uma população de 96 neurônios corticais de nossa musa científica. Eu tinha instalado um alto-falante na sala de controle, e minha preocupação central agora era ouvir essa nova sinfonia cerebral, que soava como uma violenta trovoada que cruzasse o céu de uma noite de verão tropical. Perdido nesse exercício contemplativo que só poderia ser descrito como um encontro casual com um dos verdadeiros milagres criados pela natureza, todos nós permanecemos enfeitiçados pela revelação, tão íntima e pessoal, que Aurora tinha tão generosamente nos ofertado.

Aquele filme dos pensamentos motores de Aurora que continuava a fluir diante de nossos olhos, na forma de padrões de luzes coloridas, descrevia a atividade simultânea de múltiplas áreas corticais de seu cérebro. Nas três décadas anteriores, estudos realizados em inúmeros laboratórios ao redor do mundo tinham identificado quais regiões dos lobos frontal e parietal estavam envolvidas na geração do tipo de programa motor necessário para alguém como Aurora produzir movimentos precisos de braços e mãos. De acordo com as regras do experimento, ela precisava utilizar esses movimentos para manipular o joystick de modo a controlar a trajetória bidimensional de um cursor que aparecia na tela de computador à sua frente. Ao mover esse cursor, ela podia interceptar e agarrar um objeto virtual – um grande círculo branco – que aparecia aleatoriamente em uma localidade da tela do monitor, no começo de cada nova tentativa do jogo. Usando movimentos coordenados do braço e da mão esquerda, Aurora tinha aprendido a jogar esse jogo com grande proficiência, mesmo porque, caso se desse bem numa tentativa – e conseguisse interceptar e agarrar o objeto em menos de cinco segundos –, seria recompensada com uma prenda mais do que deliciosa: uma gota de seu suco de fruta favorito. Assim, cada vez que ela acertava o alvo com o cursor, um som de alta frequência, produzido simultaneamente à abertura de uma válvula solenoide que permitia a chegada da gota de suco à sua boca, preenchia toda a sala de controle (figura 6.4).

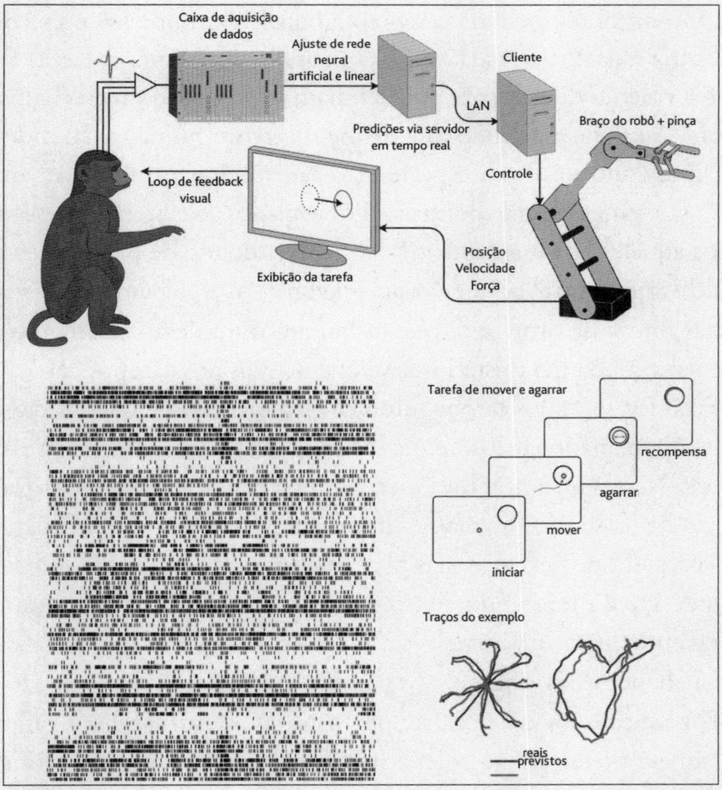

Figura 6.4 – Aurora liberta a sua mente. Na parte superior, o aparato experimental utilizado por Aurora para controlar os movimentos de um braço robótico apenas com o seu pensamento. Na parte inferior, uma amostra contendo 10 segundos (eixo x) da atividade elétrica de 96 neurônios corticais (eixo y) do cérebro de Aurora. No painel à direita, uma representação gráfica da tarefa executada por Aurora e exemplos de predições dos movimentos do seu braço baseados na atividade elétrica de seus neurônios corticais. (Original publicado em CARMENA J. M. et al. "Learning to control a brain-machine interface for reaching and grasping by primates". *PLoS* 1: 193-208, 2003.)

Enquanto Aurora continuava a jogar, nosso MNAP se ocupava em registrar os padrões espaçotemporais elétricos produzidos por populações de neurônios distribuídas por seis diferentes áreas corticais de seu cérebro. Encantados, procurávamos decifrar o processo pelo qual seu cérebro compunha, como um maestro, sua sinfonia neuronal. Num dos monitores, podíamos observar as descargas de eletricidade, cada uma não durando mais do que um milissegundo, de uma amostra do trabalho de um circuito neural. A concepção desse mar de eletricidade, de seu interminável fluxo de pulsos elétricos, cada um deles significando muito pouco, mas todos em conjunto definindo uma torrencial tempestade cerebral, na qual fora impresso o épico de toda uma existência: cada sensação, sonho, memória, tristeza, bem como a coleção de emoções que definiam aquele todo único chamado Aurora. A essência de tudo que define o cérebro humano, fazendo de cada indivíduo de nossa espécie algo tão puramente único e, ainda assim, tão semelhante ao próximo. Privilegiados ao extremo, presenciávamos aquele fluir interminável da melodia do ato de pensar, desde o rápido e imprevisível brotar em sua origem até o espalhamento abrupto de suas ondas deformantes, que terminam num desaparecimento súbito, pelos ainda tão misteriosos vales e morros dos campos corticais.

Ficamos sentados lá por minutos, irremediável e incondicionalmente apaixonados pelos pequenos fragmentos dos pensamentos de Aurora. Nesses instantes inesquecíveis, havíamos recebido a prova de que ela havia se transformado em uma de nós. Ao compartilhar sua mais preciosa possessão – seus pensamentos – de forma tão altruísta, Aurora estava oferecendo sua própria existência, e a exploração de seu cérebro, para o benefício de milhões de pessoas que ela jamais teria a chance de conhecer.

Por essa razão, era hora de pôr o projeto em marcha e garantir que aquela oferenda tão solene não fosse feita em vão. O primeiro objetivo da noite era registrar a atividade do maior número possível de neurônios corticais de Aurora, enquanto eles criavam atividade para a geração dos sinais motores envolvidos no controle dos movimentos usados por ela para jogar seu video game. A seguir, era preciso demonstrar que os sinais elétricos gerados por essa população de neurônios corticais podiam ser transferidos, em tempo real, para uma série de modelos matemáticos, baseados no algoritmo de Johan Wessberg, que se encarregariam de extrair deles os comandos motores envolvidos nos movimentos do braço e da mão de Aurora. Eles incluíam, por exemplo, a variação no tempo da posição espacial e velocidade do pulso, cotovelo e ombro, assim como a força aplicada pela mão de Aurora ao joystick. Todos esses parâmetros, havíamos aprendido, podiam ser gerados por diferentes combinações lineares da mesma população de neurônios – num cálculo surpreendentemente simples, dada a magnitude da tarefa.

Trinta minutos depois do início do experimento, a primeira boa notícia foi revelada: os modelos matemáticos estavam conseguindo produzir previsões muito acuradas, em tempo real, dos movimentos do cursor de computador, controlado até então pelo joystick movido pela mão de Aurora. Como esses movimentos do cursor eram os usados por ela para cruzar e apreender o alvo virtual, basicamente estávamos obtendo a demonstração de que nossa ICM era capaz de reproduzir, apenas com a atividade cerebral de Aurora, as trajetórias que culminavam com rios de suco de fruta despejados na boca ávida de nossa heroína.

Curiosamente, essa conquista foi logo eclipsada por algo que aconteceu minutos depois. Como desde o início do experimento os sons produzidos pelas tempestades neuronais de Aurora tinham preenchido todos os espaços da sala de controle, logo começamos a reconhecer as mudanças que ocorriam na frequência de disparo dos neurônios, mesmo antes de ela começar a mover o braço e a mão. Agora podíamos reconhecer quais movimentos ela estava planejando executar, muito antes de realmente começar a contrair qualquer músculo do braço – algumas centenas de milissegundos antes de qualquer movimento poder ser detectado. Não havia mais dúvida: dentro daquela pequena amostra populacional de neurônios havia suficiente informação motora para reproduzir todos os movimentos necessários para Aurora jogar e ganhar seu jogo.

À medida que os movimentos gerados por Aurora ficaram mais e mais precisos, sua performance na tarefa melhorou sensivelmente, a ponto de ela conseguir alcançar e agarrar o alvo virtual em praticamente todas as tentativas feitas. E, ao mesmo tempo que ela melhorava seu desempenho, os modelos matemáticos também seguiam a mesma tendência. Nesse ponto crucial, as previsões geradas por esses modelos começaram a atingir um nível ótimo, sem que maiores mudanças nos coeficientes de regressão linear pudessem ser notadas. Basicamente, isso significava que, usando apenas atividade elétrica cerebral como matéria-prima, nossos modelos podiam gerar séries temporais que previam, com grande fidelidade, que trajetórias o braço e a mão esquerda de Aurora iriam percorrer muito antes de ela iniciar o movimento de um único músculo de seu membro superior.

Foi aí que, sem nenhuma palavra trocada entre nós, Jose Carmena iniciou a operação de transferir automaticamente para o braço robótico os comandos digitais que começavam a brotar de nossos modelos matemáticos como uma verdadeira enxurrada mental. Depois de alguns segundos de indecisão, provavelmente porque até um braço robótico é capaz de pressentir com antecedência o momento de fazer história, aquela peça de maquinaria começou a gerar movimentos coordenados que reproduziam os que o braço e a mão de Aurora estavam realizando a apenas alguns metros de nós. Os pensamentos motores de Aurora estavam agora controlando diretamente não só um apêndice de seu próprio corpo, mas também um braço robótico ansioso por imitar, nos mínimos detalhes, seu ídolo de carne e osso. A essa altura, podíamos notar que não havia muita disparidade entre as trajetórias geradas pelos dois braços. Na verdade, o braço robótico era capaz de realizar os desejos motores de Aurora mais rapidamente do que seu próprio braço biológico.

Progressivamente, os movimentos do braço robótico atingiram sua performance ideal, propiciando a oportunidade única de verificarmos quão determinados eram os pensamentos motores gerados pelo cérebro de Aurora. Sem hesitação, Misha retornou à câmara onde ela se encontrava e gentilmente removeu o joystick das proximidades de sua cadeira. Depois de lhe desejar boa sorte, ele a deixou sozinha com seu destino, e com o video game ainda aparecendo na tela à sua frente. Na sala de controle, Jose Carmena passou o controle dos movimentos do cursor do joystick para o pulso do braço robótico controlado por nossa interface cérebro-máquina. Isso implicou que, dali por diante, para mover aquele cursor na tela, interceptar o alvo, apreendê-lo e receber, como recompensa, a tão almejada gota de suco de fruta, Aurora tinha apenas uma opção. Nem o joystick, nem mesmo os movimentos de seu braço biológico seriam mais capazes de realizar a tarefa. Agora, a única maneira de alcançar seu objetivo era operar aquela interface cérebro-máquina – e somente pelo pensamento!

Como no caso do aparato usado por Belle, a ICM criada para Aurora visava a criar movimentos dos membros superiores com base na atividade elétrica cerebral. Aurora teria agora de imaginar os movimentos de seu braço e mão, de modo que o braço robótico, seu único meio de controlar os movimentos do cursor, pudesse realizar a tarefa motora necessária para a apreensão do alvo e o recebimento da recompensa. Seus pensamentos seriam agora o guia seguro daquele braço robótico que tinha por missão, no lugar de seus próprios músculos, mover o cursor até a posição ocupada pelo alvo. Como o alvo era um objeto virtual, ela precisava evocar um braço tocando uma esfera que na realidade só existia em sua imaginação.

Não havíamos preparado ou treinado Aurora para tal contingência; nesse momento vital, Aurora estava sendo deixada só para desvendar o maior mistério de toda a sua existência: como operar uma ICM só com o pensamento. Tudo havia mudado muito rapidamente. Parecendo confusa, ela inspecionou toda a situação por alguns minutos intermináveis para todos os envolvidos. Depois dessa hesitação inicial e após cometer alguns erros, ela decidiu chamar toda a responsabilidade para si e, como nenhum outro ser que eu jamais observara, provou categoricamente por que sua escolha tinha sido a decisão mais acertada tomada pela nossa equipe. Depois de olhar atentamente para o monitor, ela fixou o olhar no cursor, aguardando o aparecimento de um novo alvo que parecia querer desafiar sua vontade e seu desejo. Na sala de controle, sem entender nada, fomos despertados do encantamento que nos havia dominado pelo ruído que muitos neurocientistas haviam decretado ser o som do impossível. À primeira salva anunciando o nascimento de mais uma tempestade desafiadora sobre aquele universo cortical, centenas de pequenas luzes brilhantes começaram a preencher nossos monitores, mostrando o exato milissegundo no qual a decisão mental de desafiar o tal impossível formulou-se na mente de Aurora, e a natureza eminentemente probabilística de seu cérebro relativista passou a transformar intenção em ação.

Foi então que, extasiados, nós nos demos conta de que ela voltara a jogar sem mexer um músculo do corpo, relegando essa tarefa mundana de controlar a trajetória do cursor àquele braço robótico, que obedecia, sem protesto, aos comandos motores gerados diretamente em seu cérebro.

Na sala de controle, o som de alta frequência do solenoide continuou a soar por toda uma hora, enquanto Aurora se embebedava num oceano de suco de fruta, obtido sem trabalho muscular algum. Só pela força e pela obsessão de um pensamento que virou fato. Pelo olhar brilhante estampado na face, era óbvio que Aurora estava saboreando, literalmente, cada segundo do gosto de um triunfo inusitado sobre a tarefa hercúlea que havíamos oferecido a ela.

A explosão de alegria russo-hispânica e, por que não, tupiniquim que se seguiu foi de fazer inveja a qualquer torcida organizada. Quando nós três terminamos a celebração e retornamos mais calmos para nossos assentos, eu poderia jurar ter visto Aurora mover os olhos lascivos para longe do monitor e, através da câmera de vídeo, sedutora como ela só, dirigir uma piscadela convidativa para todos nós.

Aparentemente, ninguém além de mim viu essa piscada. Misha e Jose logo argumentaram que tal ato seria impossível. De cara, esse veredicto me soou peculiar; afinal de contas, tudo que havia sido realizado naquela noite também fora, um dia, tachado de impossível. Portanto, só aqui entre nós, eu não ficaria nada surpreso se, numa análise mais detalhada de nossos vídeos, um dia desses algum estudante descobrisse que a grande Aurora realmente conseguiu realizar, mais uma vez, uma proeza que jamais passou pela mente de qualquer outro macaco rhesus.

CAPÍTULO 7

AUTOCONTROLE

Em meados da década de 1960, foram publicados vários trabalhos na literatura neurocientífica demonstrando que sujeitos humanos eram capazes de atingir um alto grau de controle voluntário da atividade de fibras musculares enervadas pelo axônio de um único neurônio motor alfa, localizado no corno ventral da medula espinhal. Tais resultados ajudaram a lançar o movimento que ficou conhecido como biofeedback (ou retroalimentação biológica). Os pacientes estudados tinham atingido esse grau de controle sobre a unidade motora de Sherrington usando retroalimentação visual ou auditiva da atividade elétrica registrada por meio de eletrodos inseridos em seus músculos. Nos experimentos, a atividade elétrica muscular era transformada em flashes de luz num monitor, ou pulsos sonoros produzidos por um alto-falante. De quinze a trinta minutos após o treinamento nesse aparato de retroalimentação biológica, a maioria dos sujeitos atingia um alto grau de proficiência em controlar, para cima ou para baixo, a atividade da fibra muscular que estava sendo monitorada. Um treinamento posterior permitia que eles reprimissem a mesma unidade motora que haviam recrutado anteriormente e passassem a selecionar outra unidade para exercer seu controle voluntário.

Por volta da mesma época, os psicólogos norte-americanos James (1922-1976) e Marianne Olds (1927-2014) descobriram que era possível aumentar artificialmente a frequência de disparos de neurônios individuais, localizados em múltiplas e distintas áreas corticais sensoriais e motoras em animais, por meio da estimulação, em ratos anestesiados, de centros que pertencem a circuitos neurais envolvidos na produção de respostas prazerosas associadas a uma dada recompensa. Nesses experimentos, cada vez que um neurônio individual que estava sendo registrado produzia um potencial de ação, o rato recebia um pulso elétrico exógeno diretamente numa estrutura neural conhecida por induzir poderosas sensações de prazer, como as associadas à ingestão de alimentos ou a um encontro sexual inesperado com Minnie Mouse, a top model do mundo dos roedores. Dessa forma, cada vez que um neurônio cortical monitorado disparava, o ratinho a quem pertencia a tal célula experimentava um verdadeiro orgasmo, induzido pelo circuito de retroalimentação criado pelo casal Olds. Durante tais experimentos, os pesquisadores observaram que a utilização desse circuito de reforço fechado produzia um aumento significativo na frequência de disparo do neurônio monitorado.

Inspirado por esses resultados, o neurofisiologista germano-americano Eberhard Fetz decidiu adicionar um circuito de retroalimentação biológica ao esboço de seus próprios experimentos com primatas. Depois de trabalhar sob a orientação do renomado neurofisiologista Patrick Wall (1925-2001) e se graduar no Departamento de Física do MIT, Fetz ingressou no Departamento de Fisiologia e Biofísica e no Regional Primate Research Center da Universidade de Washington, em Seattle. Promissor professor assistente, ele se dedicou a aprender a então nova arte de registrar a atividade de neurônios corticais individuais em primatas despertos. Além disso, iniciou o que viria a ser uma produtiva colaboração com Dom V. Finocchio, psicólogo experimental norte-americano especializado em condicionamento operante. Nesse período efervescente, Fetz gradualmente se deu conta de que havia uma forma alternativa de investigar as propriedades fisiológicas de neurônios corticais.

Num de seus primeiros estudos na Universidade de Washington, publicado na prestigiosa revista *Science* em 1969, Fetz revelou sua norma técnica para investigar o comportamento fisiológico de neurônios individuais do córtex motor primário de macacos rhesus despertos. Embora alguns neurocientistas da época tenham reagido muito mal a essa nova abordagem de Fetz, foram esses experimentos que estabeleceram a fundação para o surgimento das interfaces cérebro-máquina três décadas mais tarde.

Como todos os neurofisiologistas proeminentes do final dos anos 1960, Fetz começou seus experimentos monitorando, por algumas horas a cada dia, a atividade elétrica extracelular produzida por um único neurônio, valendo-se de um microeletrodo individual, feito de tungstênio. Uma vez que um determinado neurônio tivesse sido estudado, o microeletrodo era lentamente movido algumas centenas de micrômetros, com o emprego de um micromotor hidráulico, para penetrar nas profundezas do córtex motor primário. Esse método serial de registro neuronal extracelular foi a única concessão de Fetz à ortodoxia experimental daquela época. Num gesto de audácia para um jovem professor assistente, ele decidiu estabelecer uma conexão direta entre a quantidade de recompensa comestível que seus macacos recebiam e a habilidade destes em gerar altas frequências de disparo do neurônio cortical individual registrado num dado momento. Isso significava que o nível de atividade do cérebro dos animais ditava quanta recompensa iriam receber. Tal recompensa (um biscoito com gosto de banana), embora não tão prazerosa quanto uma estimulação elétrica dos centros do prazer, era suficiente para os propósitos do experimento.

O aparato experimental construído por Fetz combinava tanto elementos de retroalimentação biológica como a técnica clássica de condicionamento operante. Depois de isolar um neurônio individual do córtex motor primário (M1) de um dos macacos, Fetz registrava o potencial de ação produzido, e, cada vez que esses disparos cruzavam certo nível de voltagem determinado pelo experimentador, um mecanismo produzia um pulso de voltagem. Os pulsos de voltagem eram então combinados por um simples integrador de voltagem, batizado por Fetz como "integrador eletrônico de atividade". Quando a voltagem produzida por esse integrador atingia um nível total alto o bastante, a porta do recipiente contendo os biscoitos era aberta e um deles era entregue, de mão beijada, para um primata ansioso por degustá-lo. Esse circuito estabeleceu, portanto, uma ligação causal direta entre o padrão de disparo de um neurônio cortical qualquer e uma recompensa apetitosa.

Para auxiliar seus sujeitos no processo de receber esse banquete sabor banana, Fetz providenciou sinais de retroalimentação (ou feedback) biológica, na forma de pulsos sonoros ou do movimento de uma agulha iluminada de um voltímetro que sinalizavam o nível de disparo de um neurônio cortical sendo monitorado num instante particular. Depois de poucas sessões de treinamento, todos os macacos aprenderam a associar a alta intensidade de cliques auditivos ou os movimentos iluminados da agulha do voltímetro com a iminente entrega de uma deliciosa refeição. Numa única e surpreendente tacada, Fetz tinha descoberto que macacos, assim como seres humanos, podiam aprender a controlar voluntariamente o padrão de disparos de neurônios individuais do córtex M1.

Inspecionando seus achados mais detalhadamente, Fetz observou que seus macacos conseguiam potencializar a salva de disparos de um neurônio monitorado por cem até oitocentos milissegundos, os quais, como ele escreveu em seu artigo na *Science*, "eram algumas vezes acompanhados por movimentos coordenados e específicos [do corpo], como a flexão do cotovelo ou a rotação do pulso". Mas "algumas vezes", como Fetz enfatizou em trabalhos posteriores, ele encontrara um neurônio no córtex motor para o qual um aumento de sua frequência de disparos não gerava nenhuma contração muscular discernível pelo experimentador. Mais incrível ainda, esse neurônio estava invariavelmente cercado por outras células que não disparavam frequentemente quando um músculo específico se contraía.

Para descobrir o que estava acontecendo nesses casos mais exóticos, no começo da década de 1970 Fetz e Dom Finocchio decidiram dar uma "guaribada" em seu integrador eletrônico de atividade. Nessa versão atualizada, a cadeira de primata normalmente usada nos experimentos foi reformada, de modo a restringir os movimentos da cabeça do macaco operador. Além disso, o braço esquerdo do sujeito era agora colocado dentro de um molde plástico com a forma desse membro. Em tal configuração, o animal ainda seria capaz de produzir contrações isométricas dos músculos do braço (isto é, seria capaz de gerar força muscular sem mudar o comprimento do músculo ou o ângulo da articulação associada a ele). Para tanto, o molde de plástico travava a posição de seu cotovelo a noventa graus, enquanto o pulso e os dedos se estendiam a 180 graus. Feixes de eletrodos, feitos de finos fios de aço inoxidável, eram inseridos em cada um dos quatro músculos do braço para permitir a contínua monitoração da atividade elétrica muscular, o chamado eletromiograma (EMG).

De todas, a mais importante modificação introduzida no aparato renovado foi a maneira como o integrador eletrônico operava. Agora, em vez de alimentar o integrador somente com atividade elétrica de um único neurônio, Fetz e Finocchio adicionaram novas entradas para esse equipamento: pulsos de voltagem correspondendo à atividade elétrica gerada por cada um dos quatro músculos monitorados simultaneamente. Nesse arranjo, a contribuição de cada um desses sinais de entrada – a atividade de cada um dos quatro músculos e a frequência de disparo de um neurônio – podia ser pesada individualmente. Isso implicava que Fetz e Finocchio podiam mudar a relevância da atividade de um dado músculo (ou neurônio) na soma linear que determinava a voltagem final do integrador – e que atividade elétrica biológica seria mais determinante no processo de aquisição da recompensa comestível.

Depois de determinarem que seus macacos podiam dar conta dessa modificação, Fetz e Finocchio começaram a investigar o que aconteceria quando um único músculo, um único neurônio, um subgrupo de músculos ou mesmo combinações distintas da atividade muscular e neuronal eram usadas como a principal fonte de entrada biológica do integrador. No início, os macacos, que continuavam a receber os mesmos sinais de retroalimentação auditiva e visual, tentavam, como tinham feito até então, alcançar o desejado valor de voltagem, requerido para se obter a recompensa, contraindo todos os músculos monitorados ao mesmo tempo. Apesar de terem entendido as novas regras do jogo, a primeira estratégia tentada era encontrar uma forma de trapacear em relação à maneira estranha que seus primos primatas haviam criado para lhes oferecer biscoitos com gosto de banana. Para dirigirem o comportamento dos animais, Fetz e Finocchio mudaram levemente o mecanismo de retroalimentação biológica. Usando um grupo de luzes coloridas para indicar qual dos músculos individuais havia se contraído, eles deram um passo atrás e começaram a reforçar a contração de um músculo específico, eliminando a contribuição dos outros músculos para a soma final produzida pelo integrador. Os macacos logo reconheceram o truque e se deram conta de que a tão desejada recompensa só seria obtida se eles conseguissem contrair apenas o músculo selecionado pelos experimentadores para determinar o sinal de saída do integrador eletrônico de atividade.

Enquanto cada macaco aprendia a limitar suas intenções voluntárias motoras à contração de um único músculo selecionado pelos experimentadores, estes continuavam a registrar a atividade de neurônios individuais do córtex M1. Ao longo do experimento, Fetz e Finocchio demonstraram que a grande maioria desses neurônios M1 disparava em resposta a movimentos passivos das articulações localizadas no braço contralateral do animal, na ausência de qualquer atividade no EMG desse músculo. Tal observação deu suporte indiscutível à noção de que informação sensorial gerada na periferia do corpo afeta a maioria dos neurônios localizados no córtex motor.

Quando Fetz e Finocchio começaram a utilizar seu aparato experimental para reforçar contrações isométricas em cada um dos quatro músculos distintos monitorados, notaram que os neurônios corticais M1 que eles registravam exibiam algumas propriedades inesperadas. Por exemplo, um grande número desses neurônios individuais era capaz de modular sua frequência de disparos antes ou durante a contração de múltiplos músculos. Na realidade, alguns neurônios eram coativados, ou com a mesma intensidade, ou com intensidade diferente, pelas contrações produzidas por todos os quatro músculos! Como no caso dos campos receptivos dinâmicos de neurônios do córtex S1 que continham múltiplas vibrissas de ratos, Fetz e Finocchio começaram a demonstrar que neurônios individuais do córtex M1 disparam antes e antecipam, em suas salvas elétricas, a contração de vários músculos e, talvez mais chocante para os neurofisiologistas de então, que a correlação entre o disparo desses neurônios corticais e os músculos do braço muda dramaticamente, dependendo do contexto e do tipo de movimento gerado num dado momento. Como conclusão desses estudos, Fetz posteriormente criou o termo "campo muscular", em analogia ao termo clássico campo receptivo, para definir o grupo de músculos coativados pelos disparos de um único neurônio cortical. A introdução do conceito de campo muscular deu início ao longo processo, ainda não concluído, de erradicar completamente a hipótese de que linhas codificadas paralelas ligam neurônios individuais do córtex M1 a algum músculo específico.

O resultado mais surpreendente dos experimentos de Fetz e Finocchio foi obtido quando ambos decidiram utilizar a opção de modificar os pesos dos sinais de entrada do integrador, numa tentativa de dissociar as correlações observadas entre o padrão de disparo de neurônios M1 e músculos individuais. Para isso, eles simplesmente passaram a reforçar altas frequências de disparo de um único neurônio, enquanto suprimiam a contribuição de alguma atividade muscular na soma final produzida pelo integrador. Depois de apenas alguns minutos, os macacos foram capazes de aumentar seletivamente a frequência de disparo de um único neurônio cortical, sem gerar nenhuma atividade elétrica (ou contração) do campo muscular daquela célula, incluindo o músculo individual que estava mais fortemente correlacionado com o padrão de disparo daquela célula do córtex M1. Contra todos os dogmas vigentes na época, por meio de um simples regime de reforço seletivo os pesquisadores tinham treinado seus macacos a dissociar completamente a atividade de neurônios corticais M1 da ativação muscular periférica.

Ainda não satisfeitos com esse resultado, eles tentaram obter o efeito oposto, ou seja, reforçar seletivamente contrações musculares enquanto os disparos do neurônio cortical monitorado eram suprimidos. Mesmo quando o par neurônio-músculo escolhido para tal experimento (um neurônio cortical M1 e o bíceps contralateral) exibia uma alta correlação de disparo conjunto, e a despeito do fato de que, naquele momento em que essa contingência era testada, o macaco escolhido se encontrava num estado de quase completa saciedade, Fetz e Finocchio relataram ter obtido uma redução de 10% no disparo neuronal, acompanhada por um aumento de 300% na atividade do bíceps. Mesmo levando-se em conta que estavam monitorando apenas um neurônio M1 e, consequentemente, não tinham como documentar o espectro dinâmico completo da atividade do córtex motor primário, eles deram os primeiros passos na direção da demonstração realizada por Aurora de que é possível dissociar a mente de um primata de seu corpo mortal de carne e osso.

Com essa série de experimentos geniais, Fetz e Finocchio observaram uma relação muito mais maleável entre os padrões de disparo do córtex M1 e a atividade de músculos por todo o corpo. Na realidade, numa dessas coincidências peculiares que às vezes acontecem na prática da ciência, quase cem anos depois da descoberta original do córtex motor pelos neurocientistas alemães Eduard Hitzig e Gustav Fritsch – um achado que se transformou no trampolim mais imponente dos localizacionistas – uma equipe liderada por um jovem neurofisiologista germano-americano agora reivindicava que salvas de potenciais de ação, produzidas por neurônios individuais do mesmo pedaço de córtex motor, dito primário, não necessariamente levava à produção de uma contração motora na periferia do corpo. Além disso, Fetz descobriu que um único neurônio M1 podia ser responsável pela mudança dinâmica do controle de múltiplos músculos simultaneamente. A função cortical, quem diria, nem mesmo no até então inexpugnável forte localizacionista, conhecido universalmente pela alcunha de córtex motor primário, não era assim tão localizada nem predeterminada, como tantos acreditaram por um século. Ao contrário, quem se aventurasse, com a mente aberta, pelos confins do universo cortical encontraria amplo espaço para flexibilidade e ajustes finos da interação entre o criador, a mente, e sua criatura, o corpo.

Enquanto Eb Fetz estava aperfeiçoando seus mecanismos de oferta de biscoitos com gosto de banana a macacos encafifados com o incrível aumento no grau de dificuldade para obter uma boa refeição em Seattle, outros laboratórios experimentavam a possibilidade de condicionar animais e pessoas a aumentarem sua capacidade de amplificar a atividade rítmica neuronal do cérebro. Usando várias técnicas de condicionamento operante similares às utilizadas por Fetz e Finocchio com seus macacos, combinadas ao registro simultâneo do eletroencefalograma (EEG) do couro cabeludo, diversos neurofisiologistas se valeram de ritmos de atividade neuronal dos córtices visual e sensório-motor como fonte de alimentação para sinais de retroalimentação biológica para pacientes. Sons prazerosos, flashes de luz e mesmo a projeção de imagens agradáveis foram empregados como forma de recompensar sujeitos humanos pela produção de atividade rítmica do EEG em momentos apropriados.

Usando variações dessa abordagem básica, cientistas como Joe Kamiya, do Langley Porter Neuropsychiatric Institute, em San Francisco, relataram que pacientes conseguiam aprender a controlar não só uma unidade motora isolada como também o surgimento do ritmo alfa, uma oscilação neuronal entre oito e treze hertz que aparece usualmente no córtex visual quando um sujeito fecha os olhos e entra em estado de relaxamento. Da mesma forma, M. Barry Sterman e seus colegas do Departamento de Anatomia e Neurologia da Universidade da Califórnia, em Los Angeles, descobriram que gatos aprendiam a controlar a produção do ritmo "mu" – uma oscilação neuronal de sete a doze hertz, normalmente detectada no córtex sensório-motor desses animais quando estão em uma postura imóvel, sem nenhum movimento dos membros –, ao serem reforçados para tanto com uma recompensa comestível ou uma microestimulação elétrica prazerosa feita diretamente no cérebro.

Num dado momento, o movimento do biofeedback atingiu tal nível de sofisticação – ou, como diriam alguns, esquisitice – que um pesquisador, Edmond Dewan, reportou ter atingido um grau de proficiência em controlar seu próprio ritmo alfa que lhe permitia enviar mensagens em Código Morse para um computador usando apenas seu próprio EEG!

Embora na época nem Fetz nem os outros pesquisadores que se valeram do EEG para proceder a seus experimentos pudessem ter previsto, essa gama de experimentação inovadora com o potencial do biofeedback dividiu a comunidade científica envolvida de forma muito peculiar. Diferentemente das disputas intelectuais sobre se um neurônio individual ou uma população deles definia a verdadeira unidade funcional do pensamento, essa cisão envolveu aqueles que, como Fetz, utilizavam "métodos invasivos" para obter registros intracranianos da atividade elétrica cerebral *versus* aqueles que preferiam se valer de "técnicas não invasivas", como o EEG. A diferença fundamental entre essas duas abordagens continuou a delimitar a quase inviolável divisão existente, até os dias de hoje, entre aqueles que advogam diferentes estratégias (invasivas *versus* não invasivas) para o desenvolvimento de ICMs voltadas à reabilitação neurológica (veja o capítulo 10 para um final feliz dessa disputa).

O primeiro indivíduo a formular a hipótese de que o uso de biofeedback poderia, no futuro, servir como base para a criação de ICMs foi o neurofisiologista norte-americano Edward Schmidt, membro do corpo de pesquisadores do National Institutes of Health, a mesma instituição que, anos mais tarde, rejeitaria nossa querida Aurora. Num artigo publicado no *Annals of biomedical engineering* em 1980, Schmidt apresentou um manifesto científico reivindicando a criação de um novo campo de pesquisa da neurociência de sistemas, dirigido, entre outros objetivos, à construção de uma nova geração de próteses, concebidas para restaurar a mobilidade de pacientes severamente paralisados por moléstias neurodegenerativas ou traumas do sistema nervoso.

Infelizmente, a proposta revolucionária de Schmidt logo bateu de frente com dois muros instransponíveis para sua geração de neurofisiologistas, um teórico e outro experimental. Alguns anos mais tarde, Apostolos Georgopoulos e seus colegas demonstraram categoricamente que os disparos de um único neurônio localizado no córtex motor não eram suficientemente ricos em informação para gerar uma predição precisa da direção em que um macaco desejava mover seu braço. Ao contrário, era necessária uma população de neurônios para produzir a predição acurada da trajetória espacial de um braço de primata no tempo. Para transformar a visão de Schmidt numa realidade clínica, seria preciso registrar a atividade elétrica extracelular de grandes grupos de neurônios simultaneamente. Em 1980, poucos neurofisiologistas acreditavam na possibilidade de obter tais registros populacionais num futuro próximo.

No momento em que os ratos de John Chapin na Filadélfia e nossos macacos na Duke começaram a operar o tipo de mecanismo que Schmidt tinha imaginado, quase vinte anos tinham transcorrido.

A partir de 1998, o passo de descobertas científicas que ajudaram a construir a estrada por onde Aurora trafegou começou a acelerar. Naquele ano, o neurocientista Philip Kennedy e o neurocirurgião Roy Bakay, ambos então da Universidade Emory, relataram o caso de um paciente com uma variação da "síndrome do aprisionamento" – condição neurológica que produz paralisia completa da musculatura corpórea com manutenção das funções cognitivas do cérebro – que foi capaz de criar movimentos rudimentares de um cursor de computador com a atividade de um único neurônio. Depois de um processo pouco claro, o paciente tinha dado consentimento para a implantação cirúrgica em seu córtex de um equipamento experimental chamado eletrodo-cone. De acordo com seus inventores, o eletrodo fora desenhado para registrar a atividade elétrica produzida por processos neuronais que deveriam migrar para dentro de sua estrutura, depois do implante. Pouquíssimos dados originais foram descritos no artigo que relatou o estudo, restrito a esse único paciente. Na realidade, nenhum outro estudo independente validou a eficácia de tal sensor, quer em animais, quer em outros pacientes. Ainda assim, o relato deixou claro o momento em que achados neurofisiológicos, obtidos em laboratórios de neurofisiologia por todo o mundo, estavam começando a chegar à superfície da prática clínica.

No ano seguinte, essa sensação e o entusiasmo latente que circundava a área de ICMs cresceram significativamente quando Niels Birbaumer, professor titular do Instituto de Psicologia da Universidade de Tübingen, na Alemanha, relatou na revista *Nature* sua experiência em treinar pacientes vítimas da síndrome do aprisionamento a se comunicar com o mundo externo por meio de um sistema computacional de auxílio à escrita que era totalmente controlado por seus ritmos cerebrais, capturados pelo EEG. Usando essa primeira encarnação de uma ICM, os pacientes, que tinham perdido toda a capacidade de se comunicar com entes queridos e médicos, passaram a escrever cartas e e-mails e, em alguns casos, a comunicar seus desejos, emoções e ansiedades pela primeira vez em anos.

Alguns meses, após esse relato ser publicado, John Chapin, seus alunos e eu publicamos nosso estudo mostrando que ratos podiam usar a atividade elétrica cerebral para controlar diretamente os movimentos de uma alavanca robótica. Embora nossos ratos tivessem aprendido rapidamente a matar a sede com nosso novo aparato, logo ficou claro que o futuro experimental da área de ICMs estava associado a experimentos com primatas.

Quando nosso projeto para utilizar animais como Belle e seus amigos macacos-da-noite foi iniciado, Johan Wessberg e eu tínhamos pensado, de forma conservadora, que conseguir que esses primatas movessem um joystick para a esquerda e para a direita em resposta a estímulos visuais seria o máximo que poderíamos esperar realizar. Durante aqueles primeiros dias incertos dessa nova área de pesquisa em ICM, nós, como a grande maioria do pequeno grupo de neurocientistas que tentavam dar credibilidade a essa nova fronteira da neurociência, ficaríamos mais do que extasiados se alguém conseguisse garantir que alguma espécie de primata seria capaz, em sua primeira tentativa, de demonstrar controle de um braço robótico utilizando uma interface cérebro-máquina. Que macacos-da-noite como Belle seriam os primeiros a realizar esse feito estava quase além do crível para a maioria de nossos colegas. Uma vez que Belle havia excedido todas as baixas expectativas depositadas em sua espécie, Wessberg e eu começamos imediatamente a ruminar a ideia de que nossa macaca pioneira poderia dar conta de um objetivo mais elaborado.

Tal convicção levou Wessberg a testar se nosso recém-publicado aparato de ICM, sob o controle de sua primeira operadora, seria capaz de reproduzir os movimentos tridimensionais livres que caracterizam a forma como os macacos utilizam seus membros superiores no "mundo real". À primeira vista, a ideia soou um pouco ambiciosa e muito audaciosa para a compreensão de uma macaca-da-noite gentil e dócil, nascida nas copas idílicas da Floresta Amazônica, que agora nos observava atenta, quase sorrindo, em nosso laboratório na Carolina do Norte. Ainda assim, seguindo nossos próprios instintos de primata, Wessberg e eu continuávamos acreditando que o aparato experimental seria capaz de reproduzir movimentos muito mais naturais e, consequentemente, originar comportamentos motores mais complexos e interessantes.

Observando quão entusiasticamente Belle agarrava o joystick todas as vezes que ela começava sua rotina diária no laboratório, Wessberg decidiu, de maneira muito apropriada, que a tarefa a ser reproduzida seria aquela em que Belle usava o braço e a mão para agarrar um pedaço de fruta, colocado em diferentes posições de uma bandeja. Nessa nova tarefa, Belle primeiro tinha de se sentar numa cadeira colocada de frente para uma barreira de plástico temperado. Depois de alguns segundos, a barreira seria levantada, revelando uma bandeja quadrada em que, num dos cantos, se podia facilmente identificar um generoso pedaço de fruta – a comida favorita de Belle. Logo após a identificação visual do objeto de seu desejo, ela teria de usar o braço direito para alcançar, apanhar e trazer para a boca salivante aquele naco suculento de fruta. Tudo isso antes de a barreira de plástico retornar à posição original. Se as coisas corressem como planejado, Belle teria completado uma tentativa da tarefa de forma correta e, em troca, seria premiada com a recompensa que ela mais almejava. Uma vez que aquele naco de fruta tivesse sido ingerido, sem tempo para nenhum suspiro, Belle estaria pronta para repetir a façanha e buscar o máximo prazer gustatório por meio da coleta do próximo pedaço de fruta, que seria colocado em outra posição da bandeja, que continuava atrás da barreira plástica. Depois de uma série razoável dessas excursões, Belle, saciada, seguiria a rotina de seus ancestrais e descendentes primatas e desfrutaria de uma gostosa soneca vespertina.

Como em nossos experimentos anteriores, nosso objetivo não era acompanhar Belle em sua sesta, mas demonstrar que a ICM seria capaz de traduzir a atividade elétrica produzida por cerca de cem neurônios corticais de seu cérebro numa série de movimentos tridimensionais de nosso braço robótico que reproduziriam, com grande acurácia, os realizados por ela na busca por mais um naco de fruta. Pois foi exatamente isso que aconteceu nos dias que se seguiram. Enquanto Belle usava o braço para coletar sua recompensa frutífera, tanto o braço robótico localizado na Duke como o do MIT reproduziram com perfeição os movimentos do braço de nossa esperta macaquinha. Durante aquelas tardes nas quais dois braços robóticos reproduziram, incessantemente, os movimentos do braço de Belle, usando como força motriz a atividade elétrica produzida por uma minúscula amostra aleatória de neurônios corticais, foi difícil evitar refletir como tudo que estávamos testemunhando parecia implausível: naquele momento, as trajetórias obtidas com os braços robóticos eram cerca de 70% similares às geradas pelo braço biológico de Belle. Com base nesses resultados, uma acurácia de 95% poderia ser alcançada com uma população de neurônios muito inferior à que outros grupos haviam projetado. A única questão que permanecia em aberto era: quantos neurônios?

Os dados neurofisiológicos obtidos nesses últimos experimentos com Belle revelaram outro achado importante. Como em Belle e em outra macaquinha, Carmen, matrizes de microeletrodos haviam sido implantadas em múltiplas áreas corticais, estávamos em posição privilegiada para medir a contribuição, tanto de neurônios individuais como de populações neuronais de diferentes regiões corticais, na predição em tempo real de movimentos de membros superiores gerados por uma interface cérebro-máquina. Para quantificar essa importante relação entre a massa de neurônios (e sua localização no manto cortical) e a exatidão de nossas predições, Wessberg criou outra técnica de análise, que passou a ser conhecida como "curva de decaimento neuronal" (CDN) (figura 7.1). Uma CDN mede diretamente a acurácia de um algoritmo usado numa ICM em prever um dado parâmetro motor, em função do número de neurônios individuais registrados simultaneamente, por região cerebral. As CDNs são calculadas medindo-se primeiro a capacidade de toda uma amostra de neurônios, registrados simultaneamente de uma mesma área cerebral, de prever determinado parâmetro. Uma vez que essa "performance máxima" tenha sido calculada, o procedimento é repetido depois que neurônios sejam removidos, de forma individual e aleatória, dessa amostra inicial. Esse passo de remoção aleatória de um neurônio de cada vez da amostra total é então repetido muitas vezes, até que a população original seja reduzida a um único neurônio. A figura 7.2 ilustra um par de CDNs usadas para quantificar a contribuição de populações de neurônios localizadas em duas áreas corticais espacialmente distantes (córtex M1 e córtex posterior do lobo parietal), para a predição simultânea de dois parâmetros motores distintos durante a operação de uma ICM por um macaco rhesus. A figura mostra como essas predições dos dois parâmetros, posição espacial da mão e força de aperto da mão, variam em função do tamanho da amostra de neurônios corticais registrada simultaneamente.

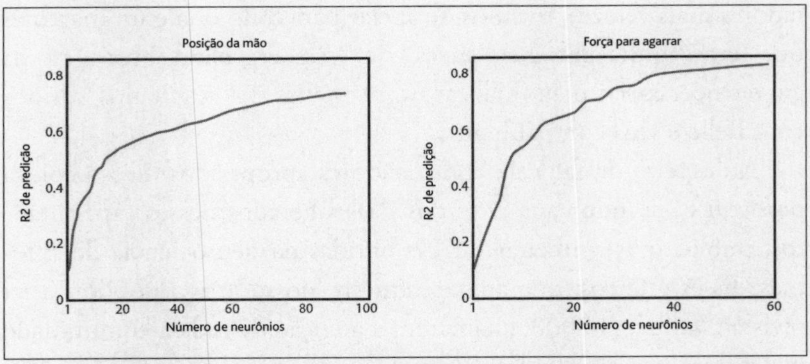

Figura 7.1 – Quantos neurônios são necessários? Duas curvas correlacionam o número de neurônios (eixo x) com a acurácia de predições em tempo real de dois parâmetros distintos (posição da mão e força de apreensão da mão). A mesma amostra de neurônios do córtex motor primário de um macaco foi usada para construir essas curvas. (Original publicado em CARMENA J. M. et al. "Learning to control a brain-machine interface for reaching and grasping by primates". *PLoS* 1: 193-208, 2003.)

Simples como são essas CDNs, seu uso intensivo permitiu que muitas conclusões essenciais fossem extraídas de nossos experimentos na última década. Em primeiro lugar, conseguimos comparar, de forma quantitativa, quão capazes as populações de neurônios – originárias de regiões corticais distintas do ponto de vista citoarquitetônico – eram de prever a variação temporal de um dado parâmetro, ou mesmo de todo um comportamento motor. Além disso, começamos a medir o desempenho de populações formadas por diferentes quantidades de neurônios, bem como o resultado que poderia ser obtido ao se combinar todos os neurônios, independentemente da origem geográfica de cada um deles no manto cortical. Talvez o mais importante, usando essas CDNs passamos a calcular a contribuição média de neurônios individuais, além de comparar a performance de populações equivalentes, em termos de massa neuronal, originárias de diferentes regiões do córtex na predição de movimentos uni e tridimensionais dos membros superiores. Mas, como nada é perfeito nesse nosso universo, as CDNs criaram uma grande dor de cabeça para a rotina e, pior, para o orçamento de nosso laboratório. Como elas requerem um poder computacional razoável para serem calculadas (e uma enorme dose de paciência de quem as calcula) e como, naquele período, não dispúnhamos de recursos para obter computadores mais velozes, tivemos de apelar para todo o talento matemático (e a infinita paciência sueca) de Wessberg para obter todas as curvas necessárias para finalizar nossa análise dos resultados obtidos com Belle e seus companheiros.

A despeito da falta de computadores apropriados, nosso colega persistiu e, usando cada byte dos dados gerados nesses experimentos, publicou as primeiras CDNs obtidas na neurociência de sistemas. Esses gráficos, que apareceram em nosso artigo publicado na revista *Nature* em 2000, chamaram a atenção de toda a comunidade neurocientífica envolvida no estudo de circuitos neurais ao revelar um par de conclusões tão intrigantes quanto provocativas. Em primeiro lugar, embora nossos dados tenham mostrado que populações de neurônios localizadas em diferentes áreas corticais exibiam um claro grau de especialização, no que tange à predição de movimentos unidimensionais do braço, qualquer informação relacionada aos mesmos comportamentos motores podia ser obtida, simultaneamente, de cada um dos campos corticais de onde nossa amostra de neurônios havia sido obtida naqueles macacos-da-noite. Além disso, quando neurônios individuais foram removidos, aleatoriamente, da população original obtida em cada área cortical, as CDNs a princípio indicaram a quase completa ausência de efeito na capacidade da população remanescente de prever um dado movimento. Em outras palavras, mesmo com a perda de alguns elementos individuais, o restante da população neuronal mostrou um alto grau de resiliência, conseguindo manter o nível de desempenho muito próximo daquele obtido pela população original.

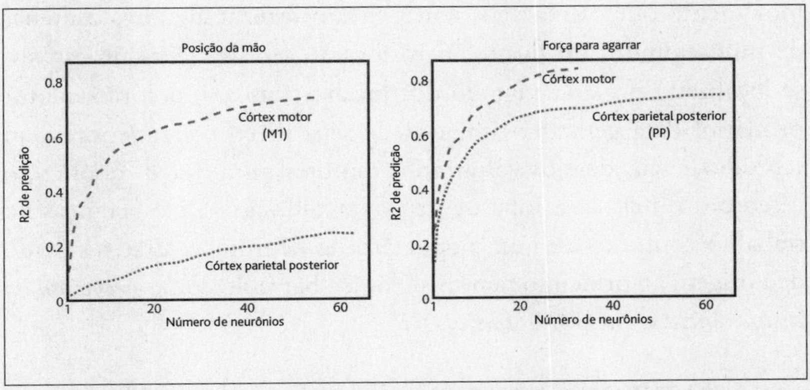

Figura 7.2 – Amostrando comandos motores por todo o cérebro. Curvas de decaimento neuronal (CDNs) são usadas para comparar a acurácia de predições extraídas da atividade elétrica de populações de neurônios registrados simultaneamente no córtex motor primário (M1, linha tracejada) e córtex parietal posterior (PP, linha pontilhada) para dois parâmetros (posição da mão e força de apreensão). Note que a informação sobre esses dois parâmetros se encontra disponível em ambas as regiões corticais, mas que M1 contém mais informação para codificar a posição da mão, considerando-se populações neuronais equivalentes em termos de número de membros. Ainda assim, amostras neuronais equivalentes, obtidas tanto do M1 como do PP, produzem níveis similares de acurácia ao prever a força com que o animal apreende objetos. (Original publicado em CARMENA, J. M. et al. "Learning to control a brain-machine interface for reaching and grasping by primates". *PLoS* 1: 193-208, 2003.)

Quando mais neurônios foram removidos, um por um, a performance da população residual começou a se degradar sucessivamente. Esse padrão continuou até o momento em que restaram apenas de dez a vinte neurônios. Nesse patamar, qualquer outra redução de neurônios causou uma queda precipitada de desempenho da população neuronal residual, de tal sorte que, quando esses grupos reduzidos passaram a contar apenas com alguns poucos neurônios, sua capacidade de prever qualquer comportamento atingiu níveis muito baixos. Quando, no extremo, restou apenas um neurônio para o cálculo dessas previsões, não foi possível obter nenhum tipo de previsão confiável dos movimentos do braço de Belle usando-se o algoritmo computacional de nossa ICM.

Uma vez que todas as nossas CDNs foram produzidas por meio da remoção paramétrica aleatória de neurônios da amostra original, esses últimos resultados implicam que, na média, a atividade elétrica de um único neurônio cortical registrado em nossos experimentos não foi capaz de produzir nenhum tipo de previsão sobre o tipo de movimento que os macacos tencionavam realizar algumas centenas de milissegundos no futuro, nem mesmo se esse neurônio estivesse localizado no altar sagrado dos localizacionistas, o córtex motor primário! Para gerar movimentos de seus membros superiores, ou reproduzir seus desejos voluntários motores num braço robótico, o cérebro dos macacos tinha de depositar todas as suas esperanças no trabalho conjunto de uma população de neurônios. Esse resultado deu origem ao princípio neurofisiológico batizado como *princípio da insuficiência do neurônio individual.*

PRINCÍPIO DA INSUFICIÊNCIA DO NEURÔNIO INDIVIDUAL

Não importa quão bem sintonizado um neurônio individual seja em relação a um dado parâmetro, sua frequência de disparo é insuficiente para sustentar uma função particular ou qualquer comportamento mediado pelo córtex. Dado que a contribuição da maioria dos neurônios corticais varia significativamente de um momento para outro, essa falta de consistência estatística implica que nenhuma interface cérebro-máquina pode operar sistematicamente, durante longos períodos de tempo, utilizando apenas a frequência de disparo de um neurônio individual. Assim, a unidade funcional básica do pensamento não pode ser um neurônio único, mas uma população de neurônios.

Embora os experimentos realizados com Belle e Carmen tenham sido extremamente interessantes e produtivos, eles não foram capazes de abordar um elemento fundamental: como primatas reagiriam à introdução de sinais sensoriais de retroalimentação que lhes informasse, em tempo real, quão acurado fora o desempenho do braço robótico que estava sob o controle direto de seu cérebro.

No momento em que Aurora decidira cooperar, nosso aparato experimental já tinha sido atualizado para nos permitir abordar essa questão. Para começar, o desenvolvimento de matrizes de microeletrodos de alta densidade criadas por nosso "mago residente", Gary Lehew, havia aberto a possibilidade de monitorar até 512 microeletrodos – e potencialmente registrar de maneira simultânea a atividade elétrica de até 2.048 neurônios individuais. Essa e outras incorporações tecnológicas haviam nos capacitado a observar como o cérebro de Aurora se adaptou às demandas envolvidas em aprender novas tarefas que envolviam a interação contínua com nossa ICM, que a essa altura fora modificada para permitir a apresentação de informação sensorial num circuito fechado de retroalimentação, descrevendo o desempenho do braço robótico instalado em outra sala, em tempo real.

De certa forma, Aurora já tinha sido treinada para lidar com esse circuito de retroalimentação proveniente de uma máquina. Por exemplo, como o joystick que ela usara em todas as fases do experimento era responsável pelo controle dos movimentos do cursor que aparecia na tela do computador em que o video game que ela jogava era apresentado, Aurora tivera de aprender a dosar a força com que o empunhava, bem como a trajetória de seu próprio braço, de acordo com o feedback visual que ela recebia do monitor. Uma vez que a obtenção de sua recompensa líquida (o suco de fruta favorito) dependia de quão rapidamente ela era capaz de interceptar, com o cursor, uma esfera (ou alvo) que aparecia de maneira aleatória em diferentes regiões da tela, ela logo começou a compreender que era inútil continuar desperdiçando tempo e energia ao tentar adivinhar, antes que aparecesse, a região da tela onde a esfera seria colocada. Aos poucos, Aurora aprendeu que essa pequena tentativa de trapacear não compensava. Em vez disso, ela passou a controlar a impaciência e o impulso de reagir antes da hora e passou a apostar todas as fichas na manutenção de um alto grau de atenção.

Na noite em que ligamos a ICM, removemos o joystick, permitindo que ela descobrisse por si mesma as novas regras do jogo.

Aurora primeiro tentou mover o braço e a mão por alguns minutos, como se estivesse tentando tocar o monitor diretamente para poder alcançar e apertar a esfera sem intermediários. Quando ela se deu conta de que a solução mais fácil era renunciar à produção de movimentos do próprio corpo e confiar num mecanismo alternativo para receber seu tão desejado suco de fruta, fomos capazes de documentar com precisão esse momento histórico. Isso foi possível porque estávamos monitorando a atividade elétrica de vários músculos espalhados por todo o corpo de nossa heroína. No momento exato em que a atividade cortical de Aurora se dissociou por completo de seus músculos, pudemos ver os vários traçados eletromiográficos, que descreviam continuamente as contrações produzidas por cada um desses músculos, deixar de apresentar suas características alterações de voltagem e simplesmente se transformar numa linha horizontal, contínua, sem nenhuma atividade elétrica registrada.

Como nos experimentos de Eb Fetz, tanto o sinal visual mostrando os movimentos do cursor, agora produzidos pelo braço robótico controlado pela mente de Aurora, quanto a recompensa adocicada, na forma de suco de fruta, conspiraram como poderosos sinais de retroalimentação no processo de libertar seu cérebro de seu corpo. Curiosamente, nunca tivemos a chance de instruí-la para que optasse por essa saída, como Fetz e Finocchio o haviam feito indiretamente com seus macacos. Na realidade, dentro das regras de nosso experimento, enquanto Aurora conseguisse fazer o cursor interceptar o alvo, ela receberia um gole de suco de fruta, estivessem seus músculos se contraindo ou não. Ainda assim, tão logo se deu conta de que os movimentos de seu braço não eram necessários para que recebesse a recompensa tão ansiada, ela tomou a iniciativa de reprimir qualquer movimento corporal, optando por usar apenas a mente para realizar seu trabalho. Ao que parece, macacos conseguem *voluntariamente* optar por dissociar a produção de atividade cerebral, contendo intenções motoras voluntárias, da transformação dessas intenções em ações musculares concretas. De fato, como nossos registros eletromiográficos demonstraram que nenhuma contração muscular ocorreu nos músculos monitorados, é lícito concluir que nenhum dos neurônios motores da medula espinhal que inervam esses músculos foi ativado pelas projeções descendentes do córtex motor que os têm como alvo. Aurora, de alguma forma, conseguia impedir a transmissão de instruções motoras geradas em seu córtex motor para a medula espinhal.

Depois de algumas semanas interagindo com a ICM, Aurora melhorou consideravelmente seu desempenho. No final desse segundo período de treinamento, no qual ela pôde exercitar o uso da ICM no modo de controle cerebral direto por várias horas, Aurora conseguiu realizar o mesmo número de tentativas corretas e beber a mesma quantidade de suco de fruta observada no período em que ela usava o joystick para realizar a mesma tarefa. Além disso, Aurora foi capaz de reduzir o tempo necessário para gerar as trajetórias do cursor usando apenas a atividade mental, até o ponto em que atingiu o mesmo tempo de reação observado quando ela utilizava o joystick para conseguir o suco de fruta. Em meros 250 milissegundos, a atividade elétrica de uma centena de neurônios de seu cérebro podia ser registrada, ser redirecionada para um computador central, alimentar vários modelos matemáticos simultaneamente, gerar comandos motores digitais que podiam ser entendidos por uma máquina, ser transmitida para um braço robótico usado para guiar os movimentos de um cursor de computador e finalmente retornar para seus olhos e sua boca, na qual ela podia, literalmente, sentir o gosto de sua impressionante vitória. Depois de trinta dias nesse regime de treinamento, Aurora descobriu que conseguia realizar outro truque impressionante. Não só podia continuar jogando o jogo apenas com o pensamento, mas era capaz, ao mesmo tempo, de usar os braços e mãos biológicos para realizar outras importantes tarefas, como coçar as costas ou tentar agarrar algum neurocientista distraído que passasse por perto e, num ato repentino, tentar oferecer-lhe uma bitoca de primata!

Uma vez que Aurora tinha dominado completamente seu jogo favorito, nós a treinamos para realizar outras duas tarefas motoras, bem mais complexas que a original. Uma envolvia a apresentação no monitor de um alvo visual estático, formado por dois círculos concêntricos com diferentes diâmetros, um dentro do outro. Nessa tarefa, a diferença do diâmetro dos dois círculos indicava a intensidade da pressão que Aurora deveria aplicar ao cabo do joystick. Caso produzisse a força indicada, ela receberia uma gota de suco de fruta. Depois de solucionar esse quebra-cabeça dosando a quantidade de força aplicada ao joystick, Aurora conseguiu realizar a proeza de produzir a força necessária apenas com o pensamento. Nenhum movimento do punho foi exigido.

No *grand finale* de uma carreira experimental inesquecível, Aurora aprendeu a solucionar a tarefa mais complexa elaborada por nossa equipe, que combinava os dois componentes mais difíceis das duas tarefas anteriores. Como no primeiro jogo, ela tinha de guiar um cursor de computador até que este interceptasse um alvo circular virtual que aparecia numa área do monitor distinta e aleatoriamente selecionada. Todavia, nesse último jogo, no momento em que o cursor atingia o alvo, sua forma, contendo dois círculos concêntricos, um dentro do outro, indicava a intensidade da força que Aurora precisaria usar, no final do movimento, para agarrar e manter aquele alvo virtual sob seu domínio. Agora, para receber sua gota de suco de fruta, ela não só tinha de criar uma trajetória para que o cursor atingisse o círculo, mas também produzir a força necessária para ampará-lo com a mão robótica. Demorou um pouco, porém Aurora, por fim, aprendeu a solucionar a tarefa usando apenas o pensamento, sem a produção de nenhum movimento do braço ou da mão biológica.

O desempenho inigualável de Aurora nas últimas duas tarefas gerou uma montanha de dados neurofisiológicos, que foram primeiramente analisados por meio de centenas de CDNs. Nesse caso, CDNs foram calculadas para cada tipo de movimento realizado por ela, e para cada um das duas dúzias de parâmetros motores obtidos simultaneamente, a partir da conversão da atividade elétrica de uma amostra de cem neurônios corticais em comandos motores digitais, que movimentaram o braço robótico do qual a mente de Aurora se apropriou, sem cerimônia, como se fosse seu. Essa análise também envolveu o estudo da contribuição de cada uma das seis áreas corticais de onde obtivemos a amostra de neurônios, durante o período em que Aurora aprendeu essas três tarefas, inteirou-se da operação da

ICM e, por fim, dissociou sua atividade cerebral daquela que, teoricamente, seria produzida por seus músculos.

As CDNs calculadas a partir de todos esses dados reforçaram as observações obtidas com os resultados dos experimentos com Belle. Na realidade, nem precisamos trabalhar muito arduamente para verificar que previsões adequadas dos movimentos executados por Aurora só podiam ser obtidas pelo uso de populações de neurônios corticais, e não de neurônios isolados, fosse qual fosse a região cortical utilizada para esse cálculo. Usando o nível de acurácia obtido na previsão da variação em tempo real de cada um dos parâmetros motores individuais como critério inicial, observamos que, embora amostras de neurônios extraídas de diferentes áreas corticais exibissem diferentes níveis de especialização, em relação à sua capacidade de prever o comportamento temporal de cada um desses parâmetros, populações de neurônios de cada área cortical continham, ao mesmo tempo, informação estatisticamente significativa sobre cada um desses parâmetros. Por exemplo, as CDNs exibidas na figura 7.2 comparam o número de neurônios necessários, por área cortical amostrada, para prever a posição espacial da mão ou a força de empunhadura usada por Aurora para mover o joystick. Como se vê nessa figura, uma amostra menor de neurônios M1 pode ser usada para prever a posição da mão de Aurora, com resultados muito mais precisos, do que uma população equivalente de neurônios registrados simultaneamente na região designada como córtex parietal posterior (PP). Todavia, quando a comparação entre essas duas populações é feita, levando-se em conta a contribuição de cada uma dessas amostras de neurônios corticais para a predição da intensidade da força de empunhadura, amostras neuronais da região PP, equivalentes em termos de números de neurônios àquela disponível no córtex M1, foram capazes de gerar predições muito próximas das obtidas com a amostra do córtex motor primário. Assim, se tivéssemos registrado alguns neurônios do córtex PP a mais, é concebível especular que essas amostras pudessem gerar predições equivalentes às obtidas com populações de neurônios M1. Portanto, não somente vastas regiões do córtex frontal e parietal de Aurora eram capazes de gerar pensamentos motores contendo informações sobre a trajetória planejada para a execução de movimentos de seu braço, mas, muito provavelmente, muitos dos neurônios participando na computação de um dado parâmetro motor podiam, com facilidade, emprestar suas faíscas elétricas para a computação de outros desses parâmetros, simultaneamente.

Tais conclusões me levaram a propor outro princípio fisiológico do cérebro relativista:

> PRINCÍPIO DE AÇÃO MULTITAREFA NEURONAL
>
> Neurônios corticais individuais e seus padrões de disparo probabilístico podem participar simultaneamente de múltiplas populações neurais. Isso significa que os potenciais de ação produzidos por um neurônio cortical individual podem ser utilizados por populações neurais distintas para representar múltiplas funções ou parâmetros comportamentais. Assim, mesmo que num dado momento um neurônio cortical individual possa exibir uma sintonia muito específica com um parâmetro motor ou sensorial, seus potenciais de ação podem contribuir para a representação de um parâmetro distinto, realizado por outra população de neurônios. Essa multitarefa neuronal potencial indica que o córtex todo é capaz de exibir respostas sensoriais multimodais e que neurônios individuais são capazes de participar da representação de múltiplos parâmetros motores e cognitivos.

A conclusão central de toda essa análise foi a constatação de que não havíamos encontrado prova alguma da localização precisa e estrita de funções motoras no cérebro de Aurora. Ao contrário, diferentes níveis de especialização cortical, embora evidentes, só podiam ser descritos como relativos, uma vez que conviviam num substrato cortical que se baseava na partilha ampla e disseminada de funções. Nenhum sinal de um encontro espetacular com algum "neurônio da vovó" ou algum "neurônio Halle Berry". O fato essencial permanecia inalterado: quando populações neuronais derivadas de todas as seis áreas corticais amostradas simultaneamente eram reduzidas a um único neurônio – não importa qual –, nenhuma dessas células era capaz de, individualmente, gerar o tipo de predição necessária para fazer com que nossa ICM trabalhasse continuamente, tentativa após tentativa, com um grau razoável de desempenho.

Assim, só podíamos concluir que, dentro do cérebro de Aurora, a herança frenológica de Franz Gall e os fãs da hegemonia da doutrina do neurônio único foram ambos, enfim, completamente derrotados pela opção do processo de evolução natural em confiar de maneira plena na capacidade de populações distribuídas de neurônios de esculpir cada um de nossos comportamentos.

Democracia neuronal, em vez da ditadura do neurônio único, definia o slogan escrito por todo o cérebro de Aurora.

O passo seguinte de nossa análise foi comparar a reação de neurônios corticais individuais durante o período em que Aurora realizara a transição entre jogar o video game com o próprio braço controlando o joystick e o modo de controle cerebral direto, através da operação da ICM, sem produzir nenhuma contração dos músculos. Para realizarmos essa análise, construímos as chamadas curvas de sintonia, que medem como o padrão de disparo elétrico de cada neurônio cortical se correlaciona com a velocidade e a direção dos movimentos, quer do braço biológico de Aurora, quer do braço robótico, antes, durante e imediatamente após o início desses movimentos. A figura 7.3 ilustra três dessas curvas de sintonia, cada uma delas construída com dados derivados de uma condição distinta: modo de controle com joystick, modo de controle cerebral com presença simultânea de movimentos do braço biológico, modo de controle cerebral com movimentos do braço robótico, sem movimentos do braço biológico de Aurora.

Baseados numa enorme literatura neurocientífica publicada nos quarenta anos anteriores, esperávamos obter uma grande porcentagem de neurônios corticais que exibissem padrões de disparo correlacionados, de alguma forma, com algum parâmetro envolvido na geração dos movimentos do braço e da mão de Aurora. Essa expectativa foi amplamente confirmada. Os neurônios corticais que

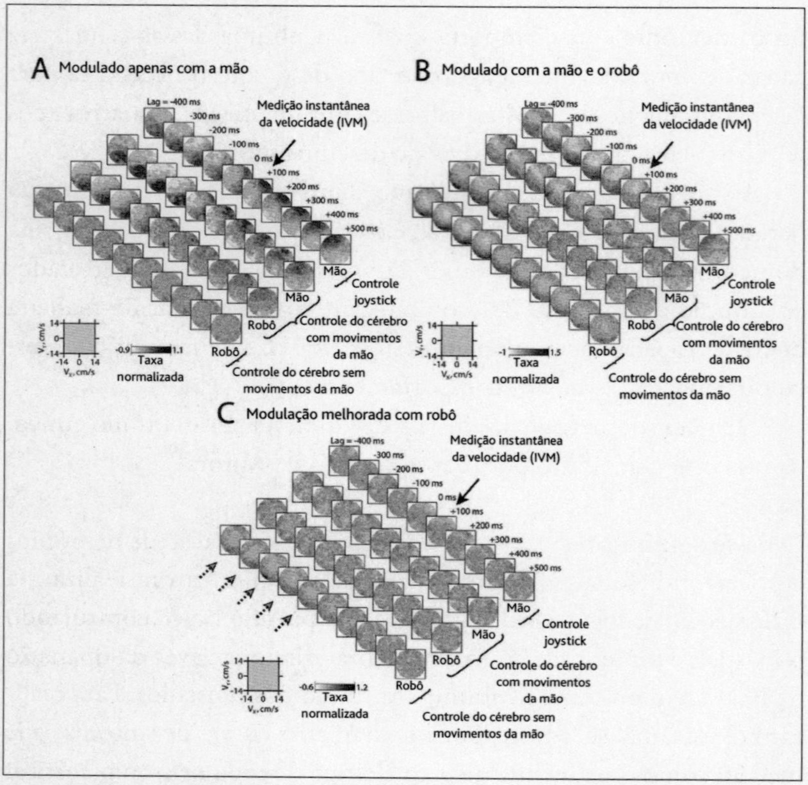

Figura 7.3 – Curva de sintonia de neurônios corticais que controlam os movimentos do corpo e de máquinas. Gráficos polares, usando escalas em tons de cinza, descrevem a frequência de disparos elétricos de um neurônio M1 em função da velocidade do braço (escala, porção superior esquerda), levando-se em conta diferentes momentos ao redor do instante do início do movimento (0 ms). Velocidade = 0 é representada no centro de cada círculo, enquanto a velocidade máxima (14 cm/segundo) é indicada pelo perímetro de cada círculo. Os padrões de disparo desse neurônio M1 foram obtidos durante diferentes modos de operação (controle com joystick, ou controle cerebral com ou sem produção de movimentos), e durante o uso de diferentes agentes efetores (braço biológico do animal ou braço robótico). Cada um dos círculos também representa a direção preferencial codificada pelo neurônio (veja escala) num momento de tempo particular, ao redor do início do movimento. Uma escala em tons de cinza ilustra a frequência de disparo do neurônio (branco indica mínima frequência e cinza-escuro a frequência máxima). (A) Um neurônio M1 que exibe sintonia muito alta para velocidade e direção de movimento somente quando o animal está usando a própria mão (prateleira alta, à direita) para jogar um video game, mas não quando ele usa o braço robótico, sob o controle do seu cérebro (prateleira inferior à esquerda). (B) Um neurônio M1, vizinho ao anterior, exibe sintonia alta, tanto para velocidade como para direção de movimento, durante períodos nos quais o animal usa tanto sua própria mão como o braço robótico (usando apenas a atividade do seu cérebro) para jogar o video game. (C) Um terceiro neurônio M1 exibe sintonia para velocidade e direção dos movimentos somente quando o macaco usa a atividade elétrica de seu cérebro para controlar os movimentos de um braço robótico (prateleira inferior à esquerda), mas não quando ele usa o seu próprio braço biológico (prateleira superior à direita). (Original publicado em LEBEDEV, M. A. et al. "Cortical ensemble adaptation represents velocity of an artificial actuator controlled by a brain machine interface". *Journal of Neuroscience* 25: 4681-4693, 2005, com permissão.)

fomos capazes de registrar modulavam sua frequência de disparo de várias maneiras em relação a esses movimentos; um neurônio individual podia disparar em antecipação ao início dos movimentos, aumentar ou diminuir a frequência de disparo durante a execução desses movimentos. Tais padrões de comportamento fisiológico puderam ser vistos, com maior ou menor probabilidade, em cada uma das áreas corticais amostradas.

Análises subsequentes – das curvas de sintonia de velocidade e direção de movimento – revelaram várias outras propriedades interessantes. Em primeiro lugar, identificamos uma população de neurônios corticais que modulavam sua frequência de disparo apenas quando Aurora usava o braço e a mão biológicos para gerar os movimentos necessários para realizar a tarefa (figura 7.3, item A). Invariavelmente, esses neurônios exibiam uma clara definição de sua sintonia de velocidade e direção antes do início dos movimentos do braço. Com frequência, essa sintonia de velocidade e direção mudava dinamicamente enquanto o movimento do braço era executado. De novo, essas mudanças dinâmicas de sintonia neuronal lembravam o grau de flexibilidade espaçotemporal dos campos receptivos táteis de neurônios corticais e talâmicos registrados em ratos uma década antes. Segundo, quando Aurora parava de realizar movimentos do próprio braço, esse grupo de neurônios corticais parava de disparar completamente. Quase nenhum potencial de ação era gerado por essas células quando o corpo de Aurora permanecia imóvel. Como consequência, esses neurônios não exibiam nenhuma sintonia de velocidade ou direção quando ela controlava com a mente os movimentos do braço robótico.

Mas esse padrão de alta correlação entre os disparos de neurônios e a velocidade e a direção de movimentos do braço biológico de Aurora era apenas um dos padrões que fomos capazes de identificar medindo a atividade elétrica do córtex de nossa colaboradora. Outro subgrupo considerável de seus neurônios corticais exibia uma sintonia clara para velocidade e direção dos movimentos tanto de seu braço biológico como do braço robótico, mesmo quando ela estava utilizando a ICM sem realizar nenhum movimento corpóreo (figura 7.3, item B).

Em alguns casos a sintonia de velocidade e direção de movimento de neurônios que pertenciam a esse subgrupo alterava-se quando Aurora fazia a transição de executar a tarefa com o próprio braço *versus* quando ela utilizava a atividade do cérebro para controlar diretamente os movimentos do braço robótico. Em muitos casos, porém, durante essa transição, os neurônios mantinham sua sintonia de velocidade e direção de movimento, não importando se Aurora usava o próprio braço ou o membro robótico. Claramente, alguns de seus neurônios corticais podiam disparar na ausência de movimentos de seu braço, um achado semelhante às observações feitas por Eb Fetz trinta anos antes. Além disso, nossos experimentos mostraram que esses neurônios corticais podiam sustentar suas propriedades de sintonia de velocidade e direção mesmo quando Aurora decidia controlar os movimentos de um braço robótico apenas com a atividade do cérebro.

Essa última observação poderia facilmente ter sido considerada o mais relevante achado de todos os nossos anos de experimentação com Aurora. Todavia, tal achado foi logo suplantado pela identificação de uma terceira classe de neurônios corticais cujas propriedades fisiológicas nos surpreenderam completamente. Num desvio de tudo aquilo que eu até então tinha visto ou imaginado ser possível ocorrer nas cordilheiras corticais, esse último subgrupo de neurônios não disparava potenciais de ação quando Aurora movia braços e mãos. Em outras palavras, essas células corticais não exibiam nenhuma sintonia de velocidade ou direção de movimento quando ela usava apêndices do próprio corpo para mover o joystick que controlava o cursor na tela. Ainda assim, no instante em que Aurora passava a utilizar sua atividade elétrica cerebral para operar a ICM e controlar os movimentos de um braço robótico, esses neurônios corticais começavam a disparar como loucos e, logo a seguir, exibiam maravilhosas curvas de sintonia de velocidade e direção de movimento, correlacionadas com os deslocamentos do braço robótico (figura 7.3, item C, setas tracejadas). Curiosamente, esses neurônios foram identificados por todo o córtex, mesmo na área cortical motora primária, alojados bem ao lado de neurônios que disparavam somente quando Aurora decidia mover o próprio braço. (E ainda há quem acredite na existência de ordem e fronteiras rígidas dentro do córtex M1!) Essencialmente, interpretamos essa observação como se uma fração dos neurônios corticais de Aurora tivesse simplesmente assimilado o braço robótico como uma parte do modelo interno que seu cérebro construiu de sua imagem corporal.

Para aqueles de nós comprometidos em desenvolver ICMs, os resultados obtidos durante nossa colaboração com Aurora soaram como o último movimento da *Nona sinfonia* de Beethoven: pura esperança e regozijo! A razão para tanto otimismo era simples. Se Aurora podia dissociar a produção de atividade motora dentro do cérebro da contração da musculatura do corpo, muito provavelmente pacientes vítimas de lesões devastadoras da medula espinhal ou de alguma doença neurodegenerativa periférica, que tivessem produzido um grau severo de paralisia corpórea sem afetar o resto de seu cérebro, poderiam aprender a usar a atividade elétrica cortical para controlar os movimentos de um artefato robótico concebido como forma de restaurar sua mobilidade.

Embora poucos tenham notado na época, o esforço magnífico empenhado por Aurora na execução desses experimentos criou uma convergência inusitada de ideias, sonhos e causas quase perdidos que tinham habitado os becos marginais, costumeiramente negligenciados pela corrente predominante da neurociência moderna por quase duzentos anos. Ao abraçarem sem hesitação a proposta de código distribuído de Thomas Young, o conceito de equipotencialidade cortical e populações neuronais de Karl Lashley e Donald Hebb, a obsessão de John Lilly em visualizar e escutar o maior número possível de neurônios simultaneamente, o pioneiro uso de circuitos de retroalimentação biológica de Eb Fetz e levar a cabo a visão de Edward Schmidt de construir artefatos protéticos controlados pela mente, os experimentos capitaneados por Aurora demonstraram categoricamente que era possível redefinir o refinado modelo de eu que apenas um cérebro de primata pode criar da eletricidade diminuta e pura.

Na proverbial corrida de relé da ciência, parecia que, pelo menos dessa vez, a esperança, sempre fugaz, de poder fazer a última curva e cruzar a linha de chegada a toda a velocidade estava, finalmente, ao alcance de nossas mãos.

CAPÍTULO 8

UMA VIAGEM MENTAL AO REDOR DO MUNDO

Há décadas, a possibilidade de amalgamar cérebros e máquinas tem sido considerada uma ideia fantasiosa, digna apenas dos domínios da ficção científica. Com a publicação dos resultados de nossos experimentos com Belle e Aurora, todavia, a pesquisa com interfaces cérebro-máquina definitivamente cruzou o patamar das nuvens rarefeitas em que habita a ciência reconhecida como legítima pelo *establishment* científico mundial. Quase que simultaneamente, revistas de grande prestígio como *Scientific American* e *Technology Review*, publicada pelo MIT, trouxeram artigos descrevendo nossos achados como prova de que a pesquisa em ICMs estava ganhando credibilidade na comunidade científica, como área multidisciplinar emergente com grandes perspectivas futuras. Na mesma linha, um número especial da revista *Nature* em 2001 foi dedicado a revisar o estado da arte de tecnologias e novas áreas de pesquisa com o potencial de influenciar o futuro da humanidade. No artigo que me foi comissionado para esse número especial, descrevi, pela primeira vez, o diagrama que continha todos os componentes de uma ICM a ser construída na década seguinte, dando origem a várias aplicações clínicas de uma nova geração de tecnologia: as próteses neurais ou neuropróteses. Com toda essa atenção, laboratórios de neurociência de sistemas em todo o mundo começaram a adaptar seus programas de pesquisa para incluir projetos na área de ICMs.

Naqueles primeiros dias de formação da comunidade que levaria à frente esse campo de trabalho, a principal discussão teórica era se métodos não invasivos, como o EEG, ou técnicas mais intervencionistas, como os implantes cerebrais empregando matrizes de microeletrodos, que tinham sido utilizados em Belle e Aurora, seriam a melhor opção para utilizar sinais cerebrais voluntários para controlar os movimentos de um braço robótico.

Os neurocientistas que haviam acumulado alguma experiência com interfaces cérebro-computador (ICC) baseadas em EEG argumentavam que, como esse sinal neurofisiológico podia ser obtido sem a necessidade de invadir o tecido cerebral, essa seria a opção que oferecia o melhor equilíbrio em termos de risco clínico *versus* benefício terapêutico. Invariavelmente, os defensores dessa abordagem não invasiva apontavam para o sucesso de Niels Birbaumer em fazer com que pacientes vítimas da síndrome do aprisionamento voltassem a se comunicar com o mundo exterior utilizando a primeira aplicação de uma ICC alimentada com sinais de EEG. Alguns anos mais tarde, meu grande amigo Klaus Müller, cientista computacional que trabalhava na Universidade Técnica de Berlim, expandiu consideravelmente o conceito de ICCs baseadas no EEG, desenvolvendo métodos de análise que permitem a sujeitos humanos saudáveis jogar, usando seu EEG, video games que rodam em microcomputadores disponíveis comercialmente.

A despeito de todo esse entusiasmo, ICCs baseadas no EEG têm grandes limitações. Como o sinal do EEG é baseado numa espécie de média das correntes sinápticas e dos potenciais de ação produzidos por dezenas de milhares de neurônios corticais, os sinais que alimentam uma ICC desse tipo carecem de resolução espacial e do grau de informação necessários para replicar os movimentos gerados por um membro biológico num artefato robótico. Essencialmente, como o sinal de EEG carrega pouquíssima informação neuronal, ICCs que se valem desse método neurofisiológico podem gerar apenas um par de bits de informação cinemática.

No final das contas, a disputa só alcançou uma trégua consensual quando os dois grupos (não invasivo *versus* invasivo) se deram conta de que ICMs poderiam ser construídas valendo-se dos pontos positivos que caracterizam as duas técnicas neurofisiológicas (EEG *versus* registros intracorticais com matrizes de microeletrodos) mais usadas nessa área. A prova definitiva dessa nova filosofia – de tirar vantagem de diferentes métodos de registro de sinais neurais, dependendo do quadro clínico do paciente e de suas necessidades de reabilitação – foi dada quando o consórcio internacional Andar de Novo, formado por mais de 150 cientistas e técnicos de 25 países, demonstrou que uma ICM, baseada no uso de registros cerebrais obtidos com a técnica do EEG, podia ser utilizada para restabelecer movimentos dos membros inferiores necessários para locomoção em pacientes que ficaram paraplégicos devido a uma lesão permanente e completa da medula espinhal. Usando essa ICM baseada no EEG, oito pacientes aprenderam a controlar diretamente os movimentos de um exoesqueleto robótico de membros inferiores que lhes permitia readquirir a capacidade de caminhar por curtos percursos. Depois de testado exaustivamente em laboratório, esse novo conceito de ICM foi apresentado ao mundo durante a abertura da Copa do Mundo de Futebol do Brasil, realizada em 12 de junho de 2014, quando um para-atleta brasileiro, Juliano Pinto, paralisado da metade do tórax para baixo devido a um acidente automobilístico ocorrido nove anos antes, foi capaz de desferir um "chute simbólico", que oficialmente deu início ao maior evento esportivo do planeta.[1]

Dentro dessa nova filosofia, ICMs poderão um dia ser utilizadas em conjunto com outras terapias voltadas à reabilitação neurológica, como o emprego de células-tronco para o restabelecimento de conexões neurais ou mesmo a regeneração de neurônios.

1.Um relato completo dessa proeza e de todos os bastidores científicos, sociais e políticos que a circundaram será o tema central de um dos meus livros futuros, cujo título provisório é *O chute*.

No final de 2002, nosso laboratório na Universidade Duke obteve os primeiros registros intraoperatórios, demonstrando a viabilidade da hipótese de que pacientes poderiam utilizar ICMs, como a testada em Aurora, para o restabelecimento de comportamentos motores. Àquela altura, tínhamos decidido demonstrar, pelo menos preliminarmente, que a aplicação clínica do conceito de ICM estava dentro do domínio da possibilidade. Para tanto, começamos a colaborar com o professor de neurocirurgia da Faculdade de Medicina da Duke, Dennis Turner, e com dois de seus residentes de neurocirurgia, Dragan Dimitrov e Parag Patil. Nosso técnico-chefe, Gary Lehew, trabalhou intensamente com essa equipe para adaptar um microeletrodo fabricado por uma empresa com grande experiência na produção de sensores para monitoramento da atividade elétrica do cérebro de pacientes neurocirúrgicos, de modo que uma versão reduzida de nossa ICM pudesse ser testada durante um procedimento neurocirúrgico para pacientes com doença de Parkinson em estado muito avançado. Uma das moléstias neurodegenerativas mais frequentes e conhecidas, a doença de Parkinson decorre da morte de neurônios subcorticais que contêm dopamina, um neurotransmissor vital para o controle das funções motoras, particularmente a iniciação de movimentos voluntários finos. A cirurgia destinada a tratar os sintomas de alguns pacientes em estado avançado da doença requer o implante de um estimulador elétrico numa região subcortical profunda. Esse estimulador, muito semelhante, do ponto de vista conceitual, a um marca-passo cardíaco, é utilizado para passar sinais elétricos de alta frequência nessa região do cérebro a fim de bloquear os sinais neurais patológicos que causam tremores, rigidez, dificuldades de locomoção e outros sintomas motores da doença. Como tal método, chamado estimulação profunda cerebral, até onde se sabe, não interrompe a degeneração de neurônios dopaminérgicos, que continuam morrendo no mesmo ritmo, a intervenção não oferece uma cura definitiva, mas apenas a última alternativa para pacientes que não respondem mais à terapia medicamentosa, baseada na reposição exógena de dopamina.

Normalmente, o neurocirurgião que realiza esse procedimento ganha acesso ao cérebro através de uma abertura no crânio e nas meninges, usando anestesia local e mantendo o paciente desperto. Isso é possível porque a manipulação direta do tecido cerebral não provoca dor, devido à ausência de receptores que sinalizam a presença de estímulos nociceptivos (dolorosos). Ironicamente, mesmo sendo o cérebro o órgão que gera toda dor sentida pelo corpo que o hospeda, ele não é capaz de sinalizar seu próprio sofrimento. Dando sequência ao procedimento neurocirúrgico, Dennis Turner tinha a missão de localizar a região específica, vários centímetros cérebro adentro, para nela implantar o estimulador responsável por transmitir o sinal elétrico capaz de reverter os sintomas da doença.

O passo mais crucial dessa cirurgia, portanto, é a implantação do estimulador dentro do cérebro. Durante o procedimento, além de perguntar continuamente ao paciente o que ele sente enquanto correntes elétricas são transmitidas pelo estimulador, o neurocirurgião tem de guiar a penetração do estimulador através do monitoramento contínuo da atividade elétrica produzida pelos neurônios, encontrados pela ponta de um microeletrodo que é movido no interior do tecido cerebral até a identificação do local próprio para a implantação definitiva. Em geral, esse procedimento é realizado por meio da técnica clássica de monitoramento serial de neurônios individuais, usando-se um microeletrodo único conectado a um amplificador diferencial cujo sinal de saída é apresentado visualmente numa tela de computador e, ao mesmo tempo, alimenta um alto-falante, para que o neurocirurgião possa ouvir o som produzido pelos disparos dos neurônios que ele encontra em seu trajeto rumo às profundezas do cérebro. Caso o neurocirurgião não encontre a região correta para a implantação do estimulador durante uma penetração cerebral, sua única alternativa é retrair o microeletrodo até a superfície do córtex e iniciar uma nova penetração. Normalmente, é preciso mais de uma penetração cerebral para obter do paciente a confirmação definitiva de que o estimulador está posicionado na região correta. Essa validação é obtida pela eliminação dos tremores e pela melhora considerável na habilidade do paciente de iniciar movimentos de braços e mãos.

Gary Lehew ajudou Dennis Turner e sua equipe de neurocirurgiões a melhorar consideravelmente essa técnica de registro neurofisiológico intraoperatória, transformando um sensor utilizado de modo rotineiro nessa neurocirurgia num feixe de microfilamentos metálicos e muito flexíveis, capaz de registrar múltiplos neurônios simultaneamente durante uma penetração cerebral. Assim, em vez de ficar limitado a registrar apenas um neurônio sempre que interrompia a progressão de seu microeletrodo numa determinada profundidade do tecido cerebral, Dennis Turner podia agora monitorar simultaneamente até 32 canais contendo atividade neuronal. Para tanto, o feixe de Lehew, contendo 32 microfilamentos, era introduzido dentro do cérebro do paciente através de uma cânula-guia.

O uso desse feixe de microfilamentos imediatamente reduziu a duração de cada cirurgia porque, dali em diante, o neurocirurgião conseguia encontrar o local exato para implantar o estimulador elétrico numa única penetração.

Depois dessa clara demonstração do benefício que a invenção de Lehew teve no tempo cirúrgico, recebemos permissão do Comitê de Ética Médica da Universidade Duke e de onze pacientes para testar uma versão reduzida da ICM utilizada por Aurora durante esses procedimentos neurocirúrgicos. Uma vez que o tempo cirúrgico tinha sido reduzido, fomos autorizados a utilizar dez minutos para testar a eficácia de nosso aparato. Para tanto, no dia anterior à cirurgia, nossa equipe apresentava ao paciente a versão simplificada do video game que seria utilizado. Em poucos minutos de prática, o paciente conseguia se familiarizar com a forma de interagir com o programa computacional e o aparato usado para jogar o jogo. O aparato consistia, basicamente, numa bola de borracha, como a usada em aparelhos de medir pressão arterial, que tinha de ser apertada pela mão do paciente, de maneira que ele pudesse controlar a posição de um cursor de computador que aparecia num monitor posicionado logo à sua frente. Aplicando a força adequada à bola de borracha, o paciente podia mover o cursor retangular disposto verticalmente ao longo de uma reta. O objetivo do jogo era posicionar o cursor dentro de um alvo retangular que aparecia numa posição aleatória dessa reta, ou seja, à esquerda ou à direita da posição ocupada por ele.

Durante a operação, os pacientes jogavam esse joguinho por cinco minutos, enquanto a atividade elétrica de uma amostra de seus neurônios era registrada, usando-se o feixe de 32 microfilamentos que devagar penetrava o tecido cerebral. Diferentemente dos experimentos realizados com Aurora, nesses registros intraoperatórios só podíamos monitorar por volta de cinquenta neurônios ao mesmo tempo. Além disso, como pacientes com sintomas severos da doença de Parkinson costumam se sentir extremamente fatigados durante a cirurgia, tentamos de todas as formas limitar o estudo à coleta de dados neurofisiológicos que nos possibilitariam verificar se nossa ICM seria capaz de prever as trajetórias do cursor usando apenas a atividade elétrica cerebral desses pacientes. Assim, o plano final previa apenas dez minutos de registro por paciente – cinco deles dedicados a treinar a ICM e cinco destinados a testar seu desempenho.

Mesmo com essa diminuta janela de tempo para efetuar os registros, os resultados obtidos foram muito encorajadores. O algoritmo computacional da ICM, testado a princípio com Belle e Aurora, funcionou perfeitamente quando alimentado com dados neurofisiológicos obtidos do cérebro de onze pacientes. Em outras palavras, os modelos matemáticos criados por Johan Wessberg podiam prever também os movimentos das mãos de seres humanos. Mais importante ainda, à medida que o número de neurônios registrados simultaneamente para alimentar a ICM foi reduzido de cinquenta para trinta ou vinte, a precisão das predições desses movimentos despencou, até o ponto em que nenhuma conclusão podia ser obtida do sentido que a mão do paciente tomaria. Vale ressaltar que no estudo registramos a atividade elétrica de populações de neurônios localizadas em estruturas subcorticais, como o tálamo e o núcleo subtalâmico, e não no córtex motor primário. Mas nada nesse estudo ou em outros nos leva a crer que registros usando pequenas populações de neurônios M1 em seres humanos produziriam resultados muito diferentes dos que obtivemos.

Depois da execução bem-sucedida dos experimentos com Aurora e desses primeiros registros em pacientes, ficou clara a necessidade de demonstrar mais categoricamente o conceito teórico de que ICMs têm o potencial de liberar o cérebro dos limites físicos impostos pelo corpo que o abriga. Uma forma de demonstrar essa ideia seria implementar aplicações clínicas de nossa ICM que conseguissem restaurar a mobilidade em pacientes vítimas de graus severos de paralisia corporal. Mas, antes que pudéssemos avançar com segurança e confiança nessa frente mais orientada à prática clínica, nossa equipe de pesquisadores da Duke tinha de explorar algumas ideias fundamentais em experimentos envolvendo animais. No outono de 2006, tínhamos progredido muito numa das áreas mais críticas da pesquisa em ICM. Graças ao trabalho fenomenal de meu então aluno de doutorado Nathan Fitzsimmons, que também foi o ilustrador deste livro, descobrimos que a microestimulação elétrica direta do córtex cerebral, usando os mesmos microfilamentos utilizados para registrar a atividade elétrica cerebral, poderia se transformar num meio viável de retransmissão de informação sensorial de volta para o cérebro de macacos-da-noite, como Belle. Como essa abordagem teria de ser testada em macacos rhesus durante a operação de uma ICM, antes que tivéssemos uma confirmação de sua potencial aplicação futura em pacientes, decidimos perseguir outra aventura inusitada, gerada por uma observação fundamental obtida nos experimentos com Belle e Aurora.

Nos experimentos com Aurora, tínhamos verificado que a operação de uma ICM podia permitir a um indivíduo alterar simultaneamente a escala de três parâmetros físicos fundamentais na geração de qualquer comportamento motor: espaço, força e tempo. Ao controlar diretamente os movimentos de um braço robótico localizado a vários metros de seu corpo, Aurora aumentou de maneira significativa o alcance (ou escala) espacial de suas intenções motoras voluntárias. Além disso, uma vez que esse braço robótico era capaz de gerar forças muito mais intensas do que as produzidas pelos músculos de Aurora, a operação do ICM por nossa heroína também escalou consideravelmente a força gerada por seus pensamentos motores. Por fim, através do controle direto de um braço robótico, Aurora conseguiu, ao término do treinamento, gerar movimentos num tempo menor do que o necessário para que movesse seu próprio braço biológico. Essa última façanha representou uma redução inédita na escala de tempo necessária à realização de um comportamento motor por um primata.

Nos primeiros meses de 2007, as principais questões debatidas em nossas reuniões de laboratório, usualmente realizadas no tradicional restaurante greco-libanês George's Garage, em Durham, resumiam-se a duas dúvidas essenciais. A primeira era se ICMs poderiam ser usadas para produzir outros comportamentos motores, além daqueles relacionados ao controle de membros superiores. A segunda se referia ao limite que se poderia atingir no processo de escalar espaço, força e tempo por meio do uso de ICMs.

Como em geral acontece na prática científica, as respostas que estávamos procurando para essas duas questões não se materializaram no ambiente bem-comportado e circunspecto que costuma predominar num típico laboratório de neurofisiologia de sistemas. Nesse caso específico, a epifania se deu exatamente no meio de uma partida de futebol disputada (e vencida na bacia das almas) pela venerada Sociedade Esportiva Palmeiras, no Estádio Palestra Itália, em São Paulo. Naquela tarde de domingo, enquanto eu assistia atônito aos jogadores palmeirenses perderem uma oportunidade de gol atrás da outra, a visão do "próximo passo a ser dado" em nossa pesquisa com ICMs de repente tomou forma em minha mente. De volta ao quarto de hotel, e após uma breve celebração da vitória apertada do meu sofrido Palmeiras, a única coisa em que eu podia pensar era como faríamos para que um macaco rhesus aprendesse a operar uma ICM criada para reproduzir padrões de locomoção bipedal de primatas, usando as pernas de um robô humanoide localizado do outro lado do planeta e tendo como sinais de controle motor apenas a atividade elétrica neuronal produzida no córtex desses primatas!

Sem muito estardalhaço, durante meu período sabático na Escola Politécnica Federal de Lausanne, na Suíça, entre 2006 e 2007, um dos meus alunos de pós-doutorado, Andrew Tate, havia treinado ratos para andar numa esteira de exercício de roedores, numa tentativa de obter registros simultâneos da atividade de estruturas corticais e subcorticais sabidamente envolvidas no controle da locomoção desses animais. Tradicionalmente, neurofisiologistas interessados no estudo dos mecanismos neurais do controle da locomoção sempre haviam focado sua investigação na quantificação das propriedades de neurônios subcorticais que exibem certo padrão de disparo rítmico – os chamados geradores de padrão central (GPC) – envolvido na gênese do ciclo de marcha de animais quadrúpedes. A maioria dos estudos, realizados com gatos, tinha identificado esses GPCs na medula espinhal e no tronco cerebral. Dessa forma, a existência desses circuitos na medula espinhal explica por que gatos são capazes de sustentar um padrão de locomoção quadrúpede mesmo depois da secção completa da conexão entre a medula espinhal e o resto do cérebro; ponha um animal com esse tipo de lesão numa esteira automática, mantenha o corpo dele suspenso e você observará que ele conseguirá acompanhar a velocidade da esteira movendo as patas ou as pernas de forma rítmica. Nos primatas, o processo evolutivo foi responsável pela ascensão desses GPCs para regiões do sistema nervoso localizadas acima do tronco cerebral. Isso explica por que lesões da medula espinhal produzem uma paralisia irreversível da musculatura abaixo do nível da lesão. Assim, em seres humanos com esse tipo de lesão, mesmo que o corpo seja suspenso ou seguro, eles não conseguem reproduzir nenhum padrão de marcha quando colocados de pé numa esteira em movimento.

Por causa dessa longa tradição de focar em GPCs localizados em regiões subcorticais, bem como das dificuldades envolvidas na realização de registros crônicos com múltiplos microeletrodos em animais livres para deambular, o papel desempenhado pelo córtex M1 no controle da marcha em primatas tinha sido classificado como um desafio além das possibilidades da neurofisiologia do século XX. Ainda assim, os experimentos de Andrew Tate revelaram que neurônios corticais, localizados no córtex S1 e no M1 de ratos, claramente modulavam a frequência de seus disparos elétricos quando esses animais andavam numa velocidade natural, acompanhando os movimentos da esteira de exercício de roedores.

Tal revelação nos animou a aceitar o risco de investir recursos e tempo na construção de um novo aparato experimental que nos permitiria testar uma ICM para a reprodução de padrões de locomoção bípede. Para começar, porém, precisávamos demonstrar que macacos rhesus conseguiam andar sobre os dois pés numa esteira de exercício adaptada. Era preciso demonstrar também nossa capacidade de registrar simultaneamente a atividade elétrica de algumas centenas de neurônios corticais enquanto esses macacos andavam sobre a esteira. O maior problema era que, até então, nenhum estudo que conhecíamos havia relatado que macacos rhesus podiam realizar tal proeza. Além disso, nenhum laboratório no mundo fora capaz de registrar continuamente a atividade cortical de macacos ambulantes!

Felizmente, de uma fonte totalmente inesperada surgiu uma luz no fim do túnel, quando Misha Lebedev, meu colaborador de longa data e recém-empossado como diretor de nosso laboratório de primatas, desenterrou relatos do começo do século XX que descreviam como macacos rhesus eram treinados em alguns circos da Rússia para andar sobre os dois pés numa plataforma colocada no centro de um picadeiro. Bingo! O segredo era prover um suporte forte o bastante para manter o torso do animal suspenso de forma a permitir que ele se sentisse suficientemente seguro para andar apenas com as pernas.

Imediatamente recrutamos nosso tecnólogo de plantão, Gary Lehew, para construir o aparato necessário para a realização desses experimentos no laboratório, e não num picadeiro de circo. Já habituado aos nossos pedidos absurdos e quase impossíveis, Lehew não demorou muito para descobrir um jeito de construir o que ficou conhecido como o "aparato de macacos andarilhos". Esse incrível equipamento consistia numa esteira hidráulica, acrescida de um suporte de plástico temperado que oferecia uma estrutura segura e resistente para que o macaco pudesse apoiar o torso e assim caminhar, despreocupadamente, na direção, velocidade e inclinação que haviam sido determinados para o movimento da esteira (figura 8.1). Ao optar por um mecanismo hidráulico, e não elétrico, para movimentar a esteira, Gary convenientemente eliminou uma enorme fonte potencial de ruído elétrico que poderia contaminar os registros neurofisiológicos. Essa esteira adaptada foi então colocada dentro de uma sala à prova de som, para impedir que os animais se distraíssem com qualquer ruído ambiental. As paredes da sala também foram revestidas com uma teia metálica conectada a um enorme fio terra, para reduzir interferências de outras fontes de ruído eletromagnético, como ondas de rádio, vindas do mundo exterior.

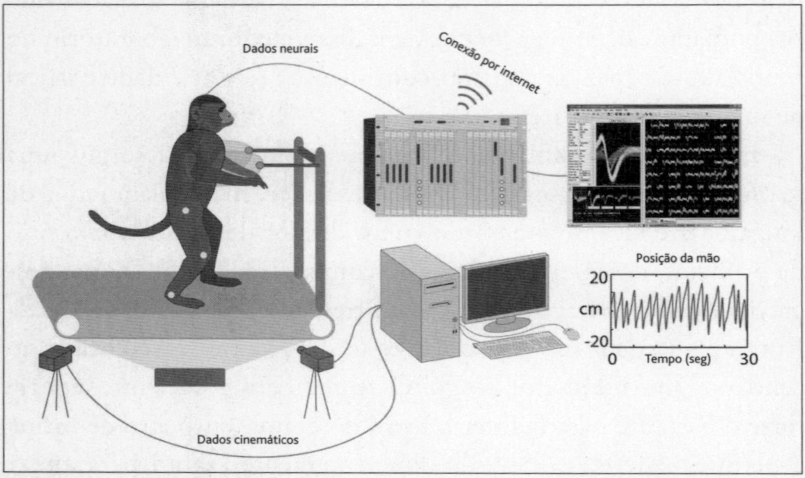

Figura 8.1 – Aparato experimental utilizado para criar uma interface cérebro-máquina para reproduzir locomoção. (Original publicado por FITZSIMMONS N. et al. "Extracting kinematic parameters for monkey bipedal walking from cortical neuronal ensemble activity". *Frontiers in Integrative Neuroscience* 3: 1-19, 2009.)

Lehew também inventou um sistema de cabos que saíam do teto da sala e suspendiam parte do equipamento de registro eletrofisiológico acima da cabeça dos macacos andarilhos. Tal adaptação foi vital para impedir que os cabos que conectavam os neurochips aos pré-amplificadores ficassem no caminho dos pés de nossos macacos maratonistas. Finalmente, para permitir que os animais recebessem um sinal de retroalimentação visual, indicando o desempenho do artefato robótico que seria controlado pela ICM, Lehew também instalou na sala um sistema de projeção de vídeo que mostrava, na parede localizada na frente do animal, imagens geradas em outro ambiente. Assim, ao andar na esteira hidráulica, o macaco poderia observar, em tempo real, as imagens dos movimentos gerados pelas pernas de um robô localizado em outro laboratório que não o nosso. Quando as luzes da sala eram apagadas, a única imagem que os macacos andarilhos veriam seria essa projeção dos movimentos das pernas robóticas andando em algum lugar distante dali.

Quando a construção do aparato foi concluída, escolhemos o primeiro animal que iria testá-lo. Como Aurora, sua antecessora, Idoya tinha demonstrado ser uma daquelas macacas que não perdem a chance de exibir seus dotes experimentais. Embora nunca tivesse visto nada que lembrasse o aparato de filme de ficção científica construído por Lehew, ela não deu nenhum sinal de intimidação com todos aqueles equipamentos. Depois de apenas algumas semanas de treinamento, Idoya se transformou numa especialista em marcha bípede. Durante esse período, ela aprendeu a caminhar apenas com a ajuda dos membros inferiores, mudar a direção da marcha para a frente ou para trás e acelerar ou diminuir a velocidade de locomoção, de acordo com as alterações determinadas pelo programa de computador que controlava as características de movimento (direção, velocidade e inclinação) da esteira hidráulica. Enquanto recebesse sua recompensa (uvas-passas ou cereal Cheerios) no final de uma sequência de passos corretos, Idoya não tinha problema algum em continuar a caminhar por mais de uma hora todos os dias.

Nesse estágio do treinamento, implantamos cirurgicamente várias matrizes de microeletrodos em algumas áreas corticais do cérebro de Idoya. Alguns dias depois, ela estava de volta à sua rotina de andarilha, comportando-se como qualquer outro maratonista viciado. A diferença era que agora nossos implantes corticais estavam produzindo registros maravilhosos da atividade de centenas de neurônios corticais que demonstravam uma clara modulação de suas frequências de disparo em relação à caminhada serena de nossa mais nova colaboradora. Esses registros iniciais revelaram que neurônios individuais das áreas corticais S1 e M1 tendem a disparar antes do início de cada ciclo de marcha de primatas. Quando combinados numa população, por meio do mesmo modelo linear criado para reproduzir movimentos dos membros superiores, a atividade desses conjuntos neuronais passaram a produzir predições muito precisas, em tempo real, dos passos pioneiros de Idoya. Tal descoberta nos levou ao empecilho seguinte em nossa tentativa de gerar padrões de locomoção num artefato robótico, a partir da atividade elétrica de um cérebro de primata: qual robô poderia se valer dos sinais motores gerados pelo cérebro de Idoya para andar como um primata? Esse era um enorme problema, cuja resposta estava longe de ser trivial. Porém, era preciso encontrá-la para convencer nossos colegas, e a sociedade em geral, de que esses experimentos poderiam servir como a plataforma de lançamento de sonhos muito mais ambiciosos – como aquele que pode, um dia, fazer um paciente para ou tetraplégico voltar a andar por meio do pensamento.

Curiosamente, logo me dei conta de que a solução para esse problema fazia parte de meu diário de viagens pregressas. Em 2005, durante uma viagem ao Japão, eu havia sido apresentado a um robô humanoide que preenchia todos os requisitos para servir como o elo mecânico de nosso experimento. Ele residia no laboratório do chinês-australiano Gordon Cheng, fundador do Departamento de Robótica Humanoide e Neurociência Computacional do Advanced Telecommunications Research Institute International, em Kyoto. Nessa visita, Cheng e o diretor do instituto, Mitsuo Kawato, tinham me mostrado um robô ainda em construção, mas que já havia sido batizado com o nome de Computational Brain (cérebro computacional) modelo 1, ou CB-1, para os íntimos.

Desenhado por Gordon e construído pela empresa norte-americana Sarcos, CB-1 realmente tinha traços humanoides, como duas pernas e dois braços articulados, apesar de ser movido por um sistema hidráulico. Originariamente, seria empregado na simulação de comportamentos humanos motores complexos, incluindo a locomoção bipedal. Usando uma geração anterior de robôs humanoides, Mitsuo Kawato já havia demonstrado como eles podiam reproduzir movimentos de braços e pernas coordenados que simulavam com grande precisão os observados em seres humanos – uma demonstração de fato impressionante. Durante esses estudos, o robô fora programado para jogar pingue-pongue e dançar várias versões de danças folclóricas japonesas. Ao me lembrar daquela visita, eu me convenci de que Gordon Cheng era o único especialista em robótica em todo o mundo capaz de construir o robô adequado para um casamento pouco usual, que seria celebrado, dois anos mais tarde, tendo por noiva uma macaca andarilha. Certa noite, em 2007, telefonei para Cheng e lhe fiz uma proposta indecente – que eu tinha evitado fazer num recente projeto de pesquisa submetido ao National Institutes of Health, por receio de ser ridicularizado pelo painel de revisores daquela instituição, a mesma que rejeitara Aurora.

– Pois bem, meu amigo – comecei, hesitante. – Acabamos de demonstrar que uma de nossas macacas, Idoya, não tem problema algum em andar de forma bipedal na esteira hidráulica. Também já sabemos que a atividade elétrica coletiva de uma população de neurônios corticais, que estamos registrando de seu cérebro, pode prever seu ciclo de marcha, em tempo real, com grande precisão. Isso significa que construímos uma ICM que, em teoria, poderia permitir que a atividade cerebral de Idoya fizesse um CB-1 se transformar no primeiro robô humanoide a andar sob o controle de um cérebro de primata feminino.

Essa era a parte fácil da introdução.

– Ainda temos de descobrir um modo eficaz de transmitir os dados neurofisiológicos para o Japão de forma rápida o suficiente para que as pernas do CB-1 possam andar no mesmo tempo requerido para que os membros biológicos de Idoya se movam em resposta ao comando de seu cérebro. Também precisamos criar um jeito de trazer de volta do Japão um sinal de vídeo mostrando as pernas do CB-1 se movendo, de maneira a projetar essas imagens na frente de Idoya para que ela receba um sinal de retroalimentação, descrevendo quão precisos são os movimentos gerados pelas pernas do CB-1, em resposta aos comandos motores de seu cérebro. Como você sabe, o tempo total para a transmissão dos sinais neurais dos Estados Unidos para o Japão e o retorno do sinal de vídeo, do Japão para os Estados Unidos, terá de ficar dentro do mesmo intervalo de tempo usado por Idoya para mover as próprias pernas.

Essa era a parte realmente complicada. Como havíamos verificado durante nossas interações com Aurora, tal intervalo de tempo envolvia apenas algumas centenas de milissegundos. Qualquer intervalo maior do que esse resultaria na falha de nossa ICM, devido a uma falta de sincronia entre o cérebro e a máquina que queríamos unir, ao redor do planeta, por meio de ondas de pensamento fluindo numa direção e sinais de vídeo em outra.

– Vamos em frente. Eu realmente gostei da ideia. Acredite, eu consigo fazer essa conexão bidirecional entre Durham e Kyoto operar abaixo dos 250 milissegundos.

– Tem certeza?

– *Yeah!* Começamos amanhã cedo.

Essa é a razão pela qual aprendi a adorar trabalhar com Cheng; ele está sempre pronto para embarcar em qualquer aventura que esbarre ou cruze o limite que outros rapidamente chamariam de inconcebível.

Antes mesmo que eu estivesse de pé na manhã seguinte e pudesse informar nosso laboratório sobre as boas notícias, Cheng já estava ocupado programando uma forma de contornar todos os transtornos causados pelo tráfego pesado da internet que tinha nos impedido de atingir a marca de 250 milissegundos. Nos meses seguintes, além de continuar a tocar seus próprios projetos, ele trabalharia nisso todas as noites.

A velocidade de transmissão de dados entre os Estados Unidos e o Japão não era, porém, o único problema a ser resolvido por nossa recém-criada equipe transcontinental homem-máquina. Por exemplo, Ian Peikon, brilhante estudante de engenharia biomédica da Duke, havia construído e implementado praticamente sozinho um sistema original para medir a posição tridimensional de cada uma das articulações dos membros inferiores de Idoya enquanto ela caminhava na esteira de exercício. O sistema de registro cinemático criado por ele envolvia o uso de câmeras de vídeo acondicionadas no teto da sala de experimentação que mediam a reflexão de um feixe de luz direcionado às articulações do fêmur, do joelho e do tornozelo de uma das pernas de Idoya, previamente pintadas com uma camada de tinta fluorescente verde. Essa abordagem permitia gerar um registro contínuo da posição espacial (em três dimensões), da velocidade e da aceleração de cada uma das articulações enquanto Idoya andava na esteira. Com essa tecnologia adicionada ao nosso aparato experimental, Cheng também se encarregou de criar uma interface robótica que utilizava os dados neurofisiológicos para prever todos os dados cinemáticos obtidos com o novo método criado por Peikon.

Os dados cinemáticos, bem como os registros eletrofisiológicos simultâneos de algumas centenas de neurônios corticais de Idoya, alimentaram o mesmo algoritmo computacional que havíamos usado nos experimentos com Belle e Aurora. Assim, quase que imediatamente, uma série de surpresas começou a surgir. Ao analisarmos a atividade cerebral de Idoya enquanto ela andava numa velocidade constante na esteira, por exemplo, observamos que passos que pareciam idênticos, do ponto de vista cinemático, eram precedidos por padrões distintos de disparo espaçotemporais de populações de neurônios corticais. Essa distinção ficava evidente, porém, só quando esses padrões eram analisados com uma resolução temporal de cinco a dez milissegundos. Se, por outro lado, eles fossem integrados com janelas de tempo da ordem de cem milissegundos, a variabilidade desses padrões de atividade cortical era reduzida significativamente. Isso sugeria que uma janela de 250 milissegundos poderia ser empregada com sucesso na operação de nossa ICM.

Esse achado também sugeria algo mais profundo. Uma vez que bilhões de neurônios podem, em teoria, estar disponíveis para participar da solução instantânea necessária para solucionar uma dada demanda comportamental, o cérebro, aparentemente, pode se dar ao luxo de recrutar, a cada momento no tempo, uma combinação diferente de neurônios para executar o comportamento apropriado para uma situação específica. Nesse contexto, proponho que, ao longo da vida de cada um de nós, não importa quantas vezes tenhamos de repetir um dado comportamento motor, o padrão fino de disparo neuronal espaçotemporal gerado para realizar esse comportamento nunca será o mesmo. Essa previsão, que recapitula ideias originariamente defendidas por Karl Lashley e Donald Hebb, está encapsulada no *princípio da redundância neuronal*, termo criado pelo cientista norte-americano Gerald Edelman (1929-2014), que comparou essa estratégia com a redundância observada no código genético.

PRINCÍPIO DA REDUNDÂNCIA NEURONAL

Um produto cerebral – seja ele um comportamento motor, uma experiência perceptual ou mesmo outros comportamentos complexos produzidos pelo cérebro, como cantar uma ária ou solucionar um sistema de equações diferenciais – pode ser gerado por uma enorme quantidade de padrões distintos de atividade espaçotemporal de uma população neuronal.

De acordo com a analogia genética, trincas distintas de nucleotídeos conhecidas como códons, presentes numa molécula de RNA mensageiro, codificam o mesmo aminoácido a ser incorporado numa cadeia polipeptídica de um ribossomo, a organela celular onde proteínas são sintetizadas. Note que não há ambiguidade nesse tipo de código genético, uma vez que não existe dúvida alguma acerca de qual aminoácido um códon qualquer codifica. No cérebro, proponho que múltiplas soluções neuronais podem existir para codificar o mesmo comportamento que ele deseja produzir em momentos de tempo distintos.

Com essa noção em mente, no verão de 2007 já havíamos verificado que, ao alimentar 21 modelos matemáticos com a atividade elétrica produzida pelo cérebro de Idoya enquanto ela andava numa velocidade constante na esteira, podíamos gerar o fluxo contínuo de comandos motores digitais necessários para fazer com que CB-1 pudesse andar como um primata (figura 8.2). No final daquele verão, Gordon Cheng provou que realmente estava à altura do desafio de 250 milissegundos que tínhamos jogado em seu colo apenas alguns meses antes. Trabalhando incessantemente, Cheng havia criado um protocolo de comunicação pela internet que punha nossos dois laboratórios em contato através de uma linha preferencial; uma obra-prima de engenharia computacional que abrangia todos os atrasos causados por servidores e *hubs* ao redor do mundo que participariam da transmissão dos dados entre os dois *campi*. Além disso, esse programa documentava com grande precisão o tempo necessário e a eficiência da transmissão dos sinais em ambas as direções.

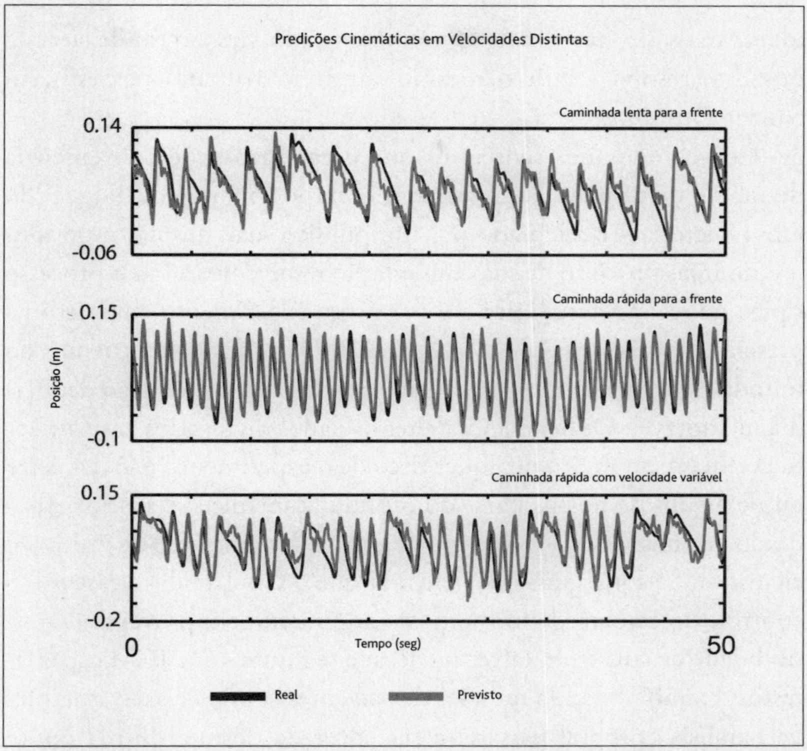

Figura 8.2 – Predições cinemáticas, derivadas da atividade elétrica cerebral coletiva, para diferentes tipos de locomoção bipedal: andando lentamente para a frente (painel superior), andando rapidamente para a frente (painel do meio), e velocidade variada (painel inferior). O traçado em preto representa a variação da posição espacial real da perna da macaca Idoya no tempo. O traçado cinza ilustra predições desse parâmetro cinemático obtidas a partir da atividade elétrica do cérebro do mesmo animal. (Original publicado por FITZSIMMONS N. et al. "Extracting kinematic parameters for monkey bipedal walking from cortical neuronal ensemble activity". *Frontiers in Integrative Neuroscience* 3: 1-19, 2009.)

A partir desse ponto, o protocolo padrão para a execução desse projeto consistiria em rodar o experimento, coletar os dados, analisá-los, escrever um manuscrito com os resultados, submeter o trabalho a uma revista científica, esperar um ano ou mais para o aceite e a publicação do manuscrito final e só então disseminar os achados. Tendo seguido esse protocolo mais de duzentas vezes em minha carreira, decidi tomar outro caminho, mais rápido e menos burocrático, ao menos dessa vez, pelo puro prazer de desafiar a norma e mostrar como a ciência é feita de verdade. Como veremos no capítulo 9, outro cientista brasileiro havia tido a mesma ideia, mais de um século antes. Inspirado nesse grande ato de ousadia, resolvi seguir o mesmo caminho trilhado por Alberto Santos Dumont.

Como todos nós sentíamos que o casamento de conveniência da mente de primata de Idoya com o corpo robótico de aluguel do CB-1 merecia ser celebrado por um público mais amplo, num momento mais próximo de sua consagração resolvemos adiar o processo típico de revisão acadêmica e rodar nosso experimento completo na presença de jornalistas do *The New York Times* nos dois extremos do mundo, Durham e Kyoto, que participariam de toda a ação daquele dia memorável. Os benefícios de ter os dados divulgados amplamente excediam em muito qualquer risco de o experimento não dar certo ou de algum de nossos pares do mundo acadêmico se sentir melindrado por nosso pequeno desvio do processo tradicional de validação científica. Se conseguíssemos mostrar que o CB-1 podia andar sob o controle do cérebro de Idoya, nosso argumento em proveito da possibilidade de construir, talvez na década seguinte, uma ICM capaz de restituir a mobilidade a milhões de pacientes com níveis devastadores de paralisia corporal passaria a ser encarada de uma forma muito mais favorável por cientistas e leigos.

Numa manhã mais fria do que o habitual, naquele mês de janeiro de 2008, realizamos o que havia sido apelidado de nossa versão de "pequeno passeio na Lua" (*little Moon walk*). Inicialmente, Idoya, a primata designada para dar esse grande pequeno passo, foi trazida para a sala onde ficava seu já familiar aparato experimental. É provável que, numa rápida olhada, ela tenha notado que a plateia reunida para os procedimentos daquela manhã era bem maior do que a usual. Comprimidos na sala de controle, todos os outros primatas presentes tinham um olhar cheio de preocupação que contrastava com o semblante despreocupado e alegre da protagonista do evento. Como na maioria de experimentos que envolvem múltiplas tecnologias, nossa equipe da Duke começou imediatamente a seguir sua lista de conferência de procedimentos, preparando-se para o momento crucial. O nível de tensão reinante na sala de controle podia ser medido pelo número absurdo de vezes que um dos alunos inspecionou os computadores envolvidos no envio dos sinais do cérebro de Idoya e na recepção dos sinais de vídeo de Kyoto ou na lista enorme de pessoas que queriam confirmar que os estoques de uvas-passas e Cheerios eram suficientes para toda a manhã.

Com fotógrafos e repórteres do *The New York Times* documentando cada momento de preparação, Idoya foi gentilmente colocada na esteira hidráulica. Antes que ela começasse a andar livremente, usamos vários cabos para conectar os neurochips acondicionados sobre as matrizes de microeletrodos, implantados meses antes em seu cérebro, a uma bateria de pré-amplificadores. Na parede à sua frente, Idoya já podia ver as imagens coloridas e bem focadas das pernas esbeltas de um garboso CB-1, em sua espera pelo sopro de vida que o faria caminhar. Essas imagens haviam sido ampliadas algumas vezes para ocupar a maior parte do campo visual de Idoya.

Quando a intensidade das luzes do laboratório foi reduzida até que toda a sala passasse a respirar uma penumbra cheia de expectativa, a tinta fluorescente nas articulações de Idoya começou a brilhar, num verde intenso. Todas as circunstâncias pareciam conspirar para chamar Idoya para a ação. Sem hesitar, ela respondeu a esse apelo com a mesma intensidade visceral demonstrada, anos antes, por sua prima Aurora. Era hora de brincar de andar como gente e, como recompensa, ganhar muitas uvas-passas e Cheerios. Ela começou a caminhar, seguindo o ritmo constante da esteira.

As câmeras espalhadas pela sala começaram a registrar a luz refletida pelas marcas de tinta fluorescente no corpo de Idoya e a transmitir quadros de vídeo individuais para um computador programado para calcular a posição espacial, em três dimensões, de uma das pernas de Idoya. Ao mesmo tempo, em outro monitor na sala de controle, um fluxo contínuo de milhares de pequenas descargas elétricas, coloridas artificialmente por outro programa computacional, descrevia a incessante atividade elétrica produzida por centenas de neurônios corticais de Idoya. Enquanto todos observavam extasiados essa pequena revelação de um pensamento motor, nossos computadores executavam as operações requeridas para que os modelos lineares pudessem extrair, de toda essa avalanche elétrica cerebral, os comandos motores usados para fazer caminhar aquelas pernas de primata.

Em Kyoto, Gordon Cheng já tinha posicionado o CB-1 no topo de uma sofisticada esteira japonesa, construída especialmente para a ocasião. Suspenso pelas costas, o robô se limitaria, nesse primeiro experimento, a caminhar em pleno ar (figura 8.3), numa simplificada homenagem robótica a um emérito cidadão da Carolina do Norte que costumava realizar esse feito, como parte do emprego regular de jogador de basquete, primeiro no rival eterno da Duke, a Universidade da Carolina do Norte, e mais tarde como o maior jogador da NBA de todos os tempos – eu me refiro, claro, a Michael Jordan.

Como de costume, o treinamento inicial dos modelos matemáticos continuou por alguns minutos até que os coeficientes de regressão linear tivessem começado a convergir e permanecer estáveis. Quando o primeiro *set* ótimo de coeficientes de regressão foi identificado, voltamos toda a nossa atenção para outro monitor, no qual as predições derivadas diretamente da atividade cerebral de Idoya começavam a predizer, com grande eficiência, os movimentos realizados por suas pernas. As duas linhas plotadas nesse monitor, uma vermelha e outra branca, passaram a se mover cada vez mais próximas, até que, num instante, começaram a se sobrepor completamente. O grande momento, finalmente, chegara. Estava na hora de começar a transmitir a atividade elétrica daquele cérebro de primata para o outro lado do planeta.

Alguns segundos se passaram enquanto Cheng ligava o sistema de controle responsável pela recepção dos sinais cerebrais de Idoya e por sua transmissão para o corpo do CB-1. Alheia à ansiedade que tomava conta dos dois grupos de pesquisadores, dos jornalistas e dos curiosos que haviam penetrado nos dois laboratórios, Idoya continuou a manter a marcha, sem perder um único passo. Subitamente, o sinal de vídeo projetado na parede à sua frente começou a estampar um senso de propósito quase humano, apesar de, a uma inspeção mais próxima, revelar movimentos de membros feitos de materiais outros que não aqueles que cobrem nossos ossos. Naquele instante, uma macaquinha pesando cinco quilos e meio e tendo não mais do que oitenta centímetros de altura começava a usar a eletricidade proveniente de sua mente para controlar o desabrochar dos primeiros passos de primata de um robô humanoide de noventa quilos e um metro e meio de altura, executados do outro lado do planeta. Para mim, foi impossível resistir à tentação de dizer: "Um pequeno passo para um robô, um gigantesco pulo para nós, primatas".

INTERFACE CÉREBRO-ROBÔ AO REDOR DO GLOBO

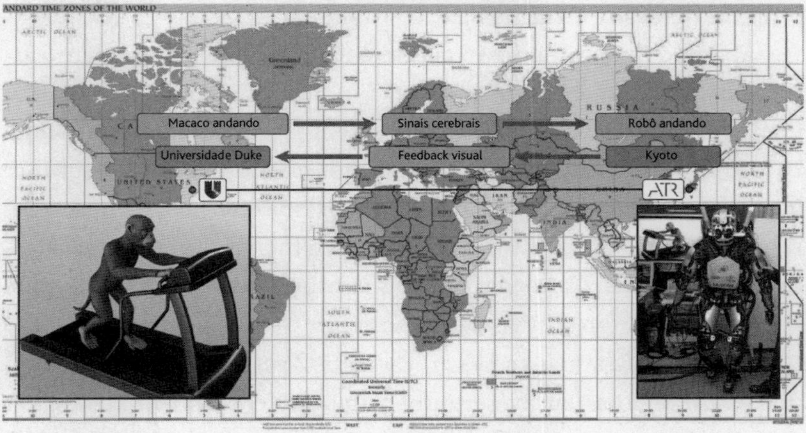

Figura 8.3 – O grande salto de Idoya e CB-1 ao redor do globo. Representação esquemática do experimento que permitiu a um macaco na costa leste dos EUA usar a sua atividade elétrica cerebral para controlar os movimentos de um robô humanoide (CB1) em Kyoto, Japão. Durante essa operação, sinais de vídeo dos movimentos do robô foram remetidos de volta para Durham, Carolina do Norte. (Cortesia do dr. Miguel Nicolelis.)

Aurora certamente se sentiria orgulhosa da prima caçula. Afinal, em apenas alguns passos, Idoya tinha empurrado os limites da ação espacial e de força de uma ICM para a barreira daquilo que era teoricamente concebível, mas não demonstrado, até então.

Mas nem Idoya nem Gordon Cheng estavam satisfeitos. Como ele rapidamente me lembrou ao telefone, ainda tínhamos de medir o tempo total gasto durante o processo de enviar sinais derivados do cérebro de Idoya para Kyoto e de receber os sinais de vídeo remetidos de Kyoto de volta para Durham. "Duzentos e trinta milissegundos", relatou ele, com óbvio orgulho misturado à voz emocionada.

"Eu disse que iríamos bater os fatídicos 250 milissegundos." Depois de meses de trabalho exaustivo, Cheng podia liberar toda a sua satisfação. Junto com Nathan Fitzsimmons, Misha Lebedev, Ian Peikon e o restante da equipe, ele tinha dado conta do recado e contribuído decisivamente para a criação da primeira conexão bidirecional, ao redor do mundo, entre um cérebro de primata e um par de pernas robóticas; e realizado tudo isso duas dezenas de milissegundos mais rápido do que o tempo necessário para que a atividade elétrica gerada no cérebro de Idoya tivesse a chance de fazer os músculos de suas próprias pernas começarem a se contrair!

Apesar de termos tanto para celebrar, decidimos ir em frente e arriscar nossa carreira uma última vez. "Ao meu sinal, desligue a esteira. Ok, agora!", eu disse. Enquanto a esteira imediatamente respondia ao comando eletrônico e parava, fazendo com que Idoya assumisse uma postura semiereta e imóvel, todos os olhos em Durham se fixaram no monitor que mostrava o comportamento do CB-1 em Kyoto. Até Idoya parecia intrigada, pois continuou a olhar atentamente para as imagens projetadas à sua frente.

Talvez ela de fato quisesse provar algo. Pois, por todo o tempo em que servimos como suas testemunhas, a única coisa que pudemos ver naquelas imagens foi o CB-1, promovido fazia só alguns minutos à condição de andarilho bípede, continuar a marchar, perdido no meio do ar japonês, andando e andando, seguindo as instruções detalhadas que continuavam a brotar, generosamente, do cérebro de Idoya.

Em Durham, nada digno de nota transcorria em termos de movimento. Todos, incluindo Idoya, permaneciam imóveis, em silêncio, admirando, enfeitiçados, a singeleza daqueles passos robóticos projetados numa parede, a poucos metros de nós; cada passo finamente esculpido, apenas algumas centenas de milissegundos antes, pelo sopro de vida elétrico que emergira, quase como presente divino, de um radiante, porque agora liberto, cérebro de primata.

CAPÍTULO 9

O HOMEM CUJO CORPO ERA UM AVIÃO

Alguns milhões de anos atrás, quando os primeiros hominídeos começaram a percorrer os vales do leste e do sul da África, o cérebro de alguns de nossos ancestrais do gênero *Homo* começou a sofrer uma série de transformações morfológicas e fisiológicas que levaram ao surgimento de uma enxurrada de novos processos mentais e comportamentos nunca antes testemunhados no reino animal. Entre outras modificações, essa complexa remodelação cerebral incluiu um enorme crescimento diferencial dos lobos frontal e parietal e de muitas das vias neuronais paralelas recíprocas que ligam essas duas grandes regiões corticais entre si e com várias outras estruturas subcorticais. Essa expansão do circuito frontoparietal resultou numa sequência de adaptações neurofisiológicas que culminaram num extenso conjunto de novos comportamentos perceptuais, motores e cognitivos que hoje contribuem para o amplo rol de atributos que coletivamente definem a natureza humana.

A habilidade de produzir e compreender a linguagem oral surgiu durante esse salto quântico evolucionário da arquitetura cerebral. Uma vez que existe uma enorme literatura sobre o papel da linguagem na vida e na subsequente evolução da raça humana, neste capítulo pretendo me concentrar em duas outras adaptações, que emergiram paralelamente e cuja adição à "caixa de ferramentas" cognitivas do cérebro de primata foi igualmente decisiva, se não essencial, na construção da história da humanidade. A primeira dessas adaptações conferiu à nossa espécie e a seus ancestrais a capacidade de se transformar nos grandes artesãos do planeta Terra. De fato, a presença de múltiplos artefatos encontrados próximos aos restos fossilizados de hominídeos primitivos descobertos na década de 1960 em Olduvai Gorge, na Tanzânia, era tão conspícua que o emérito paleontologista Louis Leakey decidiu batizar a nova espécie por ele descoberta de *Homo habilis* – literalmente, "o homem habilidoso". A habilidade mental requerida para a confecção de ferramentas se destaca como um dos enredos evolucionários de maior impacto na história humana.

Curiosamente, a segunda, e talvez ainda mais revolucionária, adaptação comportamental que emergiu da expansão do circuito frontoparietal atraiu muito menos atenção da comunidade neurocientífica. Tal desprezo é surpreendente, uma vez que esse outro atributo garante que, além de ser o mais requintado artífice gerado pelo processo evolutivo, o homem também adquiriu a capacidade de assimilar, ou incorporar, as ferramentas por ele produzidas como uma verdadeira extensão da simulação do modelo requintado do corpo, criado por seu próprio cérebro. Embora essa afirmativa possa soar mais inacreditável do que a sensação de experimentar a presença de um membro fantasma ou uma experiência fora do corpo, um grande conjunto de evidências neurofisiológicas, psicofísicas e neurológicas apoia a noção de que o fenômeno de incorporação de ferramentas ocorre no cérebro de seres humanos e seus primos primatas. Neste capítulo, vou me deter sobretudo na análise da evidência neurofisiológica desse fenômeno. Mas, antes, gostaria de contar uma pequena história que ilustra, muito apropriadamente, a íntima relação que nossa espécie estabeleceu com nossas queridas ferramentas. Criadas de início apenas em nossa mente, como meros sonhos, essas quimeras adquiriram, ao longo dos últimos 2,5 milhões de anos, a forma de inúmeros instrumentos mecânicos tangíveis, máquinas eletrônicas fantásticas e, mais recentemente, objetos computacionais e virtuais que permitiram à raça humana ampliar o alcance coletivo de sua atuação motora até os limites de nossa imaginação, possibilitando, entre outros feitos espetaculares, que nosso corpo terrestre pudesse conquistar os mesmos céus que generosamente nos presentearam com os elementos básicos da vida. Para contar o começo dessa aventura, todavia, é preciso retornar a Paris, em meados do outono de 1901.

Na rotina cotidiana dos parisienses do início do século XX, a intenção amplamente alardeada de um jovem estrangeiro de testar em público sua última invenção nem de longe despertava qualquer atenção especial. Afinal, Paris naquele tempo era uma das capitais da ciência mundial, lar de físicos, matemáticos, engenheiros e inventores conhecidos pelos quatro cantos do mundo. Pouco mais de dez anos antes apenas, Gustave Eiffel e seus operários haviam concluído a construção da estrutura mais alta esculpida por mãos humanas, a torre Eiffel, numa emblemática demonstração da genialidade e do empreendedorismo da engenharia francesa de então. Assim, para a multidão de transeuntes que optaram por caminhar pelos bulevares e jardins daquela cidade encantada, o destino havia reservado uma surpresa inesquecível.

Naquela fria manhã do outono parisiense, Alberto Santos Dumont, um brasileiro baixinho em estatura física, mas impecavelmente trajado do alto da suas infinitas coragem e ousadia, desafiou o protocolo normal das descobertas científicas ao realizar um feito tão contrário à ortodoxia acadêmica de então que mesmo hoje ele causaria espanto nesses mesmos restritos círculos. Sem nenhum prurido, Santos Dumont decidiu conduzir o experimento mais importante da sua vida em público, em plena luz do dia, para que toda Paris pudesse verificar por si mesma se ele fora bem-sucedido ou não em sua mais recente tentativa de concretizar seu sonho de infância. Nos quatro anos anteriores, o inventor tinha investido a maior parte do seu tempo, bem como uma pequena fração de sua imensa fortuna, para chegar a esse momento decisivo. Um risco maior, porém, advinha do fato de que ele quase morrera algumas vezes durante a realização de seus experimentos. Felizmente para Santos Dumont, como herdeiro de um dos maiores fazendeiros de café do mundo, dinheiro para financiar sua aventura não era problema. Dessa forma, ele não precisara gastar tempo valioso longe de sua oficina tentando convencer incrédulos colegas, competidores e agências de financiamento sobre os méritos de sua abordagem revolucionária para solucionar uma das maiores obsessões tecnológicas daquela era: voar.

E foi exatamente isso que os *flâneurs* que cruzavam a recém-inaugurada ponte Alexandre III puderam testemunhar em 19 de outubro de 1901: uma visão frontal arrebatadora de um estranho objeto voador que parecia querer se aproximar da torre Eiffel, vindo da direção do Bois de Boulogne. Na cidade inteira, parisienses de todas as origens, classes e gostos culinários pararam onde estavam para seguir com os olhos e a imaginação a trajetória daquele objeto incauto. Por gerações, essas centenas de milhares de privilegiados espectadores descreveriam, orgulhosos, todos os detalhes daqueles minutos em que eles, petrificados de emoção, se juntaram, se não em corpo pelo menos em pensamento, àquele peculiar cafeicultor brasileiro enquanto ele conduzia a sua aeronave pelos céus parisienses, como um condor solitário que cheio de propósito inspeciona seu território andino, derrotando o vento e manobrando seu corpo alado ao seu bel-prazer. Naquela tarde, Alberto Santos Dumont, sozinho, lançou a era do voo controlado, guiando a aeronave que ele havia concebido e construído por uma épica trajetória ao redor da torre Eiffel que culminou com o seu retorno seguro ao mesmo ponto de onde havia decolado para entrar na história da humanidade.

Como seu nome, *Brasil 6*, sugere, a aeronave que Santos Dumont pilotou nessa demonstração era a sexta de uma sequência de dirigíveis que o jovem brasileiro e seu time de mecânicos parisienses, liderados por Albert Chapin, tinham construído. Sendo o modelo mais evoluído de sua classe, o Brasil havia incorporado as inúmeras inovações aeronáuticas inventadas por essa fabulosa equipe.

Antes de Santos Dumont, o homem havia deixado o chão da Terra apenas ascendendo em balões esféricos enchidos com ar quente, hélio ou hidrogênio. Esses balões não podiam ser controlados nem dirigidos, e aos pilotos cabia apenas se contentar em navegar a esmo, seguindo o desejo dos ventos, liberando lastro ou gás para alterar o descenso ou a ascensão da aeronave. Dessa forma, os aeronautas nunca controlavam a trajetória do balão e seu local de aterrissagem. Eles simplesmente voavam à mercê da natureza.

Santos Dumont estava ciente do profundo impacto que a introdução do voo controlado teria na vida futura da humanidade. Para ele, essa conquista tecnológica definia uma batalha definitiva, merecedora do sacrifício da própria vida de seu inventor. Afinal, tratava-se de liberar os homens de sua "prisão terrestre" e provê-los dos meios de explorar os limites do universo. Engenheiro autodidata que aprendera sozinho a desenhar, implementar e improvisar todo tipo de máquina na fazenda do pai, Santos Dumont queria construir as aeronaves que seu ídolo, o escritor Júlio Verne, havia sonhado em criar para um dia levar o homem à Lua.

Depois de testar uma série de protótipos experimentais, Santos Dumont criou o dirigível de um só ocupante, que exibia vários avanços tecnológicos em sua concepção, formato, materiais de construção e nas novas técnicas empregadas para permitir sua dirigibilidade em pleno voo. Desde o começo de seus experimentos com esses aparelhos, o inventor tivera em mente criar uma máquina que pudesse ser dirigida e manobrada livremente por seu piloto, da mesma forma que ele fazia ao dirigir um dos primeiros automóveis disponíveis na França. Numa clara demonstração de genialidade, decidiu então adaptar dois motores a gasolina de automóvel e acoplá-los conjuntamente, com a adição de uma longa hélice, para gerar a força de propulsão de suas aeronaves. Apesar de tal revolução em design ter alarmado o amigo Albert Chapin, Santos Dumont teve a presença de espírito de sugerir que o cano de exaustão do novo motor fosse dobrado para baixo. Essa pequena adaptação garantiu que os gases aquecidos e as fagulhas incandescentes eliminadas pelo motor fossem ejetadas para longe do balão cheio de hidrogênio, um gás altamente inflamável.

A fim de permitir que os dois motores fundidos pudessem mover o dirigível, Santos Dumont precisou achar soluções pouco ortodoxas para reduzir o peso do aparelho. Com apenas um 1,65 de altura e bem magro, ele tinha uma compleição física mais do que adequada para pilotar as aeronaves pequenas e delicadas que gostava de construir. Em seus projetos, usou a leve seda japonesa, que provara ser extremamente resistente à força do vento, para construir os balões de gás, enquanto paus de bambu e pinheiro foram escolhidos para compor o corpo de cada aeronave. Para melhorar sua aerodinâmica, o inventor decidiu abandonar a clássica forma esférica dos balões da época e passou a construir balões de gás cilíndricos, em forma de charuto, que pudessem "cortar o ar" em seus voos.

A essa altura, foi necessário buscar ideias para controlar a dirigibilidade do novo aparelho, algo que nenhum aeronauta havia experimentado até então. Depois de muita reflexão e experimentação, Santos Dumont criou dois equipamentos de navegação aérea. O primeiro era um enorme leme móvel, originariamente de formato triangular e depois hexagonal, também feito de seda japonesa, colocado no topo de uma leve armação. Essa armação era atada à quilha da aeronave ou mesmo diretamente à parte posterior do balão cilíndrico de gás. Inicialmente, podia-se mudar a posição do leme por meio de um sistema de cordas. Mais tarde, o inventor adaptou um guidom de bicicleta para servir como timão. Com a introdução desse novo sistema de navegação, Santos Dumont podia agora controlar o movimento horizontal do aparelho.

A seguir, ele se concentrou em buscar o controle do equilíbrio vertical da máquina. Como descrito por Paul Hoffman no relato intitulado *Asas da loucura*, essa questão ilustra a habilidade de Santos Dumont em encontrar soluções elegantes para problemas que haviam desafiado gerações de aviadores. De acordo com Hoffman, a descoberta fundamental se deu quando o inventor notou que precisava encontrar apenas uma forma de "inclinar o aparelho, levantando ou abaixando o nariz, de modo que o motor dirigisse a ascensão ou o descenso do balão". Para tanto, ele construiu um "sistema de pesos móveis que podiam facilmente mudar o centro de gravidade da aeronave". Os pesos consistiam em dois sacos cheios de areia, um colocado na frente e outro na porção traseira, suspensos por cordas que partiam do balão de gás. Com esse sistema, era possível então alterar facilmente o centro de gravidade do dirigível, trazendo-se um desses pesos para mais próximo da cesta do piloto. "Se o peso da frente fosse trazido [para perto do piloto], o nariz da aeronave apontaria para cima e, se o peso de trás fosse recolhido [para a cesta], o nariz apontaria para baixo", explica Hoffman.

Como antes, Santos Dumont estava tentando ultrapassar limites, inclusive aqueles que determinavam sua própria segurança. Em um dos protótipos, ele foi ousado a ponto de substituir a tradicional cesta por um assento montado num quadro de bicicleta, que, acoplado num caibro de bambu de dez metros, servia como a única acomodação disponível para o piloto. Nessa configuração, as pessoas que assistiam do chão às exibições públicas do brasileiro tinham a impressão de que ele voava "como uma bruxa sentada num cabo de vassoura", mantido no ar apenas por uma tênue rede de cordas. Não satisfeito, ele decidiu ainda utilizar cordas de piano em vez de cordas convencionais para suspender e reforçar a quilha da aeronave. Essa medida reduziu significativamente seu peso, bem como sua resistência ao ar.

Nesse ponto, os dirigíveis de Santos Dumont tinham se transformado nas mais complexas máquinas voadoras existentes, ornamentadas com uma profusão de cordas e equipadas com selim, guidom e até pedais de bicicleta para possibilitar uma variedade até então desconhecida de manobras aéreas. Em seu ápice, essa classe de dirigível exibia a improvável mas bem-sucedida combinação de um balão feito de seda e em forma de charuto, uma quilha de bambu, um emaranhado de cordas de piano, dois motores movidos a gasolina, um leme triangular de seda e um sistema de sacos de lastro móvel. Com uma combinação dessas, não é de surpreender que as acrobacias aéreas do inventor em tal "híbrido aéreo" atraíssem tanta atenção e que, como resultado de suas peripécias, na virada do século XX, ele tenha se tornado uma das mais conhecidas personalidades do mundo. Embora disseminasse livremente os projetos de suas aeronaves, a memória coletiva da imprensa e dos parisienses, além de seu próprio relato, constituem os únicos registros de seus experimentos científicos. Santos Dumont nunca acreditou em patentes ou publicações acadêmicas. Ao contrário, dizia que suas descobertas pertenciam a toda a humanidade.

Nada tímido em demonstrar suas últimas invenções para o povo de Paris, Santos Dumont testava regularmente os protótipos de suas máquinas voadoras, sempre impecavelmente vestido num terno engomado, gravata de nó apertado e seu panamá cuidadosamente esculpido a vapor. O que ele precisava para silenciar seus críticos era de uma prova definitiva de que esse tipo de aeronave podia voar sob seu controle voluntário para, enfim, libertar o corpo humano do habitat puramente terrestre no qual havia vivido por milhões de anos.

O desejo de Santos Dumont de demonstrar a possibilidade de voos controlados foi acalentado repentinamente quando o magnata do petróleo Henri Deutsch de la Meurthe decidiu lançar um desafio para todos os entusiastas aeronautas da época. Durante uma reunião do Aeroclube de Paris em abril de 1900, Deutsch anunciou que pagaria a soma de 100 mil francos para a primeira aeronave que conseguisse decolar do Parc d'Áerostation do aeroclube de Saint-Cloud e, sem tocar o solo, circum-navegasse a torre Eiffel e retornasse ao ponto de partida usando apenas os recursos disponíveis na aeronave em não mais de trinta minutos. Como estimado por Paul Hoffman, para vencer o que se transformaria no primeiro prêmio internacional da aviação, uma aeronave teria de voar a uma velocidade de aproximadamente 22-24 km/h para realizar a viagem de ida e volta – requisito que levaria até Santos Dumont, o único real concorrente ao prêmio, ao limite do possível.

Embora muitos acreditassem que a intenção original de Deutsch era ganhar ele mesmo o prêmio, Santos Dumont nunca duvidou de que a honra deveria ser sua. Na realidade, pouco antes do anúncio oficial do prêmio, ele pedira permissão ao Aeroclube de Paris para montar a infraestrutura necessária para decolar do campo de Saint-Cloud em seu dirigível. Lá ele construiu, com recursos próprios, uma oficina mecânica capaz de fabricar todas as peças de seus aparelhos, além de uma fonte contínua de hidrogênio para prover o gás das aeronaves. Também construiu um grande aeródromo e um hangar – o primeiro da história da aviação – para guardar os dirigíveis. Esse hangar, equipado com portas móveis que ele tinha inventado, deu-lhe uma tremenda vantagem sobre seus concorrentes na corrida pelo Prêmio Deutsch. Agora, Santos Dumont era o único aeronauta do mundo capaz de guardar seu dirigível inflado, o que significava uma grande economia de tempo (e dinheiro), já que não era necessário inflar o balão de gás antes de cada voo de teste. Essa modificação logística permitiu ao brasileiro realizar muitos voos experimentais. Assim, pelos dezoito meses seguintes, ele voou por toda a cidade testando novas tecnologias e manobras aeronáuticas, até chegar ao projeto final que se transformaria numa de suas maiores obras-primas: o número 6. Para atingir esse ponto, Santos Dumont sobreviveu a um par de acidentes horripilantes. No primeiro, ocorrido em julho, seu dirigível caiu do céu, estatelando-se numa árvore da propriedade do banqueiro Edmond de Rothschild. Um mês depois, enfrentou um perigo ainda maior: depois de bater com sua aeronave na parede lateral do famoso hotel Trocadéro, Santos Dumont deparou com a morte, dependurado por algumas poucas cordas de piano, que foram resistentes o suficiente para mantê-lo suspenso no ar até que os bombeiros pudessem resgatá-lo, para delírio da multidão que acompanhou a operação de resgate.

Nem mesmo esse susto foi capaz de deter o inventor e sua obsessão de voar como os pássaros. Meros detalhes pareciam separá-lo de um prêmio que a maioria dos parisienses já acreditava ser seu, graças às repetidas demonstrações de ousadia e coragem. Assim, quando o comitê julgador do Aeroclube de Paris foi convocado para observar mais uma de suas tentativas de circum-navegar a torre Eiffel, na tarde de 19 de outubro de 1901, a única questão que permanecia em aberto era se Santos Dumont poderia realizar a viagem em trinta minutos ou menos. Os ventos de Paris, sempre imprevisíveis, eram o principal inimigo a ser vencido naquela tarde, uma vez que haviam causado boa parte dos problemas em tentativas anteriores. Independentemente das condições climáticas, o dirigível teria de voar no limite de sua velocidade, aerodinâmica e dirigibilidade. Além disso, o piloto teria de sobreviver à viagem, uma perspectiva duvidosa depois de seu entrevero com as paredes do hotel Trocadéro.

Após uma tentativa abortada, às 14h42 da tarde o *Brasil 6* elegantemente levantou voo do parque de Saint-Cloud e se dirigiu para a torre Eiffel. No instante em que a aeronave se tornou visível no céu da cidade, parisienses de todas as classes e profissões, sem nenhuma cerimônia, largaram seus afazeres para garantir um ponto de vista melhor para acompanhar a nova tentativa daquele aviador intrépido. O *rush* de corpos e emoções produziu "uma corrida caótica de pedestres, carruagens, automóveis e ciclistas, todos confluindo para o Campo de Marte". De acordo com a reconstituição de Hoffman desses épicos minutos, na confusão que se formou, os membros da banda do 24º Regimento do Exército francês, que naquele momento marchava nos Champs-Élysées, "serenando o rei da Grécia e outras quinhentas autoridades", ouviram os gritos da massa humana –"Santos Dumont, Santos Dumont". Sem hesitarem e tomados pela crença coletiva de que testemunhar história sendo feita mais do que justificaria a pena de qualquer corte marcial por insubordinação, todos os músicos deixaram seus instrumentos para trás e foram se juntar à massa de gente que se aglomerava nas margens do rio Sena. Cerca de 5 mil parisienses tinham tomado os Jardins do Trocadéro no momento em que Santos Dumont começou a contornar o "para-raios da torre Eiffel, mantendo uma precária distância de apenas doze metros". A não ser por uns poucos problemas com a corrente de vento que soprou quando da passagem do *Brasil 6* pelo Sena, o percurso em direção à torre tinha sido perfeito. Santos Dumont quebrou o recorde de velocidade para essa primeira parte do circuito, levando apenas oito minutos e 45 segundos para completá-lo (figura 9.1). Sem ter à mão um relógio para verificar o tempo decorrido – um problema que seria resolvido, alguns meses depois, por seu amigo Louis Cartier, que desenharia o primeiro relógio de pulso para uso em seus voos –, ele se baseou na celebração do público, que agora acompanhava seu périplo para julgar seu progresso e a possibilidade de terminar o percurso em tempo. No momento em que ele acabou de contornar a torre e iniciou seu retorno rumo ao ponto de partida em Saint--Cloud, a multidão que invadia as ruas ao redor passou a atirar chapéus para o ar e a se abraçar em antecipação. A última arrancada que levaria a humanidade a iniciar sua tão sonhada odisseia pelos céus infinitos havia começado.

Figura 9.1 – Alberto Santos Dumont e sua máquina voadora. Uma fotografia do aviador (à esquerda) e o momento histórico em que ele circum-navegou a torre Eiffel (no dia 19 de outubro de 1901). (Reimpresso com permissão do National Air and Space Museum, Smithsonian Institution Archives, Washington DC.)

Apesar do entusiasmo demonstrado pela multidão lá embaixo, Santos Dumont logo descobriu que o retorno não seria nada trivial. Um forte vento de proa e três paradas sucessivas do motor – cada uma das quais resolvida imediatamente, em pleno voo – fizeram com que o dirigível perdesse segundos preciosos. Ao aproximar-se do aeroclube, o piloto decidiu realizar um mergulho final rumo ao solo e à linha de chegada. Os últimos instantes da viagem foram emocionantes. Escreve Hoffman:

O cronometrador oficial do tempo de voo marcou 29 minutos e quinze segundos. Outro minuto e 25 segundos foram necessários para que Santos Dumont virasse a aeronave e a trouxesse de volta para a linha de chegada, que ele acabara de cruzar. Nesse momento, seus mecânicos agarraram a corda-guia do dirigível e o puxaram para perto do solo. Quando se aproximou o suficiente para que sua voz pudesse ser ouvida acima do rugido de aplausos e vivas, ele se inclinou por sobre a cesta e gritou: "Ganhei o prêmio?". Centenas de espectadores responderam em uníssono: "Sim, sim!" e imediatamente cercaram a aeronave. Santos Dumont foi banhado com uma chuva de pétalas de flores que flutuavam no ar como confetes de Carnaval. Homens e mulheres choravam. A condessa d'Eu (mais conhecida como a princesa Isabel do Brasil, vivendo no exílio em Paris) se ajoelhou e levantou as mãos para o céu, agradecendo a Deus pela proteção de seu conterrâneo. A acompanhante da condessa, a esposa de John D. Rockefeller, gritava como uma adolescente. Um estranho presenteou Santos Dumont com um pequeno coelho branco, enquanto outro lhe serviu uma xícara de café brasileiro bem quentinho.

Infelizmente, o Aeroclube de Paris não pôde ratificar a vitória do inventor brasileiro imediatamente, uma vez que, devido a uma pequena mas vital modificação nas regras do prêmio, aprovada menos de um mês antes da tentativa bem-sucedida, o relógio oficial só poderia ser parado no momento exato em que a corda-guia do dirigível fosse agarrada pelos mecânicos em solo, e não no instante em que a aeronave cruzasse a linha de chegada. Santos Dumont argumentou que ele havia propositalmente cruzado a linha para demonstrar todo o seu desdém pela alteração nas regras que, na sua opinião, fora introduzida apenas para transformar sua tarefa numa missão impossível.

Depois de muitas deliberações, no dia 4 de novembro o comitê do aeroclube aprovou a entrega do Prêmio Deutsch a Alberto Santos Dumont. Ao receber a honraria, o aviador imediatamente doou metade do dinheiro para os pobres de Paris, 30 mil francos para seus mecânicos e 20 mil francos para seu aliado mais ardoroso, o matemático Emmanuel Aimé. Nos dias que se seguiram, ele adquiriu o status de herói, um explorador emblemático do novo século e de uma nova ordem mundial que viria com a conquista dos céus. O que exatamente essa nova ordem iria significar ninguém ainda poderia dizer. Mas pelo menos uma coisa já era sabida: o século XX testemunharia a existência de máquinas voadoras que permitiriam ao ser humano e à sua mente alcançar novos destinos pelo universo afora. Graças à introdução dos sistemas de telégrafo intercontinental e à telefonia, o grande feito de Santos Dumont foi transmitido ao mundo em questão de horas, capturando a imaginação de pessoas espalhadas por todo o planeta.

Nos dias e semanas que se seguiram, artigos detalhando todos os aspectos da realização de Santos Dumont preencheram todos os grandes veículos da imprensa mundial. Quase certamente, essas notícias chegaram ao paraíso recluso da cidade de Kitty Hawk, na Carolina do Norte, onde, no outono de 1901, dois irmãos originários de Dayton, Ohio, haviam retornado para mais uma temporada de experimentos aeronáuticos. Diferentemente do que ocorrera no ano anterior, quando seus esforços haviam ficado restritos a brincar com um tipo particular de pipa, durante a temporada de 1901 Orville e Wilbur Wright despenderam todo o seu tempo voando num planador, à mercê do vento. Em nenhum momento naquele outono os irmãos Wright foram capazes de realizar qualquer coisa remotamente próxima a um voo controlado. Tal feito veio a se concretizar apenas dois anos mais tarde, em 17 de dezembro de 1903, quando eles voaram na primeira aeronave mais pesada que o ar, o avião *Flyer I*, que decolou, com o auxílio de uma catapulta, do topo de uma duna da mesma praia da Carolina do Norte.

Para mim, não há dúvida de que os irmãos Wright merecem todo o crédito por terem inventado e voado na primeira aeronave mais pesada que o ar. Todavia, se a questão de primazia científica for centrada no primeiro aeronauta a voar não como um escravo dos humores instáveis dos ventos, mas como piloto de uma aeronave que podia ser voluntariamente controlada e conduzida pelos céus em resposta aos desejos motores de seu cérebro, não há dúvida de que essa honra pertence àquele brasileiro de Minas Gerais. A escolha de Santos Dumont por uma aeronave mais leve do que o ar para realizar sua demonstração simplesmente refletia sua preferência por seguir o padrão definido pelos aeronautas pioneiros, incluindo o conde Ferdinand von Zeppelin, que no verão de 1901 tinha construído um dirigível, mas não havia encontrado uma forma de controlá-lo.

Nem seria necessário dizer que os experimentos pioneiros conduzidos por Santos Dumont, os irmãos Wright e muitos outros aeronautas iniciaram uma revolução tecnológica que ampliou consideravelmente as possibilidades de transporte, exploração, comunicação, comércio e integração social e cultural por todo o globo. Infelizmente, tal revolução também amplificou de forma exponencial a capacidade da humanidade de guerrear e cometer crimes horrendos que culminaram em tragédias jamais testemunhadas por nossa espécie. Entre os milhões de vítimas fatais da transformação de aeronaves em máquinas da morte, pode-se acrescentar o nome do próprio Santos Dumont. Depois de viver um período extenso de estresse emocional, causado em parte por saber que seus amados aviões estavam sendo usados pelo governo federal brasileiro para combater uma insurreição civil em São Paulo, em 23 de julho de 1932 Santos Dumont decidiu terminar em seus próprios termos sua grande e incomparável aventura de vida.

Menos de sete décadas depois de circum-navegar a torre Eiffel, a revolucionária expansão do alcance humano que Santos Dumont ajudou a criar atingiu outro zênite quando Neil Armstrong andou pela superfície de outro corpo celeste, precisamente no dia em que o aeronauta brasileiro completaria 96 anos. Alguns anos mais tarde, a União Internacional de Astronomia batizou uma pequena cratera de impacto, localizada nos Montes Apenninus, na borda leste do vasto mar lunar conhecido como Mare Imbrium (mar das chuvas), com o nome do bravo explorador que voou com os pássaros de Paris.

As máquinas voadoras de Santos Dumont ilustram em termos concretos e vívidos uma propriedade essencial do cérebro humano: a capacidade de projetar, fabricar e utilizar ferramentas que ampliam consideravelmente a interação de nossa espécie com o mundo que nos cerca. O que nem ele nem seus colegas aeronautas sabiam era que, no mesmo período em que estavam se aventurando pelos céus proibidos em seus aparelhos, o conceito de assimilação de ferramentas pelo cérebro humano estava começando a tomar forma na mente de outros pioneiros, conhecidos a partir de então como neurocientistas. Em sua concepção original, proposta pelos neurologistas britânicos Henry Head e Gordon Holmes em 1911, o "esquema corporal" foi definido como uma representação do corpo pela mente humana. Essa versão original já estipulava a possibilidade de incorporação de ferramentas artificiais como parte da imagem neural do corpo. Head e Holmes tinham observado que pacientes com lesões em diferentes regiões corticais do sistema somatossensorial experimentavam diferentes tipos de sensação tátil anormal. No relato apresentado ao Royal College of Physicians, os dois propuseram que o conceito de esquema corporal criado por eles permitiria explicar tanto as sensações estranhas relatadas por seus pacientes como o rico espectro de experiências táteis encontradas ao longo de nossa vida. De acordo com esses autores, "estamos sempre construindo um modelo postural de nós mesmos que muda continuamente. Cada nova postura assumida ou movimento realizado é registrado nesse esquema plástico, e a atividade do córtex traz cada nova sensação experimentada sob a sombra desse modelo". Head e Holmes descreveram esse processo de análise comparando-o com "um taxímetro que apresenta a distância percorrida por um táxi já transformada numa unidade monetária". Essencialmente, o conceito de esquema corporal reflete o ponto de vista interno do cérebro sobre o ponto de vista tátil.

Head e Holmes reforçaram essa hipótese ao analisar lesões severas em regiões corticais supostamente envolvidas com a gênese dessa representação neural do esquema corporal. Alguns de seus achados provaram ser fascinantes. Por exemplo, em pacientes com casos graves de membro fantasma, a perda da representação cortical do esquema corporal tinha resultado numa redução significativa dessa sensação anormal.

Como se achados como esses não fossem suficientemente chocantes para sua audiência vitoriana, Head e Holmes propuseram que, se o cérebro humano podia manter viva a representação de um membro não existente, certamente também poderia incorporar todos os adornos sobrepostos ao corpo de carne e osso. Do contrário, argumentaram, como se explicaria o fato de que seres humanos não só eram capazes de se transformar em proficientes usuários de ferramentas, mas também explorar e sentir a textura e a forma de objetos através dessas ferramentas, mesmo sem o auxílio de outros sentidos?

> É à existência desse esquema corporal [neural] que devemos o poder de projetar nosso reconhecimento de postura, movimento e localização além dos limites do corpo, até o extremo de algum instrumento manipulado por nossa mão. Sem esse esquema não poderíamos explorar um objeto com um graveto, nem mesmo usar uma colher, a menos que nossos olhos estivessem continuamente fixos no prato. Qualquer objeto que participa do movimento consciente de nosso corpo é incorporado pelo modelo [cerebral] de nosso corpo e se transforma numa parte do nosso esquema corporal. Nesse contexto, o poder de localização de uma mulher estende-se até a extremidade da pena posicionada no topo de seu chapéu.

Não se sabe se a invasão da moda feminina da Inglaterra vitoriana perpetrada por Head e Holmes foi bem-vinda. De qualquer forma, eles concluíram o artigo com outra ousada metáfora, argumentando que o córtex somestésico é o "armazém de impressões passadas", de onde um modelo de realidade é criado, frequentemente abaixo do nível da consciência. Todas as nossas sensações, argumentaram esses autores, "ascendem à consciência manchadas com laivos das memórias de eventos que aconteceram num tempo anterior". Mais do que sugerir que a realidade cotidiana de nosso senso de eu emerge de um modelo cortical centrado no corpo humano, Head e Holmes propuseram que o componente desse modelo que ativamente simula a sensação que todos nós experimentamos de habitar um corpo físico também é capaz de alterar a configuração espacial dessa sensação a ponto de podermos assimilar todo tipo de ferramenta como uma simples extensão de nosso eu.

Desde minha primeira leitura do artigo de Head e Holmes, sempre me deliciei com a ousadia que esses autores tiveram em defender suas ideias. Certamente, não fui o primeiro a reagir dessa maneira. Como vimos no capítulo 3, o esquema corporal de Head e Holmes reapareceu na literatura neurocientífica várias décadas depois, rebatizado como a "teoria da neuromatriz" proposta por Ronald Melzack. Em seus termos mais amplos, essas teorias compartilham uma rejeição visceral à noção da percepção pura, que propõe que representações neurais do corpo de um animal são definidas exclusivamente pela informação que ascende, pelas chamadas linhas neurais codificadas paralelas, da periferia do corpo até o córtex somestésico primário. Ambas as teorias (esquema corporal e neuromatriz) também delegam a grandes populações neurais distribuídas pelo circuito frontoparietal um papel central na definição da experiência cotidiana de pertencer a um corpo. Apesar disso, nem uma nem outra foram capazes de montar um assalto definitivo à fortaleza defendida pelo *statu quo* localizacionista que dominou a maior parte do século XX.

Uma razão importante para a falta de suporte conferida às duas teorias distribucionistas advém de uma limitação comum a ambas: a escassez de dados experimentais, sobretudo neurofisiológicos, que pudessem validar as principais predições dessas hipóteses. Surpreendentemente, Head e Holmes obtiveram pouquíssima evidência clínica que apoiasse sua própria hipótese. Além disso, como explicado por Angelo Maravita e Atsushi Iriki na excelente revisão dos achados experimentais pertinentes à noção de incorporação de ferramentas pelo cérebro de primatas, o conceito original de esquema corporal proposto por Head e Holmes se baseava numa integração inconsciente feita pelo cérebro de uma sequência de sinais principalmente proprioceptivos. Ao limitar o trabalho de simulação cerebral a uma fração dos sinais gerados dentro do corpo, Head e Holmes deixaram gerações futuras de neurocientistas diante de um grande dilema:

como as verdadeiras tempestades de potenciais de ação gerados por grandes populações de neurônios dos lobos parietais e frontais que integram sinais táteis, visuais, proprioceptivos e motores contribuem para esculpir esse esquema corporal? Um dos primeiros a se dar conta da relevância dessa questão foi Ronald Melzack, que, antes mesmo da era de registros de neurônios isolados em primatas, propôs a inclusão de informação tátil e atividade cortical motora em seu conceito de neuromatriz. Como ressaltado por Maravita e Iriki, as evidências experimentais acumuladas pelo emprego de várias técnicas, confirmando a existência de campos receptivos multimodais (que incluem mais de um sinal sensorial, por exemplo, visual e tátil), abriram novas portas para testar um modelo multissensorial da sensação de ser e existir num só corpo. Nessa nova visão, "múltiplas redes neurais frontoparietais integram informação derivada de discretas regiões da superfície do corpo e do mundo exterior de uma forma que é funcionalmente relevante para as ações motoras específicas concretizadas por essas diferentes regiões corpóreas".

Finalmente, os neurofisiologistas especializados em sistemas sensoriais começaram a se convencer de que havia pouca ou nenhuma validade em estudar a capacidade perceptual de animais mantidos em profundo estado de anestesia. Pelo fato de uma verdadeira representação neural do corpo e de sua relação com o mundo que o cerca requerer a fusão simultânea de sinais visuais, táteis, proprioceptivos e motores, o novo paradigma experimental que emergiu no final da década de 1980 insistia de maneira veemente que todos os estudos deveriam ser realizados em animais despertos, capazes de expressar seus comportamentos livremente, de preferência durante experimentos que envolvessem tarefas com algum significado real para eles. Uma vez que todos os sinais multimodais tivessem a chance de se misturar com os traçados mnemônicos acumulados durante toda a existência desse sujeito ativo, seu cérebro seria capaz de oferecer as melhores predições sobre o sempre incerto futuro – da mesma forma que qualquer cérebro humano cotidianamente opera na vida real. E apenas sob essas condições um circuito neural do cérebro poderia gerar o tipo de padrão de atividade elétrica espaçotemporal que esculpe a experiência consciente do eu que todos experimentamos que define o conceito quase abstrato de nossa "imagem corporal".

Foi somente no final da década de 1990 que as primeiras evidências experimentais começaram a confirmar a hipótese de que essa tal imagem corporal podia ser alterada pela introdução de uma ferramenta artificial na vida rotineira de um sujeito. Num estudo pioneiro realizado em 1996, Atsushi Iriki e seus colaboradores da Universidade Médica e Odontológica de Tóquio analisaram a atividade cortical do cérebro de macacos japoneses treinados para utilizar um rastelo de praia para coletar pequenos biscoitos colocados fora do alcance de suas mãos (figura 9.2). Apesar de não serem capazes de utilizar essa ferramenta na vida cotidiana fora do laboratório, depois de apenas uma ou duas semanas de treinamento esses macacos adquiriram uma alta proficiência em usar o rastelo para alcançar e trazer para perto de si os biscoitos que tanto desejavam consumir. Depois de demonstrarem que os animais realizavam esse novo comportamento com grande desenvoltura, Iriki e seus colegas registraram serialmente a atividade elétrica de neurônios únicos localizados no córtex parietal dos animais, enquanto estes utilizavam a ferramenta para "pescar" seus biscoitos. Desde o início dos registros, os neurofisiologistas observaram que um número razoável desses neurônios corticais do lobo parietal demonstrava ter campos receptivos tanto táteis como visuais. Na maioria dos casos, o campo receptivo tátil se localizava na mão do animal, enquanto o campo visual equivalente se centrava no espaço externo que circundava sua mão. No jargão da neurofisiologia, esses neurônios são chamados de "células bimodais" porque normalmente respondem a estímulos provenientes de duas modalidades sensoriais distintas. Uma vez que a porção do espaço extrapessoal adjacente aos limites físicos de nosso corpo é conhecido como "espaço peripessoal", os neurônios bimodais identificados pelo grupo de Iriki pareciam representar estímulos visuais gerados dentro do espaço peripessoal da mão dos macacos.

Para sua surpresa, Iriki e seus colegas também observaram que, se os macacos deslocavam a mão para uma nova localidade do espaço exterior, o campo receptivo tátil desses neurônios parietais permanecia fixo nela, enquanto o campo receptivo visual se deslocava para representar o novo espaço peripessoal que agora envolvia a mão do animal em sua nova localização espacial. De alguma forma, o campo receptivo visual dos neurônios havia sido instantaneamente atualizado para representar a nova posição espacial da mão. Independentemente de onde o animal posicionasse a mão no universo exterior, os neurônios corticais sempre manteriam os campos táteis e visuais acoplados. Estava claro que a posição da mão do animal servia como referência para a definição das propriedades fisiológicas desses neurônios corticais.

Esse achado, por si só, já seria considerado uma descoberta neurofisiológica espetacular. Todavia, o que Iriki descobriu a seguir foi ainda mais surpreendente. Depois que um macaco conseguiu usar o rastelo para coletar biscoitos por alguns minutos, o campo visual dos mesmos neurônios corticais bimodais expandiu-se subitamente para incluir o espaço peripessoal que circundava todo o rastelo, além do espaço ao redor da mão. Curiosamente, essa dramática expansão do campo receptivo visual ocorria só quando o animal usava o rastelo ativamente para coletar biscoitos. Se, por acaso, o animal permanecia apenas segurando o rastelo, sem usá-lo para realizar a tarefa, a expansão do campo receptivo visual não se manifestava (figura 9.2).

Nesses mesmos estudos, Iriki também descreveu uma segunda classe de neurônios corticais bimodais cujos campos receptivos táteis se localizavam no ombro dos macacos. Antes de o animal utilizar o rastelo, o campo receptivo visual desses neurônios incluía o espaço peripessoal tridimensional definido pelos movimentos que seu braço (sem a ferramenta) poderia realizar. Depois de apenas alguns minutos de prática com o rastelo, os campos receptivos visuais desses neurônios corticais aumentaram para incluir todo o espaço peripessoal tridimensional que poderia ser percorrido pelo braço do animal ao segurar o rastelo. Os pesquisadores concluíram que tais achados sugeriam fortemente que o cérebro dos macacos havia prontamente assimilado aquele rastelo como uma extensão de seu braço. Tão precisa fora essa assimilação que, quando Iriki mediu os efeitos do uso da ferramenta sobre os campos receptivos de neurônios corticais cujos campos receptivos táteis se localizavam na ponta dos dedos dos animais, ele não observou nenhum efeito nos campos receptivos visuais correspondentes. Ao que tudo indicava, os macacos precisariam ter utilizado uma ferramenta que requeresse movimentos mais específicos dos dedos para que o campo visual desses neurônios fosse alterado. Até onde sei, nenhum neurofisiologista conseguiu até hoje registrar a atividade de neurônios corticais em macacos treinados para tocar um concerto de violino ou piano a fim de testar essa hipótese. Todavia, a predição faz todo sentido.

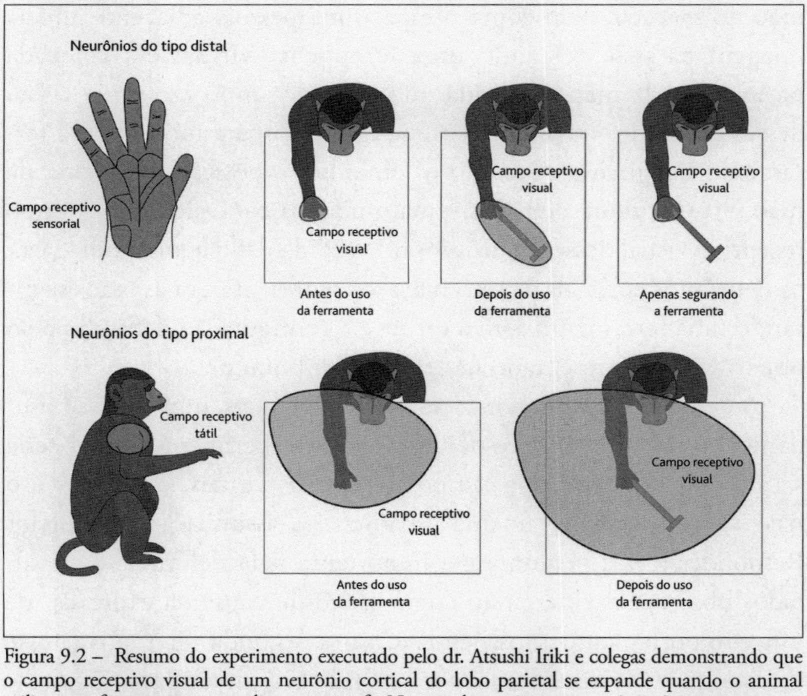

Figura 9.2 – Resumo do experimento executado pelo dr. Atsushi Iriki e colegas demonstrando que o campo receptivo visual de um neurônio cortical do lobo parietal se expande quando o animal utiliza uma ferramenta para realizar uma tarefa. No painel superior, um neurônio único com campo receptivo visual e tátil centrado na mão do animal muda o seu campo receptivo visual para incluir toda a ferramenta utilizada pelo animal para coletar sua recompensa alimentícia. Note que quando o animal apenas segura a ferramenta, mas não a utiliza ativamente numa tarefa, o campo receptivo visual do neurônio permanece centrado ao redor da mão dele. No painel inferior, outro neurônio parietal com um campo receptivo tátil centrado no espaço ao redor do ombro do animal experimenta uma expansão significativa do seu campo receptivo visual quando ele utiliza a ferramenta num espaço tridimensional. Vale ressaltar que essa expansão visual do campo receptivo inclui todo o espaço que a ferramenta pode alcançar. (Adaptado de MARAVITA, A.; e IRIKI, A. "Tools for the body (schema)". *Trends in Cognitive Sciences* 8(2): 79-86, 2004, com permissão da Elsevier.)

O grupo de Iriki continuou a produzir achados fundamentais sobre os mecanismos neurofisiológicos envolvidos na assimilação de ferramentas pelo cérebro de primatas. Em 2001, por exemplo, essa equipe de pesquisadores mostrou que o mesmo efeito de expansão do campo visual receptivo de neurônios corticais bimodais podia ser obtido por meio da projeção de imagens da mão de um macaco num monitor de vídeo, enquanto um animal manipulava objetos sem poder observar diretamente as mãos, uma vez que estavam ocultas de sua visão por uma barreira opaca. Usando esse aparato, Iriki observou que o campo receptivo visual dos neurônios corticais parietais passava a se centrar na imagem de vídeo da mão do macaco, bem como o espaço peripessoal adjacente àquela imagem da mão. Quando uma ferramenta virtual era colocada na imagem da mão projetada no vídeo, o campo receptivo visual desses neurônios imediatamente se expandia para incorporar a ferramenta imaginária! Quando o tamanho, a posição e a forma da mão virtual foram alterados, uma mudança equivalente do campo receptivo visual desses neurônios foi medida. Iriki agora podia fazer os neurônios corticais de seus macacos representarem as mãos segurando uma ferramenta com a forma e a configuração definidas pelo objeto virtual apresentado na tela do computador.

A despeito dessas observações impressionantes, uma questão fundamental não pôde ser respondida nesses experimentos: qual seria a causa da expansão dos campos receptivos visuais, o simples uso *repetitivo* da nova ferramenta ou uma *real* assimilação do rastelo? Responder a essa pergunta era importante para definir se os resultados observados emergiram como efeito ou causa da expressão de um comportamento proficiente. Caso a segunda alternativa fosse verdadeira, essas modificações em campos receptivos passariam a ser consideradas um passo necessário para o aprendizado da manipulação de uma ferramenta e sua assimilação como extensão do corpo de um primata. Embora Iriki tenha demonstrado claramente que neurônios corticais do lobo parietal mudaram seus campos receptivos visuais para incorporar uma ferramenta e o espaço peripessoal ao redor, seus registros da atividade elétrica de neurônios individuais só se iniciaram depois da fase requerida para que os animais se tornassem proficientes na execução da tarefa envolvendo o uso de um rastelo para apanhar biscoitos. Dessa maneira, Iriki não podia afirmar categoricamente em que momento essas modificações haviam ocorrido, se durante o treinamento dos animais ou somente quando eles já haviam dominado a execução da tarefa. Além disso, como não tinha como alterar seletivamente os padrões de disparo dos neurônios bimodais, Iriki não pôde demonstrar uma ligação causal entre o aumento dos campos receptivos visuais desses neurônios e o nível de proficiência de seus animais em utilizar a ferramenta. Consequentemente, alguém poderia sempre argumentar que essas expansões de campos receptivos eram meras consequências do uso da ferramenta, não importando o grau de proficiência desse comportamento.

Para ser justo com Atsushi Iriki e seus colegas, a tarefa de estabelecer uma ligação causal entre um padrão observado de atividade elétrica cerebral e a produção de um dado comportamento constitui um dos maiores desafios que qualquer neurofisiologista encontra em sua carreira. Nesse caso específico, todavia, nossos dados obtidos quando Aurora operou uma ICM, publicados alguns anos após o trabalho de Iriki aparecer na literatura, sugeriram algumas respostas específicas para a questão mantida em aberto pelos experimentos da equipe de Tóquio.

Como vimos no capítulo 7, duas classes de neurônios corticais puderam ser identificadas quando curvas de sintonia de velocidade e direção de movimento foram usadas para analisar os dados neurofisiológicos obtidos de múltiplas áreas corticais do cérebro de Aurora. Um desses grupos exibia curvas de sintonia de velocidade e direção de movimento que eram similares, tanto quando Aurora usava o braço biológico como quando ela se valia de um braço robótico para executar a mesma tarefa. A segunda classe de neurônios, todavia, somente exibia claras curvas de sintonia de velocidade e direção de movimento quando nossa colaboradora estava controlando os movimentos do braço robótico usando o pensamento. Esse refinamento no padrão de disparo neural, que exibia uma clara e precisa sintonia tanto da velocidade como da direção do movimento, ocorria algumas centenas de milissegundos antes do começo dos movimentos do braço robótico, razão pela qual a ICM permitia que Aurora interceptasse o alvo virtual com o cursor de computador e ganhasse goles de seu suco de fruta favorito. Na realidade, sem essas duas classes de neurônios corticais, nossa ICM simplesmente não funcionaria, uma vez que um terceiro grupo de neurônios corticais registrados nesses experimentos tendia a parar de disparar quando o animal deixava de movimentar o próprio braço. Vale ressaltar que, no momento em que a ICM foi desligada e Aurora voltou a utilizar o braço biológico para jogar o video game, os neurônios corticais que tendiam a disparar somente antes do início dos movimentos do braço robótico deixaram de produzir potenciais de ação. Diferentemente dos experimentos de Iriki, nossos registros tinham se iniciado desde o começo do período de treinamento comportamental de Aurora. Assim, estávamos mais bem posicionados para estabelecer um vínculo causal entre nossas observações neurofisiológicas e o comportamento de nossa heroína.

Enquanto Aurora realizava a transição entre usar o próprio braço para jogar o video game e utilizar apenas o pensamento a fim de controlar os movimentos de um braço robótico para atingir os mesmos fins, os 96 neurônios que estávamos registrando simultaneamente exibiram um aumento de três a seis vezes na magnitude da covariância de seus disparos, medidos em bins de cem milissegundos. Isso significava que o controle direto dos movimentos dos braços robóticos por uma amostra aleatória de neurônios corticais estava correlacionado com a produção de um amplo padrão de disparo temporal similar por essa população de células. Para tornar as coisas mais interessantes, esse aumento de similaridade no padrão de disparos de neurônios corticais não era limitado a células vizinhas. Ao contrário, ele se estendia para grupos de neurônios corticais que se encontravam separados por distâncias importantes, sugerindo a possibilidade de que, ao reduzir a variabilidade do padrão temporal de disparo entre os neurônios, essa amostra de células poderia estabelecer uma população funcional que, apesar de formada por elementos espacialmente separados, poderia desempenhar uma tarefa específica. Porém, no momento em que a ICM foi desligada e Aurora voltou a usar o próprio braço para jogar o video game, essa estrutura de covariância aumentada foi quebrada, fazendo com que a amostra de neurônios corticais voltasse a exibir os padrões originais de disparo temporalmente dispersos. Esse uso do "tempo como cola do espaço neuronal" parece ser um truque que o cérebro utiliza para permitir que populações de neurônios espacialmente dispersos, ainda que por grandes distâncias, possam interagir, mesmo que brevemente, durante a geração de comportamentos exploratórios fundamentais.

Embora alguns neurofisiologistas possam argumentar que a combinação dos achados do laboratório de Iriki e do nosso não constitui uma prova definitiva de que as modificações observadas nos campos receptivos e nos padrões de disparo de neurônios corticais determinam a habilidade de macacos em se transformar em usuários proficientes de ferramentas, nossas pesquisas certamente apontam nessa direção. Tal asserção é apoiada numa série de estudos realizados com pacientes. Por exemplo, Lucia Riggio e seus colegas da Universidade de Pádua demonstraram que sujeitos humanos podem distinguir igualmente bem um estímulo tátil aplicado na superfície da pele de um dedo ou no final de uma longa ferramenta. Em outro estudo, conduzido na Universidade de Milão, Angelo Maravita e seus colaboradores observaram que um estímulo visual, como um flash de luz, que distrai o sujeito interfere na recepção de outro estímulo sensorial, no caso um estímulo tátil, quando o sujeito está usando as mãos ou uma longa ferramenta para relatar o que sentiu. Mais recentemente, um grupo liderado por Lucilla Cardinali, do Institut National de la Santé et de la Recherche Médicale, em Paris, e da Universidade Claude Bernard, em Lyon, relatou que pacientes que usam um apanhador mecânico de objetos para realizar uma tarefa simples alteram significativamente as propriedades cinemáticas dos movimentos espontâneos das mãos. O estudo também revelou que, depois do uso contínuo de uma ferramenta, sujeitos relatam incorretamente o comprimento de seus braços biológicos ao indicar que estímulos táteis, aplicados em sequência no cotovelo e no dedo médio, estão mais separados do que o relatado no período anterior à utilização do utensílio – sugerindo que o uso de uma ferramenta deu ao sujeito a sensação de que seu braço foi estendido fisicamente e aumentou de comprimento! Será que você consegue imaginar qual será o comprimento do braço que o tenista Roger Federer relataria ter depois de usar uma de suas raquetes especiais num de seus embates de várias horas contra seu arquirrival Rafael Nadal?

Apoio adicional para a tese de que as ferramentas podem ser incorporadas sem dificuldade alguma às representações neurais do corpo advém da análise de uma série de casos clínicos de pacientes que sofreram extensas lesões corticais. Por exemplo, Anna Berti, da Universidade de Turim, e Francesca Frassinetti, da Universidade de Bolonha, relataram que, depois de um severo acidente vascular cerebral, uma paciente desenvolveu uma lesão enorme no hemisfério cerebral direito que limitou dramaticamente o suprimento sanguíneo ao lobo parietal direito. Essa paciente desenvolveu a clássica síndrome de heminegligência direita. Como consequência, passou a ignorar a existência do lado esquerdo do corpo e do mundo localizado à sua esquerda – incluindo as letras mais à esquerda numa palavra e as palavras mais à esquerda numa frase. Após um exame clínico mais detalhado, conduzido um mês após o AVC, os neurologistas descobriram que essa síndrome de heminegligência havia evoluído. Agora, quando um objeto era colocado a cerca de cinquenta centímetros do lado esquerdo do corpo da paciente, ela não conseguia identificar sua presença. Todavia, se o mesmo objeto era colocado a uma distância de cerca de um metro do lado esquerdo de seu corpo, a paciente conseguia sentir sua presença. Por alguma razão desconhecida, a síndrome da heminegligência havia sido confinada a um território muito próximo do corpo da paciente.

Para caracterizar com maiores detalhes os efeitos dessa síndrome, a pesquisa submeteu a paciente a outro teste, no qual linhas retas foram desenhadas numa folha de papel montada numa prancheta e colocada em diferentes posições à sua frente. A paciente foi então instruída a usar o dedo indicador direito para determinar o ponto mediano de uma dessas retas, posicionada dentro do espaço negligenciado por ela. Em geral, pessoas com síndrome da negligência do espaço esquerdo apresentam um desvio para a direita na execução dessa tarefa, ou seja, costumam dividir a reta desigualmente ao posicionar o dedo indicador mais próximo da extremidade direita da reta. Nos testes, Berti e Frassinetti introduziram duas novas formas com as quais a paciente podia indicar o ponto mediano da linha, além de usar o dedo indicador. Para linhas colocadas próximas ao corpo, ela podia utilizar um apontador de laser para indicar o ponto mediano, enquanto para linhas colocadas longe do corpo ela podia se valer do mesmo apontador de laser ou de uma régua de aproximadamente um metro. Como previsto, quando uma linha foi colocada no espaço próximo à esquerda de seu corpo, a paciente cometeu o erro esperado de dividir a linha muito mais à direita, quer usando o dedo, quer usando o apontador de laser. Todavia, quando a linha foi colocada no espaço à esquerda mais distante do corpo, a paciente conseguiu dividir a linha ao meio corretamente com o apontador de laser (ou o dedo indicador direito), mas cometeu o mesmo erro de dividi-la muito mais à direita quando a régua de um metro foi utilizada. Berti e Frassinetti propuseram que esses últimos erros de julgamento ocorreram porque, com o uso da régua, o cérebro da paciente havia convertido o espaço distante em espaço próximo do corpo, uma região onde a síndrome de negligência se manifestava integralmente.

No conjunto, os achados neurofisiológicos, psicofísicos e clínicos descritos até agora constituem uma pequena amostragem da vasta literatura científica que corrobora, com grande grau de certeza, a hipótese original de Head e Holmes acerca da assimilação de ferramentas pelo modelo (ou simulação) do corpo e seus limites criado pelo cérebro. Embora muitos animais, de insetos a mamíferos, exibam alguma capacidade de utilizar ferramentas artificiais para ganho próprio – um fenômeno que o biólogo Richard Dawkins chamou de "fenótipo estendido" –, milhões de anos de evolução presentearam o sistema nervoso humano com a habilidade de superar em muito o potencial de expansão de seu ser. Ao acoplar a integração de sinais multimodais com a capacidade motora de realizar movimentos de alcance, apreensão e manipulação de ferramentas e, a tudo isso, juntar algoritmos corticais que permitem representar dinamicamente o espaço peripessoal que cerca um corpo sempre em movimento, o cérebro humano produziu uma das mais complexas e adaptativas simulações conhecidas, aquela que nos permite experimentar o senso de eu.

O impacto global desse modelo cerebral relativista é tremendo, pois, como resultado dessa mistura catalítica de criatividade mental, destreza motora e capacidade interminável de assimilar tanto o espaço peripessoal como ferramentas, nos últimos milhões de anos a raça humana traçou um caminho evolutivo inusitado. Muito além da capacidade de desenvolver novas tecnologias que estendem nosso poder de ação individual e coletivo, aumentar nosso habitat e ampliar nossos meios de produzir alimentos, sobreviver a doenças e resistir a catástrofes naturais, essa simulação cerebral garante que todos os futuros desenvolvimentos tecnológicos engendrados pela mente serão ativa e continuamente assimilados como parte de nosso senso de eu por todas as gerações ainda por vir. Tal asserção pode soar absurda para alguns, mas, depois de passar as duas últimas décadas revisando a evidência acumulada por um século de pesquisa neurofisiológica, acredito ser essa a única maneira de descrever a forma como nosso cérebro dá à luz nosso sempre em ebulição senso de ser e existir. Na realidade, eu iria ainda mais longe. Dado o esforço incansável e incomparável de fantasiar ferramentas artificiais como extensões de nós, o cérebro humano possui o único método capaz de sequestrar de nossos genes uma fração significativa da responsabilidade de definir o caminho futuro de nossa própria evolução.

Serão necessários muitos experimentos e muitos anos de reflexões para testar a validade dessas hipóteses, mas o peso da evidência experimental coletada até o presente aponta como um farol nessa direção. Por exemplo, já examinamos uma série de experimentos que apoiam a noção de que nosso senso de eu não é limitado à última camada de epitélio que reveste nosso corpo mortal. Ao contrário, muito provavelmente esse limite de nosso eu se estende para nossas roupas, relógios, anéis, meias, gravatas, sapatos, aparelhos de surdez, obturações dentárias, próteses de membros, óculos, lentes de contato, unhas postiças, perucas, dentaduras, olhos de vidro, colares, brincos, braceletes, piercings, implantes de silicone e todas as outras adições aplicadas à superfície ou ao interior do corpo. Além disso, nosso senso de eu também inclui todas as ferramentas que normalmente utilizamos, direta ou remotamente, desde que os movimentos delas estejam de alguma forma correlacionados com os movimentos de partes do nosso corpo. Para a maioria de nós, o senso de eu clandestinamente se apodera, ao longo do curso de toda uma vida, das ferramentas tecnológicas com as quais nos envolvemos intimamente – coisas como carros, bicicletas, motocicletas, bengalas, canetas, talheres, espátulas, raquetes de tênis, tacos de golfe, bolas de futebol, basquete e vôlei, luvas de beisebol, chaves de fenda, martelos, joysticks, mouses de computador, controles remotos de TV e smartphones.

Para um grupo de pessoas que desenvolvem uma proficiência especializada, esse senso de eu pode se expandir para incorporar um instrumento musical, como um violino, uma flauta ou uma guitarra, um instrumento médico, como um bisturi ou um endoscópio, ou um meio de transporte, como um avião. Essa é a razão pela qual as aventuras de Alberto Santos Dumont com seus balões, dirigíveis e aviões podem nos dizer muito sobre o fenômeno de assimilação de ferramentas pela mente humana.

De acordo com seus relatos escritos e declarações públicas, ao manipular as inúmeras cordas que controlavam os diferentes componentes de seus dirigíveis e experimentar imediatamente os efeitos causados na dirigibilidade de suas aeronaves enquanto percorria os céus de Paris, Santos Dumont começou a sentir como sendo seus os movimentos de seus aparelhos. Essa sensação, afirmava, era muito diferente da que experimentara como passageiro passivo da cesta de um balão tradicional que voava à mercê dos ventos. Ele se acostumou tanto a se misturar às cordas de piano, quilhas de bambu e asas de seda de suas invenções que, quando estava trabalhando, em 1908, na construção do *Demoiselle*, o avião mais confiável e fácil de manobrar da época, fez questão de criar formas para que partes de seu corpo pudessem ser acopladas diretamente a equipamentos de controle de sua amada aeronave. Ao mover o corpo para a frente, para trás ou lateralmente, ele podia alterar a direção de voo do avião. Sabendo o que sabemos hoje, pode-se afirmar com segurança que Santos Dumont foi um dos primeiros seres humanos a interagir, dentro de um circuito fechado de controle, com uma máquina voadora e, nesse processo, ter um avião inteiro assimilado como parte da imagem neural de seu pequeno corpo de aviador pioneiro. O senso extraordinário de sensibilidade tátil que ele experimentou ao voar em seus dirigíveis provavelmente era equivalente ao experimentado pelos mestres da Fórmula 1 Ayrton Senna e Nelson Piquet, capazes de detectar mudanças milimétricas na superfície de asfalto de uma pista de corrida enquanto dirigiam seus bólidos a mais de 240 km/h. Um processo semelhante poderia explicar por que o incomparável Pelé raramente precisava olhar direto para uma bola em movimento antes de iniciar um drible, um passe ou um chute portentoso em direção à meta adversária. O cérebro do maior jogador de futebol de todos os tempos muito provavelmente tinha assumido desde a infância que a bola não era nada mais do que uma mera extensão de seu pé mágico (figura 9.3).

Figura 9.3 – O painel à esquerda mostra Pelé durante uma das suas memoráveis exibições nos anos 1960. À direita, um desenho representa a aparência do córtex somestésico de Pelé, de acordo com a teoria proposta neste livro. Nessa visão, essa porção do córtex conteria uma bola de futebol incorporada a representação do pé de Pelé. (De uma imagem sueca de domínio público.)

Esses e outros milhões de mestres da forja neural ao longo da história de nossa espécie atingiram níveis descomunais de incorporação de alguma ferramenta ao seu senso de eu. Quando Santos Dumont voou no *Brasil 6* ou no diminuto *Demoiselle* ou quando Pelé carregou uma bola em cada uma de suas 1.363 partidas como jogador profissional de futebol, o cérebro desses dois gênios brasileiros adotou cada uma das ferramentas que os levaram à imortalidade como uma perfeita continuação de seu esquema corporal, por meio da precisa remodelagem de seu senso de eu, um campo receptivo de cada vez. Esse processo de remodelagem define outro princípio neurofisiológico do cérebro relativista: o *princípio da plasticidade*.

PRINCÍPIO DA PLASTICIDADE

A representação do mundo criada por populações de neurônios corticais não é fixa, mas permanece em fluxo, ao longo de toda a vida, continuamente adaptando a si mesma em função de novas experiências e aprendizado, novos modelos de eu, novas estimulações vindas do mundo exterior e novas incorporações de ferramentas artificiais.

O princípio da plasticidade reúne todos os mecanismos de reorganização cortical que nos conferem a habilidade de aprender novas tarefas, incluindo a incorporação de ferramentas artificiais como expansões de nosso modelo de eu. Vale ressaltar que esse princípio constitui a principal razão pela qual as interfaces cérebro-máquina podem funcionar – nosso cérebro de primata não diferencia suas alianças estratégicas, aceitando de bom grado aquelas feitas com a mão real, a mão robótica ou mesmo com um corpo virtual.

Neste ponto, tenho de admitir que o tradicional limite imposto à discussão neurofisiológica sobre a incorporação de ferramentas pelo cérebro não mais me satisfaz. Na minha opinião, o senso de eu de cada um de nós pode ir muito além dessa fronteira. Embora a evidência experimental para essa hipótese ainda seja pequena, acredito que, em seu ímpeto perfeccionista de atingir a simulação mais completa possível do eu, o cérebro também incorpora, como parte verdadeira de cada um de nós, o corpo dos demais seres vivos que nos cercam na vida cotidiana. Se usarmos o verbete mais coloquial para definir o produto final dessa simulação neural, talvez ela seja mais facilmente identificada, pois essa obra-prima cerebral é também conhecida pelo nome de "amor".

Pense por um minuto em como o amor e sua mais intensa versão, a paixão, tomam conta de cada um de nós. Pense na experiência de um amor à primeira vista, ou no murmúrio de uma frase que em outras condições não teria significado algum, ou mesmo na sensação de segurança oferecida pelo amor maternal. Tais sentimentos recrutam todos os clássicos canais sensoriais (visão, audição e tato). Além deles, são recrutadas diferentes cascatas de hormônios, que se aliam aos sempre supersensíveis sentidos do olfato e da gustação, capazes de produzir uma enorme variedade de sensações. Em cada exemplo desse embate amoroso, o cérebro recebe um fluxo contínuo de sinais multimodais e se esforça, com todo o afinco, para incorporar esse fluxo de informação como parte de seu modelo de realidade e do senso de eu, compondo sobre o produto de experiências prévias, da mesma forma que faria quando desafiado a mover um braço robótico apenas pelo pensamento usando uma ICM. Nessa operação essencial do cérebro relativista, o senso de eu de cada um de nós teria de incluir nossos pais, cônjuges, filhos e, em grau menor, parentes, amigos e mesmo quaisquer conhecidos. Até nossos bichos de estimação poderiam fazer parte dessa lista.

Na realidade, existem algumas pistas indiretas, obtidas por meio da investigação de comportamentos sociais de nossa espécie, bem como em outros mamíferos, que emprestam algum apoio inicial à noção pouco ortodoxa de que o cérebro de cada um de nós assimila outros seres vivos como parte da imagem neural de nosso eu. Considere, por exemplo, o comportamento dos chamados cachorros da planície, pequenos mamíferos que habitam as vastas planícies da América do Norte. Quando um jovem adulto dessa espécie encontra uma companheira que lhe desperta o interesse, seu cérebro libera uma grande quantidade de dopamina, molécula que induz uma forte sensação de prazer e euforia. Depois desse primeiro encontro apaixonante, um membro típico da espécie estabelece um vínculo social muito forte com a parceira, o que leva a uma relação de convívio que pode durar toda a vida. A despeito do fato de que ambos, macho e fêmea, continuam a ter encontros sexuais fortuitos com vários outros indivíduos, esse par mantém entre si uma ligação muito mais intensa do que com os demais animais. Outros estudos demonstraram que, quando um casal de cachorros da planície está em contato íntimo, os dois produzem um alto nível de oxitocina, o mesmo hormônio liberado quando uma mulher amamenta um bebê. Uma vez liberada, a oxitocina se liga a receptores específicos localizados nas áreas límbicas do sistema nervoso central, induzindo a liberação de dopamina. Consequentemente, um casal de cachorros da planície que já se conhece bem e mantém uma relação estável tende a experimentar, durante seu convívio, uma sensação muito prazerosa que dura longos períodos, algo que cada um não necessariamente experimenta em suas escapadelas de uma noite. O bloqueio dos receptores de oxitocina na fêmea que acabou de dar à luz uma ninhada transforma essa outrora zelosa mãe de família numa irresponsável senhorita, que não parece ter mais nenhum interesse em cuidar dos filhotes. Num casal de cachorros da planície, o bloqueio dos receptores de oxitocina leva à quebra do vínculo social permanente e à transformação dos dois indivíduos em devassos roedores, dispostos apenas a encontros sexuais sem compromisso.

Enquanto tudo isso parece ser muito interessante, no que tange especificamente à vida e às fantasias sexuais de cachorros da planície, recentes estudos de imagem cerebral realizados em casais de jovens membros de nossa espécie que relatam estar nos estágios iniciais de uma paixão amorosa revelaram uma intensa ativação de estruturas neurais ricas em dopamina. Além disso, é sabido agora que doses significativas de oxitocina são liberadas quando as pessoas abraçam seus entes queridos, como cônjuges ou filhos, ou quando casais fazem amor, ou mesmo quando um de nós se encontra com um amigo próximo e querido. A liberação de oxitocina pode também estar envolvida na sensação prazerosa experimentada, por ambas as partes, quando acariciamos um animal de estimação ou durante a realização de uma massagem. Essas e outras observações sugerem a possibilidade de que esse hormônio, entre outros, desempenha um papel fundamental na intermediação de comportamentos sociais de mamíferos e primatas, por meio da indução de uma sequência de respostas prazerosas poderosas. Essas respostas seriam iniciadas por comportamentos que envolvem ou o contato corporal – desde um simples e aparentemente inócuo aperto de mãos até um beijo, um abraço ou sexo – ou o encontro social com alguém intensamente desejado. Assim, os hormônios e mediadores químicos liberados pelo cérebro criariam inicialmente uma sensação de prazer intensa, levando por fim ao estabelecimento de um vínculo mais permanente e estável. Tal ligação seria nutrida pela simulação da realidade criada pelo cérebro, até que essa simulação fosse também integrada como parte do modelo neural que define o senso de eu de cada um dos dois (ou mais) membros de um casal de namorados.

Na minha visão, esse mecanismo que traduz experiências perceptuais em sinais químicos capazes de realizar a assimilação de outros corpos por meio de um processo de plasticidade neural poderia definir a cadeia causal de eventos através da qual o cérebro humano expande seus modelos neurais para muito além do nosso eu. Por mais surpreendente que pareça, essa teoria sugere que nosso senso de eu também inclui uma representação vívida de toda a rede social formada pelo grupo de indivíduos com os quais compartilhamos nossa vida, definindo uma verdadeira amálgama de corpos e seres que está ativa e dinamicamente sendo mantida no espaço neuronal do cérebro de cada um de nós, por uma profusão de toques, abraços, beijos e carícias, distribuídos e recebidos por todos aqueles a quem amamos. Tal fenômeno pode explicar, em termos neurofisiológicos, por que é tão doloroso enfrentar o final de uma relação amorosa ou a morte de um ente querido. Basicamente, proponho que essa dor tão terrível e dilacerante emerge porque, do ponto de vista de nosso sempre meticuloso escultor cerebral, a perda representa na verdade uma renúncia irrevogável de uma parte integral de nosso eu.

Mas será a assimilação de outros seres vivos o limite final da extensão de nosso senso de eu? Por mais precário que possa parecer, acredito que a resposta a essa pergunta seja um sonoro não. Com o surgimento das interfaces cérebro-máquina, em combinação com outras tecnologias, para operação remota de todo tipo de ferramentas mecânicas, eletrônicas e computacionais, localizadas a distâncias consideráveis ou mesmo em escalas espaciais completamente diferentes, da presença física de seus futuros operadores biológicos, tudo parece conspirar para que o sempre voraz desejo do cérebro humano de assimilar as ferramentas que produz seja capaz de se expandir para domínios nunca antes visitados por nenhum membro de nossa espécie.

O que tenho em mente vai muito além da incorporação do cérebro de Aurora a um braço mecânico localizado a alguns metros de distância, ou mesmo à assimilação de um par de pernas robóticas no outro lado do planeta pelos ávidos circuitos neurais de Idoya. Pense em como se sentiria se, por exemplo, seu senso de eu pudesse ser expandido a ponto de você poder experimentar os detalhes da superfície de outro planeta por meio de uma ferramenta enviada a esse corpo celeste anos, décadas ou mesmo séculos atrás. Pelo menos teoricamente, é possível conceber hoje que essa fronteira também será um dia cruzada por nossos descendentes aventureiros. E, quando esse momento finalmente chegar, é plausível – na realidade, é quase certo – que nossos netos, ou os netos de nossos netos, não conseguirão compreender por que as gerações que os precederam acreditavam ser tão chocante, tão extasiante, pensar que, num dia do futuro remoto, alguém como eles poderia, enfim, caminhar pelas dunas vermelhas de Marte e, sem nenhum outro esforço que não seu próprio pensar, sentir todos os detalhes táteis produzidos pela carícia gélida da areia fina marciana na superfície de um corpo de aluguel, comandado por uma tempestade elétrica neural, gerada no conforto de uma sala de estar terrestre.

CAPÍTULO 10

COMPARTILHANDO MENTES

– Será que alguém tentou isso e sobreviveu à revisão dos pares para contar a história? – Na voz meio irritada e abafada pelo ruído da péssima ligação internacional, eu pude detectar uma polida hesitação em aceitar minha última ideia pouco convencional. Tendo varado a madrugada para produzir um esquema do experimento que dominava meus devaneios havia meses, eu enfim tinha pela frente o primeiro grande desafio: convencer alguém da validade de minha estratégia para realizá-lo.

Pelo andar da carruagem, não ia ser tarefa fácil.

– Você realmente acha que uma interface cérebro-cérebro pode ser construída? Conectar dois cérebros? Difícil de acreditar. – Embora a voz de meu interlocutor carregasse certo tom de alarme, ele não parecia pronto para desviar a conversa para um terreno mais seguro, como, por exemplo, nosso assunto favorito: a situação dramática de nosso amado Palmeiras. Esse foi o primeiro bom sinal.

Como tinha feito dezenas de vezes nos últimos trinta anos, eu estava sondando meu amigo de infância Luiz Antonio Baccalá. Dessa vez, porém, eu não havia recorrido a ele puramente pelo hábito. Engenheiro brilhante, PhD pela Universidade da Pensilvânia e dono de um vasto intelecto, ávido por toda e qualquer coisa, Baccalá pode dissecar as teorias científicas mais complexas com uma acurácia e uma eficiência cristalinas.

– Vou mandar por fax alguns dos desenhos descrevendo em detalhes o que tenho em mente – foi minha curta réplica, pois não havia outra evidência para ser apresentada. Agora, meu grande amigo sabia que eu não estava brincando. Desenhar sempre tinha sido um suplício para mim, mas, ao menos dessa vez, essa era a forma mais rápida de comunicar minhas ideias para a construção de uma interface cérebro-cérebro.

– Sem problemas. Mande os desenhos. Eu lhe darei uma resposta assim que tiver algum tempo disponível para analisá-los. E talvez eu tenha tempo neste final de semana. Ou não. Vou ver o que posso fazer por você.

Assim que o telefonema foi encerrado, sem nenhuma menção ao tratamento cruel imposto pelo velho Palmeiras aos seus torcedores, tive a sensação de que meu amigo estava no mínimo intrigado.

Não era para menos. Afinal, ele provavelmente sabia que outros cientistas já haviam especulado sobre a ideia de conectar a mente de duas ou mais pessoas. Por exemplo, em seu livro *O quark e o jaguar*, publicado em 1994, o físico e Prêmio Nobel norte-americano Murray Gell-Mann escreveu:

> Algum dia, para o bem ou para o mal [...] um ser humano poderá ser ligado a um computador muito avançado (não pela linguagem falada ou uma interface, como um teclado) e, através desse computador, a um ou vários outros seres humanos. Pensamentos e sentimentos serão compartilhados na totalidade, sem a seletividade e a dissimulação que a linguagem [falada] permite [...]. Não estou certo de que recomendaria tal procedimento (embora se tudo desse certo isso poderia aliviar muitos dos problemas humanos intratáveis). Mas certamente [essa tecnologia] criaria uma nova forma de sistema adaptativo complexo, uma verdadeira "colagem" de muitos seres humanos.

Tendo convencido a mim mesmo, muito tempo antes, de que o receio expresso por Gell-Mann era infundado e que no futuro tal tecnologia poderia ser extremamente benéfica para a humanidade (veja o capítulo 13), mesmo que ela não pudesse transmitir sentimentos ou mesmo pensamentos mais elaborados, mas apenas comandos motores simples, gastei um bom tempo e esforço tentando criar uma estratégia experimental legítima para testar uma interface cérebro--cérebro. Agora, só me restava esperar pelo selo de aprovação de meu conselheiro para lançar o projeto.

Na segunda-feira que se seguiu à nossa conversa, achei um e-mail remetido bem cedo naquela manhã pelo dr. Luiz Baccalá, professor da Escola Politécnica da Universidade de São Paulo. A mensagem dizia apenas: "Ligue imediatamente". Baccalá sempre foi bastante econômico tanto com as palavras quanto com os saques da carteira.

Depois de algumas tentativas frustradas pelo telefone celular, dei sorte e o alcancei em seu escritório na USP. Ainda mais irritado do que na semana anterior, Baccalá disse que não tinha muito tempo para conversar; estava muito ocupado corrigindo os exames de seus alunos. Mas ele precisava me dizer algo importante. E fez uma pausa.

– O que foi? – quase implorei por uma resposta.

– Muito louco, no bom sentido da palavra: totalmente imprevisível, não linear, mas extremamente atrativo. Se funcionar, nada vai ser igual na sua área. Se não funcionar, não há nada a perder, a não ser, talvez, sua reputação. Mas isso é o de menos, comparado com o que acontecerá se essa ideia funcionar.

Vindo do professor Baccalá, tal voto incondicional de apoio significou muito para mim naquele momento de insegurança. Ele havia estudado os desenhos, analisado as barreiras tecnológicas e identificado todo o caminho que seria necessário percorrer. Para ele, a lógica dos experimentos era robusta. E era só isso que eu precisava ouvir naquele dia.

Como nós veremos mais à frente, quase oito anos depois daquela conversa telefônica, os experimentos descritos nos meus esboços foram finalmente realizados e publicados, demonstrando, pela primeira vez, a real possibilidade de conectar, de forma rudimentar, dois ou mesmo vários cérebros uns aos outros. Como vimos, a operação bem-sucedida de uma ICM dedicada a controlar os movimentos de uma máquina requer a implementação de dois componentes simultâneos. Um amostra a atividade elétrica cerebral, extrai dela a informação sobre a gênese de movimentos voluntários e transmite os comandos motores resultantes para uma máquina (o componente efetor); o outro gera e transmite os sinais de retroalimentação produzidos pelo trabalho do artefato de volta para o cérebro do operador (o componente aferente). Até agora, a maioria de minhas descrições dos experimentos com ICMs incluiu o uso de sinais de feedback visual como braço aferente. Embora a visão desempenhe um papel fundamental no processo de incorporação de ferramentas artificiais pelo cérebro de primatas, ICMs que utilizam outros tipos de aferentes sensoriais foram construídas e implementadas com grande sucesso. Por exemplo, a neuroprótese mais bem-sucedida até o momento, o implante coclear, um sistema que já foi capaz de oferecer alento significativo para dezenas de milhares de pacientes com deficiências auditivas severas, utiliza estimulação elétrica das fibras nervosas remanescentes do nervo auditivo para gerar seus efeitos clínicos.

Da mesma forma, pode-se dizer que o uso de feedback visual só se transformou na primeira escolha dos envolvidos na pesquisa em ICMs devido à facilidade com que ele pode ser implementado num ambiente de laboratório. Macacos conseguem utilizar esse feedback visual de forma muito eficiente, uma vez que também não têm dificuldade alguma de interagir com monitores de vídeo. Todavia, não existe, *a priori*, nenhum impedimento para a utilização de outras modalidades sensoriais no braço aferente de uma ICM. Na realidade, Nathan Fitzsimmons e outro aluno de doutorado de meu laboratório na Universidade Duke, Joseph (Joey) O'Doherty, demonstraram que a estimulação tátil da pele de macacos pode substituir, sem problema algum, o feedback visual como principal sinal de retroalimentação (braço aferente) de uma ICM. Por exemplo, na presença de informação visual ambígua, esses animais podem aprender a usar comandos táteis para decidir para qual direção devem mover um braço robótico usando apenas os pensamentos.

Ainda assim, esse método para devolver sinais de feedback sensorial se baseia no emprego da imensa rede de mecanorreceptores cutâneos. Portanto, seria difícil defender a posição de que ICMs permitirão a libertação do cérebro dos limites físicos do corpo quando sua interface de comunicação com a mente reside na pele que cobre todo esse invólucro orgânico. Para de fato cruzarmos os limites de nosso eu físico, precisávamos identificar uma nova maneira de implementar o braço aferente de nossas futuras ICMs e, nesse processo, garantir a remoção de qualquer intermediação dos receptores da periferia do corpo.

Curiosamente, ao realizarmos algumas pequenas modificações na técnica clássica de estimulação elétrica do cérebro – a mesma desde o tempo em que Eduard Hitzig e Gustav Fritsch descobriram o córtex motor em 1870 e uma das ferramentas experimentais mais comuns usadas por neurofisiologistas durante o último século –, conseguimos implementar uma forma muito conveniente para solucionar o dilema. Em nossa primeira tentativa de criar uma interface cérebro-máquina-cérebro (ICMC) para controle motor, decidimos adaptar esse método para nos comunicarmos diretamente com o cérebro de nossos macacos e investigar se eles poderiam aprender a decodificar instruções simples ou feedback sensorial, gerado por uma ferramenta artificial, entregues diretamente ao tecido cortical. Embora a essa altura ainda estivéssemos trabalhando com uma ICM clássica, adaptamos o termo interface cérebro-máquina-cérebro a partir de um estudo realizado em 1969 que pela primeira vez indicou a possibilidade de estabelecer um diálogo bidirecional entre o cérebro de um sujeito e um atuador artificial, sem nenhuma interferência do corpo do indivíduo. Essa implementação original envolveu a interação automática entre duas áreas subcorticais do cérebro de um macaco, mediada por um computador analógico. Por outro lado, nossa versão de uma ICMC requeria que o sujeito realizasse o controle voluntário de um aparato mecânico ou virtual durante a execução de uma tarefa motora bem definida.

Mais de um século de estudos envolvendo a estimulação elétrica de cérebros ofereceu não só a inspiração, mas também um vasto repertório de dicas práticas para usar essa abordagem como solução de nosso problema experimental. Afinal, a maioria dos monstros sagrados da neurociência, entre eles lorde Charles Sherrington, lorde Edgar Douglas Adrian e Wielder Penfield, havia, de uma forma ou de outra, utilizado a estimulação elétrica como ferramenta experimental para estudar diferentes partes do sistema nervoso central e periférico. Ainda assim, nenhum desses gigantes estendeu o uso dessa técnica ao limite como o neurofisiologista espanhol José Manuel Rodríguez Delgado (1915-2011), que, apesar de ter sido quase esquecido nos livros-texto contemporâneos, merece boa parte do crédito pelo lançamento da moderna era de utilização de implantes cerebrais permanentes em animais despertos e também em pacientes, durante sua carreira na Universidade Yale, nos anos 1960.

Num de seus experimentos favoritos, realizado em 1969, Delgado demonstrou a operação automática da primeira ICMC bidirecional, com o auxílio de Paddy, uma macaca rhesus, e um pequeno equipamento, inventado por ele e conhecido como *stimoceiver*, que permitia a transmissão por rádio de sinais elétricos entre o cérebro de um sujeito desperto e uma máquina. Devido ao tamanho reduzido, vários *stimoceivers* podiam ser implantados ao mesmo tempo em cada sujeito, de modo que diferentes regiões cerebrais fossem registradas e estimuladas. Em seus experimentos, Delgado se valia de eletrodos de EEG implantados permanentemente para amostrar a atividade elétrica produzida por neurônios da amígdala, uma estrutura em forma de amêndoa localizada nas profundezas do cérebro e envolvida na regulação de emoções. Usando um *stimoceiver*, o pesquisador era capaz de transmitir os sinais elétricos neuronais originais produzidos dentro da amígdala para um computador analógico, numa sala adjacente a seu laboratório. Tendo programado o computador para reconhecer um padrão específico de atividade rítmica neuronal, os chamados "fusos (*spindles*) amigdalares", que resultavam da ativação sincrônica de grandes populações de neurônios da amígdala, Delgado definiu um critério muito claro para iniciar o componente de retroalimentação de sua ICMC: cada vez que um fuso amigdalar era detectado, o computador emitia um sinal de rádio para o *stimoceiver*, instruindo-o a iniciar a estimulação elétrica de outra área cerebral, uma porção da estrutura chamada formação reticular, que tinha sido identificada anteriormente como capaz de induzir uma resposta aversiva no animal.

Esse arranjo experimental, único até então, permitiu que Delgado deixasse sua ICMC operando em modo contínuo, enquanto ele observava a interação das duas áreas cerebrais, agora intermediadas por uma máquina. Para sua surpresa, depois de apenas algumas horas de operação da interface, Delgado observou uma redução de 50% na produção de fusos amigdalares. Durante os seis dias seguintes, Paddy despendeu duas horas por dia interagindo com a ICMC. No final desse período, o número de fusos amigdalares em seu cérebro havia sido reduzido para 1% dos níveis normais. A essa altura, a macaca começou a apresentar alterações comportamentais profundas. Ela agora estava bem mais quieta, introvertida e menos motivada a participar de qualquer teste comportamental. Tal evolução levou Delgado a interromper o experimento. Em alguns dias, tanto os fusos amigdalares de Paddy como seu comportamento efusivo retornaram a níveis normais. Essa observação levou Delgado a prever que os médicos de um futuro não tão distante poderiam conectar o cérebro de pacientes com máquinas para tratar distúrbios neurológicos.

Infelizmente, não muito depois Delgado e suas pesquisas começaram a sofrer um lento processo de condenação ao ostracismo. De acordo com um artigo publicado em 2005 na revista *Scientific American* pelo jornalista científico John Horgan, os estudos de Delgado geraram uma enorme onda de antagonismo e repúdio, tanto por parte de alguns cientistas como pelo público em geral. Conhecido por não exercitar muito a sutileza nos contatos sociais, o neurofisiologista espanhol não ajudou sua própria causa ao escolher o título para seu livro *Physical control of the mind: toward a psichocivilized society* [O controle físico da mente: rumo a uma sociedade psicocivilizada], publicado em 1969. Embora na maior parte da obra Delgado tenha simplesmente descrito os resultados obtidos em seu laboratório, a apresentação de sua visão do potencial futuro dos implantes cerebrais – e o uso potencial deles para modular os comportamentos fisiológicos e patológicos do cérebro, tanto em animais como em seres humanos – gerou uma reação adversa extremada, fincada sobretudo no medo, ou mesmo no terror, de que neurocientistas estivessem adquirindo os meios de construir artefatos capazes de controlar a mente humana. Para entender melhor essa reação, é preciso recordar que boa parte do trabalho de Delgado foi desenvolvida no auge da paranoia gerada pela Guerra Fria, um período em que qualquer teoria conspiratória, particularmente envolvendo um cientista que alegasse conseguir interferir na mente de primatas, rapidamente adquiria ares de plausibilidade. Se, todavia, os propagadores desse cenário aterrador tivessem lido o livro com um mínimo de atenção, certamente teriam compreendido que todos os experimentos executados por Delgado, não importava quão diferentes e ousados eles fossem, visavam a explorar o uso da estimulação elétrica intracraniana de estruturas corticais e subcorticais para a aquisição de conhecimento sobre o cérebro e, eventualmente, para o desenvolvimento de terapias clínicas de pacientes severamente acometidos por doenças neurológicas ou psiquiátricas. Mas não há duvida de que, como Horgan escreve em seu artigo, Delgado sempre foi fascinado pela possibilidade de encontrar uma forma de comunicar-se diretamente com o cérebro.

Ainda me lembro do dia, no outono de 1994, em que retirei da biblioteca central da Universidade Duke o único volume disponível do tão polêmico livro de Delgado que, à primeira vista, só havia sido visitado nas últimas décadas por algumas aranhas solitárias e algum ocasional cupim nômade. Naquela época, como um novato e recém-contratado professor assistente, eu tinha decidido ler uma abrangente seleção dos clássicos da neurociência, se não todos. Minha curiosidade havia sido sensivelmente estimulada quando descobri, meses antes, que Delgado havia demonstrado os efeitos inibitórios do movimento da estimulação cerebral profunda no mais exótico de todos os possíveis cenários para um experimento neurofisiológico: uma arena de touros na Espanha (figura 10.1).

Essa fantástica e pouco ortodoxa façanha pode ser trazida de volta à vida por meio de uma breve sequência de fotografias em branco e preto, tiradas no rancho de Córdoba, na Espanha, onde o histórico experimento foi realizado. Nas primeiras duas fotos, vemos um touro atlético, cujos ancestrais foram cuidadosamente selecionados e cruzados, ao longo de várias gerações, com o objetivo de amplificar uma única característica – uma antipatia feroz por qualquer ser humano –, iniciando um ataque, a toda velocidade, contra o neurofisiologista, que, numa primeira impressão, parece estar armado apenas com a capa vermelha usada por todo matador arquetípico, o toureiro sempre coberto de ouro e de glória que, na ópera imortal de Bizet, rouba Carmen de dom José.

No começo da sequência da figura 10.1, o touro se encontra parado no picadeiro, apontando os chifres para Delgado, que encara seu potencial algoz atentamente, empunhando a capa vermelha com a mão direita. Na mão esquerda, o pesquisador segura um objeto que, é quase certo, nunca antes havia sido visto numa *corrida de toros*: um aparelho parecido com um rádio do qual emerge uma longa antena. No topo da cerca da arena está um ajudante misterioso, aparentemente despreocupado acerca dos eventos que estão prestes a acontecer. Na foto seguinte, o touro inicia seu ataque, com os chifres apontados para o tronco da vítima em potencial. Nada pode nos preparar, porém, para a cena da foto seguinte, que mostra o touro derrapando até uma parada completa, a poucos centímetros de Delgado, o qual, alguns segundos antes, se livrou da capa inútil e, sem desviar o olhar do animal em movimento, transferiu todo o seu desejo motor (e todas as orações!) para a tarefa de apertar o botão principal de seu rádio misterioso. Na última foto, um touro manso muda de direção e segue para longe de Delgado, que agora simplesmente acena para que o animal desonrado siga seu caminho rumo à infâmia. Pode-se notar então que o ajudante sentado na cerca não moveu um músculo durante a sequência de imagens, sugerindo que, pelo menos para ele, o drama não passou de uma exibição tosca de um truque muito bem ensaiado. Se esse não fosse o caso, como César Timo-Iaria gostava de dizer, o registro histórico desse encontro inigualável nos anais da neurociência provavelmente teria sido protagonizado por um aluno de doutorado apavorado em vez do grande José Delgado transvestido no papel do toureiro.

Independentemente de quem estava controlando aquele rádio, Delgado demonstrou como conseguira interromper o ataque de um touro, alguns segundos antes que o animal pudesse trucidá-lo, apenas apertando um botão do equipamento. Esse feito, por si só, parecia incrível. Na realidade, Delgado provou, de forma bastante extravagante, mas convincente, que a estimulação elétrica de regiões do cérebro, que incluíam o corpo estriado dos gânglios da base, uma estrutura essencial na condução de sinais motores, era capaz de induzir um estado de "paralisia motora transiente" no touro. Tecnólogo de mão-cheia, Delgado utilizara uma onda de rádio para ativar um *stimoceiver* que ele havia implantado previamente no cérebro do animal.

Os experimentos pouco usuais de Delgado com a estimulação elétrica cerebral não se restringiram à arena de touros. Ele foi o primeiro a estudar como o uso da estimulação elétrica podia conter

Figura 10.1 – Um neurocientista na arena de toureiros. Esta sequência de fotografias ilustra o experimento clássico executado pelo dr. José Delgado no qual um touro foi paralisado, no meio da sua carga em direção ao cientista, através de uma estimulação cerebral profunda. (Fotografias cedidas pelo dr. José Delgado.)

o comportamento agressivo do macaco dominante (o famigerado macho alfa) de uma colônia e, no processo, alterar o status desse animal e dos demais membros de um grupo social. Em colônias de primatas, um único macho alfa impõe seu jugo sobre os outros membros – os machos delta, que ocupam uma posição inferior no grupo social – por meio de uma série de comportamentos ameaçadores, que vão desde um olhar intenso até a exibição dos dentes, a produção de uma vocalização ameaçadora ou mudanças de postura que sugerem um ataque iminente. Mesmo em cativeiro, esse repertório de comportamentos permite ao macho alfa assegurar privilégios, como o uso de um maior espaço na jaula, a escolha de fêmeas para reproduzir e acesso privilegiado à comida provida pelos tratadores.

Como Mel Brooks diria, não é nada divertido ser macho delta!

Nesse estudo, Delgado implantou seu aparato para estimulação cerebral em Ali, o macaco dominante da colônia. Com o implante, ele podia estimular remotamente o núcleo caudado – região cerebral que também está associada a controle motor – dos gânglios da base de Ali, enquanto este interagia com os machos delta da colônia. Durante uma hora por dia, o cérebro do macaco era estimulado por cinco segundos, uma vez por minuto. Durante essa hora de estimulação elétrica intermitente, a agressividade de Ali diminuía dramaticamente. À medida que seu novo comportamento era reconhecido pelos demais membros da colônia, os sempre oprimidos machos delta passavam a desafiar sua autoridade com atitudes cada vez mais ousadas, que culminavam na redução de seu espaço e de outros privilégios. Enquanto o cérebro de Ali estava sendo estimulado, os machos delta começavam a se espalhar por toda a jaula, aglomerando-se no espaço que era até então reservado ao temido macho alfa. Este, por sua vez, não parecia mais se importar com a ofensa frontal que, em outros tempos, constituiria um desafio imperdoável à hierarquia rígida que imperava na colônia, e, portanto, passível de severa punição de sua parte.

Essa gangue relaxada de machos delta, todavia, não tinha muito tempo para se deleitar com sua nova posição social. Meros dez minutos depois que Delgado interrompia a estimulação do cérebro de Ali, toda a estrutura hierárquica da colônia retornava à velha ordem. De volta ao estado normal, o macaco dominante rapidamente reconquistava seu território e todas as doces vantagens inerentes ao cargo. Numa série de experimentos subsequentes, Delgado decidiu verificar o que aconteceria na estrutura social da colônia se um membro de baixa posição social tivesse acesso a uma alavanca que, quando pressionada, dava início à estimulação do núcleo caudado de Ali. Inicialmente, alguns machos delta pressionaram a alavanca de forma tímida. Depois de algumas tentativas, uma macaca chamada Elsa descobriu que toda vez que Ali a ameaçava ela podia pressionar a alavanca para conseguir que ele a deixasse em paz. Nessa interação, o comportamento de Elsa também foi mudando. Agora, era ela que olhava intensamente para o macaco dominante enquanto pressionava a alavanca. Embora nunca tenha se estabelecido como a nova fêmea alfa da colônia, Elsa conseguiu dominar a agressividade de Ali e manter seus ataques num nível mínimo.

Durante a carreira, Delgado empregou o mesmo método para a estimulação elétrica de várias estruturas corticais e subcorticais relacionadas a circuitos neurais fundamentais, como o sistema motor e o sistema límbico, tanto em animais de experimentação como em 25 pacientes que sofriam com severos distúrbios neurológicos e psiquiátricos. Ele demonstrou como era capaz de induzir um bloqueio de uma série de comportamentos: ações motoras complexas, sensações perceptuais, emoções como agressão ou afinidade em relação a outros, euforia, passividade e mesmo desejo sexual. Nesses estudos, o neurofisiologista espanhol também se deu conta dos muitos problemas envolvidos no uso de estimulação elétrica para produzir um dado comportamento. Como descrito por Horgan em seu artigo, Delgado abandonou os estudos clínicos com pacientes quando se convenceu de que os efeitos produzidos pela estimulação elétrica cerebral variavam enormemente em cada um e até no mesmo sujeito de um momento para outro.

É fácil imaginar como esse tipo de pesquisa por fim colocou Delgado no meio de uma enorme controvérsia. Horgan sugere que, na realidade, esses experimentos pareciam confirmar os piores cenários criados pela ficção científica no que tange ao uso inapropriado da ciência e da tecnologia. Todavia, Delgado revelou na entrevista a Horgan que sua intenção principal ao pesquisar o uso da estimulação elétrica cerebral era motivada, em primeiro lugar, pelo fato de que, naquele tempo, pacientes esquizofrênicos que exibiam ataques de agressividade eram comumente submetidos a um procedimento cirúrgico grotesco – a lobotomia pré-frontal – que envolvia a desconexão do resto do cérebro, remoção ou destruição de boa parte do córtex pré-frontal. Tragicamente, foram necessários muitos anos para que os neurocientistas descobrissem que a lobotomia simplesmente reduzia os pacientes a um estado mental caracterizado pela indiferença emocional à dor e a quaisquer outros sentimentos, além de produzir letargia e uma dramática redução na iniciativa e na capacidade de atuação social. Delgado ficou horrorizado com a difusão dessa prática pelo meio médico norte-americano e, segundo ele, tentou em suas pesquisas encontrar um caminho alternativo. Essas boas intenções por si sós, todavia, não acalmaram seus detratores, tanto dentro da academia como na sociedade, que começaram a questionar os objetivos de seu trabalho em múltiplas frentes.

Em 1974, apenas cinco anos depois que a escolha controversa do título de seu livro havia ofuscado a maior parte de suas descobertas científicas e invenções tecnológicas, Delgado deixou os Estados Unidos para assumir um cargo criado especialmente para ele na Universidade Autônoma de Madri, na Espanha. Lá, ele continuou seu trabalho, longe do centro da comunidade neurocientífica mundial, concentrando-se, sobretudo, no desenvolvimento de métodos não invasivos de estimulação do cérebro. Seus experimentos, em especial aqueles que envolviam a geração e o bloqueio de comportamentos motores, logo abriram caminho para a introdução, uma geração mais tarde, da técnica de estimulação cerebral profunda para o tratamento da doença de Parkinson e, mais recentemente, de outras moléstias neurológicas. Ainda assim, nas duas décadas seguintes, o nome e o legado de José Delgado lentamente se esvaíram da literatura neurocientífica.

Curiosamente, nada que o neurofisiologista espanhol fez ou publicou sugeriu remotamente que ele se tornara capaz de controlar a vontade de algum ser humano, quanto mais toda a mente de alguém. É relevante notar, porém, que aqueles que costumam denunciar as supostas maneiras criativas com as quais os cientistas estão contribuindo para a extinção da natureza humana em geral tendem a permanecer calados, não exibindo tipo algum de preocupação, diante da demonstração repetitiva de que outras formas de lavagem cerebral e controle da mente abundam na vida moderna. Ao contrário das típicas teorias da conspiração, nenhuma delas envolve a utilização de um neurochip de última geração desenvolvido no laboratório de algum neurocientista contemporâneo, mesmo que ele seja tão excêntrico como José Delgado.

***

Apesar de todos os problemas enfrentados por Delgado, a estimulação elétrica cerebral continuou a ser amplamente utilizada por neurofisiologistas como um método fundamental para excitar o tecido cerebral, vias neurais e nervos periféricos. Todavia, por um longo tempo poucos neurofisiologistas ousaram chegar perto do tipo de experimentos conduzidos por Delgado nos anos 1960. Esse cenário tranquilo sofreu uma drástica mudança quando John Chapin, meu ex-orientador de pós-doutorado, e seus alunos chocaram a comunidade neurocientífica com pesquisas envolvendo um novo personagem: o "robo-rat" (figura 10.2).

Embora eu tenha tido o privilégio de conhecer os detalhes desse trabalho desde a sua concepção, poucas demonstrações experimentais me impressionaram mais, em toda a minha carreira, do que a coleção de vídeos que ilustraram, pela primeira vez, as façanhas do robo-rat. Um deles mostrava o robo-rat escalando uma rede de borracha posicionada quase que verticalmente em relação ao solo e com orifícios para que ele pudesse apoiar as patinhas com precisão. Outro vídeo oferecia a prova de que o robo-rat havia percorrido com sucesso toda a sequência de obstáculos que formavam a pista de testes a céu aberto em San Antonio, no Texas, usada pela Defense Advanced Research Projects Agency (DARPA) para avaliar os limites dos mais avançados robôs autônomos construídos.

A esta altura, você deve estar se perguntando o que pode ser tão espetacular num robô qualquer realizando esses truques para merecer destaque. Afinal, os robôs de Mitsuo Kawato e Gordon Cheng sabiam cantar, dançar e jogar pingue-pongue. Enquanto tudo isso é verdade, esses robôs haviam sido programados para realizar cada uma dessas tarefas; nenhum deles podia cantar novas canções, sair sambando ou derrotar um medalhista olímpico de tênis de mesa sem a ajuda do código escrito por um roboticista. A mesma objeção vale para a tarefa de concluir todo o percurso da pista de testes da DARPA. Um robô autônomo poderia ficar preso na armadilha de areia ou na pilha de entulho, ou derrapar ao tentar escalar uma rampa muito inclinada e escorregadia.

Mais do que qualquer coisa, o desempenho estelar do robo-rat levou muitos roboticistas ao desespero pelo simples fato de que ele não poderia ser classificado, de maneira alguma, como um robô. O robo-rat era apenas um rato, não da variedade encontrada nos jardins de Filadélfia, mas um membro orgulhoso da espécie Long-Evans, tratado com todas as mordomias sonhadas por qualquer roedor e levemente atualizado no laboratório de John Chapin, na Escola de Medicina da Universidade Estadual de Nova York, no Brooklyn. Quando Chapin entrou na pista de testes da DARPA carregando uma gaiola de transporte de pequenos animais, vários cientistas ao redor não contiveram gracejos e risadas irônicas. Os gracejos e risadinhas aumentaram sensivelmente quando John tirou da gaiola não um minirrobô, mas um rato de cabeça preta e corpo branco. Depois de passar alguns minutos acariciando com delicadeza as costas do rato, numa espécie de manobra zen, John posicionou cuidadosamente o animal na linha de partida.

Quando Chapin se afastou do pupilo, todos os que estavam prestando atenção puderam notar que suas mãos seguravam firmemente um laptop. De repente, as gracinhas e risinhos cessaram.

O experimento que Chapin estava prestes a iniciar, verdade seja dita, iria muito além do que qualquer coisa que seu ilustre predecessor espanhol havia conseguido realizar em toda a sua carreira. Por vários meses, ele havia implementado e testado um novo paradigma de estimulação elétrica cerebral. Em vez de apenas tentar bloquear ou induzir movimentos estereotipados, estimulando uma região cerebral particular, Chapin planejava usar estímulos elétricos para instruir o rato em que direção caminhar para vencer um labirinto qualquer. Para enviar esse tipo de mensagem, John implantou um único microeletrodo para estimulação de uma região cortical que ele conhecia muito bem: o campo de barris do córtex somestésico primário. Uma vez que esses microeletrodos seriam utilizados para informar em qual direção o animal deveria mover o corpo, Chapin implantou um deles no córtex S1 direito e outro no esquerdo. Diferentemente de outros estudos anteriores, John também implantou microeletrodos no feixe medial do *forebrain* (*medial forebrain bundle* – MFB), uma região que, ele sabia, iria gerar sensações muito prazerosas quando estimulada. Logo que o rato se recuperou da implantação cirúrgica desses microeletrodos, Chapin o equipou com uma pequena mochila que continha o equipamento necessário para receber sinais de rádio e direcionar pequenos pulsos elétricos para qualquer um dos implantes feitos em seu cérebro.

O segredo, contudo, estava na forma como Chapin tinha definido a sequência temporal na qual esses pulsos seriam enviados, quer para cada hemisfério cortical, quer para o MFB. Basicamente, ele havia descoberto que o animal podia aprender a associar um pulso no S1 direito a uma instrução para virar à direita, enquanto um pulso elétrico no córtex S1 esquerdo informava da necessidade de sair pela esquerda. Tal aprendizado foi possível, e surpreendentemente rápido, porque cada vez que o rato seguia as instruções corretamente ele recebia um único pulso elétrico diretamente em seu MFB. Usando essa estratégia, Chapin conseguiu treinar seus robo-rats a percorrer qualquer labirinto ou obstáculo que eles encontrassem pela frente, transformando-os nos primeiros seres vivos híbridos a quebrar todos os recordes da pista de testes criada para derrotar engenheiros.

Com sua modéstia e candura características, mesmo depois de tal performance espetacular John Chapin reconheceu muito bem os limites da estratégia engenhosa de se comunicar com o cérebro de seu animal de experimentação e recompensá-lo por um trabalho bem-feito. Mesmo depois de introduzir mais uma instrução, codificando o movimento para a frente, entre outras inovações, ele estava ciente de que adaptar sua técnica para uma ICM que controlasse membros superiores ou inferiores requereria uma lista bem maior de comandos, além de padrões bem mais detalhados de estimulação elétrica do córtex somestésico. De qualquer forma, as incríveis aventuras do robo-rat ajudaram a solidificar minhas suspeitas de que a técnica de estimulação elétrica do cérebro poderia ser usada numa nova geração de ICMs. Era hora, portanto, de tirar essas conjecturas do quadro-negro e testá-las numa série de experimentos.

Antes de tentar as ideias mais mirabolantes, decidi experimentar algo relativamente fácil: será que um macaco conseguiria aprender a interpretar uma mensagem binária, entregue por estimulação elétrica cortical direta, e usar essa informação para guiá-lo na solução de uma tarefa comportamental? Essa pergunta emergiu naturalmente de um projeto de tese de doutorado executado por Aaron Sandler, um estudante do meu laboratório que havia demonstrado que

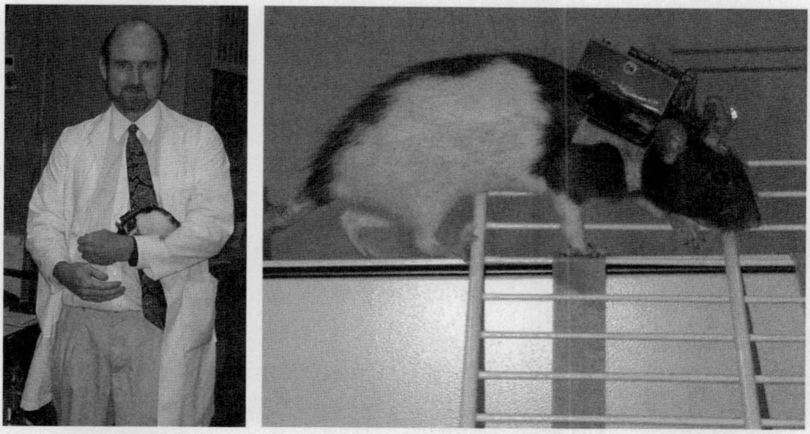

Figura 10.2 – John Chapin e seu robo-rat. No painel à esquerda, dr. John Chapin e sua criação. À direita, robo-rat anda sobre uma tela de metal. (Cortesia do dr. John Chapin, Universidade Estadual de Nova York).

macacos-da-noite podiam utilizar estímulos táteis, aplicados na pele do braço esquerdo ou do direito, para identificar qual de duas caixas, colocadas à sua frente, continha a fruta que eles poderiam coletar no momento em que uma barreira de plástico fosse removida. Os dois macacos que Aaron tinha treinado não tiveram nenhum problema em associar um estímulo tátil no braço direito à necessidade de selecionar a caixa colocada à direita, ou um estímulo no braço esquerdo à caixa posicionada à esquerda.

De posse dessa informação e também dos dados comportamentais detalhados que Sandler cuidadosamente coletara, Nathan Fitzsimmons começou a explorar formas de aplicar estímulos elétricos ao córtex S1 dos mesmos macacos (figura 10.3). Sandler tinha implantado múltiplas matrizes de microeletrodos em múltiplas áreas corticais dos dois animais. Isso permitiu que tanto Sandler como Nathan coletassem dados neurofisiológicos de uma população de aproximadamente cem neurônios por mais de seis anos consecutivos. Para seu projeto de tese, Fitzsimmons selecionou alguns dos microeletrodos implantados no córtex S1 de cada animal para aplicar os estímulos elétricos que iriam guiá-los numa nova versão da tarefa criada por seu colega. Além disso, decidiu explorar uma variedade grande de "esquemas de codificação" para sinalizar informações espaciais diretamente no córtex dos macacos. Seu primeiro esquema seguiu uma regra muito simples: se um estímulo elétrico de alta frequência era aplicado ao córtex S1 direito quando a porta de plástico que ficava à frente das caixas era levantada, a recompensa comestível que o macaco buscava ansiosamente estaria na caixa à sua direita; se nenhuma estimulação elétrica fosse aplicada durante o mesmo período, a guloseima se encontraria na caixa à esquerda.

Embora os dois macacos usados nesse estudo tivessem sido treinados extensivamente na versão da tarefa que envolvia o uso de estimulação tátil do braço, foram necessários quase quarenta dias para que ambos aprendessem a nova regra para conseguir um almoço grátis. À primeira vista, essa demora pareceu muito estranha. Afinal de contas, nenhum outro estudo em primatas que utilizara estimulação elétrica do córtex havia mencionado a necessidade de um

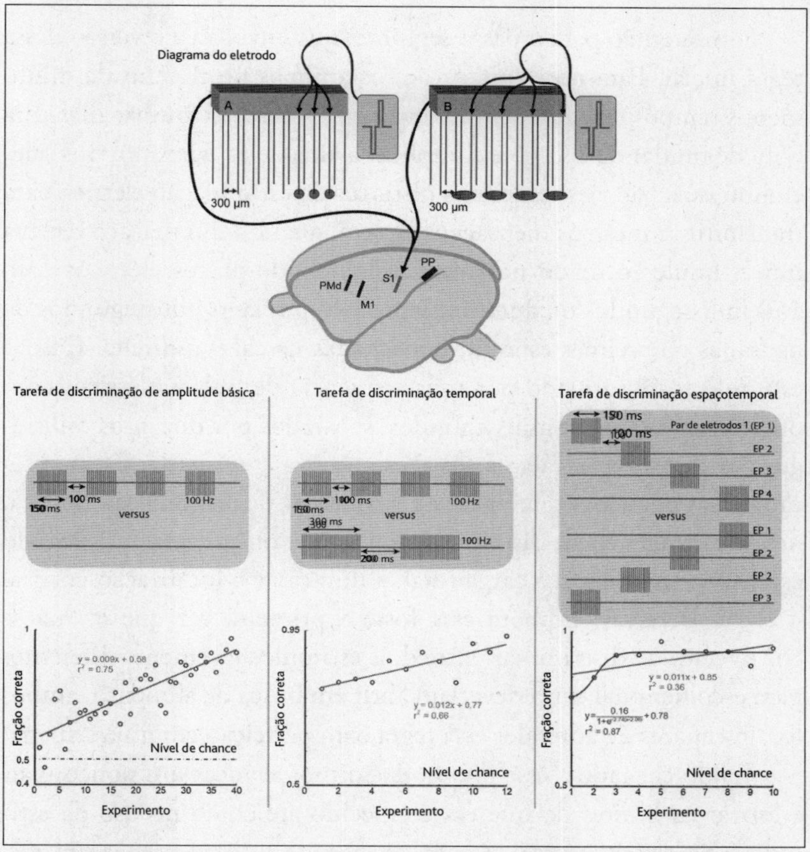

Figura 10.3 – Dialogando com o cérebro. Painel superior ilustra o paradigma experimental utilizado para a transmissão de "mensagens elétricas" para o cérebro de um macaco. Matrizes de microeletrodos, cronicamente implantados, foram usadas para transmitir padrões elétricos espaçotemporais que representam diferentes mensagens. O painel do meio ilustra os diferentes padrões utilizados para transmitir essas mensagens para um cérebro de primata: discriminação de amplitude, discriminação temporal, discriminação espaçotemporal. O painel inferior ilustra curvas de aprendizado para cada um dos três métodos de transmissão de mensagens. (Adaptado de FITZSIMMONS, N. et al. "Primate reaching cued by multichannel spatiotemporal cortical microstimulation". *Journal of Neuroscience* 27: 5593-5602, 2007.)

período tão longo de treinamento para o aprendizado de uma tarefa tão simples. Ainda assim, uma vez que nossos macacos pegaram o jeitão da coisa, eles passaram a realizar a tarefa com o mesmo grau de proficiência que tinham demonstrado quando a instrução sobre a localização da refeição fora indicada pela estimulação da pele de seus braços.

Fomos então para o passo seguinte, que envolvia a reversão dessa regra inicial. Para nossa satisfação, os animais precisaram de muito menos tempo para aprender a nova regra – cerca de quinze dias. Era hora de mudar de código e complicar a vida deles. Fitzsimmons selecionou dois padrões temporais distintos de estimulação elétrica para transmitir as mesmas mensagens. Agora, quando um macaco recebia um estímulo formado por uma sequência de pulsos elétricos com 150 milissegundos de duração, separados por cem milissegundos de pausa, as guloseimas estavam depositadas na caixa à direita. Caso o estímulo fosse formado por uma sequência de pulsos elétricos com duração de trezentos milissegundos, separados por duzentos milissegundos de pausa, a caixa a ser aberta estava à esquerda. Com exceção dessas pequenas diferenças na frequência de estimulação elétrica, nessa contingência de discriminação todas as outras características do estímulo – incluindo a carga total, a duração e a localização cortical – eram idênticas. Embora essa fosse a primeira vez que os macacos tiveram de discriminar entre dois estímulos levemente diferentes para escolher qual caixa deveriam abrir em busca de alimento, ambos foram capazes de aprender essa regra com perfeição em uma semana.

Tendo chegado a esse ponto, decidimos avançar um pouco mais e esticar os limites do que era conhecido até então no uso da estimulação elétrica cortical. Agora, em vez de utilizar apenas um microfilamento para aplicar os pulsos elétricos, Fitzsimmons passou a usar quatro pares desses microeletrodos. Além disso, em vez de usar diferentes tipos de frequência para comunicar instruções distintas, ele criou duas ondas espaçotemporais de estimulação elétrica movendo-se em direções opostas pelos microeletrodos, para notificar os macacos da localização do apetitoso lanche. A princípio, suspeitamos que os animais teriam uma enorme dificuldade em discriminar esses dois novos estímulos corretamente. Ou seja, solucionar essa contingência espaçotemporal, como a chamamos, devia ser a tarefa mais difícil que nossos primatas teriam pela frente.

Como acontece frequentemente, nossas previsões (e preocupações) provaram estar erradas. Bastaram três ou quatro dias para que os macacos-da-noite descobrissem como discriminar as sutis diferenças entre os dois padrões espaçotemporais de estimulação e pudessem continuar a capturar pequenas recompensas saborosas com a mesma eficiência que haviam demonstrado nas três contingências anteriores. Ao longo dessa sequência, os dois diminuíram pouco a pouco o tempo necessário para aprender as diferentes contingências. Aparentemente, uma vez que os animais entenderam qual era o objetivo de nossa estratégia de comunicação com seu cérebro – informar a localização da recompensa –, eles continuaram a melhorar a capacidade de generalizar qualquer um dos códigos artificiais usados para comunicar essa informação.

Tendo identificado uma forma muito inteligente de bloquear o ruído elétrico causado por seu estimulador, Fitzsimmons também conseguiu obter registros da atividade de neurônios localizados nos córtices S1 e M1 dos dois animais, por volta do instante no qual eles recebiam os estímulos elétricos que revelavam o esconderijo da recompensa. Quando usou esses sinais neuronais para alimentar os mesmos algoritmos computacionais usados em nossas ICMs, Fitzsimmons notou algo muito interessante. Inspecionando a combinação linear da atividade neuronal do córtex S1 durante o período entre o final da estimulação elétrica e o início dos movimentos do braço do animal em direção a uma das caixas, ele conseguiu prever, baseado apenas nesses dados neurofisiológicos, qual estímulo havia sido aplicado ao córtex somestésico do macaco algumas centenas de milissegundos antes! Encorajado, passou a alimentar os mesmos algoritmos computacionais lineares com a atividade elétrica produzida pelos neurônios do córtex M1, durante o mesmo período. Tal manobra lhe permitiu prever, com igual precisão, para que caixa o macaco iria direcionar os movimentos do braço e da mão, antes mesmo que qualquer sinal de contração motora pudesse ser detectado na periferia do corpo do animal. À medida que os macacos melhoraram o desempenho em cada uma dessas contingências, as previsões obtidas por Fitzsimmons também melhoraram. E foi assim que ele pôde documentar, com grandes detalhes neurofisiológicos, a sequência temporal por meio da qual esses dois cérebros de primata decodificaram as mensagens embutidas em estímulos elétricos artificiais, para então transformar essa informação privilegiada num decisivo ato de desejo motor voluntário.

Foi aí que percebemos que nossa tentativa de estabelecer um diálogo direto com um cérebro de primata tinha encontrado, à nossa espera, "ouvidos neuronais" prontos para ouvir atentamente tudo que queríamos transmitir.

***

Na época em que os resultados dos estudos de Fitzsimmons com estimulação elétrica do córtex foram publicados, Joey O'Doherty tinha organizado uma nova série de experimentos, agora com macacos rhesus, que iriam utilizar a mesma técnica aplicada a uma ICM para controle de membros superiores. O'Doherty e eu acreditávamos que esses animais poderiam ser os primeiros a testar um novo paradigma em nossa área, batizado de interface cérebro-máquina-cérebro (ICMC), em homenagem a José Delgado. Essa ICMC permitiria a nossos macacos interagir com uma ferramenta artificial (como um braço mecânico ou mesmo um avatar de um braço) por meio de um sistema fechado de controle que eliminaria por completo a intermediação do corpo desses sujeitos – em outras palavras, nem o componente eferente (comandos motores) nem o braço aferente (o chamado feedback sensorial) dessa interface dependeriam de qualquer tecido biológico a não ser aquele que ocupava as regiões corticais responsáveis por emitir ou receber informações do efetor controlado diretamente pelo cérebro. Nesse cenário, todas as instruções (ou feedback sensorial) geradas pelo efetor artificial seriam transmitidas diretamente ao tecido cortical dos macacos, sem nenhuma necessidade de envolver os mecanorreceptores da pele ou as vias somestésicas periféricas usadas normalmente por primatas para obter informações sobre o estado de seu corpo em movimento.

Certamente, esse era um enorme desafio, sobretudo se considerarmos que a primeira versão dessa ICMC utilizaria uma versão artificial muito simplificada do vasto aparato sensorial disponível em nosso corpo. Como no caso dos experimentos de Nathan Fitzsimmons, essa primeira tentativa de reproduzir algumas características do sistema somestésico iria se valer da aplicação de padrões simples de estimulação elétrica cortical, por meio de matrizes de microeletrodos implantados permanentemente no córtex somestésico primário ou no córtex parietal posterior dos macacos. Nosso primeiro objetivo era testar se eles poderiam aprender a maximizar a informação transmitida por esse canal artificial sensório único para decodificar instruções usando apenas a atividade gerada por esses estímulos elétricos artificiais dentro do cérebro. Se esse primeiro passo fosse bem-sucedido, a mesma estratégia seria utilizada para oferecer, aos mesmos animais, um canal de feedback sensorial descrevendo os movimentos de um braço robótico (ou virtual) controlado pelo cérebro deles através do componente motor da ICMC.

Para reduzir o grau de complexidade da tarefa, as primeiras tentativas se limitaram a usar essa técnica de estimulação elétrica cortical para transmitir uma instrução binária que definia para qual de dois alvos virtuais, posicionados à direita ou à esquerda do ponto de partida apresentado no monitor posicionado à frente deles, os animais teriam de mover um cursor de computador para receber uma recompensa líquida (o famoso suco de Aurora). Durante as fases iniciais de treinamento, eles usavam um joystick para mover o cursor, de acordo com o padrão de estimulação elétrica aplicada no córtex. Quando os animais atingiram um alto grau de proficiência nessa fase do treinamento, começamos a remover gradualmente o joystick e transferir a execução da tarefa para nossa ICM, de modo que a atividade elétrica cerebral do animal pudesse controlar diretamente os movimentos do cursor. Normalmente, o macaco iniciava cada tentativa centrando o cursor no ponto de partida, localizado no centro do monitor posicionado à sua frente. Depois que o cursor estava centrado, dois alvos circulares e visualmente idênticos apareciam no monitor, ambos equidistantes do ponto de partida, posicionados à direita e à esquerda deste. Nesse instante, um estímulo elétrico, representando qual dos dois alvos (à direita ou à esquerda do ponto de partida) deveria ser selecionado, era aplicado diretamente no córtex S1 do macaco. Para solucionar a tarefa corretamente, o macaco tinha então de interpretar o significado desse estímulo elétrico e gerar o padrão de atividade cerebral motora necessário para fazer com que a ICM movesse o cursor para o alvo apropriado, o que resultaria numa recompensa líquida extremamente saborosa.

Como no caso dos experimentos de Fitzsimmons e Sandler, O'Doherty também mediu quanto tempo era preciso para que os macacos aprendessem a solucionar a tarefa usando um estímulo tátil aplicado na pele do antebraço. Esse experimento-controle nos permitiu comparar o desempenho da pele e do tecido cortical como "intérpretes" das instruções binárias que instruíam os animais em como solucionar a tarefa. Além disso, O'Doherty também comparou a eficiência de seu protocolo de estimulação elétrica em duas regiões corticais distintas, o córtex S1 e o córtex parietal posterior (PP), separadas por alguns milímetros.

Como observado nos experimentos com macacos-da-noite, foram necessárias várias semanas de treinamento para que os animais aprendessem a tarefa usando instruções táteis aplicadas na pele do antebraço. Depois desse período inicial, uma divisão muito clara surgiu no desempenho dos macacos, baseada na localização cortical escolhida para a aplicação da estimulação elétrica. O macaco que recebeu a estimulação no córtex S1 logo alcançou os mesmos níveis de eficácia em selecionar o alvo correto em cada tentativa observada durante o período de estimulação tátil. O outro, que recebeu estimulação elétrica no córtex posterior parietal, não demonstrou a mesma evolução. Embora tenha aprendido muito bem a tarefa usando instruções táteis, depois de várias semanas de treinamento subsequente ele não conseguiu interpretar as mensagens elétricas aplicadas ao córtex PP. Embora não possamos eliminar a possibilidade de que diferentes tipos de sinais elétricos ou períodos mais extensos de treinamento sejam necessários para que macacos possam aprender a decodificar instruções elétricas aplicadas ao córtex PP, esses experimentos sugeriram cenários muito claros para o desenvolvimento futuro de ICMC em nosso laboratório.

De volta ao bunker na Universidade Duke, nossa equipe de pesquisadores concentrou todos os seus esforços em desenvolver uma forma eficaz de estabelecer um canal direto de comunicação com um cérebro de primata para lhe transmitir mensagens cada vez mais complexas. Muito antes de minha conversa telefônica com Luiz Antonio Baccalá em 2005, eu havia me dado conta de que essa e outras inovações tecnológicas na área de ICM prometiam nos levar muito além de um mero diálogo com o sistema nervoso central de animais de laboratório – na realidade, essas descobertas tinham o potencial de modificar radicalmente o ponto de vista próprio do cérebro. Essa transformação, que descrevi ao longo deste livro, materializa-se na *hipótese do cérebro relativista*.

> HIPÓTESE DO CÉREBRO RELATIVISTA
>
> Quando confrontado com novas maneiras de obter informação sobre a estatística do mundo que o cerca, o cérebro de um indivíduo assimila imediatamente essa estatística, da mesma forma que os sensores e as ferramentas utilizadas para obtê-las. Desse processo resultam um novo modelo neural do mundo, uma nova simulação neural da noção de corpo e uma nova série de limites ou fronteiras que definem a percepção de realidade e o senso de eu. Esse novo modelo cerebral será testado e remodelado continuamente, por toda a vida desse indivíduo. Como a quantidade total de energia que o cérebro consome e a velocidade máxima de disparo dos neurônios são fixas, propõe-se que, durante a operação do cérebro, tanto o espaço como o tempo neuronal são relativizados de acordo com essas constantes biológicas.

Para testarmos essa hipótese, criamos dois paradigmas experimentais que jamais haviam sido testados na história da neurociência. No primeiro experimento, um "novo mundo" – um universo muito diferente do tradicional ambiente natural que ratos adultos conhecem ou habitam – precisou ser gerado. Basicamente, Eric Thomson e eu construímos um "mundo infravermelho", um lugar onde a localização de fontes de água é determinada por feixes de luz infravermelha (IV) (figura 10.4). Como os ratos não possuem nem fotorreceptores

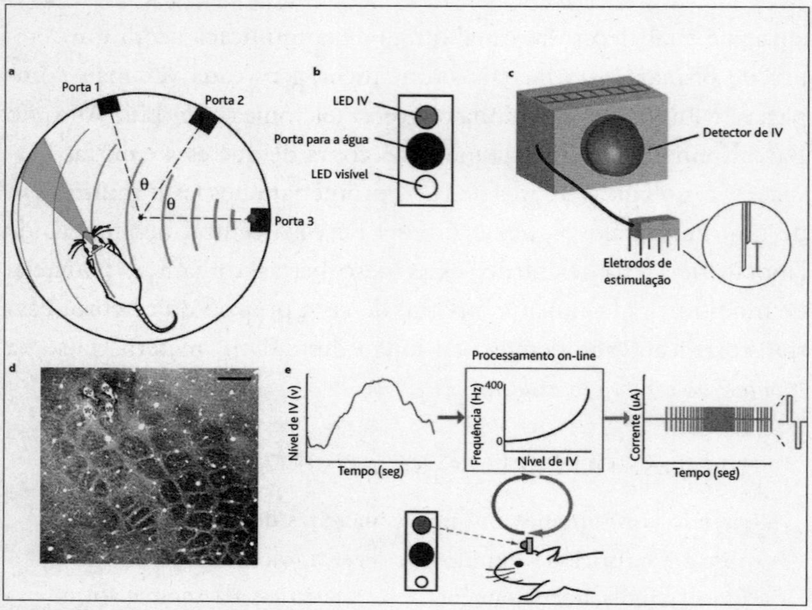

Figura 10.4 – (a) Aparato experimental da câmara comportamental usada para estudos com o "rato infravermelho". Três "portas de recompensa" foram posicionadas no perímetro das paredes da câmara. A distância entre as portas é indicada pelo ângulo Ø. Sensores de luz infravermelha foram implantados no topo da cabeça do rato. O cone emanando de cada um desses sensores representa a área dentro da qual um feixe de luz infravermelha pode ser detectado. As linhas vermelhas emanando da porta 3 representam um feixe de luz infravermelha emitida por uma das fontes. (b) Estrutura de cada uma das portas de recompensa inclui: uma abertura por onde recompensa líquida (gota de água) é entregue, um LED de luz infravermelha (IV) e um LED de luz visível de amplo espectro. (c) Design dos eletrodos de estimulação cortical. O encarte menor mostra como cada par de eletrodos de estimulação é configurado em cada matriz (barra de escala = 300 mm). (d) Localização (*) de quatro eletrodos de estimulação no córtex somestésico primário de um rato. Linha de referência = 500 mm. (e) Conexão entre níveis de luz infravermelha e microestimulação elétrica cortical. Cada vez que um LED IV emite um sinal, o sensor IV produz um estímulo elétrico de uma dada frequência no córtex somestésico do animal. O encarte no lado direito ilustra a estrutura de cada onda bifásica usada.

em suas retinas capazes de detectar luz infravermelha, nem receptores cutâneos de temperatura que possam assinalar a presença do calor gerado por um feixe dessa luz, em condições normais esses animais são totalmente "cegos" no que tange à presença de luz IV no seu ambiente. Para investigar se esses ratos comuns poderiam aprender a transitar nesse ambiente, um sensor de luz IV foi implantado no osso frontal de seus crânios, oferecendo uma visão de noventa graus da arena que eles passariam a frequentar. Depois que receberam esses implantes, quando os mesmos ratos passaram a visitar esse mundo IV, o sensor implantado passou a sinalizar a presença de feixes de luz IV. Cada vez que um desses feixes era detectado no ambiente, esse sensor gerava um padrão espaçotemporal único de estimulação elétrica que era diretamente aplicado ao córtex S1 do rato – na mesma área dos barris que representa os bigodes faciais desses animais no córtex – por meio de uma matriz de microeletrodos previamente implantada.

A nossa pergunta básica então foi: poderiam esses ratos passar a usar essa nova "neuroprótese sensorial", implantada em seu córtex somestésico, para seguir feixes de luz IV gerados nesse novo mundo até a sua origem e, em retorno pela façanha inédita, receber uma recompensa líquida? Em outras palavras, seriam os nossos ratos biônicos capazes de "tocar" – não enxergar – feixes de luz que, até então, eram totalmente invisíveis para eles, vindos de múltiplas direções em um ambiente, com o objetivo de encontrar água? Eric, o maior treinador de ratos que já conheci, encarou essa tarefa com toda a dedicação que lhe é peculiar. Depois de meses de planejamento, ele, Gary Lehew, Jim Meloy e Rafael Carra, um aluno da Faculdade de Medicina da USP – a minha *alma mater* – que fazia um estágio no nosso laboratório, construíram uma arena circular onde quatro fontes de luz IV foram colocadas nas posições 0, 90, 180 e 270 graus desse ambiente. Eric então criou um programa que permitia que cada uma dessas fontes pudesse emitir, uma de cada vez, um feixe de luz IV que permanecia ligado por alguns segundos. Dessa forma, em cada tentativa dessa tarefa, apenas uma das fontes da arena, sorteada aleatoriamente, emitia um feixe de luz IV que indicava onde o rato iria encontrar uma fonte de água disponível. Ratos implantados com a nossa neuroprótese foram colocados nessa arena e tinham como missão identificar de qual dessas portas provinha o feixe de luz IV usando seu córtex somestésico para literalmente "rastrear de maneira tátil" a fonte da luz invisível. No primeiro estudo, publicado em 2013, Eric, Rafael e eu demonstramos que nossos ratos biônicos eram capazes de aprender essa tarefa, mesmo quando apenas um sensor de luz IV era implantado, e atingir mais de 90% de acurácia num período de aproximadamente quatro semanas. Um mês de treinamento! Esse foi o período necessário para fazer com que ratos adultos se transformassem em mestres na nova arte de "tocar" luz invisível a seus olhos!

Mas a maior surpresa ainda estava por vir. Ao registrar a atividade elétrica gerada pelos neurônios do córtex S1 depois que esses animais haviam aprendido a tarefa, Eric se deu conta de que agora uma grande porcentagem dessas células não só respondia aos tradicionais estímulos táteis aplicados aos bigodes do animal mas também à luz infravermelha! Em outras palavras, através do uso dessa neuroprótese sensorial e de um curto período de treinamento, nós havíamos transformado uma área cortical primária – que responde apenas a uma modalidade sensorial – numa área multimodal, na qual neurônios individuais eram capazes de "multiplexar" múltiplos sinais sensoriais, mesmo que um deles carregasse uma mensagem que rato algum, na longa história evolutiva dos mamíferos, havia jamais recebido e muito menos decodificado.

Três anos depois desse primeiro estudo, em 2016, Eric e eu publicamos um novo estudo com os nossos ratos biônicos. Em vez de apenas um sensor de luz IV, agora quatro sensores haviam sido implantados no crânio desses animais, oferecendo a eles uma visão panorâmica (de 360 graus) do mundo IV que eles passaram a habitar por uma hora de seus dias. Para nosso grande prazer, em vez de quatro semanas, agora esses novos ratos só precisaram de três dias para aprender a mesma tarefa – identificar a fonte de luz IV que lhes garantiria receber sua recompensa líquida. Experimentos-controle mostraram que mesmo quando a distribuição espacial das conexões entre os sensores de luz IV e diferentes regiões do córtex S1 foi alterada, os ratos biônicos eram capazes de aprender rapidamente as novas regras espaciais que indicavam a localização precisa das fontes de luz IV – e da recompensa, evidentemente.

A conclusão tirada desses dois estudos basicamente confirmou a hipótese que eu havia formulado e descrito na primeira edição deste livro: para todos os efeitos, o cérebro desses ratos aventureiros do século XXI criou uma representação do novo mundo IV a que esses animais foram introduzidos, gerando um novo "ponto de vista cerebral" que combinou tanto sensibilidade tátil como luz infravermelha, uma modalidade até então inédita no repertório perceptual desses animais.

Para terminar este relato também é importante ressaltar que, até o momento em que escrevo esta passagem, no verão austral de 2016, não observamos nenhum comprometimento na habilidade desses ratos biônicos em continuar a usar seus bigodes para realizar suas tarefas táteis rotineiras. A se confirmar esse achado, isso implicaria a demonstração categórica de que, *a priori*, a incorporação de uma nova representação sensorial (luz IV) numa área cortical primária (S1) não compromete a capacidade original dessa região – no caso, o processamento tátil.

É importante enfatizar que não existe nada de especial na escolha da luz infravermelha para construir um novo mundo para tais experimentos. Na realidade, se essa teoria estiver correta, obteremos os mesmos resultados se experimentos similares forem realizados usando mundos magnéticos ou ultravioleta, por exemplo.

Resultados obtidos recentemente sugerem que outra ótima alternativa metodológica para transmitir informações novas ao córtex dos nossos ratos seria obtida com o emprego da técnica de optogenética, um método revolucionário introduzido em 2006 por Karl Deisseroth, professor adjunto de bioengenharia e psiquiatria da Universidade Stanford. Nessa técnica, um estímulo luminoso é utilizado para modular a atividade elétrica de populações de neurônios corticais. Sua operacionalização, todavia, não é tão simples. Primeiro, uma população de neurônios corticais precisa ser infectada com um vírus que carregue a informação genética necessária para a síntese de proteínas específicas que formam canais iônicos que respondem a certos comprimentos de onda luminosa. Por exemplo, se uma população de neurônios corticais for manipulada geneticamente para expressar Channelrhodopsin-2 (ChR-2) – proteína conhecida por gerar movimento em algas verdes em resposta à luz –, um estímulo luminoso de um comprimento de onda específico abrirá o canal de sódio acoplado a ChR-2, gerando um grande influxo de sódio nos neurônios e fazendo com que eles disparem um potencial de ação. Por outro lado, se os mesmos neurônios forem instruídos geneticamente a produzir um canal de cloreto, acoplado a outra proteína sensível a luz, outro estímulo luminoso, de diferente comprimento de onda, inibirá a produção de potenciais de ação dos neurônios. Se misturarmos no córtex S1 de nossos ratos esses dois tipos de complexos proteicos, cada um deles contendo um canal iônico ligado a uma proteína sensível à luz, poderemos mapear cada uma das assinaturas encontradas no nosso mundo infravermelho num padrão de estímulo luminoso que, quando emitido, gerará um padrão particular de atividade elétrica cortical. A grande vantagem de usar a técnica de optogenética nesses estudos é que ela não produz artefatos elétricos e não causa nenhum dano ao tecido cerebral.

Deixando essas considerações técnicas de lado, acredito que uma exposição de longa duração a esse mundo infravermelho levará o cérebro dos animais não só a incorporar os sensores, como também fará com que ele gere na mente desses roedores um novo senso de realidade e imagem corporal. Evidentemente, será difícil provar essa tese em experimentos com animais que não podem expressar suas sensações, muito menos seus pensamentos, com uma abundância de retórica. Ainda assim, essas predições emergem logicamente dos resultados que obtivemos até agora em nossos experimentos.

O segundo experimento que publicamos em 2013 descreveu a primeira implementação de uma interface cérebro-cérebro (ICC): a primeira interface que permitiu a comunicação direta entre o cérebro de dois animais, como descrito no início deste capítulo. Nessa primeira demonstração de uma ICC, um rato, previamente implantado com matrizes de microeletrodos na representação das vibrissas do córtex S1, foi treinado a usar os longos pelos faciais para realizar uma discriminação tátil similar à realizada por Eshe e descrita no capítulo 5. Uma vez que esse animal aprendeu a discriminar o diâmetro relativo de duas aberturas, determinando qual delas era a mais larga e qual era a mais estreita, ele assumiu o cargo de "rato codificador" de uma ICC (figura 10.5). A partir de então, seus padrões de atividade elétrica neuronal, registrados com base na representação de vibrissas do córtex S1, foram transmitidos, via sistema de microestimulação elétrica cortical – o mesmo usado nos experimentos em macacos

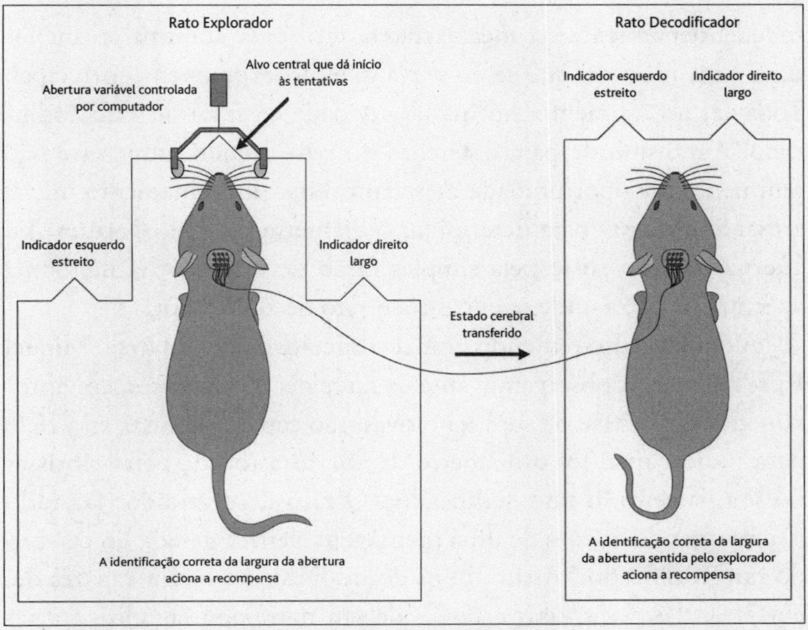

Figura 10.5 – Ilustração de uma interface cérebro-cérebro ligando um rato explorador, que usa suas vibrissas faciais para discriminar o diâmetro de uma abertura variável, com um rato decodificador, cuja função é indicar o valor desse diâmetro, baseando-se apenas no padrão de atividade transmitido pelo rato explorador, sem nunca tocar a abertura com suas próprias vibrissas. Essa interface cérebro-cérebro conecta os dois cérebros desses dois ratos. (Ilustrado pelo dr. Nathan Fitzsimmons, Universidade Duke.)

descritos acima –, para o córtex S1 de um segundo rato, colocado dentro de uma caixa comportamental fechada. Por razões que ficarão óbvias em poucas linhas, esse segundo animal foi batizado de "rato decodificador". Imerso na mais completa escuridão (o ambiente favorito de ratos), a única função desse rato decodificador é receber as mensagens cerebrais de seu companheiro, o rato codificador, e tentar usar a informação contida nelas para adivinhar qual o diâmetro da abertura tocada por este último. Como o rato decodificador nunca usa suas vibrissas para tocar uma abertura, sua única chance de obter a recompensa líquida, a qual ele também anseia em receber, reside na tentativa de extrair a informação tátil embutida no sinal neural que foi gerado pelo rato codificador e generosamente compartilhada com ele. Antes de desempenhar essa missão, considerada quase impossível por alguns há poucos anos, o rato decodificador fora treinado independentemente na mesma tarefa tátil para adquirir ao menos uma vaga ideia do que se esperava dele no experimento principal. Todavia, no momento em que a atividade cerebral do rato codificador é transmitida para o cérebro do rato decodificador, este não tem nenhuma oportunidade de se aproveitar do treinamento inicial e usar as vibrissas para determinar o diâmetro de uma abertura. Tal alternativa não existe pela simples razão de que não há nenhuma abertura na caixa onde se encontra o rato decodificador.

A despeito do tremendo grau de dificuldade dessa tarefa, Miguel Pais-Vieira e eu observamos que os ratos decodificadores, em aproximadamente 70% de suas tentativas, são capazes de usar essa ICC para indicar qual foi o diâmetro da abertura tocada pelas vibrissas do seu parceiro, o rato codificador. O rato decodificador faz tudo isso se valendo apenas de uma mensagem elétrica gerada no cérebro do rato codificador! Assim, ratos decodificadores foram capazes de, em 70% das vezes, usar a ponta de seu nariz pontiagudo para selecionar corretamente um de dois orifícios colocados em uma das paredes da caixa comportamental que indica qual das duas aberturas, a mais larga ou a mais estreita, foi tocada pelo rato codificador. Em outras palavras, ratos decodificadores conseguem aprender, por intermédio de uma ICC, a usar somente o próprio cérebro para traduzir um fragmento eletrofisiológico da percepção tátil do rato explorador para determinar o diâmetro de uma abertura que suas próprias vibrissas jamais tocaram.

Algumas variações desse experimento básico foram descritas no nosso primeiro trabalho com ICCs, publicado em 2013. Por exemplo, mesmo quando o rato codificador residia num laboratório do Instituto Internacional de Neurociência Edmond e Lily Safra, na periferia da cidade de Natal, capital do Rio Grande do Norte, no Nordeste brasileiro, e o rato decodificador aguardava ansioso pelas mensagens mentais do seu companheiro no nosso laboratório da Universidade Duke, a nossa ICC operou com o mesmo grau de acurácia observado quando os dois roedores coabitavam um mesmo laboratório – desde que, é claro, a conexão de internet em Natal funcionasse adequadamente, o que nem sempre era possível.

Talvez o resultado mais surpreendente obtido com esse primeiro exemplo de uma ICC tenha sido a verificação de que, mesmo de maneira sutil, uma vez que um par de roedores aprende a colaborar com o uso dessa nova tecnologia, formas inesperadas de interação social entre esses animais surgem do nada, mesmo que individualmente eles não saibam da existência um do outro. Por exemplo, cada vez que o rato codificador identificava o diâmetro de uma abertura corretamente com suas vibrissas, ele em geral recebia uma quantidade X de recompensa. Para deixar as coisas ainda mais interessantes, em alguns dos nossos primeiros experimentos com essas ICCs em ratos, Miguel Pais-Vieira alterou a forma de recompensar o rato codificador. Agora, se o rato decodificador conseguia interpretar a mensagem elétrica e identificar a abertura corretamente, o rato codificador era aquinhoado com um bônus: uma recompensa extra! Afinal, nada mais justo fora a clareza da mensagem gerada pelo codificador que permitira ao rato decodificador realizar a sua metade da tarefa e ganhar a sua recompensa também.

Curiosamente, com o passar do tempo, notamos o surgimento de um comportamento muito peculiar no rato codificador, demonstrando o quanto aquele "bônus" extra era apreciado. Nesses experimentos-controle, em vez de usarem o nariz para indicar sua escolha, os ratos codificadores tinham de usar a pata dianteira para apertar uma de duas alavancas, colocadas na caixa comportamental. Como os melhores ratos decodificadores atingiam 70% de sucesso no uso da ICC, em um terço das tentativas o rato codificador não recebia seu tão desejado bônus, como consequência imediata do erro cometido pelo seu parceiro. Surpreendentemente, na maioria das tentativas que se seguiam a um erro do rato decodificador – e a consequente ausência de bônus para o rato codificador –, observamos modificações claras tanto no comportamento motor como na atividade elétrica do cérebro do rato codificador. De um lado, os movimentos da pata dianteira – usados para indicar a escolha do codificador – eram mais lentos e diretos. Do outro, a atividade cerebral gerada pelo codificador era bem mais limpa, graças à redução no "ruído de fundo" neural. Invariavelmente, essas modificações permitiam que o rato decodificador acertasse a tentativa seguinte, garantindo assim o tão almejado "bônus" para o rato codificador. Portanto, de certa forma, essas adaptações comportamentais e cerebrais do rato codificador pareciam transmitir outra mensagem ao rato decodificador: "Meu caro, estou facilitando as coisas para você; dá para você fazer a sua parte direitinho agora?".

Por último, vale mencionar que ao término do período de aprendizado de pares de ratos com essa ICC, também deparamos com um resultado neurofisiológico simplesmente inusitado. Quando os campos receptivos dos neurônios individuais do córtex somestésico dos ratos decodificadores foram analisados, para nossa estupefação descobriu-se que essas células não apenas respondiam à estimulação tátil dos bigodes de seu proprietário, o rato decodificador – como era esperado –, mas também à deflexão de diferentes vibrissas do seu parceiro, o rato codificador. Em outras palavras, depois do uso crônico dessa ICC, o córtex S1 do rato decodificador parecia abrigar duas representações corpóreas, a sua própria e aquela de seu parceiro de comunicações mentais!

Para quem tinha alguma dúvida sobre a avidez do cérebro em assimilar tudo que está à sua volta, esse achado deve ter servido como o famoso "wake up call" (telefonema para acordar)! Como predito na primeira edição deste livro, esses estudos com ICCs demonstram que, mesmo usando uma versão rudimentar de uma ICC, é possível estender as representações do corpo de um indivíduo, contidas no seu cérebro, a ponto de incluir o corpo de outro membro de sua espécie.

Esses experimentos constituíram-se na primeira demonstração de que dois cérebros podem ser ligados funcionalmente e, como resultado dessa comunhão neuronal, colaborar de maneira harmoniosa para a realização de uma tarefa mutuamente benéfica. Nessa versão de uma ICC, o cérebro de um animal, o codificador, se comunica com o cérebro de outro sujeito, o decodificador, de modo unidirecional. Todavia, nos desenhos que remeti a meu amigo Luiz Baccalá em 2005, incluí uma série de variações desse tema original, algumas das quais estão ilustradas na figura 10.6. No verão americano de 2015, o meu laboratório publicou simultaneamente dois trabalhos que, partindo do conceito de ICC, introduziram um novo paradigma que eu chamei de Brainet, ou rede de cérebros. Esses estudos, um envolvendo um grupo de dois ou três macacos e outro envolvendo grupos de até quatro ratos, demonstrou que redes de cérebros podem ser criadas de tal sorte que múltiplos animais possam colaborar, mentalmente, através da fusão de sua atividade cerebral, na execução de tarefas que envolvem desde o controle dos movimentos de um braço virtual – no caso de uma Brainet de macacos – até a solução de problemas computacionais simples – no caso de uma Brainet de roedores.

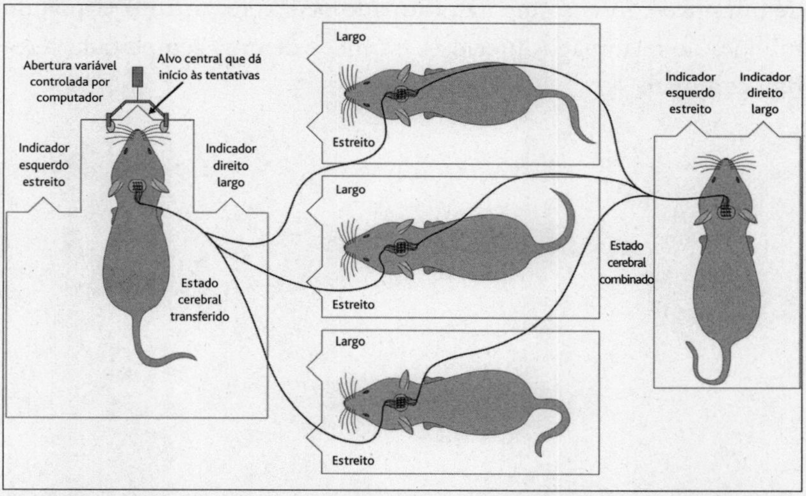

Figura 10.6 – Uma versão diferente de uma interface cérebro-cérebro envolvendo uma camada intermediária de ratos entre o rato explorador e o rato decodificador. (Ilustrado pelo dr. Nathan Fitzsimmons, Universidade Duke.)

Uma descrição mais detalhada desses experimentos e das suas implicações será um dos focos do meu próximo livro, *O verdadeiro criador de tudo*. De qualquer forma, é interessante ressaltar que com a publicação dos primeiros estudos com ICC e Brainets, uma série de cenários, normalmente discutidos apenas no domínio da ficção científica, começou a ser aventada. Por exemplo, será que grupos de pessoas poderiam um dia compartilhar literalmente sua mente e construir sensações virtuais por meio de algum tipo de fusão mental à la planeta Vulcano, sem os mágicos dedos de Mr. Spock, ultrapassando os limites de seu cérebro individual?

Neste momento, sinceramente, eu não acredito que, nem mesmo num futuro muito distante, seremos capazes de imitar as proezas do maior cientista vulcaniano de todos os tempos. Todavia, consigo imaginar um espectro enorme de aplicações práticas de ICCs, num futuro não tão longínquo, mesmo que elas permaneçam em níveis rudimentares durante algum tempo. Sejam essas aplicações quais forem, supondo que o uso de ICCs, um dia, se torne lugar-comum, essa possibilidade de estabelecer uma nova forma de comunicação e colaboração humana seria um evento extraordinário – o nascimento de um novo consenso mental, formado pelo agregamento virtual de milhões de relâmpagos preciosos e únicos de uma tempestade cerebral comunal.

CAPÍTULO 11

O MONSTRO QUE VIVE ESCONDIDO NO CÉREBRO

Em diferentes momentos da minha vida enxerguei o cérebro com olhos distintos. No ginásio, por exemplo, achava que o cérebro era como um supercomputador extremamente complexo, algo tão complicado e cheio de mistérios que nem mesmo Mr. Spock, da espaçonave *Enterprise*, tinha esperança de entender. Na época, pensava que, se o reputado cientista vulcaniano, que um dia dissera "Estou me esforçando, minha senhora, para construir um circuito de memória usando pedras lascadas e peles de urso", frequentemente se sentia confuso ao tentar entender a lógica empregada pela mente humana, qualquer tentativa de compreender os mecanismos pelos quais o cérebro realiza suas façanhas estava fadada ao fracasso. Intimidado por tal perspectiva, ignorei o assunto e passei a concentrar meus esforços no refinamento de minhas aptidões (ou na falta delas) como meio-campista defensivo, sonhando com a possibilidade de um dia vir a defender as cores do meu querido Palmeiras.

Infelizmente, essa primeira opção profissional não prosperou como planejado.

Já durante o ensino médio, um encontro casual com o livro *O cérebro humano*, de Isaac Asimov, publicado em 1964, mudou minha vida ao reativar meu interesse pelas coisas da mente. A cada página, enquanto Asimov descrevia a estrutura macro e microscópica do cérebro, meu espanto e meu interesse se apuravam. Todavia, mal pude acreditar, ao chegar ao fim do livro, que não havia nenhum capítulo dedicado a esclarecer como todas aquelas estruturas, cada uma com um nome latino ou grego estranhíssimo, trabalhavam em conjunto.

Alguns anos mais tarde, já na faculdade de medicina, literalmente dissequei o cérebro, que Asimov tinha me apresentado em múltiplas camadas. Dependendo da disciplina, o órgão era despido de acordo com um ponto de vista anatômico, histológico, fisiológico, farmacológico, neurológico ou psiquiátrico. Uma vez mais, ninguém veio à frente de nosso auditório, nem mesmo meu herói científico, César Timo-Iaria, para nos dizer como todos esses níveis de organização eram capazes de dar à luz nossos pensamentos. Na época, para ser reconhecido como neurocientista, era necessário se transformar num especialista em uma – e apenas uma – dessas disciplinas e dedicar a vida a trabalhar dentro das fronteiras restritas do cânone de seu campo de especialização.

Depois da faculdade de medicina, decidi obter um doutorado em fisiologia em vez de seguir o caminho natural da residência médica. Com o apoio incondicional do professor César Timo-Iaria, embarquei nos meandros de um projeto de pesquisa muito arriscado, descrito em maiores detalhes no primeiro capítulo deste livro: o uso da teoria de grafos e alguns programas muito simples de computador para analisar a organização da conectividade de circuitos neurais.

Lá pela metade de meu doutorado, o cientista cognitivo norte-americano Marvin Minsky publicou seu famoso tratado *The society of mind* [A sociedade da mente]. Esperando ansiosamente encontrar no trabalho do mais proeminente cientista da área de inteligência artificial na época a resposta final de meus questionamentos, mergulhei na leitura desse livro, só para descobrir que o que eu procurava não seria encontrado ali. Minsky não se preocupava muito com cérebros reais, mas somente com os processos operacionais de alta complexidade que ocorriam dentro de nossa massa cinzenta.

Próximo do período de minha defesa de tese, assisti a uma palestra do físico norte-americano John Hopfield. No meio da década de 1980, ele tinha criado um algoritmo computacional que ficou conhecido como "rede neural artificial associativa". Lembro-me de quão fascinado me senti ao conversar por quase uma hora sobre a visão desse cientista quanto ao futuro da neurociência. A essa altura, eu já havia me interessado pela noção daquilo que conseguia definir apenas vagamente como "neurodinâmica". Mais tarde, a criação do conceito e a implementação das interfaces cérebro-máquina emergiram como minha tentativa de investigar os princípios fisiológicos que determinam a operação dinâmica de vastas populações de neurônios em animais livres para expressar todos os seus comportamentos.

Nos últimos 25 anos, profundamente influenciado pelos achados experimentais obtidos nesse período, eu me descobri encarando o cérebro de uma forma muito diferente. Surpreendentemente até para mim mesmo, hoje gosto de compará-lo a uma espécie peculiar de oceano, um mar de eletromagnetismo nunca imóvel, mantido coeso por múltiplas ondas sincrônicas de tempo neuronal, e capaz de relembrar tudo que já navegou por suas águas cinzentas e misteriosas.

Usando essa metáfora líquida, consigo visualizar como seria o potencial substrato biológico do cérebro relativista e como ele poderia funcionar no dia a dia. Do mesmo modo que alguém interessado no comportamento de correntes oceânicas, redemoinhos, maremotos e tsunamis não conseguiria entender esses fenômenos macroscópicos tentando analisar o comportamento das moléculas de água e seus átomos constituintes, enfocar exclusivamente as propriedades fisiológicas de neurônios individuais passa a ser uma grande distração para os interessados em entender como todo esse oceano neural eletromagnético funciona.

Dada essa metáfora para o cérebro, é mais que apropriado que alguns dos achados mais recentes na busca desse entendimento sejam descritos a partir do momento inesquecível no qual meus alunos e eu deparamos com um monstro mitológico, profundamente escondido dentro dos elusivos padrões da dinâmica cerebral.

– Ele lembra o monstro do lago Ness! – Improvável como parecia, essa foi a primeira imagem que me veio à mente quando vi o estranho gráfico bidimensional descrevendo a distribuição da atividade elétrica do cérebro de ratos que acabara de me ser entregue.

– Como você consegue identificar um dragão escocês impostor em nossos dados? – A pergunta teve como fundo musical vários gracejos que agora já se espalhavam por todo o laboratório.

– Basta dar uma boa olhada no gráfico. No canto superior direito você pode ver algo como a cabeça alongada e quase triangular do monstro. Essa cabeça está ligada a um pescoço muito longo, como o de um plesiossauro, que cruza a diagonal do gráfico. Abaixo, o pescoço se funde com um corpo maciço e elíptico, bem no meio do gráfico. E, da parte inferior do corpo, você pode ver brotarem pernas traseiras adaptadas para nadar.

A essa altura, até eu estava surpreso de como minha mente havia construído aquela imagem, com todos os detalhes anatômicos daquele monstro, a partir de um punhado de pontos negros agrupados num simples gráfico de computador.

– Eu tinha pensado em batizar o gráfico de Grande Atrator Cerebral. – Shih-Chieh "CJ" Lin, estudante de pós-graduação taiwanês de meu laboratório, hoje pesquisador do National Institutes of Health, tinha gastado muitas horas pensando num nome para o principal produto de meses de seu árduo trabalho experimental e matemático, ao lado de Damien Gervasoni, pós-doutorando francês de Lyon, e o brasiliense Sidarta Ribeiro, aluno de doutorado da Universidade Rockefeller, em Nova York.

Depois que vieram trabalhar em meu laboratório, Gervasoni e Ribeiro decidiram empregar nossa técnica de registros contínuos com matrizes de multieletrodos permanentes para investigar o ciclo vigília-sono de ratos. Primeiro, eles implantaram matrizes em quatro áreas distintas: o córtex somestésico, o tálamo, o hipocampo e o complexo caudado-putâmen dos gânglios da base. Após se recuperar desse procedimento cirúrgico, cada animal foi habituado a viver numa câmara de experimentos comportamentais muito confortável, onde havia comida e bebida à vontade. Cada rato passou cinco dias nesse ambiente experimental, num regime de doze horas de luz e doze horas de escuridão, fazendo tudo que ratos de laboratório fazem durante sua rotina diária. Enquanto isso, os pesquisadores usaram duas câmeras de vídeo de alta resolução para monitorar, no estilo Big Brother, cada detalhe do comportamento dos animais. Além disso, registraram a atividade elétrica do cérebro deles, na forma de potenciais de campo locais (PCL) – a soma dos sinais elétricos de um volume de tecido neural –, gerados por cada uma das quatro estruturas implantadas. Os PCLs e os vídeos foram então sincronizados com uma resolução de alguns milissegundos. Como os PCLs tendem a incluir sinais elétricos gerados por um grande número de neurônios numa dada região neural, Gervasoni e Ribeiro obtiveram registros muito extensos – de até 96 horas – e completos da atividade de larga escala de estruturas corticais e subcorticais, que podia agora ser correlacionada à variedade de comportamentos apresentados pelos ratos enquanto estes alternavam centenas de períodos de sono e vigília. Simultaneamente, também registraram a atividade elétrica de dezenas de neurônios individuais, distribuídos por cada uma das quatro estruturas das quais eles obtiveram os PCLs.

Vale ressaltar que, embora no começo dos anos 2000 já houvesse na literatura uma vasta descrição de correlatos neurofisiológicos com os diferentes estágios do ciclo vigília-sono, não existia ainda nenhum método que permitisse prever o comportamento de um animal a cada instante do ciclo vigília-sono, baseado somente na atividade elétrica de seu cérebro. Por exemplo, neurofisiologistas sabiam que, durante diferentes partes desse ciclo, emergem tipos particulares de oscilações neurais (figura 11.1). Essas oscilações são tão ubíquas que neurofisiologistas têm tentado, há décadas, associar cada uma delas a uma função particular, incluindo a possível definição da consciência. Nós tínhamos objetivos um pouco mais humildes nesses nossos experimentos.

Durante o ciclo vigília-sono, cada uma dessas oscilações neurais é normalmente caracterizada por uma amplitude e uma frequência distintas. Por exemplo, quando ratos se encontram num estado de imobilidade desperta – quando permanecem acordados e imóveis, apoiados nas quatro patas, mas sem produzir nenhum movimento, nem mesmo das vibrissas faciais –, registros corticais revelam a presença de uma oscilação de baixa amplitude e alta frequência, distribuída na faixa chamada de beta (de dez a trinta hertz) e gama (de trinta a oitenta hertz). Essas oscilações com baixa voltagem e alta frequência usualmente definem um estado conhecido como ampla dessincronização cortical. Gosto de comparar esse estado a um vasto e tranquilo oceano, sem grandes ondas em sua superfície (figura 11.1).

Quando ratos começam a se mover e a explorar o ambiente que os cerca, definindo um estado que chamamos de exploração ativa, eles tendem a produzir comportamentos exploratórios típicos, como cheirar e lamber, e também movimentos de grande amplitude

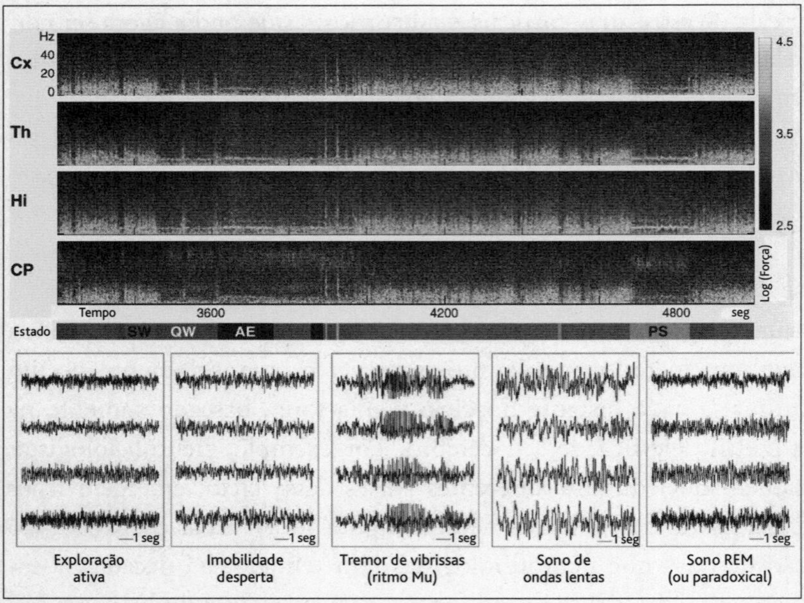

Figura 11.1 – Espectrogramas (quatro painéis superiores) e potenciais de campo correspondentes (cinco gráficos abaixo) ilustram a frequência e padrão temporal geral de diferentes tipos de oscilações cerebrais, observadas sob diferentes comportamentos: exploração ativa, imobilidade desperta, tremor de vibrissas, sono de ondas lentas e sono REM (ou paradoxical). Nos espectrogramas, o eixo x indica o tempo (com o período de cada comportamento marcado) e o eixo y ilustra a frequência da oscilação. A escala em tom de cinza do eixo z representa a magnitude ou potência de uma frequência particular da oscilação para cada estado cerebral. (Adaptado a partir de GERVASONI, D. et al. "Global forebrain dynamics predict rat behavioral states and their transitions". *Journal of Neuroscience* 24: 11137-11147, 2004, com permissão.)

de suas vibrissas faciais. No cérebro deles, um ritmo neural definido por oscilações conspícuas na faixa de cinco a nove hertz, conhecido como ritmo teta, se instala em estruturas corticais e subcorticais, além do ritmo beta e gama do estado de imobilidade desperta (figura 11.1). Como vimos no capítulo 5, um padrão muito peculiar de atividade cortical rítmica fica evidente quando ratos despertos e imóveis começam a produzir movimentos delicados e de baixa amplitude de suas vibrissas, os chamados "tremores de vibrissa". Esses tremores são acompanhados de oscilações neurais de sete a doze hertz, na mesma frequência dos movimentos das vibrissas, que surgem primeiramente no córtex somestésico primário (S1) e, logo depois, se espalham pelo núcleo ventroposterior medial do tálamo e outras estruturas neurais subcorticais.

Esse padrão de oscilações cerebrais é transformado repentinamente, todavia, quando ratos alertas mergulham nos estágios iniciais do sono. Quando as câmeras de vídeo gravam o momento em que eles ficam sonolentos, surge em seu cérebro uma oscilação de alta amplitude e alta sincronicidade, conhecida como fusos de sono. Classicamente, os fusos de sono são descritos como ondas de sincronia neural, na faixa entre sete e treze hertz, que "vêm e vão", navegando no topo de oscilações muito mais lentas, conhecidas como ondas delta. Assim, no momento em que os ratos mergulham mais fundo nesse estado de sono de ondas de baixa frequência, os fusos de sono gradualmente desaparecem e as ondas delta começam a dominar a atividade cortical. Nesse estágio, os animais já estão deitados, com olhos cerrados, desfrutando de uma gostosa soneca, mas ainda sem sonhos. Na progressão de seu ciclo normal de sono, eles começam a sonhar, porém, até onde sabemos, de maneira diferente da que nós, seres humanos, sonhamos: em vez de produzirem movimentos rápidos dos olhos (*rapid eye movement* – REM) durante essa fase do sono, os ratos vibram suas vibrissas faciais! Nesse ínterim, o resto da musculatura corporal relaxa, numa serena atonia. Esse padrão de comportamento peculiar do sono REM de roedores, que deveria ser denominado, mais apropriadamente, "movimentos rápidos das vibrissas", foi descrito pela primeira vez por meu querido orientador,

César Timo-Iaria, em 1970. Ele foi o primeiro neurofisiologista especializado no estudo do sono a sugerir que, diferentemente dos primatas, cujos sonhos são visuais, os ratos devem se deleitar com sonhos táteis! A despeito dessa peculiaridade, a assinatura eletrofisiológica do sono REM em ratos, como em outros mamíferos, é marcada por uma recorrência de oscilações de baixa amplitude e alta frequência que são virtualmente idênticas aos padrões de dessincronização cortical observados durante o estado de vigília. Um fato interessante a ressaltar é que as oscilações teta – o ritmo detectado quando ratos estão em exploração ativa – também aparecem no hipocampo durante a fase de sono REM.

Apesar de todos esses detalhes eletrofisiológicos do ciclo vigília-sono serem amplamente conhecidos, ninguém até então havia criado uma maneira de representar toda essa informação neurofisiológica num único gráfico bidimensional. Lin conseguiu tal feito ao criar uma representação gráfica que ilustra todas as possíveis variações da dinâmica global do cérebro, um dos componentes centrais do ponto de vista próprio do cérebro relativista. Para tanto, ele começou usando um algoritmo muito conhecido, a chamada Transformada Rápida de Fourier, para identificar as faixas de frequência dos registros de PCLs corticais e subcorticais que contribuíam majoritariamente, em termos de potência (amplitude), para o espectro de frequência das oscilações neurais que permeavam o ciclo vigília-sono de ratos. Essa análise revelou quatro faixas de frequências de grande interesse: de 0,5 a 20 hertz, de 0,5 a 55 hertz, de 0,5 a 4,5 hertz e de 0,5 a 9 hertz. A seguir, Lin testou quais potenciais relações entres essas faixas de frequência poderiam diferenciar mais claramente os diferentes estados cerebrais que caracterizam o ciclo vigília-sono. Depois de uma busca exaustiva, ele empregou duas razões de amplitude espectral, uma que dividia a potência observada para a faixa de 0,5 a 20 hertz pela potência da faixa de 0,5 a 55 hertz, e uma segunda fração, formada pela razão entre a faixa de 0,5 a 4,5 hertz e a faixa de 0,5 a 9 hertz. Uma vez que nessas duas frações o numerador era sempre parte do intervalo de frequência do denominador, os resultados dessas divisões, convenientemente, se restringiam a valores entre zero e um.

Tendo identificado a métrica apropriada, Lin calculou a seguir os valores dessas duas frações para cada segundo consecutivo das muitas e muitas horas de registro de PLCS obtidos simultaneamente no córtex, hipocampo, tálamo e gânglios da base dos vários ratos estudados. Para cada animal, quatro séries temporais extremamente longas (uma para cada estrutura neural registrada) foram então obtidas, para cada uma das duas frações. Cada um dos pontos, de cada uma dessas séries temporais, continha um valor entre zero e um. Para gerar um gráfico bidimensional que pudesse conter boa parte da informação contida nessas oito séries temporais (quatro estruturas × duas frações), Lin se valeu de uma técnica da estatística multivariada – chamada análise de componentes principais – para combinar linearmente (e otimamente) cada grupo de quatro séries temporais em uma única variável que descrevesse o comportamento de uma das frações de frequências no tempo, para o conjunto ou a combinação das quatro estruturas neurais registradas simultaneamente. Esse procedimento gerou duas séries temporais finais, uma para cada fração de frequências, que agora podiam ser usadas para gerar um gráfico bidimensional.

O monstro do lago Ness que vi pela primeira vez naquela tarde em que o Grande Atrator Cerebral me foi apresentado pode ser visto na figura 11.2. Percebe-se logo que os pontos individuais do gráfico não estão distribuídos de forma aleatória. Ao contrário, em conjunto eles definem uma imagem altamente organizada na qual alguns grupos, contendo uma alta densidade de pontos, são separados uns dos outros por "cinturões" com uma densidade bem menor de pontos. No momento em que analisamos esse gráfico de uma descrição comprimida das oscilações cerebrais do ciclo vigília-sono junto com a informação provida pelos vídeos que registravam o comportamento dos ratos, descobrimos que cada um dos grupos contendo uma alta densidade de pontos podia ser correlacionado com o período de ocorrência de um dos estados comportamentais fundamentais desse ciclo. Já os "cinturões" com menor densidade de pontos, espalhados por uma área maior do gráfico, coincidiam com os períodos de tempo nos quais os ratos passavam de um estado para outro do ciclo vigília-sono. Dado que cada ponto desse mapa de estados corresponde a um segundo de atividade cerebral, os aglomerados com maior densidade de pontos – aqueles que representam os principais estados comportamentais dos roedores – representam onde e como o cérebro dos animais despende a maior parte de seu tempo. A distribuição do tempo despendido em cada um dos estados do ciclo vigília-sono pode ser vista na figura 11.3. Vale ressaltar que, diferentemente dos aglomerados, as transições entre esses estados ocorrem com muito mais rapidez, o que explica o fato de elas ocuparem pouquíssimo tempo no gráfico e aparecerem de forma bem espalhada.

Essa representação gráfica criada por Lin abriu as portas para nossas tentativas de prever o comportamento geral de qualquer roedor durante o ciclo vigília-sono usando apenas a atividade eletrofisiológica de seu cérebro. Por exemplo, o aglomerado elíptico e extremamente denso observado no centro, que lembra o corpo do monstro do lago Ness, ilustra o período de tempo durante o qual o animal está acordado. Se a amplitude das frações de frequência do espectro das oscilações produz um ponto que se localiza nos dois terços mais à direita da elipse, o rato estará totalmente desperto, apoiado nas quatro patas, mas imóvel, sem mexer nem mesmo as vibrissas. Por outro lado, se a dinâmica interna cerebral produz um ponto localizado no terço mais à esquerda da elipse, o mesmo rato estará acordado, mexendo-se e explorando todo o ambiente ao redor. Se um ponto aparece agora no que parece ser o dorso do monstro, o mesmo rato estará começando a se sentir sonolento, ou até prestes a iniciar uma soneca, uma vez que já se encontra entrando no sono de ondas lentas. Uma região ainda menos populosa de pontos, o "pescoço" do monstro, conecta o "corpo desperto" com "a cabeça adormecida". Esse "pescoço" define uma região transiente na qual o cérebro do animal passa muito menos tempo do que nos dois estados (desperto e dormindo) que ele conecta.

Agora, se olharmos com bastante atenção, podemos identificar também um aglomerado de pontos bem pequeno, mas ainda assim denso, parecido com uma pequena asa, localizado ao lado do corpo de nosso monstro. Ele está conectado à cabeça do monstro por uma nuvem muito apagada de pontos. Acontece que esse diminuto

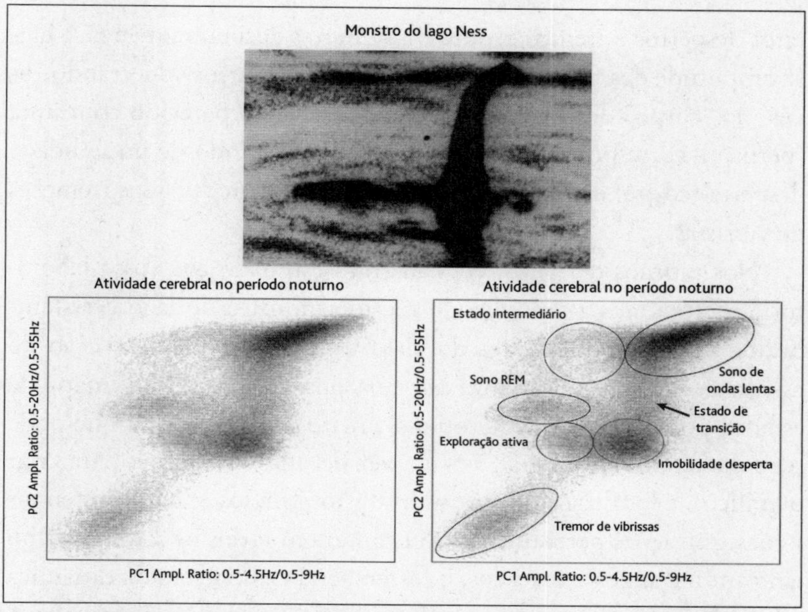

Figura 11.2 – O monstro do lago Ness, como representado pela famosa fotografia fabricada (painel superior). O seu parente cerebral é ilustrado no formato de um mapa de estados no painel inferior. No painel inferior à direita, os diferentes estados cerebrais, que correspondem a diferentes locais do mapa de estados, são marcados por elipses. Um estado de transição entre a imobilidade desperta e o sono de ondas lentas também é ilustrado. (Adaptado a partir de GERVASONI, D. et al. "Global forebrain dynamics predict rat behavioral states and their transitions". *Journal of Neuroscience* 24: 11137--11147, 2004, com permissão.)

elipsoide representa o período de tempo em que um rato passa experimentando o sono REM. Por outro lado, a nuvem apagada define o período de transição entre o sono de ondas lentas e o sono REM, um estado que ficou conhecido como sono intermediário. (O elipsoide que representa o sono REM também está conectado ao aglomerado que define o estado de vigília – corpo do monstro – por outra nuvem de pouquíssima densidade de pontos. Infelizmente, essa nuvem não pode ser vista num gráfico bidimensional, mas aparece bem quando uma terceira dimensão é adicionada.)

Por fim, no quadrante inferior mais à esquerda do mapa, um aglomerado muito denso de pontos aparece conectado ao elipsoide central que define o estado de vigília. Esse aglomerado, que se parece com os pés de nosso monstro adaptado para nadar rapidamente nas profundezas de um lago escocês, define o período de tempo em que ratos despertos e atentos produzem tremores de alta frequência e baixa amplitude das vibrissas faciais. Os pontos esparsos conectando "os pés" ao "corpo" do monstro – que definem algo parecido com uma "perna" – correspondem à transição entre o período de imobilidade desperta (corpo) e o período no qual o animal produz seus tremores de vibrissas.

Nos últimos dez anos, em cada rato estudado em nosso laboratório, detectamos a presença do mesmo monstro do lago Ness embutido no mapa de estados do ciclo vigília-sono. Com exceção do estado de tremores das vibrissas, cuja posição relativa no mapa de estados pode variar de sujeito para sujeito (um problema que pode ser solucionado usando-se três em vez de duas dimensões para criar o gráfico), a localização de todos os outros estados comportamentais e suas transições permanecem constantes em todos os ratos. Mesmo em camundongos e macacos, a forma geral desse mapa da dinâmica cerebral se mantém constante. Dessa forma, agora acreditamos que, quando dados obtidos em seres humanos se tornarem disponíveis, é praticamente certo que reencontraremos um velho amigo – o monstro do lago Ness –, menos o estado de tremores de vibrissas!

Para testarmos nossos achados, geramos outras representações gráficas, analisando os dados de cada uma das regiões corticais e subcorticais amostradas separadamente, em vez de combinadas. Mesmo dessa forma, o corpo de nosso predador escocês mitológico emergiu por detrás da neblina de pontos. Esse achado sugere que nenhuma região do cérebro – pelo menos naquelas que formam o chamado diencéfalo – de onde nossos registros elétricos foram obtidos define, sozinha, a dinâmica global interna do cérebro. Embora a imagem que descreve essa dinâmica global cerebral possa ser recuperada a partir de qualquer uma dessas estruturas diencefálicas, a combinação dos dados obtidos a partir de múltiplas delas permite um aumento significativo da resolução da silhueta do monstro. Esse fenômeno faz lembrar um holograma, comparação originariamente concebida e ardorosamente defendida, algumas décadas atrás, pelo neurocirurgião e neurocientista austríaco Karl Pribram (1919-2015), aluno de Karl Lashley.

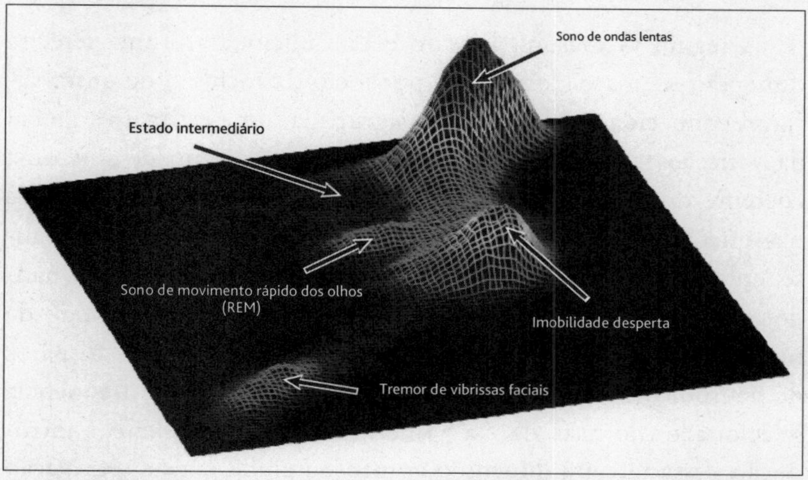

Figura 11.3 – Gráfico tridimensional quantifica o tempo despendido por ratos em cada um dos seus principais estados comportamentais. Os eixos x e y deste gráfico representam o mapa de estados da figura 11.2, enquanto a escala de tons do eixo z quantifica o tempo que ratos passam em cada um desses estados. Note que a maior parte da vida desses animais é despendida dormindo, sem sonhos, durante o estado de sono de ondas lentas. A imobilidade desperta define o segundo estado mais comum da existência desses roedores. (Cortesia do dr. Shih-Chieh Lin, National Institute on Aging/NIH, e do dr. Damien Gervasoni, Universidade Claude Bernard, France.)

De posse desses achados, criamos uma animação em tempo real do mapa de estados do monstro do lago Ness que nos permitiu traçar a evolução contínua da atividade elétrica do cérebro de nossos ratos enquanto eles transitavam de um estado fisiológico para outro. Essa animação nos permitiu quantificar como a distribuição de pontos do mapa de estados é construída em roedores envolvidos nos mais diversos experimentos. Tal análise revelou que o cérebro deles navega esse mapa de estados em trajetórias dinâmicas preferenciais e estereotipadas. Ou seja, em condições normais, algumas trajetórias pelo mapa de estados são permitidas e outras simplesmente não ocorrem. Na maioria dos casos, essas observações corroboram os achados comportamentais que indicam que animais não mudam diretamente, por exemplo, de um estado como o de tremores de vibrissas ou de vigília atenta para o sono REM, ou do estado de exploração ativa para o sono de ondas lentas. Assim, se alguma dessas trajetórias proibidas durante condições fisiológicas for observada em um animal, ela certamente indica algum tipo de problema – talvez um distúrbio neurológico.

A seguir, Gervasoni, Ribeiro e Lin adicionaram uma terceira dimensão ao mapa de estados, por meio da inclusão de outra variável conhecida como coerência agrupada, uma estimativa global da variação temporal (segundo a segundo) do grau de sincronia coerente dos disparos entre populações de neurônios localizadas nas quatro estruturas neurais amostradas. Numa primeira análise, enfocamos o intervalo de frequência entre 7 e 55 hertz. Quando essa medida de coerência agrupada aumenta, num período de um segundo, isso indica um aumento na sincronia dos disparos de neurônios dessas quatro estruturas, no intervalo de frequência selecionado (no caso, de 7 a 55 hertz). Para nosso deleite, a introdução dessa terceira dimensão aumentou ainda mais a segregação espacial entre os aglomerados densos – aqueles que identificam os estados comportamentais fundamentais dos animais – em nosso mapa de estados. Além disso, a escolha da coerência agrupada nos permitiu definir com grande precisão a frequência de disparos neuronais associada ao estado de tremores de vibrissas, já que esse comportamento está associado ao mais alto grau de disparo sincrônico observado nas estruturas cerebrais amostradas em nossos estudos.

Finalmente, a simples adição dessa terceira dimensão também nos permitiu demonstrar que as transições rápidas entre os estados principais são caracterizadas por mudanças de frequências abruptas e intensas. Por exemplo, quando um rato muda do estado de vigília silenciosa para o sono de ondas lentas, ou do sono de ondas lentas para o sono REM, neurônios em todas as estruturas cerebrais amostradas passam a apresentar um padrão muito mais sincrônico de disparos na frequência de 7 a 20 hertz. No caso da transição para o sono REM, esse aumento abrupto em sincronia define o chamado sono intermediário. A animação do mapa de estados também mostrou que trajetórias de um estado para outro (por exemplo, do estado de vigília atenta para o sono de ondas lentas) podem falhar, fazendo com que a atividade cerebral retorne para o estado de partida. Estudos subsequentes revelaram que essas "falhas" ocorrem principalmente devido ao fato de que a atividade elétrica cerebral não atinge os níveis apropriados de sincronia requeridos para a mudança de um estado para outro.

Durante os últimos cinquenta anos, muitos laboratórios obtiveram evidências de que as transições entre diferentes estados do ciclo vigília-sono são determinadas pela interação de uma série de neurotransmissores, conhecidos como neuromoduladores. Essas substâncias químicas, que incluem a acetilcolina, a noradrenalina, a serotonina, a dopamina e, muito provavelmente, o GABA, são produzidos por grupos de neurônios "moduladores" localizados numa variedade de estruturas neurais subcorticais. Devido às suas projeções axonais que atingem praticamente todo o diencéfalo, esses neurônios moduladores podem despejar seus neurotransmissores por quase todo o cérebro. A maioria dos estudos conduzidos até hoje tem se concentrado no papel de cada um desses neurotransmissores em iniciar ou manter um dos diferentes estados de sono ou vigília. Na minha opinião, todavia, é a ação coletiva desses neurônios moduladores que determina, a cada momento, a mudança ou a manutenção de um ou outro estado de dinâmica interna cerebral, que corresponde a um estado comportamental equivalente.

Nesse contexto, o mapa de estados que lembra o monstro do lago Ness é uma representação condensada da dinâmica global cerebral e de como essa dinâmica é determinada pela energia disponível para o uso do tecido neural. De momento a momento, a dinâmica global cerebral de um dado indivíduo varia em função da influência neuromoduladora que esculpe a forma como bilhões de neurônios produzem sua sinfonia elétrica. O cérebro, porém, só pode navegar por um grupo específico de trajetórias dinâmicas que ligam pares de estados internos estáveis, desde que seus circuitos neurais consigam gerar disparos coerentes que cruzem o limiar de sincronia (ou energia) necessário para realizar uma dessas transições de estado. Tal transição ocorre quando o diencéfalo como um todo atinge um alto grau de sincronia coerente dos disparos elétricos de seus neurônios.

Com todas essas contribuições, não foi à toa que o monstro do lago Ness rapidamente se transformou em nosso animal de estimação favorito!

Embora o mapa de estados dinâmicos do cérebro possa parecer muito abstrato para a maioria das pessoas, sua introdução permitiu que encontrássemos uma possível nova explicação para observações experimentais que permaneciam como um grande mistério até então. Tomemos como exemplo os resultados obtidos quando um mesmo estímulo físico do mundo exterior chega à periferia do corpo durante diferentes estados de dinâmica global cerebral. Esse caso espelha muito bem como o mapa de estados nos oferece uma ótima janela para observar o ponto de vista próprio do cérebro.

No capítulo 5, vimos como a informação gerada no mundo exterior é detectada pelos receptores sensoriais periféricos do corpo e traduzida para gerar um fluxo espaçotemporal de atividade elétrica que ascende pelas vias sensoriais até o sistema nervoso central. Naturalmente, no momento preciso em que esse sinal espaçotemporal ascendente atinge os circuitos corticais, o cérebro encontra-se num de seus estados dinâmicos internos. De acordo com a hipótese do cérebro relativista, é a colisão desses dois sinais espaçotemporais neurais – o que representa o sinal que ascende da periferia do corpo e aquele que define o estado dinâmico global do cérebro – que gera num dado momento do tempo o padrão de atividade elétrica – e também magnética – que define a percepção subjetiva do mundo. De acordo com essa visão, seria de esperar que estímulos sensoriais periféricos idênticos, que chegam ao córtex em diferentes estados dinâmicos internos do cérebro, deveriam produzir padrões de atividade completamente distintos e, portanto, induzir experiências perceptuais diferentes no mesmo indivíduo.

Como vimos no capítulo 5, mesmo antes da descoberta de um modo de reconhecer a presença do monstro do lago Ness no mapa de estados do cérebro de roedores, havíamos encontrado uma forma de aplicar, passivamente, estímulos táteis idênticos ao nervo infraorbital, o ramo do nervo trigeminal que inerva as vibrissas faciais dos ratos. Esses estímulos foram aplicados durante três estados comportamentais bem definidos: imobilidade desperta, exploração ativa e período de tremores de vibrissas. Durante os experimentos, observamos que, quando o estímulo tátil atingia o cérebro dos animais nesses três estados distintos, a resposta elétrica evocada nos neurônios corticais e talâmicos era muito diferente. Em outra série de experimentos, estudamos se o modo de aplicar o estímulo (passivamente *versus* ativamente) fazia diferença. De novo, observamos que tanto as respostas corticais como as talâmicas diferiam de maneira dramática – sobretudo quando o animal voluntariamente usava as vibrissas para coletar a informação contida no estímulo. Na mesma época, outro estudo conduzido no laboratório de meu amigo Sidney Simon, no Departamento de Neurobiologia da Universidade Duke, a estudante de doutorado Jennifer Stapleton demonstrou que as propriedades fisiológicas das respostas sensoriais de neurônios do córtex gustatório também diferiam de maneira significativa, dependendo se o animal estava lambendo ativamente a abertura de um tubo plástico para provar uma substância química ou recebendo passivamente uma amostra dessa mesma substância na superfície da língua.

Esses achados também foram corroborados pela investigação dos padrões de atividade cerebral durante o período do sono de ondas lentas, quando o circuito talamocortical passa a ser totalmente dominado pelos fusos de sono e suas oscilações altamente sincrônicas. A dominância de todo esse circuito por essas oscilações produz uma interrupção quase completa da transmissão de informação sensorial vinda da periferia para o córtex. Por causa disso, alguns neurofisiologistas chamam esse fenômeno de "desconexão funcional" entre o sistema nervoso periférico e o central, uma vez que nenhum sinal ascendente parece capaz de cruzar a fronteira talâmica e alcançar os campos corticais primários. Achados similares aos nossos, no que tange à variabilidade da resposta sensorial de acordo com o estado comportamental do animal, foram recentemente relatados em experimentos envolvendo os sistemas visual e auditivo.

Vale ressaltar a esta altura que a dinâmica global do cérebro define apenas um componente do ponto de vista interno do sistema nervoso central. Dentro dessa dinâmica interna podemos encontrar pilhas de memórias, acumuladas durante todas as experiências prévias do indivíduo. Essa informação mnemônica também contribui para a colisão espaçotemporal dos sinais periféricos ascendentes e os estados dinâmicos internos do cérebro. De acordo com a hipótese do cérebro relativista, a existência dessas memórias é sentida mesmo antes da chegada do sinal que vem da periferia do corpo para o diencéfalo. Na realidade, esse arquivo de memórias de toda uma vida dita a geração de sinais antecipatórios por todo o córtex e boa parte do diencéfalo. Tais sinais elétricos antecipatórios, que incluem componentes das instruções motoras criadas pelo cérebro do animal para guiar sua exploração, podem explicar o fato de que a atividade elétrica de neurônios em todas as camadas do córtex S1, e também nos núcleos talâmicos, é modulada, para cima ou para baixo, várias centenas de milissegundos antes do momento em que o animal toca qualquer objeto com a ponta das longas vibrissas faciais. Sob a influência dessa "expectativa", que pode tanto aumentar como reduzir a frequência de disparo de neurônios de uma população, o estado interno do cérebro é pré-ajustado, com a exibição de um modelo inicial daquilo que ele espera encontrar no mundo exterior. Nesse sentido, o cérebro relativista literalmente "vê" antes de "enxergar", para impor a cada um de nós seu próprio ponto de vista sobre o mundo que nos circunda.

Acredito que sejam os encontros e desencontros entre esses dois sinais espaçotemporais, um gerado dentro do cérebro e o outro proveniente da transdução de estímulos do mundo exterior, que definem o que percebemos como realidade. Isso implica que a tão procurada verdade absoluta não existe, porque o cérebro não é um mero escravo daquilo que, por exemplo, nossas retinas dizem ver. Essa colisão neurofisiológica sintetiza o *princípio da contextualização*.

> PRINCÍPIO DA CONTEXTUALIZAÇÃO
>
> A forma como o cérebro responde como um todo, seja em resposta a um estímulo sensorial, seja para produzir um comportamento motor particular, depende de seu estado global interno a cada instante; isto é, a dinâmica cerebral contínua é essencial para definir a solução ótima que o cérebro encontra para a geração de qualquer comportamento.

É preciso enfatizar que, provavelmente, o mapa de estados do monstro do lago Ness revela apenas alguns dos estados dinâmicos internos do cérebro que suprem as necessidades requeridas para a geração dos pensamentos. Na realidade, dezenas ou mesmo centenas de outros estados devem existir embutidos em nosso gráfico, mas eles ainda não podem ser distinguidos facilmente. Por exemplo, é provável que estados menores, muito mais especializados, residam dentro do grande aglomerado de pontos que define o tempo durante o qual nossos roedores estão acordados. Descobrir e analisar esses estados continua sendo uma prioridade experimental para nosso laboratório e outros espalhados por todo o mundo.

Neste momento, a introdução de um modelo gráfico pode ajudar a visualizar o conceito das colisões espaçotemporais cerebrais, do limite energético imposto ao cérebro e, acima de tudo, de minha metáfora do cérebro como um grande oceano de eletricidade, circunscrito por ondas de tempo neuronal. Chamei esse gráfico de "modelo da bola e do arame" (figura 11.4).

No modelo da bola e do arame, um circuito fechado de arame sobe, mergulha e se dobra num volume tridimensional, seguindo os

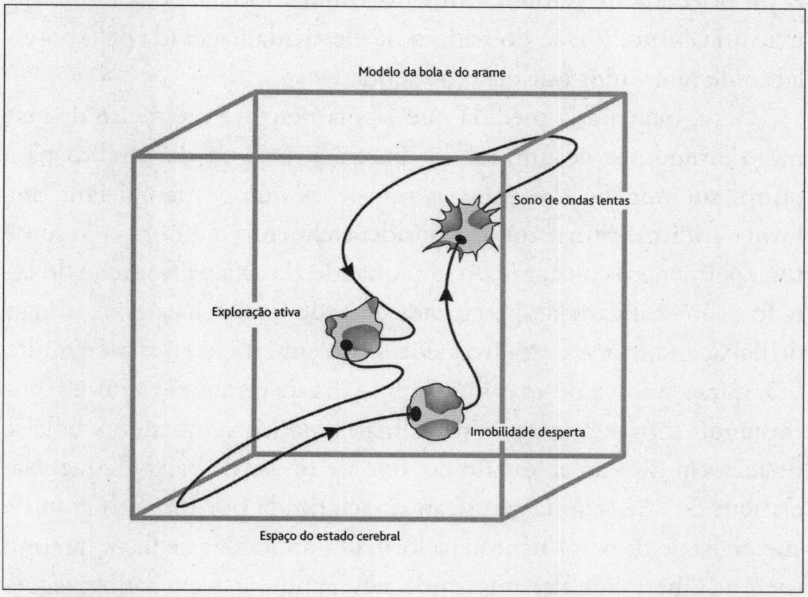

Figura 11.4 – Modelo da bola e arame. (Ilustrado pelo dr. Nathan Fitzsimmons, Universidade Duke.)

caminhos viáveis que o cérebro pode tomar dentro do mapa de estados do monstro do lago Ness para mover-se de um estado dinâmico interno para outro. Nessa metáfora gráfica, as dobras e as torções que o arame sofre podem ser entendidas como o circuito de uma "montanha-russa" por onde a atividade elétrica cerebral navega durante o ciclo vigília-sono.

Agora, adicionemos uma bola a esse modelo. Convenientemente, ela tem um pequeno furo no centro, que lhe permite escorregar livremente pelo circuito de arame, aonde quer que este resolva levá-la num passeio pela montanha-russa neuronal cotidiana. Nesse modelo, a bola representa uma amostra aleatória de neurônios corticais; um bom pedaço de tecido cortical que pertence a uma região específica, digamos, o córtex somestésico primário (nosso velho amigo S1). Por definição, o volume total da bola é mantido constante à medida que ela percorre o circuito de arame. Isso se dá porque seu volume representa o número máximo de potenciais de ação que a amostra de neurônios pode gerar, que é limitado pela quantidade máxima de energia disponível para uso do cérebro. A propriedade mais interessante dessa bola, todavia, é que sua forma varia como função do padrão de eletricidade gerada pela população de neurônios que ela representa.

Dessa maneira, à medida que a bola percorre o circuito de arame, movendo-se de um estado dinâmico interno do cérebro para outro, subindo ou descendo as transições que os flanqueiam, sua forma tridimensional muda consideravelmente, embora o volume total permaneça constante. Assim, quando ela está na fronteira do estado de imobilidade desperta, caracterizado por oscilações neuronais de baixa amplitude e alta frequência, sua superfície mostra-se muito lisa, quase como a do mar num calmo dia de verão sem vento. Contrastando com essa imagem de calmaria marítima, quando a bola se desloca em direção ao estado de sono de ondas de baixa frequência, ela tem de cruzar uma transição caracterizada por um alto grau de coerência de disparos neuronais formado por ondas de fusos de sono (de 7 a 12 hertz) de alta amplitude, navegando no topo das oscilações delta de baixa frequência. Nesse instante, sua superfície começa a apresentar grandes distorções, criadas pela presença de ondas muito grandes e rítmicas, seguidas de vales marítimos que se formam nos intervalos entre elas. Essa e outras mudanças bruscas no formato da bola viajante se devem ao fato de que, enquanto ela trafega pelo circuito de arame, sua representação tridimensional da atividade espaçotemporal de uma amostra de neurônios corticais é continuamente influenciada pelas mudanças dos estados dinâmicos internos do cérebro representadas por esse modelo.

Agora, suponha que uma quarta dimensão seja acrescentada à bola ambulante. Isso pode ser feito facilmente com a criação de uma escala de cores que mede quão rápido cada neurônio da amostra está disparando num período fixo de tempo – um segundo, por exemplo – ao redor do instante no qual um estímulo espaçotemporal colide com a bola, enquanto esta viaja por sua montanha-russa feita de arame neuronal. Nesse código de cores, o cinza-escuro representa uma frequência de disparo muito alta comparada com a média, enquanto o cinza-claro representa uma frequência de disparo muito abaixo da média do neurônio. Tons intermediários descrevem frequências de disparo eletroneuronal entre esses dois extremos. Os tons de cinza da bola imaginária são, convenhamos, muito diferentes de qualquer outra bola, mudam radicalmente, dependendo de onde no circuito de arame ela se encontra quando um estímulo sensorial do mundo exterior colide com ela.

Se nosso animal se encontra no estado de imobilidade desperta – alerta, mas sem estar engajado numa exploração ativa do mundo –, a chegada de um estímulo sensorial do mundo exterior causará um aumento intenso e repentino da frequência de disparo dos neurônios contidos na bola. Esse aumento será breve e transitório, pois em alguns milissegundos a velocidade de disparo começará a cair rapidamente até ficar bem abaixo da média inicial, devido ao início de um período de potente inibição pós-excitatória que dura dezenas de milissegundos. O modelo da bola e do arame representa essas modificações dinâmicas na frequência de disparo neuronal.

Um observador que seguisse nossa bola veria essa sequência da seguinte forma: primeiramente, ele observaria o surgimento abrupto de múltiplos picos cinza-escuro de sua superfície da bola, representando o aumento transiente da frequência de disparos neuronais em resposta à chegada do estímulo sensorial. Essa deformação seria rapidamente seguida pelo surgimento de depressões ou buracos cinza-claro por toda a bola. Quanto maior o número de neurônios corticais recrutados pela chegada do estímulo sensorial, maiores seriam tanto os picos cinza-escuro como os buracos cinza-claro a pipocar pela superfície da bola.

As coisas assumiriam um aspecto muito diferente, todavia, se um estímulo sensorial idêntico alcançasse a mesma bola de tecido cortical enquanto ela estivesse passando pela região do arame que representa o estado de exploração ativa. Durante esse estado cerebral, os neurônios corticais modulam sua atividade elétrica para cima e para baixo muito antes da chegada de um estímulo sensorial ao córtex S1. Por essa razão, a superfície da bola apresentaria elevações e depressões que anteciparíam sua colisão com o estímulo. No momento da colisão, a superfície da bola sofreria uma deformação complexa e muito colorida completamente diferente da observada durante a mesma colisão ocorrida durante o estado de imobilidade desperta. Essa diferença seria particularmente evidente porque quantidades distintas de neurônios seriam recrutadas a responder a um estímulo mecânico de uma vibrissa, dependendo se o animal se encontrava no estado de imobilidade desperta ou de exploração ativa.

Como se pode ver, tudo é relativo quando o cérebro tenta interpretar sinais sensoriais ao longo de seus diferentes estados dinâmicos internos. Por exemplo, a figura 11.5 ilustra amostras do padrão de disparo de um mesmo neurônio para períodos de um segundo. O trecho representado na porção superior da figura ilustra a frequência de disparo do neurônio durante o período de imobilidade desperta. Como qualquer outro neurônio, esse tem um limite máximo de velocidade de disparo, que é definido por seu período refratário, o período mínimo necessário para que uma célula nervosa, depois de um disparo elétrico, recarregue o capacitor de sua membrana. Se admitirmos que o período refratário de um dado neurônio é de dois milissegundos, sua frequência (ou velocidade) máxima de disparo é limitada a quinhentos potenciais de ação por segundo. Note como, no gráfico do topo da figura 11.5, os potenciais de ação individuais produzidos pelo neurônio durante o período de imobilidade desperta estão espalhados durante todo o período de um segundo analisado e que a maioria dos intervalos entre esses potenciais de ação são bem longos, envolvendo dezenas de milissegundos, ou seja, muito maiores do que o período refratário dessa célula. Esse período de disparo espontâneo é conhecido como processo de Poisson, no qual a sequência de eventos individuais (potenciais de ação) ocorre contínua mas independentemente.

Agora, imagine que, no final desse primeiro segundo, um estímulo tátil colida com o estado dinâmico interno do mesmo neurônio representado no topo da figura. Como esperado, esse neurônio responde robustamente a essa colisão com o estímulo, produzindo uma sequência de potenciais de ação no começo de um novo período de um segundo, que é representado pelo gráfico do meio da figura 11.5. Assim, em vez de se dispersar ao longo de todo o segundo período de um segundo como se esperaria, dado o padrão anterior de disparo, a distribuição dos potenciais de ação mudou dramaticamente, pois agora a maioria dos potenciais de ação se aglomera no começo do período de um segundo, ao redor do instante no qual o estímulo atingiu o neurônio. Isso significa que, nesse instante inicial do novo período de um segundo, cada potencial de ação se encontra separado do próximo por apenas alguns poucos milissegundos. O neurônio agora dispara numa velocidade muito mais alta, que chega muito próximo da máxima velocidade instantânea de disparo de quinhentos potenciais por segundo, uma parede biofísica construída com base nos limites biológicos da membrana do neurônio e a máxima quantidade de energia que se encontra disponível para essa célula.

Depois da salva inicial de potenciais de ação, pode-se observar um longo período, que dura algumas centenas de milissegundos, durante o qual nenhum potencial de ação é produzido pelo mesmo neurônio. De acordo com a hipótese do cérebro relativista, esse período silencioso é imperativo: dado que o padrão de disparo do neurônio é limitado pelo número máximo de potenciais que podem ser produzidos pela célula – algo que poderíamos chamar de um "orçamento de potenciais de ação neuronal" que define a velocidade de disparo instantânea máxima – para representar efetivamente a informação contida no estímulo sensorial, o neurônio tem de literalmente "emprestar" alguns potenciais de ação de seu "orçamento" total. Normalmente, como vimos, esse orçamento de potenciais de ação seria gasto ao longo de um período bem longo – em nosso exemplo, usamos um segundo por conveniência. Agora, todavia, os potenciais de ação previstos no orçamento precisam ser produzidos rapidamente, o que, de fato, cria uma deformação (*warping*) da referência interna temporal desse neurônio.

Finalmente, o modelo da bola e do arame permite ilustrar de maneira exata o que acontece quando um estímulo tátil é aplicado durante o período em que um animal se encontra profundamente

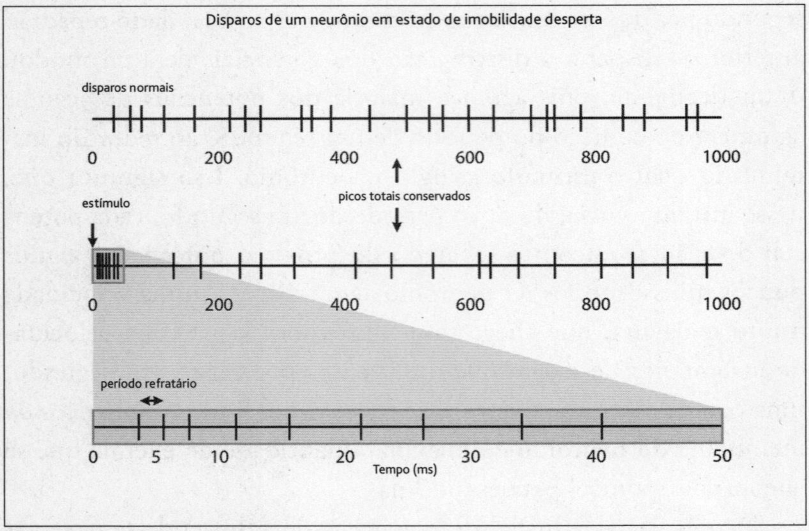

Figura 11.5 – Padrões de disparo de um neurônio durante atividade espontânea (painel superior) e durante a ocorrência de um estímulo sensorial (painel do meio). O período refratário, ilustrado no painel inferior, define a velocidade máxima de disparo do neurônio. Durante esses períodos, a atividade elétrica total do cérebro tem de ser mantida abaixo de um valor máximo. (Ilustrado pelo dr. Nathan Fitzsimmons, Universidade Duke.)

anestesiado. Quando as oscilações características do período de anestesia profunda são registradas em várias partes do cérebro de roedores, o mapa de estados do monstro do lago Ness despenca num único ponto, transformando-se num empobrecido e restrito buraco negro mental. Uma vez que diferentes anestésicos afetam vias neurais de forma distinta e que alguns deles atuam potenciando neurônios GABAérgicos que inibem neurônios pós-sinápticos, quando um animal é anestesiado tanto os campos receptivos de seus neurônios quanto os mapas encontrados em regiões corticais e subcorticais sofrem um processo de circunscrição muito exacerbado. Como resultado, observam-se representações neuronais esculpidas em excesso, que deixam de expressar por completo a riqueza característica da dinâmica neuronal observada em condições naturais de vigília. Longe de ser dinâmico, esse estado empobrecido condena o indivíduo à inconsciência, ao roubar a mente de seu cérebro.

A discussão sobre o limite da velocidade de disparo dos neurônios individuais e a noção de que o cérebro como um todo tem uma quantidade finita de energia alocada para seu consumo apoia dois novos princípios: o *princípio da conservação de disparos das populações neurais*, que foi experimentalmente verificado em nosso laboratório em múltiplas áreas corticais de várias espécies de mamíferos, e o *princípio do efeito da massa neural.*

PRINCÍPIO DA CONSERVAÇÃO DE DISPAROS DAS POPULAÇÕES NEURAIS

Não só existe um limite máximo para a velocidade de disparo que uma população de neurônios pode alcançar como a frequência de disparo global dessa população tende a permanecer constante, oscilando em torno de uma média, devido à variedade de mecanismos compensatórios que criam um estado de equilíbrio. Se um neurônio individual ou uma população de neurônios aumenta sua frequência de disparo instantaneamente, uma redução equivalente no número de disparos elétricos tem de ser produzida por outros membros dessa população neuronal, de modo que o orçamento energético global do cérebro se mantenha constante ao longo do tempo.

PRINCÍPIO DO EFEITO DA MASSA NEURONAL

Quando o número de membros de uma população neural aumenta e suplanta certo número muito elevado, a quantidade de informação embutida nela tende a convergir a um valor que determina sua capacidade máxima. Esse efeito contribui para a redução da variância estatística das predições obtidas a partir da atividade dessa população de neurônios. Esse princípio oferece uma possível explicação para o achado obtido experimentalmente que determina que a alta variância observada nos padrões de disparo de um neurônio individual pode ser eliminada quando a contribuição desse neurônio é combinada àquelas derivadas de uma grande população neural à qual essa célula passa a pertencer durante a execução de um comportamento específico.

Para confirmar a aplicabilidade do princípio de conservação de disparos das populações neurais no córtex humano, neurocientistas terão de usar métodos como a ressonância nuclear magnética, técnica que mede indiretamente o consumo de energia pelo tecido neural em tempo real. Minha previsão é que, para cada volume cortical em que um aumento na atividade metabólica for detectado, haverá uma massa equivalente de neurônios exibindo uma redução metabólica de mesma monta.

Dados os limites impostos pelo orçamento fixo de consumo de energia do cérebro e por uma velocidade máxima possível para neurônios individuais, o formato da distribuição do tempo de disparo dos neurônios tem de ser ajustado para permitir que cada um deles represente uma pequena fração da informação contida num dado estímulo sensorial. Além disso, o recrutamento espacial de neurônios que indicam a ocorrência de uma colisão particular entre um estímulo sensorial e a atividade contínua de um estado dinâmico interno do cérebro tende a variar a cada momento no tempo. Numa série de experimentos conduzidos em nosso laboratório, observamos que, se dois estímulos sensoriais idênticos atingem o sistema nervoso central durante dois de seus estados internos distintos, a distribuição espacial de neurônios que responde a esses estímulos idênticos será muito diferente. A hipótese do cérebro relativista sugere que esse grande grau de variabilidade é ditado pelo delicado equilíbrio energético que o cérebro tem de manter a todo momento; se num dado instante um determinado neurônio "pegou emprestados" de seu orçamento finito muitos de seus disparos futuros para produzir uma resposta exuberante a um estímulo, outro neurônio precisa reduzir sua taxa de disparos para poder "financiar" a exuberância do colega vizinho. De certa forma, essa manobra lembra o funcionamento do sistema financeiro, no qual alguns poucos banqueiros sugam todo o dinheiro do mercado como se fossem donos de um gigantesco aspirador, enquanto milhões de cidadãos comuns, de repente, se veem despojados de todo o seu pequeno capital.

Essa noção de equilíbrio energético neural deve muito a um dos clássicos conceitos da fisiologia de sistemas, o chamado *milieu intérieur* (mais tarde conhecido como homeostase), desenvolvido pelo fisiologista francês Claude Bernard (1813-1878). Quase esquecidos nos currículos extremamente reducionistas das faculdades de medicina contemporâneas, os mecanismos homeostáticos desempenham um papel central na regulação dos estados dinâmicos do corpo ao longo de toda a nossa vida consciente. No que se refere à hipótese do cérebro relativista, proponho que mecanismos fisiológicos que mantêm a homeostase cerebral, particularmente o nível de consumo de energia, podem ser responsáveis por definir os limites de processamento de informação pelo cérebro humano.

Encontrar a relação matemática, se é que ela existe, entre essas duas quantidades, energia e informação, seria um dos maiores acontecimentos da neurociência moderna. Mas tal evento seria capaz de desvendar os mistérios do sempre egocêntrico cérebro humano?

Quem viver verá!

CAPÍTULO 12

COMPUTANDO COM UM CÉREBRO RELATIVÍSTICO

Naquela tarde de 21 de junho de 1970, no meio de uma onda de calor que atingia a Cidade do México, as seleções de futebol do Brasil e da Itália disputaram aquela que é considerada por muitos a mais memorável final da história das Copas do Mundo. Tanto os brasileiros, liderados por Pelé, como os italianos do lendário líbero Giacinto Facchetti, do Internazionale de Milão, sonhavam com um terceiro título mundial e o direito de manter para sempre a taça Jules Rimet.

Depois de um primeiro tempo que terminou empatado em 1 x 1, a seleção brasileira orquestrou mais uma exibição de gala. Com o relógio chegando aos últimos minutos da partida, o placar já estampava a liderança brasileira por 3 x 1, anunciando uma vitória muito esperada.

Mas vencer nunca fora o suficiente para aquele bando de brasucas. Talvez isso explique por que a última grande jogada da partida pareceu brotar, por pura mágica, assim que Tostão sub-repticiamente roubou a bola dos pés e das pernas exaustos de um atacante italiano, próximo do perímetro esquerdo da área brasileira, e produziu um passe inconsequente para Piazza. Este, que parecia apenas passear pela vizinhança, desviou a pelota com graça para Clodoaldo, que, obedecendo às leis da física e ao bom senso na mesma medida, não titubeou um milissegundo ao transferi-la para os pés de Pelé, que, como onça faminta, rondava o meio de campo brasileiro em busca de uma presa adversária. Pelé empregou apenas o que pareceu uma carícia para entregar a bola a Gérson, que, apressado, a transferiu de volta à guarda de Clodoaldo. Num piscar de olhos, ficou claro que Gérson, em geral muito cerebral, havia involuntariamente criado um problema para o córtex motor de nosso médio-volante sergipano. Cercado por quatro jogadores italianos desesperados por remover--lhe a prenda de couro, Clodoaldo não dormiu no ponto. Imediatamente depois de assimilar a pelota como parte do próprio corpo, usando pequenos toques de seu sempre confiável pé direito, ele deu início a uma sequência de dribles, gingas e quebradas de quadril que lhe assegurou um caminho seguro por pernas e corpos desequilibrados, sambando com sua parceira pelos cinco segundos seguintes até que o último de seus oponentes se desse conta de que ali, naquele instante, não havia nada para mais ninguém.

Recuperando-se de seu ato de malabarismo e ousadia, nosso camisa 5 logo avistou Roberto Rivelino rondando a linha lateral do gramado. Como quem não quer nada, arremessou a bola na direção da "Patada Atômica", apelido que os mexicanos inventaram para o prodigioso e letal pé esquerdo de Rivelino. Apesar da vitalidade natural, ele parecia cansado e talvez por isso não tenha esperado muito tempo para tocar a bola para Jairzinho – o Furacão –, que esperava, bem à sua frente, no flanco esquerdo do ataque brasileiro. Sem nem ao menos olhar sua velha companheira, o cérebro de Jairzinho prontamente assimilou a ferramenta de sua arte e, com sequências rápidas de toques breves, dirigiu aquele corpo num ataque frontal, seguido por uma súbita guinada para a direita. Nesse instante, um defensor italiano fez sua última tentativa de alterar o destino. Sob ataque, o Furacão não teve escolha a não ser usar um truque velho de infância e valer-se de "um passe de bico" para lançar a redondinha diretamente para o pé direito de Pelé, que, a essa altura, já havia cruzado toda a extensão do campo para se posicionar bem à frente da área italiana.

Parando o suficiente para, como era seu hábito, seduzir a pelota com o pé, Pelé por pouco não notou quando Tostão, ao tentar se livrar de um defensor, gritou apontando para um lugar vazio num tempo e num espaço futuros. Reconhecendo a clarividência do colega, Pelé, quase que num ato de desdém, simplesmente despachou aquela emissária esférica para uma vasta região desocupada, à sua direita. E foi assim, no momento em que atingiu a destinação projetada só para ela pela mente genial do Rei do Futebol, no exato segundo em que todos pensaram que ele havia enlouquecido ao remetê-la para a terra de ninguém, que a bola foi interceptada pelo golpe desferido pelo pé direito de Carlos Alberto, o capitão do escrete canarinho, que havia jogado ao lado de Pelé por boa parte da década anterior. O que aconteceu então definiu o único evento previsível daquela exibição inebriante de composição a dezesseis pés:

GOOOOOOOOOOOOLLLLLLLLLLLLLLLLLLLLL!

O grito infindável do narrador se seguiu a um golaço para ninguém botar defeito: trinta segundos de passes sem interrupção. Oito jogadores tocando na bola e nenhum deles tendo a menor ideia de qual poderia ser o resultado de sua interação com os outros companheiros de time. Aquela sequência inesquecível de movimentos corporais, e o placar final de 4 x 1 que ela decretou, demonstra o poder incalculável dos comportamentos emergentes de um sistema dinâmico complexo. Não importa quão capacitados e inteligentes fossem aqueles jogadores individualmente, a jogada que eles engendraram juntos jamais poderia ter sido predita ou planejada *a priori* – na realidade, essa jogada simplesmente emergiu da atividade motora voluntária combinada de todos, em centenas de milissegundos, muito antes de se transformar em um pensamento consciente.

Confrontada com o comportamento imprevisível de um sistema complexo como o descrito acima, a estratégia reducionista clássica preconizaria quebrar o sistema em seus menores componentes constituintes e, depois de caracterizar detalhadamente as propriedades de cada um deles, tentar explicar o sucesso do sistema a partir dos princípios fundamentais que regem o funcionamento de seus elementos individuais. Tal abordagem, todavia, não teria a menor chance de explicar como aquele grupo de brasileiros geniais orquestrou a jogada magistral que decretou naquela tarde a conquista de nossa terceira Copa do Mundo. Por exemplo, vamos imaginar que nosso reducionista de plantão, quando convocado para explicar o ocorrido, decretasse que cada jogador do time brasileiro fosse considerado a unidade fundamental da seleção canarinho. Nada soaria mais sensato. Após tal escolha, nosso consultor muito provavelmente anunciaria que, para entender os mecanismos que levaram à criação daquela jogada épica, seria necessário coletar todos os dados disponíveis que caracterizassem, em detalhe, cada um dos jogadores envolvidos na trama que resultara no quarto gol. Assim, uma equipe de pesquisadores se dedicaria à tarefa de mensurar o tempo médio de reação, bem como o metabolismo muscular e as capacidades motoras de cada um. O perfil psicológico e o desempenho em jogos anteriores, em particular naqueles que foram decisivos, seriam estudados para construir um perfil individual do processo de tomada de decisão. Um entusiasta mais radical dessa abordagem reducionista poderia então sugerir que uma resposta definitiva só seria obtida com a análise do genoma completo de cada jogador. Logo, montanhas de informações sobre eles seriam introduzidas num gigantesco banco de dados. Como sugere o físico britânico John D. Barrow em seu delicioso *Impossibility* [Impossibilidade], "todos os exemplos que listamos aqui são feitos de átomos se olharmos a um nível reduzido o suficiente, mas isso não nos ajuda a entender a distinção entre um cérebro e um livro".

A despeito de todos os seus esforços, ninguém que alimentasse um gigantesco banco de dados descrevendo os diferentes atributos dos jogadores brasileiros da seleção de 1970 teria chance de prever o comportamento daquele time numa partida de futebol. Ao contrário, ele teria de ser classificado como mais um fenômeno não computável da natureza. Ninguém seria capaz de reconstituir ou prever aquele exemplo irrefutável de "química futebolística" usando qualquer estratégia reducionista porque aquela jogada genial simplesmente emergiu da interação dinâmica de oito variáveis interconectadas, que definiram o melhor grupo de jogadores de futebol de todo o mundo no ano de 1970.

Para ter uma ideia melhor dessa asserção, basta, por exemplo, considerar o número astronômico de interações (ou jogadas) que os onze jogadores que formam um time de futebol podem realizar. Esse número é tão grande que também é, basicamente, incalculável. Em seu livro, Barrow descreve o enorme grau de complexidade que pode ser gerado por um sistema formado por uma grande quantidade de elementos conectados. Ele diz: "Estruturas complexas apresentam limiares de complexidade que, quando cruzados, dão origem a saltos repentinos de complexidade". Dentro desse contexto, Barrow argumenta que

> uma pessoa pode fazer muitas coisas; acrescente outra, e outro tipo de relacionamento se torna possível; adicione gradualmente algumas outras pessoas, e o número de interações pessoais complexas de repente cresce enormemente. Sistemas econômicos, sistemas de tráfego, redes de computadores: todos esses exemplos exibem saltos repentinos de operação em consequência do crescimento das ligações que unem seus elementos constituintes.

E, quando o grau de complexidade dá saltos repentinos, crescem instantaneamente o grau de imprevisibilidade e o conteúdo de informação de um sistema. Tais saltos são parte da história do universo. Na realidade, poderíamos dizer que no começo existia apenas a física. Depois a química apareceu. A biologia então evoluiu, levando à emergência do pensamento consciente. Foi aí que tudo em nossa fração do cosmos mudou dramaticamente. Pelo menos no que tange à nossa humilde perspectiva.

Se parece tão difícil prever o comportamento coletivo de um grupo formado por apenas onze pessoas, como poderíamos ter esperança de entender o funcionamento dinâmico de uma população de neurônios, amostrada de um *pool* de dezenas de bilhões de elementos do cérebro humano? Esse é o dilema que assolou neurocientistas de sistemas por boa parte do último século. Ao concentrarem seus estudos na elucidação das propriedades de neurônios individuais, eles obtiveram uma grande gama de informação sobre as propriedades biológicas das unidades de processamento de informação dos circuitos cerebrais – uma missão muito importante e recompensadora. Talvez observar e medir a operação de neurônios individuais fosse a única maneira segura e tecnicamente factível de avançar o campo da neurociência por um longo tempo. Mas, como Barrow deixa claro em seus escritos, "a consciência [humana] é a propriedade emergente mais espetacular" jamais gerada por um sistema complexo. Assim, ao dar continuidade a seu paradigma clássico de usar métodos analíticos cada vez mais sofisticados para estudar neurônios isolados, a neurociência abriu mão, quase sem perceber, de qualquer chance tangível de compreender os mecanismos fisiológicos que dão à luz o pensamento, o mais refinado subproduto gerado pelas vastas galáxias neuronais que definem o universo interior consciente que há dentro de nossa cabeça.

Como vimos ao longo deste livro, nas últimas duas décadas meu laboratório integrou um novo movimento da neurociência que está mudando a maneira como nós, neurofisiologistas, abordamos o cérebro, por meio da realização de novas medidas do comportamento complexo de populações de neurônios. Essa nova abordagem visa a traçar os caminhos pelos quais o pensamento é esculpido, momento a momento, por uma dinâmica relativística que permite a fusão do espaço e do tempo neuronais, de modo a torcer e curvar as contribuições dos múltiplos circuitos neurais que formam um cérebro humano. Voltando à minha metáfora futebolística, enquanto ninguém poderia ter predito como a jogada do quarto gol brasileiro no Estádio Azteca emergiu do trabalho coletivo da seleção canarinho, certamente podemos dizer algumas coisas acerca das condições particulares dentro das quais esse evento se materializou. Por exemplo, todos os jogadores compartilhavam um único objetivo fundamental: marcar mais gols que seus rivais, ganhar o jogo e levar a taça Jules Rimet para casa. Além disso, o time era formado por jogadores muito experientes, alguns dos quais haviam jogado centenas de jogos juntos, um processo que permitiu a definição de uma "química" entre eles. Esses artistas da bola tinham aprendido, ao longo de suas respectivas carreiras, a selecionar o tipo de estratégia coletiva que funcionaria (ou não) sob as condições daquela partida histórica. Tendo observado alguns dos jogos anteriores da seleção italiana na Copa do Mundo, os brasileiros também tinham a seu dispor um vasto conhecimento das táticas defensivas empregadas pelo oponente. Mesmo antes de seu encontro épico com a Squadra Azzurra, a seleção brasileira tinha construído um "espectro de expectativas", um "modelo mental de jogo" do que se poderia esperar dos adversários numa grande variedade de situações de jogo. Agora, tendo apenas alguns poucos minutos para o término da partida, e vendo que o time italiano se arrastava em campo, nossos craques rapidamente ajustaram seu modelo mental do jogo e selecionaram, juntos, uma estratégia ótima para a última arrancada necessária para selar a vitória. Dessa forma, a jogada que resultou dessa intuição e dessa modelagem neuronal foi influenciada pela definição de um objetivo estratégico final; um embasamento probabilístico do que poderia acontecer durante a partida, baseado em expectativas construídas *a priori*, um plano de jogo definido dentro das capacidades e das restrições físicas do time, bem como seu potencial de se adaptar às circunstâncias inesperadas (como, por exemplo, a Itália jogar no ataque), uma vez que um novo contexto de jogo fosse detectado e interpretado coletivamente. Como qualquer acadêmico de arquibancada confirmaria, o contexto que se apresentara ao time brasileiro naqueles últimos minutos da final da Copa do Mundo de 1970 ditava que ele se espalhasse pelo campo, passando a usar passes de bola longos, mas sempre precisos, para "alongar" os defensores italianos. Essa estratégia garantiria que cada um dos jogadores adversários, já à beira da exaustão física e moral, tivesse de correr ainda mais para obter a mera oportunidade de tentar roubar a bola de algum brasileiro. Uma vez que todos esses fatores fossem levados em conta, o número de jogadas viáveis que poderiam ter emergido dos pares de pés mirabolantes de nossa seleção, naqueles minutos finais, certamente foi reduzido significativamente – ainda não para o nível em que a previsão de uma jogada particular fosse possível, mas o suficiente para sugerir que algumas jogadas eram mais prováveis que outras.

Ao longo de todo este livro, defendi a proposição de que o ponto de vista próprio do cérebro influencia decisivamente a maneira como cada um de nós constrói um modelo de realidade. Como no caso do exemplo futebolístico citado, acredito que o cérebro realiza seus quase milagres através de propriedades emergentes de um sistema altamente complexo.

No futebol, os jogadores de um time interagem num campo de jogo, seguindo uma infraestrutura muito clara (as regras do futebol), competindo contra limites e restrições físicas, que vão desde a capacidade motora do corpo de cada um até a fronteira imposta pela força da gravidade. Ao longo do jogo, eles são apresentados a oportunidades de passes e de marcar gols. A tudo isso, o time responde com a tentativa de produzir uma solução coletiva ótima que lhe permita atingir o objetivo final: ganhar o jogo. Ao longo desse processo, o sistema permanece relativístico, no sentido de que ações emergentes do pensamento coletivo dos elementos se mantêm em contínuo fluxo dinâmico, mudando de acordo com o contexto espaçotemporal da partida.

Acredito que nosso cérebro de primata possa atingir seus objetivos de maneira muito semelhante; operando dentro de uma série de restrições operacionais, dada a sua peculiar infraestrutura anatômica e fisiológica, ele cria uma variedade enorme de comportamentos por meio de propriedades emergentes de seus circuitos neurais. Até agora apresentei dez princípios que descrevem como pensamentos podem se materializar a partir de sua origem essencialmente elétrica. Esses princípios podem ser vistos como algumas das "regras do jogo neural". Dentro deles, encontram-se escondidos dois fatos anatômicos e fisiológicos que, como a gravidade e o eletromagnetismo no mundo que nos cerca, definem o universo orgânico dentro do qual o cérebro opera:

1) Bilhões de neurônios produzem correntes elétricas capazes de se espalhar pelo espaço extracelular contínuo, levemente salgado e, portanto, altamente condutivo que envolve essas células. Tais correntes geram campos magnéticos difusos que, apesar de serem muito pequenos em magnitude, mesmo em relação ao campo magnético da Terra, podem ainda assim influenciar neurônios vizinhos.

2) Uma teia extremamente complexa de dezenas de milhares de conexões de alimentação e retroalimentação, que incluem *loops* corticais e subcorticais multissinápticos, fornecem milhares ou mesmo milhões de caminhos pelos quais neurônios numa dada área cortical podem prontamente se comunicar com outros neurônios, localizados em regiões neurais relativamente distantes (como descrito no capítulo 1).

Esses dois elementos básicos ajudam a explicar, por exemplo, achados como os que chocaram Eberhard Fetz e seus colegas em 1998. Num de seus estudos, o laboratório de Fetz descobriu que era possível recuperar informação sobre um estímulo visual usado para guiar macacos a realizar um dado movimento do braço. À primeira vista, tal achado pode parecer insignificante, dado o tipo de experimentos já descritos aqui – exceto pelo fato de que, nesse caso em particular, Fetz e seus alunos estavam registrando a atividade de interneurônios localizados nas camadas intermediárias da medula espinhal! Antes de esses resultados terem sido publicados, nenhum neurofisiologista sonharia em prever que a medula espinhal tinha qualquer coisa a ver com o processamento de informação visual. Ainda assim, esses experimentos demonstraram que informação visual podia ser registrada naquelas planícies medulares. Da mesma forma, essa propriedade geral das conexões neurais pode explicar por que dois pós-doutorandos de meu laboratório, Romulo Fuentes e Per Petersson, e eu descobrimos que a estimulação elétrica da porção dorsal da medula espinhal pode reduzir dramaticamente os tremores, a acinesia e outros sintomas de uma síndrome neurológica similar à doença de Parkinson que afeta camundongos e ratos privados do neurotransmissor dopamina. A estimulação dessa porção da medula espinhal parece produzir uma desorganização poderosa dos padrões epilépticos de atividade neural observados no córtex motor e nos gânglios da base desses animais. Dentro do contexto da hipótese do cérebro relativístico, aparentemente muitos caminhos neurais levam um impulso elétrico de lugar nenhum para todo lugar.

Uma prova a mais de que o cérebro não respeita as fronteiras e os limites criados pelas teorias localizacionistas vem das repetidas observações independentes de processamento crossmodal dentro das áreas corticais sensoriais primárias – um achado que contradiz frontalmente a doutrina hierárquica clássica, que preconiza que tal processamento só poderia acontecer nas chamadas áreas corticais associativas que definiriam o pico máximo da hierarquia cortical. No meio da década de 1990, exemplos de processamento crossmodal (isto é, neurônios que respondem a estímulos de duas ou mais modalidades sensoriais, como visão e tato) no córtex visual primário começaram a aparecer na literatura neurocientífica. Esses achados envolviam pacientes vítimas de déficits visuais permanentes (por exemplo, cegueira congênita ou adquirida) ou mesmo voluntários submetidos a perdas visuais reversíveis durante a vigência de um experimento. Em um dos primeiros estudos nessa área, publicado em 1996, Norihiro Sadato, Alvaro Pascual-Leone e outros colaboradores, do laboratório de Mark Hallett no National Institute of Neurological Disorders and Stroke (NINDS), em Bethesda, Maryland, empregaram uma técnica de imagem cerebral, conhecida como tomografia de emissão de pósitrons (PET scan), para demonstrar que tanto o córtex visual primário como o secundário eram fortemente ativados em pacientes que, depois de ficarem cegos no começo da vida, haviam se transformado em leitores exímios do sistema Braille, que envolve o uso dos dedos para a realização de uma discriminação tátil fina de padrões que representam letras. Um ano depois, o mesmo grupo do NINDS decidiu "interromper" a atividade do córtex visual primário (V1) enquanto um paciente cego tentava usar a ponta dos dedos para identificar letras e números romanos em Braille. Essa perturbação de V1 foi induzida por uma técnica chamada estimulação magnética transcranial (*transcranial magnetic stimulation* – TMS), que, como o nome sugere, permite aplicar pulsos magnéticos, de forma não invasiva e sem nenhum risco para o paciente, numa região cortical específica, causando uma interferência temporária na atividade elétrica neuronal daquela área. Quando aplicada em sujeitos que não apresentavam nenhuma deficiência visual, a TMS do córtex V1 não afetou de forma alguma a habilidade deles de realizar tarefas de discriminação tátil. Quando a mesma tarefa tátil foi realizada por pacientes cegos, enquanto a atividade elétrica de neurônios do córtex V1 foi alterada por TMS, o número de erros de discriminação tátil cometidos por eles aumentou tremendamente. Esse resultado sugere que a habilidade tátil aumentada de pacientes cegos, claramente demonstrada em tarefas que envolvem a leitura de sinais em Braille, emerge, pelo menos parcialmente, como consequência do recrutamento do córtex visual primário – um fenômeno agora conhecido como recrutamento crossmodal.

Em outro estudo, David C. Somers e seus colegas da Universidade de Boston demonstraram que, depois que sujeitos normais (sem nenhuma deficiência visual) ficaram apenas noventa minutos usando

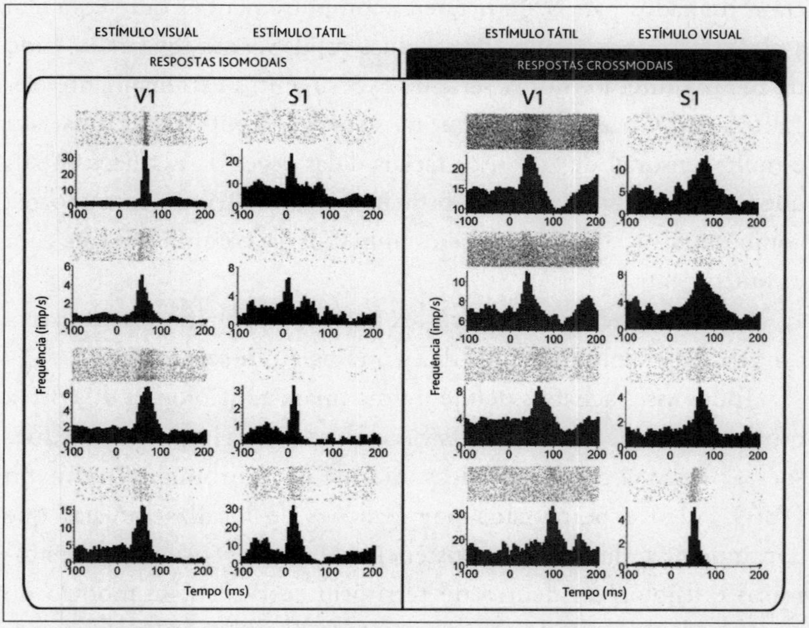

Figura 12.1 – Processamento crossmodal observado no córtex primário somestésico (S1) e visual (V1) de ratos. Histogramas periestímulo ilustram as respostas sensoriais iso e crossmodais evocadas em neurônios individuais, localizados no córtex S1 e V1. À esquerda, as respostas visuais clássicas de neurônios V1 e as respostas táteis de neurônios S1 são apresentadas. No painel da direita, uma amostra de neurônios V1 que respondem à estimulação tátil e uma amostra de neurônios S1 que respondem a um estímulo visual. Korbinian Brodmann ficaria chocado! (Cortesia do dr. Sidarta Ribeiro.)

uma venda, o córtex V1 deles passava a ser ativado durante a execução de tarefas táteis. O fato de o período de privação visual no estudo ter sido tão curto – insuficiente, por exemplo, para expressão genética de grande monta ou a mudança de padrões de conectividade – favorece a tese de que respostas crossmodais (ou multissensoriais) emergiram a partir de projeções neuronais somestésicas já existentes no córtex visual primário. Ironicamente, o uso da venda nesses pacientes permitiu que informação tátil viesse à tona em pleno córtex visual primário (figura 12.1).

Em suporte à tese de que áreas corticais primárias podem sustentar atividade multissensorial, Yong-Di Zhou e Joaquin Fuster, da Universidade da Califórnia, em Los Angeles, demonstraram o desenvolvimento de associações crossmodais visuotáteis no córtex somestésico primário de macacos rhesus normais, enquanto os animais eram treinados para realizar tarefas comportamentais que requerem a associação de estímulos dessas duas modalidades sensoriais. Indo na mesma direção, numa série de experimentos extremamente elegantes, Asif Ghazanfar também mostrou que a integração dinâmica e multissensorial de atributos faciais e das vozes de macacos rhesus que ocorre no córtex auditivo primário pode contribuir para a forma como macacos, assim como seres humanos, se comunicam uns com os outros.

Mesmo os neurônios do córtex gustativo primário respondem a uma variedade muito grande de estímulos multissensoriais.

Todos esses achados definem uma imagem fisiológica do córtex que é extremamente distinta da visão nutrida pela imposição de divisões e bordas citoarquitetônicas iniciada por Korbinian Brodmann (1869-1918) e perpetuada por gerações de localizacionistas que continuam a defender a existência de rígidas fronteiras anatômicas e fisiológicas dentro do território cortical. Esse modelo do cérebro, desprovido de tempo e estados de dinâmica interna, nos serviu bem por um século. Ultimamente, ele se transformou num obstáculo quase intransponível para a progressão de novas ideias e visões de como o córtex processa informação em condições etológicas naturais.

Neste momento crítico, você pode estar se perguntando: e o que fazer com o paciente de Paul Broca no século XIX que não conseguia mais falar depois de uma lesão no lobo frontal esquerdo? Como refutar a evidência principal que serviu de fundação para a construção do edifício teórico dos localizacionistas? Surpreendentemente, nem esse alicerce histórico escapou da revolução distribucionista. Hoje sabemos que a produção da fala depende da ativação simultânea de várias áreas corticais e subcorticais do cérebro. A razão pela qual acidentes vasculares cerebrais como o documentado por Broca produzem afasia é que eles destroem, além da massa cinzenta, grandes porções da substância branca subjacente, que contém os feixes densos de fibras nervosas que conectam uma enorme rede de regiões cerebrais com o lobo frontal. A principal consequência dessa destruição maciça de cabos nervosos essenciais de comunicação é uma desconexão funcional catastrófica da rede neural responsável pela produção da fala. Dessa forma, embora o paciente de Broca tenha sobrevivido a um derrame cerebral de grandes proporções, ele perdeu a fala não pela destruição de uma única área cortical, mas como resultado de uma destruição irreparável nas vias de comunicação do lobo frontal. Tendo chegado a essa conclusão, a neurociência do século XXI finalmente conseguiu exorcizar o fantasma de Broca e acabar com sua maldição que assolou o castelo distribucionista por mais de um século.

No cômputo geral, a descoberta de processamento crossmodal nas áreas corticais primárias e a documentação do efeito dos estados dinâmicos cerebrais internos na resposta de neurônios a estímulos sensoriais ascendentes contribuíram para a montagem de um golpe fatal na tese de que o córtex é dividido rigidamente em áreas funcionais especializadas e que algumas dessas regiões processam informação unimodal. Assim, a proposta localizacionista de organização do córtex mostrou-se claramente insuficiente para explicar todo o espectro de dados experimentais disponíveis, bem como a constatação de que, na realidade, não existe experiência unimodal em nossa vida cotidiana. O mundo real que nos cerca não é feito apenas de flashes circulares ou barras retangulares de luz, estímulos táteis discretos, tons puros ou gostos e odores primitivos. Além disso, na maioria do tempo vivemos como animais livres e conscientes, e não num estado de anestesia profunda. Somente nos ambientes altamente controlados dos laboratórios de neurofisiologia estímulos sensoriais puros podem ser criados e apresentados a cérebros anestesiados. Por essa razão, cada vez mais acredito que esses mundos artificiais e restritos criados em laboratórios nos induziram a estudar um cérebro completamente diferente – certamente não aquele que utilizamos para sobreviver um dia após outro.

Proponho que o cérebro que realmente usamos – o cérebro relativista – está mais de acordo com um meio em que o espaço e o tempo neuronais se fundem num *continuum* espaçotemporal que pode ser recrutado de várias formas para solucionar todas as tarefas essenciais que lhe cabem. Dependendo dos estados dos receptores sensoriais periféricos, das demandas da tarefa e do contexto do estado cerebral interno, essa estrutura fisiológica multidimensional pode ser torcida, rodada ou moldada numa configuração ótima de processamento de informação que levará, a cada momento de nossa existência, à gênese da melhor solução neuronal possível para a realização de nossos objetivos comportamentais. Essa noção de um *continuum* espaçotemporal neuronal é totalmente compatível com a existência de picos de especialização funcional em diferentes regiões do manto cortical. Mas, nessa nova visão, esses picos não são nem absolutos nem imutáveis durante toda uma vida. Ao contrário, eles podem se alterar rapidamente, de acordo com a tarefa imposta ao cérebro.

HIPÓTESE DO *CONTINUUM* ESPAÇOTEMPORAL NEURONAL

Do ponto de vista fisiológico, e em contraste frontal com o clássico cânone da neuroanatomia cortical do século XX, não existem bordas espaciais absolutas ou fixas entre áreas corticais que ditam ou restringem o funcionamento do córtex como um todo.

Ao contrário, o córtex deve ser tratado como um formidável, mas finito, *continuum* espaçotemporal neuronal. Funções e comportamentos são alocados ou produzidos respectivamente por meio do recrutamento particular desse *continuum* de acordo com uma série de restrições, entre as quais se encontram a história evolutiva da espécie, o layout físico do cérebro determinado pela genética e pelo processo ontogenético, o estado da periferia sensorial, o estado dinâmico interno do cérebro, restrições do corpo que contém o cérebro, o contexto da tarefa, a quantidade total de energia disponível para o cérebro e a velocidade máxima de disparo de um neurônio.

Em essência, proponho que deixemos de tratar o córtex como um mosaico hierárquico de áreas discretas, segregadas, altamente especializadas e virtualmente autônomas.

Diferentemente de encarnações prévias – acima de tudo a teoria de equipotencialidade de Karl Lashley –, meu conceito de um *continuum* espaçotemporal não tem nenhum receio de aceitar a existência de certo grau de especialização, ditado, sobretudo, pela estratégia ontogenética geral que define como o córtex e as conexões (talamocorticais) que o unem ao tálamo são assentados durante o processo de desenvolvimento pós-natal. Mas esse processo de desenvolvimento não define o destino funcional do córtex. Na vida adulta, populações de neurônios podem ser recrutadas de acordo com a necessidade funcional ou comportamental. Dessa forma, especializações funcionais criadas durante o processo ontogenético se posicionam, como um solista, no topo de um verdadeiro oceano de interações dinâmicas multimodais que ditam como um cérebro relativista trabalha durante toda a sua existência.

Recentemente, durante uma de minhas palestras, um neurocientista cognitivo muito famoso, aparentando estar estarrecido com a noção de um *continuum* espaçotemporal neuronal, me pediu que explicasse um paradoxo que ele havia detectado em meu raciocínio: por que a natureza investiria tanta energia durante o processo de desenvolvimento para construir todas essas vias e regiões neurais especializadas, incluindo mapas corticais topográficos, só para, do nada, desistir dessa estratégia e passar a confiar exclusivamente nessa confusão de dinâmica relativística? Como forma de tranquilizar meu emérito colega, respondi que, até onde posso afirmar, depois de trinta anos observando, escutando e registrando essas tempestades elétricas cerebrais, as ondas de disparos corticais não parecem parar, nem sequer dar atenção, às bordas esteticamente agradáveis estabelecidas pela citoarquitetura. Ao contrário, essas fagulhas elétricas neurais simplesmente as ignoram e as transpassam, como se elas fossem apenas ilusões ou delírios criados no cérebro de outro alguém.

Admitindo que a hipótese do cérebro relativista e a do *continuum* espaçotemporal neuronal mereçam consideração experimental futura, optei por dedicar o próximo capítulo a especular se qualquer coisa poderia emergir da interface de um cérebro relativista de primata com um computador muito poderoso (e ainda não construído). Antes de chegar a esse ponto, porém, eu gostaria de terminar este capítulo com uma breve discussão sobre a relevância da escolha do termo relativista para descrever a maneira como nosso cérebro de primata opera.

Em sua análise detalhada dos principais impulsos filosóficos do relativismo, a filósofa irlandesa Maria Baghramian lista três atributos, entre outros, que são pertinentes a uma visão relativista do cérebro: dependência contextual, dependência mental e "perspectivismo". A dependência contextual se refere ao fato de que muitas (se não todas) decisões e julgamentos humanos, bem como a expressão de nossas mais íntimas crenças, são influenciadas por "eventos que acontecem num tempo e lugar particulares e para uma pessoa em particular". A dependência mental envolve a longa tradição da história do pensamento filosófico que propõe que a visão humana da realidade e nossos julgamentos, crenças, explicações e teorias científicas são irremediavelmente "coloridos" por um poderoso viés introduzido pela mente humana, já que a única perspectiva com a qual cada um de nós pode examinar o mundo é através daquela oferecida por nosso cérebro. Uma vez que uma visão da realidade que venha de outro lugar qualquer não está disponível para nós, o conceito de perspectivismo estende esse argumento ainda mais longe; ele enfatiza que, mesmo no caso em que, à primeira vista, existe uma forte impressão de que é possível produzir uma asserção objetiva, e independente do contexto, sobre o mundo natural – coisas como "existem oito planetas no sistema solar" –, na realidade, segundo Baghramian, trata-se "de uma definição criada dentro da perspectiva humana e baseada na percepção e nos conceitos únicos dos seres humanos". Dessa forma, o perspectivismo defende a posição de que nossos julgamentos e nossas decisões são limitados pela "posição que ocupamos no tempo e espaço, bem como os nossos interesses e nosso conhecimento adquirido". Uma vez que um considerável corpo de evidências experimentais sugere que as funções cerebrais podem ser influenciadas de forma determinante pelo contexto das situações, o relativismo se destaca como um arcabouço teórico plausível para guiar um entendimento mais profundo dos caprichos da mente humana, bem como do cérebro do qual ela emerge.

Intuitivamente, o conceito de relativismo não se mistura de maneira fácil com as formas mais tradicionais de fazer ciência. Por exemplo, a forma como o método cartesiano examina a natureza não permite nenhum tom de relativismo em seu dogma. Solidamente fundado na crença de que o método científico, então recém-estabelecido, capacitava a humanidade a desvendar fatos universais e leis da natureza, o mundo cartesiano se baseava na noção, segundo Baghramian, de que "a mente, o mundo interior, tem a função de representar o mundo exterior – aquele que existe sem a interferência da mente". Como vimos anteriormente, essa aceitação quase obsessiva da existência de uma verdade objetiva e científica, em detrimento da falibilidade e da subjetividade das sensações e da mente humana, dominou a abordagem experimental da neurofisiologia do século XX. Assim, além de dividir o cérebro em seus "supostamente" menores blocos possíveis de processamento de informação, a neurociência fez de tudo para remover todas as variáveis "indesejadas" criadas pelo ponto de vista próprio do cérebro, incluindo a dependência que os fenômenos neurofisiológicos têm do contexto e da mente. Das medidas de campos receptivos de neurônios individuais aos mapas sensoriais encontrados em múltiplas estruturascerebrais, neurocientistas tentaram inferir a maneira como o cérebro representa, precisamente como os cartesianos previram, uma réplica minimalista do mundo criado dentro de um laboratório.

Considerando os múltiplos terremotos intelectuais que fizeram o mundo científico tremer quase que continuamente da metade do século XIX até as primeiras décadas do século XX, tanto Baghramian como John Barrow sugerem que tais eventos estabeleceram um terreno fértil para o questionamento radical dessa certeza, tanto do ponto de vista filosófico como do científico. Afinal de contas, em 1859, a teoria da evolução de Charles Darwin removeu qualquer raiz de credibilidade da cosmologia proposta pela Bíblia, e somente cinco anos mais tarde James Clerk Maxwell desvendou a natureza eletromagnética da luz e previu que sua velocidade no vácuo era uma constante universal. Logo depois, a fé na existência da verdade absoluta na natureza e a crença na habilidade do homem em provar a existência do que existe de verdadeiro foram sacudidas até suas fundações. Quase como se tivessem aceitado papéis principais numa peça escrita por Nietzsche, primeiro, em 1925, o físico alemão Werner Heisenberg, com seu princípio da incerteza da mecânica quântica – que postulou que quanto melhor medimos a posição de uma partícula, pior será nossa estimativa do momento dessa mesma partícula –, levou a física para o domínio do extremamente pequeno, muito além do domínio de nossas capacidades perceptuais. Logo a seguir, o matemático austríaco Kurt Gödel com seu teorema da incompletude desestabilizou o mundo organizado da matemática e da lógica ao revelar que existem afirmações dentro da aritmética que, apesar de serem verdadeiras, não podem ser demonstradas como tais. Além disso, a descoberta da geometria não euclidiana, na primeira metade do século XIX, desalojou um dos pilares mais sólidos do pensamento cartesiano: a teoria da gravidade de Newton. Sessenta anos depois que a tese de doutorado do matemático alemão Bernhard Riemann surpreendeu até mesmo seu orientador, o formidável Johann Carl Friedrich Gauss, da Universidade de Göttingen, um *continuum* de quatro dimensões espaçotemporal de geometria não euclidiana – construído dentro das premissas propostas por Riemann – estabeleceu um novo paradigma para que um funcionário do escritório de patentes de Berna, na Suíça, pudesse reinventar as leis da física, uma vez mais.

Sem dúvida alguma, as teorias da relatividade especial e geral de Albert Einstein representam a maior expressão de sucesso de uma versão do pensamento relativístico criada pela mente humana. Em sua versão especial, a teoria da relatividade propõe que, dado que a velocidade da luz é constante no vácuo, tanto o espaço como o tempo devem ser percebidos diferentemente por observadores que estão se movendo a uma velocidade constante em relação um ao outro. Essencialmente, para Einstein, nem o tempo nem o espaço são absolutos. Assim, a relativização do tempo e do espaço explica uma série de efeitos contraintuitivos, coisas como a dilatação do tempo, em que o tempo observado – como no exemplo clássico em que dois relógios são carregados por um par de observadores – sai de sincronia, e a contração de comprimento de Lorentz, em que o comprimento de objetos se contrai à medida que a velocidade destes se aproxima daquela da luz. Todavia, como o físico norte-americano Brian Greene propõe em seu livro *O universo elegante*, precisaríamos estar nos movendo a uma fração significativa da velocidade da luz para documentar que um relógio está registrando muito menos tempo decorrido, desde o início da viagem espacial, do que um equivalente deixado com um amigo que permaneceu na Terra (dilatação do tempo). Da mesma forma, somente quando atingíssemos velocidades exorbitantes poderíamos demonstrar que o comprimento de nossa nave espacial havia se reduzido (contração de Lorentz). Certamente, essas experiências não fazem parte de nossa realidade em baixa velocidade. "A relatividade especial não está em nossos ossos [porque] não a sentimos", escreve Greene. "Suas implicações não são parte central de nossa intuição."

A despeito da quase unânime aceitação da teoria da relatividade, o conceito de relativismo permanece sendo o centro de uma controvérsia extremamente acirrada no mundo científico. Dessa forma, não é surpresa que o pensamento relativístico tenha gerado um intenso debate, envolvendo visões extremamente contraditórias sobre o que a prática da investigação científica de fato significa. Nessa disputa interminável, Baghramian coloca num lado do ringue o argumento de que o conhecimento científico é universal, uma vez que ele pode ser verificado em qualquer lugar, a qualquer momento. Por exemplo, de acordo com o Prêmio Nobel Sheldon Glashow, os cientistas "afirmam que existem verdades universais que são eternas, objetivas, fora da história, socialmente neutras e externas à mente humana, e que a catalogação dessas verdades define o objeto das ciências naturais. Leis naturais podem ser descobertas porque são universais, invariáveis, invioláveis, sem sexo e verificáveis". Curiosamente, Glashow finaliza seu manifesto dizendo que "essa afirmação eu não posso provar. Essa é minha fé!". No outro canto do ringue, Baghramian coloca Heisenberg, que – como era de esperar – mantém sua postura de incerteza ao afirmar, em *The physicist's conception of nature* [A concepção da natureza por um físico], que "o objetivo dessa pesquisa não é mais um entendimento dos átomos e seus movimentos em si mesmo. Desde o início, estamos envolvidos com o debate entre a natureza e o homem, no qual a ciência desempenha apenas uma parte, de modo que a divisão rotineira do mundo entre subjetivo e objetivo, interior e exterior, corpo e alma, não é mais adequada e nos leva a dificuldades".

Aqui, o homem confronta a si mesmo na mais profunda solidão.

Nesse debate, como em muitos outros assuntos científicos, defiro sem remorsos minha própria opinião em favor das visões defendidas por outro crente imaculado do método científico, o grande paleontólogo norte-americano Stephen Jay Gould. Apesar de não subscrever a filosofia do relativismo, Gould argumenta que "nossas formas de aprender sobre o mundo são fortemente influenciadas pelas preconcepções sociais e pelos modos enviesados de pensamento que cada cientista aplica a qualquer problema. O estereótipo de um método científico totalmente racional e objetivo, em que cientistas individuais trabalham tão logicamente como robôs, serve apenas como mitologia de autopromoção classista". Em vez disso, Gould propõe que

> a imparcialidade (mesmo que desejada) não pode ser atingida por seres humanos [...]. É perigoso para um pesquisador até mesmo imaginar que ele pode atingir um estado de neutralidade

> completa, pois assim corre o risco de deixar de se preocupar com suas preferências pessoais e suas influências – o caminho mais fácil para se transformar em vítima de seus próprios preconceitos. A objetividade deve ser definida operacionalmente como o tratamento honesto dos dados, não como a ausência de preferências pessoais.

Aqui, o peso específico do argumento de Gould navega sem dificuldade através dos ventos destruidores do furacão criado pelo teorema da incompletude de Gödel:

> Uma vez que todas as descobertas emergem de uma interação entre a mente e a natureza, os cientistas sábios devem escrutinar os diferentes vieses que registram nossos encontros sociais, nosso momento na história geográfica e política, mesmo as limitações impostas pela nossa maquinaria mental, no júri comprado da imensidão da evolução.

Em minha definição operacional do ponto de vista próprio do cérebro, o conjunto de restrições fisiológicas que o processo de evolução natural impôs ao sistema nervoso desempenha o papel equivalente àquele que a luz tem na teoria da relatividade, definindo uma constante biológica universal ao redor da qual os modelos cerebrais, criados ao longo dos anos da nossa vida, têm de ser relativizados. A evolução das espécies animais em termos gerais, e a dos mamíferos e primatas em particular, tem de ser considerada como a fonte dos limites ao redor do quais giram os mecanismos responsáveis pela gênese dos pensamentos, dado que a organização anatômica e fisiológica de nosso cérebro foi modelada pelo processo de seleção natural. Na realidade, graças a uma série imprevisível de eventos ambientais que se desdobraram ao longo de centenas de milhões de anos, esse processo produziu um arcabouço ótimo para o surgimento do tipo de cérebro de primata que beneficia cada um de nós: desde o arranjo convoluto e compacto do córtex humano, ditado pela necessidade de limitar o tamanho da cabeça de um recém-nascido, de forma que este pudesse escorregar sem problemas pelo canal de parto de sua mãe, até a teia inigualável que provê a conectividade para dezenas de bilhões de neurônios se comunicarem eletricamente, sempre à mercê do metabolismo, da bioquímica e da fisiologia.

Por exemplo, o sistema vascular cerebral, que se entremeia nesse descomunal bolo de neurônios, limita a quantidade de oxigênio transportado para o cérebro por células sanguíneas vermelhas e, consequentemente, o processo de oxidação por meio do qual as mitocôndrias encontradas dentro desses neurônios produzem adenosina trifosfato, a maior fonte de energia celular. Por essa razão, o cérebro de primata opera dentro dos limites de um orçamento energético muito apertado. Uma vez que a sinalização elétrica através de potenciais de ação é muito cara em termos metabólicos, ele pode produzir, como foi discutido, apenas um número finito de potenciais de ação num dado momento do tempo para representar uma mensagem particular. Chamemos essa restrição primária para o funcionamento do cérebro de "limite do orçamento energético fixo".

Existem muitos outros fatores biológicos que impõem restrições na operação do sistema nervoso central. Esses limites biológicos sinalizam que, a despeito das façanhas excepcionais que ele pode realizar, existem fronteiras específicas e finitas que limitam o que o cérebro humano pode fazer, como, por exemplo, a quantidade máxima de informação que ele pode processar, bem como as variedades de pensamento, lógica e comportamentos que pode gerar. Nesse contexto, rupturas com o conceito da verdade absoluta, como as propostas pelo princípio da incerteza de Heisenberg e o teorema da incompletude de Gödel, podem apontar primordialmente para a existência de barreiras mentais que o cérebro humano não tem condições de superar; um território que permanecerá, para todo o sempre, incompreensível para nossa mente de primata. Isto é, a menos que, algum dia no futuro, ela seja auxiliada por uma nova e fabulosa ferramenta, criada por esse mesmo cérebro, que ajudará seu criador a superar sua prisão biológica.

Obviamente, a evolução natural também define limites biológicos para o corpo humano que o cérebro habita. Isso inclui não só os limites físicos de nossos atuadores biológicos, músculos, tendões e ossos, mas também o espectro de atuação e sensibilidade de diferentes famílias de receptores sensoriais periféricos – verdadeiros transdutores biológicos – que amostram informação do mundo exterior (e de dentro de nosso corpo) para manter o sistema nervoso central bem informado sobre tudo que se passa a seu redor. Devido aos limites operacionais dos olhos, ouvidos, pele, língua e nariz, nós vemos, ouvimos, tocamos, provamos e cheiramos apenas uma pequena fração do mundo que existe à nossa volta. Isso explica por que, ao contrário da teoria da relatividade especial, a evolução natural está literalmente impressa em nossos ossos, uma vez que ela influencia tudo que construiu e ainda hoje refina a nossa dita natureza humana. Defino isso como o "limite do corpo humano".

Pelo fato de nosso conjunto de sensores periféricos corporais informar o cérebro sobre as condições atuais do mundo externo, o sistema nervoso central também é capaz de mapear os limites ambientais que restringem os tipos de comportamento que podem ser selecionados para a realização de um objetivo qualquer. Além disso, o processo evolutivo também garantiu ao cérebro humano acesso a um precioso vislumbre de experiências passadas. Isso se dá porque vestígios das características de um planeta Terra que já não existe mais, enterrados em nossos circuitos cerebrais, continuam a influenciar o modo como a mente opera, uma vez que eles ajudaram a moldar o espectro de estratégias neurofisiológicas e comportamentais que utilizamos para garantir a realização de nossos objetivos mais fundamentais, como sobreviver e reproduzir – e extrair o maior prazer possível dos breves interlúdios que separam essas duas tarefas árduas. John Barrow escreve que, "se os seres vivos são conscientes ou não desse fato, eles representam construções vivas de teorias [neurais] sobre as leis da natureza, extraídas de uma parte da natureza que eles [e seus ancestrais] encontraram". No capítulo 9, discuti como o cérebro tem, em termos práticos, roubado de nossos genes uma parte considerável do controle de nosso futuro evolutivo ao adquirir a capacidade de criar ferramentas poderosas, que trabalham em todas as escalas da natureza e expandem consideravelmente o alcance e o impacto que o corpo humano pode ter no universo. Ao combinar essa capacidade de criar ferramentas com um potencial para aprender e adaptar por toda a sua existência, o cérebro humano especializou-se na fina arte de incorporar ou assimilar os próprios artefatos que ele cria como uma extensão contínua dos modelos mentais que definem o corpo que ele silenciosamente habita.

A capacidade plástica também provê o cérebro do privilégio de armazenar em seus vastos reservatórios de memórias distribuídas a série única e irreproduzível de eventos que marcam a progressão de uma existência humana individual. Essa preciosa e exclusiva biografia pessoal, definida por um caminho tão aleatório quanto singular pelas vicissitudes da vida, inclui cada um de nossos encontros individuais com o mundo exterior, todas as nossas relações sociais estabelecidas com os demais membros de nossa espécie e outras, bem como nossa imersão e nossa absorção dentro da cultura e da filosofia prevalentes em nosso tempo. Dessa forma, nossa história individual, do nascimento à morte, esculpe e limita nosso conjunto de modelos cerebrais internos. Refiro-me a essa variável como o "limite do registro individual histórico".

A essa altura, a indagação que deve estar brotando em sua mente é: o que precisa ser relativizado ao redor desses limites para que o mundo seja compreendido através do ponto de vista próprio do cérebro relativista? Proponho que, como se fosse um time de futebol, formado por bilhões de jogadores medianamente relacionados um com o outro, dado um conjunto de limites e restrições fixas e uma ordem para produzir um determinado tipo de comportamento – dentro de um estado dinâmico cerebral particular e um contexto ambiental específico –, o cérebro relativista seleciona, a partir de um enorme universo de possibilidades, grupos de padrões espaçotemporais de atividade elétrica de populações neurais que seriam potencialmente capazes de realizar a tarefa em questão. Aqui, quando me refiro a "domínio espacial", quero dizer a massa tridimensional de neurônios (a bola do modelo da bola e do arame) que, em um momento no tempo, é recrutada para realizar um objetivo. Nessa analogia, o tempo se refere à distribuição temporal dos potenciais de ação produzida dentro dessa população de neurônios. Ao relativizar esse *continuum* espaçotemporal neuronal, o cérebro de primata encontrou uma forma de selecionar, ótima e constantemente, uma solução viável para o que é tipicamente reconhecido como um problema inverso: dada a necessidade de produzir um comportamento específico, que combinação finita de atividade cerebral deverá ser selecionada, a partir de um conjunto descomunal de possibilidades viáveis, para gerar o resultado desejado. No caso específico do cérebro, os maiores problemas são que neurônios recrutar, de que partes do cérebro, e que padrões espaçotemporais de disparo produzidos por diferentes populações desses neurônios serão ideais. Do ponto de vista de um observador externo, uma sequência repetitiva de movimentos do braço (ou qualquer ação ou comportamento gerado pelo cérebro) pode parecer totalmente idêntica. Todavia, do ponto de vista próprio do cérebro – os padrões espaçotemporais de disparo neuronal que produzem essa sequência de movimentos –, ela será similar, mas nunca idêntica. Em vez de ser um pintor fiel e passivo das cenas criadas no mundo exterior, como os cartesianos acreditavam, o cérebro humano ativamente impõe seu ponto de vista probabilístico a tudo em que é capaz de pôr os olhos ou as mãos.

Por exemplo, considere a definição de uma experiência perceptual completa, que emerge quando observamos a paisagem de dentro de um trem em movimento. De acordo com a hipótese do cérebro relativista, o que surge em nossa mente, na forma de um tipo de filme mental dessa cena, resulta do produto de uma colisão sem trégua do fluxo ascendente de informação multissensorial, contendo uma amostra limitada do mundo exterior, com a atividade elétrica interna que define o ponto de vista próprio do cérebro que foi formado por uma história individual longa e aleatória de encontros prévios com cenas similares. Esse encontro fatídico forja, a cada instante, os gostos e os toques, bem como o significado e as emoções associados a cada uma das sensações e dos sentimentos humanos experimentados durante nossa breve existência consciente. Essa é a razão por que escrevi, no capítulo anterior, que o cérebro relativista começa a enxergar antes de ver. Levada ao limite, essa mudança de ponto de referência (do mundo exterior para dentro do cérebro) levanta algumas questões muito interessantes. Por exemplo, ela desafia duas das maiores obsessões de nosso tempo: a busca por reproduzir a consciência humana por meio de alguma forma de inteligência artificial e a proposta que uma Teoria de Tudo poderá um dia comprimir tudo que existe no cosmos dentro de alguma forma de formalismo matemático universal.

Os argumentos em favor da hipótese do cérebro relativista sugerem fortemente que nem nosso sistema nervoso nem a mente humana que emerge dele podem ser comprimidos na forma de um algoritmo computacional clássico. Em outras palavras, o cérebro humano como um todo é simplesmente não computável. Como Barrow enfatizou, não existe nenhuma equação que poderia gerar coisas como beleza, prazer e boa poesia, para mencionar apenas três exemplos que provavelmente fazem parte de uma lista infinita.

Apesar de defender a posição de que, como um todo, o cérebro humano é não computável, o teorema da incompletude de Gödel talvez nos permita extrair, de forma computacional, uma grande quantidade de inteligência das tempestades elétricas que surgem de amostras do *continuum* espaçotemporal neuronal – o suficiente, talvez, para permitir que uma ferramenta artificial ascenda ao reino da humanidade. Mas, para que isso ocorra, tal máquina terá de se resignar a ser assimilada por um modelo cerebral e se transformar numa mera extensão do senso de eu de outro alguém feito de carne e osso.

Evidentemente, se a mente humana é não computável, existe pouca esperança de que físicos teóricos sejam capazes de produzir uma teoria reducionista radical o suficiente para extrair uma Teoria de Tudo das profundezas das dez dimensões (ou seriam onze?) do reino de cordas vibrantes de 10^{-33} centímetros. Quais são as chances de realizar esse feito, se computar a obra de arte criada por aquele fabuloso time brasileiro de 1970 se mostra impossível já, neste instante? Nem mesmo o grande Pelé poderia ter imaginado que, com aquele elegante passe de pé direito, ele teria demonstrado, como John Barrow professa, que "propriedades prospectivas estão além do alcance da mera técnica. Elas estão fora do escopo de qualquer matemática de uma Teoria de Tudo. E é por essa razão que qualquer narrativa não poética da realidade não tem nenhuma chance de ser completa".

Mesmo assim, com todas essas limitações, acredito que será possível, num futuro não tão distante, que nossos ambiciosos cérebros relativistas interajam livremente com máquinas, e talvez, entre eles mesmos, através de um meio potencialmente muito mais poderoso que qualquer linguagem falada ou escrita em alguma rede social. O que o futuro dessas interfaces pode trazer para cada um de nós e para nossa espécie como um todo é o tópico do próximo capítulo. Lá, especularei livremente sobre o que poderá ocorrer no futuro quando cerca de 1.400 gramas de matéria cinzenta relativista adquirirem o poder completo de se libertar de sua prisão corporal e, depois de se misturar com outras fontes da mesma matéria cinzenta, decidirem embarcar numa viagem de reencontro através dos confins celestiais de onde se originaram.

Se essa viagem algum dia se materializar, ela certamente coroará um épico incomensurável de chances improváveis que o cérebro humano teve de vencer até o momento só para forjar realidade concreta para toda a história evolucional e pessoal da humanidade, usando como material primário apenas bilhões de células ruidosas, biofisicamente limitadas e perdidamente probabilísticas em suas opiniões e seus julgamentos. De suas sementes feitas de humilde poeira de estrelas, e depois de milhões de anos de evolução silenciosa num modesto, mas aconchegante pedaço de rocha azul, embalado pelo abraço gravitacional de uma estrela de terceira categoria, quem poderia imaginar que, através do processo de evolução natural, o cérebro humano adquiriria o privilégio de capturar e simular, em toda a sua plenitude e beleza, o coração relativístico que move o cosmos?

Quando esse momento extraordinário chegar, quando a atividade elétrica do cérebro humano puder ser livremente transmitida de volta para as estrelas, alguns certamente argumentarão que, sem querer, corremos o risco de revelar os segredos mais íntimos de nossa humanidade para qualquer um que, no infinito celestial, se preste a nos escutar. De minha parte, não temo esse futuro. Pois, por quaisquer galáxias que essas ondas de pensamento decidam navegar, muito provavelmente nossas audiências de ouvintes estarão muito mais intrigadas com o fato de que, quando enfim chegou o momento de criar o cérebro humano, nossos deuses não tiveram nenhuma outra escolha a não ser se transformar em exímios mestres do acaso.

CAPÍTULO 13

DE VOLTA PARA AS ESTRELAS

O ritual, embora bem conhecido por seus dois participantes, nunca parecia envelhecer à medida que os anos passavam. No final de cada tarde, quando o pôr do sol começava a inibir as brincadeiras de rua da criançada, eu mal podia esperar pelo momento em que, em silêncio, Lygia caminharia graciosamente em direção ao seu esconderijo favorito da sala de estar para se transformar em minha cúmplice secreta. Dentro de seu sobrado de paredes brancas, o único de Moema – outrora um bairro remoto da Zona Sul da cidade de São Paulo – a exibir uma genuína rede tupi-guarani na varanda do segundo andar, Lygia tinha certeza de que eu nunca me atrasaria para nosso recital diário.

E como ela estava certa. Mais do que tudo no mundo, todos os dias, quando eu cruzava o batente da porta da frente, o que realmente queria era testemunhar, do meu lugar cativo na plateia, os passos decididos e o rastro de perfume de rosas que ela deixava ao caminhar, elegante, rumo ao assento de seu modesto piano de armário, que a havia acompanhado por todos os momentos felizes e não tão felizes da vida.

Lygia Maria Rocha Leão Laporta sempre fora uma mulher bela e charmosa, e, ainda que a velhice lhe tivesse tingido de branco uma única mecha dos cabelos negros, os anos não haviam diminuído o brilho apaixonado de vida que emanava de seus olhos verdes. As mãos, embora delicadas, carregavam em si o propósito e a sabedoria de alguém que por muitas décadas havia explorado as infinitas combinações de movimentos precisos, cada um deles criado e ensaiado obsessivamente, primeiro em sua mente, depois por seus dedos ágeis, com o objetivo de traduzir longas sequências de notas musicais, misturadas com um grande espectro de emoções e memórias, na expressão pessoal de uma música composta pelo cérebro de algum desconhecido, séculos antes.

Ouvir e tocar música era parte da rotina da vida de Lygia depois que ela se aposentara. O resto do tempo era dedicado a aprender qualquer coisa que ela pudesse absorver no tempo tão fugaz que define uma vida. Lygia sabia muito bem quão precioso é cada minuto dessa nossa existência mortal. Aos 38 anos, depois de perder o companheiro, Vicente Laporta, para um tumor cerebral, ela tivera de assumir a responsabilidade de prover a família. Sozinha pelo resto de seus dias, criou duas filhas e manteve pai, mãe e irmão enquanto trabalhava como funcionária pública da Secretaria da Fazenda do estado de São Paulo. E, sem que boa parte dos amigos e parentes soubesse, ainda conseguiu manter vivo, por quase meio século, o sonho mais precioso do marido: uma escola comercial técnica criada por ele em 1943. A ambição de Vicente, aquela que ele descreveu euforicamente no seu primeiro encontro com sua futura mulher, era criar escolas semelhantes por todo o país, de forma a oferecer a estudantes humildes, que não podiam ter acesso às poucas universidades existentes no Brasil daqueles dias, oportunidades de assegurar melhores empregos e uma vida melhor para si e para os seus por meio de uma educação melhor. Embora Vicente não tenha vivido o suficiente para perseguir essa ambição juvenil, Lygia continuou a manter essa chama acesa pelo maior tempo possível, talvez à espera de alguém que recebesse de suas mãos a incumbência de dar continuidade a essa missão de vida.

Quando Lygia se aposentou, no meio da década de 1960, de repente me tornei seu único aluno e discípulo, numa escola informal que seguia a filosofia de ensino professada por Vicente de maneira muito peculiar. Durante toda a minha infância, Lygia foi minha melhor amiga, minha professora mais próxima, meu primeiro amor verdadeiro, a pessoa em quem eu podia confiar incondicionalmente, visto que foi ela que se incumbiu de me explicar tudo aquilo que toda criança quer entender sobre o mundo que a cerca. O primeiro museu que visitei foi o do Ipiranga, no dia do inverno de 1972 no qual o Brasil celebrou o sesquicentenário da independência de Portugal. A primeira ópera a que assisti foi *La Bohème*, no Teatro Municipal de São Paulo. A primeira vez que admirei, emocionado, as plácidas ondas do oceano Atlântico foi à beira-mar da cidade de Santos. Em cada um desses eventos inesquecíveis, foi a mão de Lygia que me levou a conhecer um mundo novo, repleto de aventuras, magia e pessoas diferentes. Mas nada disso se comparava às viagens que Lygia e eu fazíamos juntos no pequeno escritório no segundo andar de sua casa. Lá, viajamos para lugares muito além dos limites da minha vida cotidiana, sempre na direção na qual apenas gente como o capitão Kirk, Mr. Spock, a família Robinson e o dr. Zachary Smith e seu fiel robô ousavam se aventurar. No modesto escritório, aprendi como o homem aprendeu a voar e, não satisfeito, como ele decidiu, da forma como Júlio Verne imaginou, explorar o vasto vazio que chamamos de cosmos. Quando Neil Armstrong pousou na superfície da Lua, naquele mágico inverno de 1969, Lygia e eu, sentados lado a lado em frente a uma TV que ainda transmitia imagens em branco e preto, tentávamos segurar a risada enquanto alguns parentes à nossa volta tentavam nos convencer de que aquilo tudo não passava de um truque de Hollywood.

Mas, de longe, minhas experiências favoritas aconteciam quando Lygia, cheia de paixão e delicadeza, se curvava para agradecer à sua modesta mas sempre entusiasmada plateia, formada apenas por um menino coberto da lama dos campos de futebol da vizinhança e de uma gata angorá que mal acordava de seus sonhos diurnos durante todo o espetáculo. No momento em que Lygia tomava seu assento diante do piano envelhecido, embora ainda capaz de emocionar uma audiência, sabendo que eu observava cada um dos seus mínimos gestos, ela parecia tomar todas as precauções na elaboração de seus movimentos, particularmente aqueles das mãos, como se quisesse que seus gestos ficassem impressos na minha memória por toda a vida. Ela atingiu seu propósito, com certeza, pois mesmo agora, quase meio século depois, ainda me recordo vivamente da maneira como ela movimentava as mãos de menina que percorriam o teclado com a mesma dose de delicadeza e determinação. Ainda me recordo da sensação que me tomava no último momento que antecedia o início do recital, um instante em que o tempo parecia subitamente desacelerar para prestar atenção no que viria a seguir. Com todo o ar da sala de estar paralisado pelo sentimento de antecipação, a plateia parecia explodir sincronicamente de pura alegria, quando as primeiras notas emergiam do velho piano.

Embora a seleção musical mudasse a cada dia, Lygia sempre reservava os primeiros instantes de seu recital para expressar sua devoção ao compositor polonês Frédéric Chopin. Mesmo hoje, quarenta anos depois da tarde em que Lygia tocou para mim pela última vez, não consigo ouvir as primeiras notas da *Polonaise Héroïque* sem me sentir transportado de volta àqueles começos de noite passados na sala de estar da minha querida avó, onde descobri que, afora a memória, a habilidade de aprender é o maior presente concedido a cada um de nós por nosso cérebro de primata. Infelizmente, a música de Chopin também estará para sempre associada em minha mente à memória de meu primeiro encontro, inesperado e chocante, com os efeitos devastadores que uma moléstia neurológica insidiosa, progredindo em segredo, pode ter na vida de alguém. Pois foi nessa mesma sala de estar que, numa tarde de verão como tantas outras, Lygia inexplicavelmente fitou em silêncio o teclado do piano por alguns minutos até se virar para mim e, sem mover as mãos, deixar dois rios de lágrimas brotar dos olhos confusos para me dizer que não era mais capaz de lembrar a sequência de movimentos que repetira diariamente, pela maior parte de sua vida consciente. De repente, todas as memórias de como produzir a música que ela tanto amava haviam simplesmente abandonado sua mente.

Sem que ela ou qualquer um de nós soubesse, Lygia vinha sofrendo, nos últimos anos, uma série de pequenos acidentes vasculares corticais que gradualmente lhe destruíram boa parte das camadas superiores dos córtices frontal e parietal. Essa epopeia de minúsculos derrames cerebrais resultou de uma miríade de coágulos sanguíneos – conhecidos pelo termo médico, êmbolos – que literalmente bloquearam o fluxo de sangue através de pequenos vasos de seu cérebro. Esses êmbolos não tinham produzido sintomas claros até que a destruição do tecido cerebral atingiu um nível crítico, por volta do momento em que os recitais vespertinos de Lygia chegaram ao fim. Após esse episódio, por anos a fio ela experimentou uma desagregação gradual mas inexorável de sua capacidade motora fina e de memória, ambas contribuindo para episódios ocasionais de depressão e de conscientização, para o desespero de todos nós além dela, de que a pessoa que um dia fora Lygia não existia mais.

Enquanto as memórias de toda uma vida, bem como os desejos, os amores, os planos e sonhos, lenta mas enfaticamente evanesceram para sempre, primeiro de seu cérebro e depois de sua mente, Lygia começou a perder o controle dos delicados filamentos de contato consciente que ela compartilhava com todos aqueles que participavam tão afetivamente de sua vida e do mundo ao redor. Na última vez em que nos abraçamos, na noite anterior à minha partida do Brasil rumo a Filadélfia, em 1989, senti, por um momento, que ela não mais me reconhecia.

Lygia teve uma vida longa e produtiva. Fez muitas coisas e deixou muitas memórias felizes na mente de todos os que a conheceram. Em nossa última conversa telefônica, depois de alguns minutos ela repentinamente se deu conta de que era seu fiel aluno quem falava do outro lado da linha. Sem perder um segundo, ela endireitou a voz e quase gritando me disse:

– Você sabe que horas são, menino? Você esta atrasado novamente, seu maroto!

– Atrasado para quê, vó Lygia? – Eu não conseguia entender o que ela queria dizer nesse breve lapso de consciência.

– Para Chopin, meu filho. Para Chopin!

Nas últimas três décadas, quase toda vez que um dos meus trabalhos científicos retornou do processo obrigatório de revisão, tive de lidar com a recomendação inevitável dos revisores para remover do manuscrito qualquer fragmento de pensamento especulativo sobre o potencial futuro das interfaces cérebro-máquina. Durante esses momentos dolorosos, eu geralmente fantasiava sobre o dia em que todas essas ideias poderiam ser resgatadas e liberadas para que outros pudessem examiná-las e refletir sobre sua validade, mesmo que apenas em teoria. Depois de tantos anos de frustração, essa tão sonhada oportunidade finalmente se materializou.

Por incrível que possa parecer, tal exercício não é trivial, já que, durante o período em que eu e meus alunos tivemos de enfrentar a ultraconservadora cultura acadêmica, muitos escritores de ficção científica e diretores de cinema aproveitaram o vácuo deixado por nós, neurocientistas, para, sem reservas e em alguns casos sem nenhum limite ou compromisso com um mínimo de credibilidade, usando somente sua imaginação fértil, tentar traçar o futuro das ICMs. Apenas em 2009, duas megaproduções de Hollywood, *Substitutos* e *Avatar*, descreveram o típico estereótipo popular da ciência em geral, e das ICMs em particular, transformando-se numa nova e poderosa tecnologia capaz de dominar, ferir ou mesmo aniquilar indivíduos e até mesmo civilizações inteiras. Nesses dois filmes, ICMs permitem a seres humanos viver, amar e lutar através de "avatares" de corpo inteiro que são comandados apenas pelo pensamento de seus mestres para realizar a dura tarefa de, por exemplo, cruzar o universo e, em alguns casos, se engajar no genocídio de toda uma raça alienígena, em nome do suposto (e altamente dúbio) benefício da raça humana. Outras produções semelhantes, do clássico filme *Raposa de fogo* à trilogia *Matrix*, igualmente ajudaram a reforçar o medo e a ansiedade disseminados por alguns "futurologistas" que se ocupam cotidianamente de alertar que o dia do Juízo Final da humanidade nos espera logo depois da próxima curva, uma vez que uma futura geração de máquinas extremamente inteligentes está na iminência de dominar o planeta e escravizar a todos nós.

Eu gostaria de concluir este livro com uma visão diametralmente oposta a essa. Depois de trabalhar e pensar, por um longo tempo, sobre o potencial impacto das ICMs, vejo o futuro dessa área com muito otimismo e grande expectativa, em vez de vislumbrar qualquer calamidade épica para a raça humana. Talvez porque tão pouco acerca da verdadeira dimensão desse futuro possa ser concebido, com certeza neste momento sinto um intenso desejo de abraçar com júbilo as oportunidades que a libertação de nosso cérebro dos limites físicos de nosso corpo terrestre trará para nossa espécie. Na verdade, fico admirado ao ver como alguém pode pensar de outra forma, dadas as tremendas perspectivas humanísticas que a pesquisa com ICMs promete incentivar e potencializar.

Mas, antes de expor essa minha visão do futuro, eu gostaria de aliviar algumas das preocupações vociferadas em resposta às previsões, quase todas infundadas, de que máquinas supremamente inteligentes vão um dia emular, depois superar e, por fim, eliminar todos os traços de nossa identidade criados pela mente humana. Embora eu não duvide por um segundo sequer que encarnações altamente sofisticadas de máquinas inteligentes surgirão no futuro, qualquer criador dessas maravilhas tecnológicas enfrentará pelo menos um obstáculo insuperável em sua saga em busca da obsolescência da mente humana: a completa impossibilidade de reproduzir, por meio de um algoritmo ou programa computacional, a sequência temporal precisa de eventos que definiriam a contingência histórica, no âmbito de cada indivíduo ou da evolução de nossa espécie, que conspirou para o surgimento do cérebro nosso de cada dia. No seu empolgante livro *Vida maravilhosa*, Stephen Jay Gould enumera magistralmente os argumentos que dão força a essa tese ao propor um experimento teórico, batizado como "o replay da fita da vida". De acordo com essa visão, não importa quantos bilhões de microprocessadores, com seus petaflops e petabytes, ou quantos milhões de nucleotídeos artificiais sejam colocados à nossa disposição, o esforço hercúleo de criar uma inteligência artificial estará destinado ao mais retumbante fracasso, caso o objetivo principal seja construir uma mente similar à nossa. Para comprovar essa assertiva, basta seguir o desenlace do experimento do "replay da fita da vida" segundo a formulação original de Gould:

> Basta apertar o botão de rebobinar a fita [contendo o registro de eventos que determinaram a evolução da vida no planeta], certificando-se de que tudo que estava registrado nela foi completamente apagado, e retornar para qualquer tempo e lugar no passado – digamos, para o mar dos Burgess Shale. Então, nesse instante, deixemos a fita [da vida] tocar novamente, enquanto verificamos se o replay [dos eventos] se assemelha à versão original. Se cada replay recapitula fortemente o caminho evolutivo [seguido pela vida até agora no planeta], teríamos de concluir que tudo que ocorreu tinha de ocorrer de qualquer forma. Mas suponha que todos esses experimentos deem origem a resultados completamente diferentes da história da vida como a conhecemos [hoje]. O que poderíamos dizer sobre a possibilidade de se prever [o surgimento] da inteligência autoconsciente?

Como era de esperar, Gould oferece sua predição favorita para o mais provável resultado desse experimento:

> Qualquer replay da fita da vida conduziria a evolução [das espécies] através de uma via radicalmente diferente da estrada que ela tomou até hoje. Mas as diferenças no resultado final não significam que a evolução não faz sentido, ou não segue um padrão com significado; as rotas divergentes que qualquer replay poderia adotar seriam tão interpretáveis e tão bem explicáveis *depois do fato* como a rota atual. [Além disso], a diversidade de itinerários possíveis não significa que os resultados alcançados não podem ser previstos desde o começo [da jornada]. Cada passo procede por uma causa, mas nenhum final pode ser especificado de antemão [...]. Altere, mesmo que levemente, qualquer evento inicial e aparentemente sem importância naquele momento, e o processo evolutivo percorrerá uma rota radicalmente diferente.

Basicamente, no que tange à mente humana, o que Gould quer dizer é que a sequência particular de contingências que determinou a evolução do cérebro humano provavelmente jamais será revisitada, em nenhum tempo ou em nenhum lugar, na história de nosso universo. Portanto, a consciência baseada em silício, se ela algum dia surgir, certamente se manifestará de formas muito distintas daquelas exibidas pela versão humana. Nesse contexto, é fácil ver que nossa peculiar história evolutiva não pode ser comprimida em nenhum algoritmo computacional, um fato que elimina qualquer esperança de que máquinas, simulações computacionais ou formas artificiais de vida poderiam ser sujeitas a uma lista idêntica de pressões evolutivas, geradas por qualquer código de computador ou outra máquina criada pelo homem. Efetivamente, poderíamos dizer que, como um justo *quid pro quo* por carregar o legado de sua própria história impresso dentro de seus circuitos, o cérebro recebeu como recompensa a imunidade mais poderosa contra possíveis tentativas de copiar ou reproduzir seus mais íntimos segredos e arte.

Esse escudo concedido pela natureza das contingências históricas de nossa evolução natural não garante, todavia, que máquinas avançadas um dia destituam ou mesmo eliminem a raça humana da face da Terra. Ainda assim, eu classificaria a probabilidade de esse evento acontecer algum dia com um grau de risco muito mais irrisório do que uma série de outras potenciais catástrofes que podem levar ao colapso da humanidade. Eventos como o aquecimento global desenfreado, pandemias, fome, guerra nuclear, falta de água limpa, outra colisão de um meteoro, a destruição da camada de ozônio e até uma invasão por alienígenas mais cruéis que os Incas Venusianos ou os Klingons claramente têm uma probabilidade muito maior de ocorrer e contribuir para o desaparecimento de nossa espécie do que um *coup d'État* perpetrado por um exército de supermáquinas. Mesmo assim, no caso mais do que improvável de que esse terrível destino recaia sobre nós, podemos ao menos nos consolar com o fato de que nossos conquistadores com mentes de silício jamais compreenderão, como John Barrow apropriadamente frisou, o significado imortal destes versos humanos:

Tema, ó Aquiles, a vingança dos céus;
Pense em seu próprio pai e tenha compaixão de mim,

> Eu sou aquele que merece mais caridade,
> Pois me enrijeci mais do que qualquer outro homem jamais se enrijeceu antes de mim
> Para trazer aos meus lábios a mão daquele que matou meu filho.

Assim falou Príamo, e o coração de Aquiles se rendeu ao ver naquele homem a imagem do próprio pai.

Pessoalmente, prefiro terminar minha exposição discutindo como a humanidade poderá tirar vantagem do talento do cérebro relativista e de sua habilidade de simular a realidade, bem como de seu apetite voraz e insaciável por assimilar ferramentas, para alcançar dois objetivos monumentais: restaurar a vida daqueles que são afligidos por quaisquer danos neurológicos e permitir a expansão de nossa percepção e de nossa ação no universo. Como em meus registros da atividade elétrica de populações de neurônios, o tempo será meu guia. Essa viagem pelo futuro, portanto, começará com a descrição das aplicações práticas na medicina da tecnologia das ICMs que muito provavelmente surgirão nos próximos vinte anos. A seguir, nossa discussão se deslocará para um futuro mais distante, algumas décadas à nossa frente, quando as ICMs se transformarão em ferramentas corriqueiras, permitindo que criemos uma simbiose muito mais fluida com nossas ferramentas virtuais e computacionais, outras máquinas e outros ambientes. Terminarei esta breve viagem especulando livremente (enfim!) sobre o que o futuro longínquo trará para nossa espécie no momento em que a fidelidade da mente para com o corpo mortal se tornar cada vez mais fluida e menos determinante de nosso modo de vida. Nessa discussão, não restringirei minha imaginação com as enormes limitações tecnológicas envolvidas na materialização de tais ideias para esse futuro distante, mesmo porque tenho total confiança que meus colegas cientistas dos séculos vindouros serão competentes o suficiente para encontrar as soluções técnicas necessárias para transformar em realidade concreta o que hoje são meras ilações.

Nas próximas duas décadas, interfaces cérebro-máquina-cérebro, construídas pela conexão bidirecional de grandes territórios do cérebro com ferramentas artificiais as mais diversas, poderão restaurar aspectos fundamentais da natureza humana àqueles que sucumbiram, como nos casos da minha avó Lygia e meu mentor César Timo-Iaria, às graves consequências clínicas induzidas por doenças neurológicas devastadoras. Possivelmente na próxima década, ICMs começarão a restaurar funções neurológicas essenciais em milhões de pessoas que hoje não podem mais ouvir, ver, tocar, andar ou falar por si mesmas.

Um consórcio científico internacional, o The Walk Again Project [Projeto Andar de Novo], que ajudei a fundar, ofereceu a primeira imagem desse futuro durante a cerimônia de abertura da Copa do Mundo de futebol no Brasil realizada no dia 12 de junho de 2014. Concebido alguns anos depois que Belle e Aurora demonstraram a possibilidade de conectar tecido nervoso vivo com ferramentas artificiais, o projeto tem como objetivo desenvolver e implementar ICMs capazes de restaurar a mobilidade corporal completa em pacientes vítimas de graus severos de paralisia, seja ela resultante de uma lesão traumática da medula espinhal, seja consequência de uma doença neurodegenerativa (figura 13.1). Para atingirem esse objetivo, mais de 150 membros desse consórcio, entre neurocientistas, pessoal clínico especializado na reabilitação de pacientes vitimados por lesões da medula espinhal, engenheiros, roboticistas, cientistas da computação, oriundos de 25 países, colaboraram na criação de um novo protocolo de reabilitação, baseado no uso intensivo de ICMs. Esse protocolo culminou na construção de um exoesqueleto robótico de membros inferiores capaz não só de restaurar a locomoção a pacientes paraplégicos, mas também de devolver a eles a sensação tátil de pisar no chão (figura 13.2). Essa última possibilidade se concretizou graças à combinação de vários desenvolvimentos tecnológicos. De um lado, sensores planares de pressão colocados na superfície plantar de ambos os pés do exoesqueleto permitiram que, a cada passo do paciente, sinais de feedback, descrevendo o contato com o chão, fossem gerados e, imediatamente, transmitidos para a superfície da pele dos antebraços de cada paciente, através do emprego de um sistema formado por três pequenos elementos mecanovibratórios dispostos num

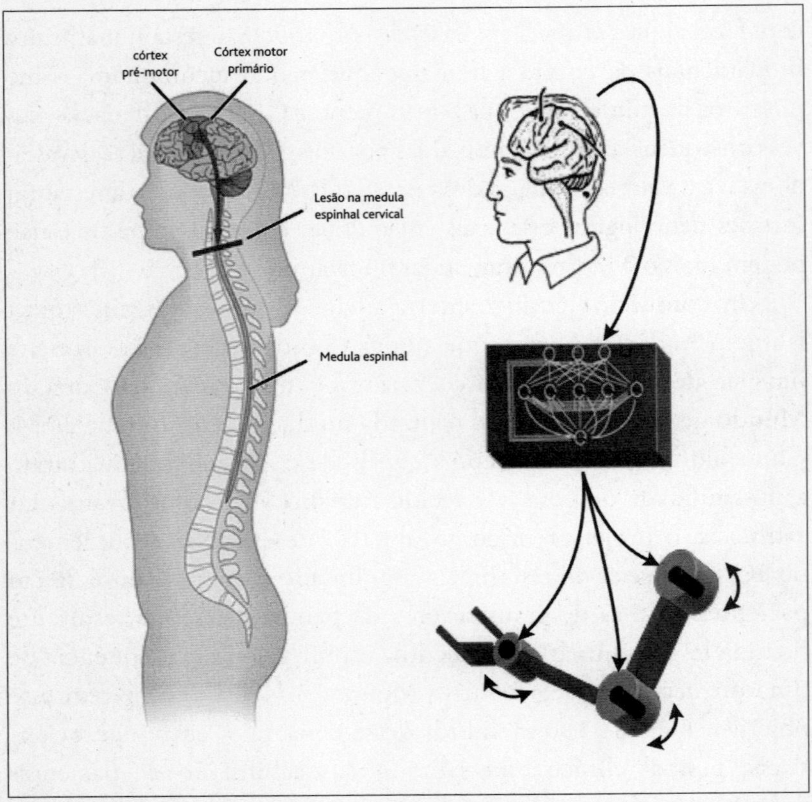

Figura 13.1 – Neuroprótese cortical para restaurar funções motoras. Representação esquemática de como uma neuroprótese cortical poderá um dia ajudar pacientes paralisados, devido a uma lesão da medula espinhal, a recuperar mobilidade corpórea (veja texto para detalhes). (Adaptado de NICOLELIS, M. A. L. "Brain-machine interfaces to restore motor function and probe neural circuits". *Nature Reviews Neuroscience* 4: 417-422, 2003.)

arranjo linear. Esses elementos, quando aplicados à superfície da pele, como parte da face interna das mangas de uma camiseta especialmente desenhada para esse fim, são capazes de vibrar em diferentes frequências e intensidades, de acordo com os sinais gerados pelos sensores de pressão aplicados nos pés do exoesqueleto. Depois de seus sensores terem sido calibrados, essa "camisa tátil" permitiu que todos os nossos pacientes tivessem uma experiência tátil rica e completa, descrevendo não só o contato do pé do exoesqueleto no chão, mas também toda a movimentação desse artefato robótico durante uma caminhada.

Essa "veste robótica" – originariamente concebida por ninguém menos que Gordon Cheng, agora professor da Universidade Técnica de Munique, o roboticista genial que fez CB-1 aprender a andar sob o controle dos pensamentos motores de Idoya – permitiu que oito paraplégicos brasileiros, todos eles vítimas de lesão da medula espinhal há vários anos, voltassem a sentir o prazer de caminhar eretos, num período de seis meses, usando a própria mente para controlar os passos dessa neuroprótese que, como esperado, graças ao feedback tátil contínuo oferecido, foi prontamente assimilada pelo cérebro de cada um como sendo uma extensão de seu corpo biológico. Para nossa surpresa, depois de seis meses de aplicação do protocolo de reabilitação, e do uso continuado de diferentes protocolos de reabilitação baseados em ICMs, incluindo o controle mental dos movimentos de corpos virtuais (avatares) de um robô

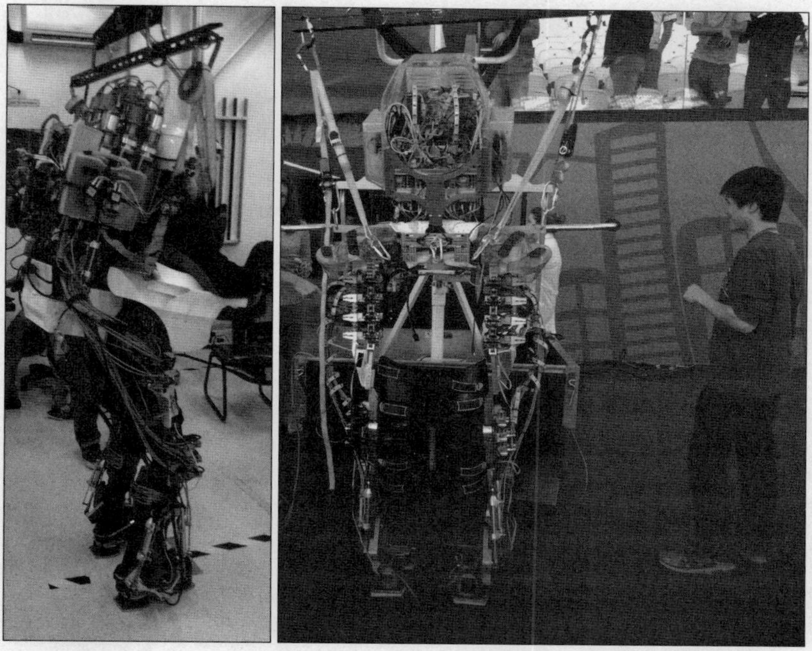

Figura 13.2 – Visões do primeiro (esquerda) e segundo (direita) protótipos do exosqueleto controlado pela atividade elétrica cerebral, usado pelo Projeto Andar de Novo. À esquerda, protótipo sendo operado por um paciente paraplégico dentro do laboratório. À direita, exoesqueleto preparado para mais um teste no gramado do estádio onde Juliano Pinto desferiu o chute inicial da Copa do Mundo de 2014.

de treinamento e do nosso exoesqueleto, a equipe clínica do Projeto Andar de Novo começou a notar a ocorrência de um processo de recuperação neurológica parcial, em termos tanto sensoriais como motores e viscerais, em todos os pacientes. Essa recuperação incluiu um aumento extraordinário (média de cinco dermátomos, considerando todos os pacientes) da área corpórea, abaixo do nível da lesão, em que os pacientes eram agora capazes de identificar um estímulo tátil. Da mesma forma, todos os pacientes começaram a demonstrar a capacidade de controlar voluntariamente músculos localizados abaixo do nível da lesão medular, a ponto de dois desses pacientes serem capazes de reproduzir movimentos completos de deambulação das pernas, quando suspensos no ar, mesmo sem o uso do exoesqueleto. Como resultado global dessa recuperação sensório-motora, ao término de doze meses de treinamento, em dezembro de 2014, com esse protocolo, 50% dos nossos pacientes foram reclassificados, utilizando a escala americana usada para avaliar a gravidade clínica de uma lesão medular, de paraplégicos completos (ASIA A) para paralisados parciais (ASIA C). Como se essa recuperação, inédita na área de lesões medulares, não fosse o suficiente para chocar qualquer um, ao término de dois anos de treinamento, em dezembro de 2015, tivemos outra grata surpresa: a porcentagem de pacientes que mudaram de categoria (ASIA A/B para ASIA C) havia aumentado para espantosos 80%, ou seja: seis de oito pacientes progrediram dos níveis mais graves (paralisia completa) para um estágio de paralisia parcial. Tudo isso para pacientes que tinham permanecido por mais de uma década numa cadeira de rodas, sem nenhuma esperança de experimentar qualquer tipo de recuperação.

A história completa das descobertas, aventuras e emoções do Projeto Andar de Novo, bem como os bastidores e as múltiplas tentativas de sabotagem que o projeto sofreu no Brasil, será contada no meu próximo livro, *The kick*!

Enquanto o Projeto Andar de Novo continuava a progredir, outras linhas de pesquisa em ICM começaram a dar frutos no que tange ao desenvolvimento de neuropróteses especializadas no tratamento de doenças neurológicas. Por exemplo, no capítulo 12, mencionei de passagem que Romulo Fuentes, Per Petersson e eu descobrimos, em 2009, que a estimulação elétrica de alta frequência da superfície da medula espinhal era capaz de restaurar a locomoção em ratos e camundongos nos quais o neurotransmissor conhecido como dopamina havia sido quase que completamente esgotado. Logo após essa manipulação, os roedores passaram a exibir um alto grau de rigidez e imobilidade, que se traduzia numa dificuldade enorme de iniciar qualquer tipo de movimento voluntário do corpo – sintomas clássicos da doença de Parkinson. Pelo fato de podermos registrar a atividade elétrica de populações de neurônios distribuídas por múltiplas estruturas corticais e subcorticais simultaneamente nesses animais, observamos que tão logo eles começaram a exibir claros sinais de rigidez motora, populações de neurônios do córtex motor primário e do corpo estriado passaram a disparar sincronicamente, produzindo uma oscilação neural de baixa frequência que se assemelhava a uma crise epiléptica (figura 13.3). Quando administramos L-DOPA, a droga de escolha para o tratamento das fases iniciais da doença de Parkinson, a esses ratos e camundongos, as oscilações desapareceram em poucos minutos. Da mesma forma, a rigidez corporal se dissolveu e os roedores passaram a se mover novamente. Quando os efeitos da L-DOPA começaram a se esvair, em geral depois de algumas horas, ou quando os animais desenvolveram tolerância ao medicamento, após algumas semanas de tratamento a rigidez retornou de forma implacável.

Dez anos antes, minha então aluna de doutorado Erika Fanselow e eu havíamos investigado novos métodos para prevenir crises epilépticas em ratos. Durante esses estudos, demonstramos que a estimulação elétrica do nervo trigêmeo, da face, também produzia uma desorganização nas oscilações neurais que caracterizavam as crises epilépticas induzidas em nossos animais. Esse efeito surpreendente permitiu que os ratos escapassem do estado de bloqueio comportamental que caracteriza um ataque epiléptico grave. Além disso, o mesmo procedimento preveniu a ocorrência de vários outros ataques.

Quando observei que a rigidez corporal que caracterizava o estado parkinsoniano de nossos animais era acompanhada, e muito

caudal

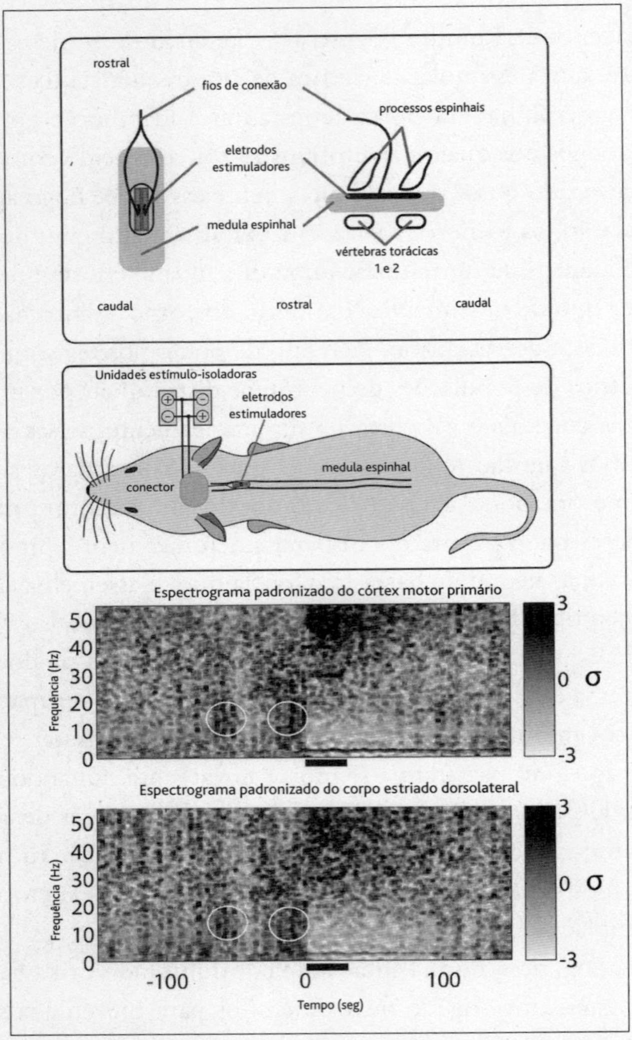

Figura 13.3 – Tratando ratos com uma síndrome semelhante à doença de Parkinson com estimulação elétrica da medula espinhal. No painel superior, ilustrações dos eletrodos estimuladores usados nesses experimentos, bem como o método de implantação na superfície dorsal da medula espinhal. O painel do meio ilustra um rato implantado que possui claros sintomas da síndrome de Parkinson. No painel inferior, dois círculos brancos são usados para identificar os períodos de atividade epiléptica, observados no espectrograma da atividade elétrica cerebral de um rato, que estão correlacionados com a akinesia produzida pela doença de Parkinson. No momento 0, a estimulação elétrica da medula espinhal foi iniciada, usando os eletrodos implantados. Note que a atividade epiléptica desaparece instantaneamente e, como resultado, o rato foi capaz de começar a deambular normalmente. O eixo x do espectrograma representa o tempo e o eixo y representa frequências de oscilações. A escala de tons do eixo z representa a magnitude da atividade cerebral para uma dada frequência de oscilação (veja a escala a direita). (Adaptado a partir de FUENTES, R. "Spinal Cord stimulation restores locomotion in animal models of Parkinson's disease". *Science* 323: 1578-82, 2009.)

provavelmente causada, por oscilações neurais patológicas com alto grau de sincronismo, lembrando as observadas durante um ataque epiléptico, sugeri que Romulo e Per tentassem a mesma abordagem terapêutica para tentar melhorar a situação clínica de nossos pacientes roedores.

A princípio, tentamos estimular eletricamente o nervo trigêmeo. Essa manobra gerou algum alívio da rigidez facial, mas não produziu nenhum efeito significativo no resto do corpo. Em seguida, decidimos mudar o local da estimulação elétrica para a superfície dorsal da medula espinhal. Esse novo alvo apresenta várias vantagens importantes: em primeiro lugar, a região é muito mais fácil de ser abordada do ponto de vista cirúrgico, requerendo um procedimento muito menos invasivo para a implantação de um estimulador. Além disso, ao estimular a área ganhamos acesso a um enorme número de fibras nervosas que percorrem a medula espinhal em direção ao sistema nervoso central, podendo influenciar grandes volumes dos córtices parietal e frontal. Foram necessários apenas alguns minutos para que nos déssemos conta de que a solução ótima para dissolver as oscilações neurais patológicas havia sido encontrada. Enquanto mantivemos ligada a estimulação elétrica de alta frequência da porção dorsal da medula espinhal, os roedores puderam voltar a percorrer todo o seu ambiente natural, como se nenhuma patologia os tivesse acometido, pois eles agora estavam livres da prisão de rigidez criada pela moléstia semelhante à doença de Parkinson que os afligia até então. Logo a seguir, descobrimos que, ao continuarem esse tratamento, mesmo animais com uma severa deficiência de dopamina podiam ser agora tratados com uma dose muito menor de L-DOPA. Essa dose reduzida contribuiu decisivamente para a diminuição dos efeitos colaterais e também serviu para reduzir o risco de os animais desenvolverem tolerância ao medicamento.

De maneira inesperada, tínhamos descoberto um procedimento muito simples, minimamente invasivo e extremamente barato – a estimulação da medula espinhal – que poderá se transformar na base de uma terapia nova para pacientes que sofrem com o flagelo da doença de Parkinson. Para a nossa satisfação, nos últimos cinco anos vários laboratórios foram capazes de reproduzir os nossos achados em roedores. Além disso, um dos primeiros estudantes de doutorado do Instituto Internacional de Neurociência Edmond e Lily Safra, Maxwell Santana, trabalhando em conjunto com Romulo Fuentes em Natal, foi capaz de demonstrar os mesmos efeitos antiparkinsonianos da estimulação elétrica da porção dorsal da medula espinhal num modelo da doença induzida em saguis. Esse trabalho, publicado na prestigiosa revista *Neuron* em 2014, foi corroborado por uma série de estudos clínicos, realizados em diferentes partes do mundo, nos quais nossa técnica foi testada em pacientes parkinsonianos. No momento em que escrevo este parágrafo, mais de cinquenta pacientes, mundo afora, já relataram melhora dos sintomas, particularmente aqueles relacionados à deambulação, com a ajuda dessa nova metodologia. Esses resultados nos motivaram a iniciar um grande estudo clínico para, de uma vez por todas, estabelecer o potencial clínico dessa técnica como uma nova terapia para a doença de Parkinson.

Em outras áreas, esforços similares estão sendo empreendidos no mundo todo com a esperança de desenvolver neuropróteses que possam se interligar com tecido cerebral vivo a fim de tratar uma grande variedade de doenças neurológicas, como epilepsia e depressão, ou de restaurar funções neurais vitais, como visão, audição e fala.

Num futuro próximo, a maior parte da pesquisa em ICMs será certamente dirigida para a criação de novas terapias e ferramentas para a reabilitação neurológica e física de pacientes. Esse esforço coletivo, muito provavelmente, também contribuirá para uma compreensão muito mais profunda dos princípios neurofisiológicos que regem o funcionamento de nosso cérebro relativista e seus esforços para compor e distorcer nosso modelo da realidade.

Acredito que futuras pesquisas com ICMs ajudarão a elucidar como o *continuum* espaçotemporal neuronal se forma e opera, de maneira coesa e precisa, ao longo do curso da nossa vida. Em múltiplos domínios, essa questão pertence ao debate do famoso "problema da encadernação", descrito no capítulo 4, a proverbial pedra no sapato que vem incomodando a neurociência já há algum tempo. Nessa direção, na monografia intitulada "O cérebro relativístico: como ele funciona e por que ele não pode ser simulado por um computador", publicada em conjunto com esta segunda edição de *Muito além do nosso eu*, o meu grande amigo Ronald Cicurel, matemático e filósofo egípcio-suíço, e eu propomos um novo potencial mecanismo de fusão desse *continuum* espaçotemporal neuronal, baseado no emprego dos campos eletromagnéticos cerebrais, gerados pelas verdadeiras bobinas biológicas, definidas pelos feixes de nervos que formam a substância branca do cérebro, por onde trafegam os sinais elétricos gerados pela centena de bilhão de neurônios que constituem nosso sistema nervoso central.

Ao simplesmente mudar o plano de referência do estímulo, gerado no mundo exterior, para o ponto de vista próprio do cérebro, "o problema da encadernação", na minha opinião, dissolve-se por si só, uma vez que para um cérebro relativista não existe necessidade alguma de "encadernar" nada, porque a informação trazida por um estímulo externo jamais foi quebrada ou segregada em distintos fluxos de bits. Na visão relativística do cérebro, existe apenas um modelo neural do mundo; uma simulação que é continuamente atualizada pela constante colisão do estado interno dinâmico do cérebro e os sinais sensoriais gerados pela periferia do corpo, que coincidem ou não com as previsões e expectativas produzidas por esse modelo.

Assim, além de prover uma solução para o problema da encadernação, a teoria do cérebro relativista poderá também oferecer uma trégua viável para a verdadeira guerra intelectual travada entre os campos localizacionista e distribucionista da neurofisiologia cortical. Acredito que um compromisso poderá enfim ser alcançado, caso as partes litigantes aceitem a noção de que uma localização funcional estrita e a existência de representações puramente unimodais ocorrem apenas durante as fases iniciais do desenvolvimento do córtex ou durante estados artificiais que induzem uma drástica redução da dinâmica interna do cérebro. Tivemos a chance de rever como a anestesia profunda, por exemplo, induz a um colapso da dinâmica interna cerebral, limitando artificialmente a manifestação da complexidade das respostas sensoriais de neurônios individuais, bem como de representações corticais inteiras. Além disso, apenas quando animais se engajam ativamente na exploração de seu ambiente é que o completo esplendor dinâmico do córtex é revelado. Na trégua que proponho, a localização discreta de funções e a presença de representações unimodais dominam os estágios iniciais de desenvolvimento da vida pós-natal do córtex, muito provavelmente porque esse é o período no qual a conectividade cerebral é consolidada e o sistema nervoso central cuidadosa e gradualmente começa a edificar seu modelo interno da realidade. Esse processo gradual de construção do simulador e de seus modelos poderia explicar por que o período de desenvolvimento mental dos seres humanos é tão mais longo do que em outras espécies de primatas, exigindo muitos anos de infância e adolescência. Essa hipótese também explicaria por que são necessários vários anos para que nossas crianças sejam capazes de fundir, ao longo de seus vales e picos corticais, a informação multimodal descrevendo um mesmo objeto, como o som que é associado em sua linguagem nativa à imagem de uma letra ou número. Mais uma vez, Ronald e eu propomos que a maturação dos campos eletromagnéticos cerebrais, ao longo do desenvolvimento pós-natal, pode agir como uma verdadeira "cola" que define a fusão do sistema nervoso central num *continuum* espaçotemporal neural.

Certamente, Camillo Golgi, o neuroanatomista ganhador do Prêmio Nobel de 1906, relegado ao esquecimento pela Teoria Neuronal de Santiago Ramón y Cajal, ficaria mais do que surpreso – e feliz, eu espero – em saber que, depois de mais de um século, algumas de suas ideias pioneiras sobre "redes neurais", até recentemente relegadas ao esquecimento, seriam trazidas à tona, não mais na forma de um sincício celular formado por junções morfológicas, conhecidas como *gap junctions*, mas agora acopladas aos fluidos e diminutos campos eletromagnéticos gerados nas profundezas do cérebro.

De volta ao desenvolvimento do cérebro, ao final do seu processo de maturação anatomofuncional, múltiplos circuitos subcorticais e corticais conectam grandes populações de neurônios localizados em diferentes regiões do córtex, dando origem a um vasto e único oceano neuronal, pronto para conduzir as ondas de tempo neural que o fazem pulsar. Enquanto o ponto de vista próprio do cérebro se forma e evolui, mapas topográficos, estruturas corticais e hierarquias corticais rígidas tornam-se progressivamente menos relevantes, até que um ponto de não retorno é alcançado, durante o princípio da vida adulta. Nesse estágio, os tecidos cerebrais que ainda carregam dentro de si as várias cicatrizes vestigiais desse longo processo de aprendizado – marcas como os barris corticais do córtex S1 de roedores, ou as colunas de dominância ocular dos primatas, ou ainda as nítidas bordas citoarquitetônicas corticais – retratam primordialmente tempos que já se foram, pois eles apenas descrevem a odisseia necessária para construir os andaimes orgânicos pelos quais o cérebro relativista teve de engatinhar para esculpir a si mesmo. Na vida adulta, essas estruturas, tão úteis no processo de desenvolvimento, impõem apenas mínimas restrições ao funcionamento do *continuum* espaçotemporal neuronal. Dessa forma, para obter uma explicação satisfatória dos mecanismos que geram a consciência e uma mente ciente de si mesma a partir de uma massa de tecido neural, proponho que os neurofisiologistas de sistemas transfiram seu foco para longe dessas meras miragens do processo de desenvolvimento e passem a seguir mais proximamente o vaivém das ondas do oceano elétrico neural.

Essa nova ênfase na emergente dinâmica interna cerebral, em detrimento da obediência cega à geografia cortical brodmanniana, levará também, na minha opinião, a uma melhor compreensão dos mecanismos por detrás da gênese de doenças neurológicas, uma vez que a dinâmica cerebral se tornará o meio através do qual analisaremos todos os distúrbios da mente humana. Nessa nova concepção, doenças neurológicas ou psiquiátricas serão descritas em termos de alterações temporais específicas de circuitos neurais e suas interações. Se durante sua operação regular o cérebro experimenta períodos em que se destacam delicadas ondas de sincronia neuronal, durante estados ditos patológicos esses oceanos neuronais enfrentam verdadeiros redemoinhos, estranhas tempestades e poderosos furacões ao longo de todo o seu *continuum* espaçotemporal. Da mesma forma que a epilepsia clássica é definida por um padrão distinto de atividade cerebral sincrônica, muitas outras disfunções do sistema nervoso central poderão um dia ser classificadas de acordo com o nível patológico de sincronia de disparos neuronais. Dentro dessa nova perspectiva, a distinção clássica entre doenças neurológicas e psiquiátricas poderá simplesmente desaparecer. Dessa forma, uma melhor compreensão dos princípios fisiológicos das populações neuronais nos permitirá transcender tanto a ignomínia de nossa ignorância coletiva sobre essa classe de estados mentais particulares como o estigma social que circunda todos aqueles que vivem sob suas sombras. A esperança é que, um dia, possamos compreender todas essas moléstias como simples distúrbios da dinâmica cerebral.

Um apoio preliminar para essa ousada previsão já pode ser encontrado no trabalho executado por um de meus ex-alunos de pós-graduação e pós-doutorado, Kafui Dzirasa, hoje professor assistente do Departamento de Psiquiatria da Escola de Medicina da Universidade Duke. Nos últimos anos, Dzirasa tem estudado sistematicamente as alterações da dinâmica cerebral induzida numa série de camundongos transgênicos, a maioria deles criada pelo laboratório de Marc Caron, da mesma faculdade. Em cada um desses animais, um gene particular foi removido. Posteriormente, os mesmos camundongos, quando adultos, foram submetidos a manipulações farmacológicas específicas. Tal abordagem permitiu a Dzirasa induzir uma série de comportamentos estereotipados que se assemelham aos observados em pacientes que sofrem de vários déficits cognitivos ou distúrbios psiquiátricos. Ao registrar simultaneamente a atividade de populações de neurônios em até dez estruturas cerebrais por animal, combinando registros de potencial de campo em cada um de seus experimentos, Dzirasa identificou alterações específicas na dinâmica cerebral que mostraram ser altamente correlacionadas com o surgimento dos fenótipos anormais exibidos em cada roedor.

Embora ainda seja muito difícil estabelecer uma ligação causal entre essas alterações neurofisiológicas e as modificações comportamentais observadas, Dzirasa coletou várias evidências que já permitem cruzar esse limiar tão alto – incluindo a identificação de bases neurofisiológicas para alguns comportamentos estereotipados associados ao distúrbio bipolar e ao transtorno obsessivo-compulsivo.

Da mesma forma que em nossos experimentos com roedores dos quais a dopamina foi removida quase que completamente, o cérebro desses camundongos transgênicos exibe diferenças muito claras no nível de disparos sincrônicos coerentes em diferentes componentes do *continuum* espaçotemporal neuronal. Uma vez que Dzirasa pôde registrar a atividade cerebral em larga escala desses animais por até um ano, conseguimos documentar, pela primeira vez na história da neurociência, a transformação neurofisiológica progressiva e inevitável que um cérebro outrora saudável enfrenta quando, sem maiores explicações, faz uma curva fatídica em direção a um beco de onde algumas mentes jamais conseguem escapar.

No futuro, esperamos incorporar os dados coletados nesses camundongos transgênicos num novo esquema de classificação, algo como uma versão mais elaborada de nosso mapa de estados do monstro do lago Ness. Essa futura representação dos estados normais e alterados de dinâmica cerebral pode permitir, um dia, classificar a maioria das doenças neurológicas e psiquiátricas da mesma forma que hoje associamos diferentes comportamentos de nossos roedores com distintos aglomerados de pontos num mapa de estados tridimensional. A longo prazo, esse tipo de pesquisa poderá permitir que neurologistas meçam rotineiramente o estado da dinâmica cerebral de seus pacientes e prevejam, com muita antecedência, o surgimento de qualquer sintoma neurológico, caso exista um risco real de que eles um dia amanheçam paralisados devido à doença de Parkinson, deprimidos ou vivendo dentro de uma outra realidade, ditada por expressões mais do que fidedignas de mania, paranoia ou delírio. No mesmo contexto, a possibilidade de criação de um sistema unificado de análise da dinâmica cerebral levará médicos a avaliar quantitativamente se suas condutas terapêuticas estão funcionando eficazmente e beneficiando seus pacientes.

A médio prazo, as pesquisas sobre ICMs contribuirão para uma aceleração explosiva da convergência de várias disciplinas, como ciência da computação, engenharia, robótica, matemática, biologia e filosofia, para criar uma nova neurociência. À medida que novas gerações de neurocientistas formados nesse ambiente multidisciplinar empregarem uma nova coleção de ferramentas intelectuais e tecnológicas, uma série de novas ideias e invenções surgirão. Departamentos e institutos de pesquisa voltados à neurociência terão então de se adaptar aos novos contornos temáticos e intelectuais desse campo, de modo a criar as condições necessárias para a livre interação de dados experimentais, simulações computacionais de grande escala e trabalho teórico que, conjuntamente, definirão a agenda futura da pesquisa sobre o cérebro.

Pensando nessa nova visão da prática da neurociência, várias iniciativas de colaboração internacional nessa área têm sido estabelecidas, com o intuito de adaptar tanto o treinamento como a gestão de pesquisa para esse futuro. De minha parte, desde março de 2003 tenho me empenhado na implementação de um projeto inovador que prevê o uso da neurociência como agente de transformação social da realidade de toda uma comunidade no Nordeste brasileiro. Iniciado com a criação do Instituto Internacional de Neurociências de Natal Edmond e Lily Safra, esse projeto embarca agora em sua segunda fase de desenvolvimento, com a construção do Campus do Cérebro na cidade de Macaíba, na periferia de Natal, no Rio Grande do Norte. Toda a história e todas as conquistas desse projeto inédito em todo o mundo, no que tange à aplicação da neurociência como um agente de transformação social, estão descritas no meu livro *Made in Macaíba*, publicado recentemente.

Esse campus será dedicado a uma missão tripla: ampliar e aprofundar pesquisas sobre o cérebro, celebrar todas as conquistas impressionantes da mente humana, manifestadas em termos culturais, artísticos e científicos, e disseminar o conhecimento científico de ponta para a sociedade local, por meio de iniciativas sociais que visam a elevar drasticamente os padrões e os indicadores educacionais, de saúde pública e de qualidade de vida em geral de toda a população que vive em seu entorno. Essas iniciativas incluem: um projeto de educação científica de larga escala para crianças da rede de escolas públicas da região, que desde a sua implementação, em 2007, já acolheu mais de 11 mil estudantes das cidades de Natal e Macaíba, um programa de saúde materno-infantil, voltado ao cuidado pré-natal e pós-natal imediato da mãe e da criança, e a construção do primeiro parque neurotecnológico do mundo, dirigido integralmente para a produção de todos os insumos e produtos que alimentarão a futura "indústria do cérebro", o ramo da indústria de ponta da biomedicina que vai suprir, com novas terapias e produtos de reabilitação, as dezenas de milhões de pacientes em todo o planeta que sofrem com as consequências e as sequelas de doenças neurológicas. Neurociência como agente de transformação social: aposto que você nunca imaginou que tal conceito existisse ou que ele pudesse ser implementado às portas da caatinga potiguar.

Um dos projetos mais ambiciosos do Campus do Cérebro é a construção de uma escola pública de tempo integral, onde os futuros alunos serão matriculados ainda dentro do útero materno, no momento em que suas mães começarem a frequentar o programa de cuidado pré-natal do Centro de Saúde Anita Garibaldi, a unidade de saúde materno-infantil do Campus do Cérebro, que desde 2008 já realizou mais de 60 mil consultas nas áreas de obstetrícia e pediatria. Depois do nascimento, essas crianças potiguares terão à sua disposição tudo que há de melhor em termos de programas de berçário, maternal, ensino fundamental, ensino médio e educação científica, numa escola para toda a vida que implementará os maravilhosos delírios e utopias educacionais que só um projeto político-pedagógico inspirado na união das ideias de Paulo Freire e de Alberto Santos Dumont poderia abranger. A esta altura o leitor mais atento já deve ter adivinhado qual será seu nome: Escola Lygia Maria Rocha Leão Laporta.

Nos anos vindouros, sinceramente espero que esse Campus do Cérebro do Nordeste brasileiro se transforme num modelo do tipo de colaboração científica multidisciplinar necessária para construir pontes duradouras entre a ciência e a sociedade. Em particular, anseio que a iniciativa possa também demonstrar o quanto a ciência brasileira tem a oferecer ao mundo e como ela pode contribuir para o futuro da pesquisa em interfaces cérebro-máquina e sua aplicação muito além do domínio da medicina.

Nesse sentido, e já passando para uma nova escala de tempo em nosso exercício de vislumbrar o futuro da pesquisa em ICMs, imagine que revolução aconteceria em nossa rotina de vida se, nas próximas décadas, passássemos a dominar tecnologias que permitissem a todo ser humano utilizar a atividade elétrica do cérebro para interagir com todo tipo de artefato computacional. De minúsculos computadores pessoais que carregaríamos conosco – ou possivelmente dentro de nós – até redes computacionais distribuídas remotamente projetadas para maximizar nossas interações sociais; do mais mundano digitar de um texto até a mais elaborada simulação de nossos sonhos mais secretos num ambiente virtual, não é difícil imaginar quão diferente e exótica nossa existência cotidiana passaria a ser e quão distintas seriam nossas sensações acerca do que de fato a realidade é.

Para começar, nossa interação com sistemas operacionais e programas específicos de nossos computadores pessoais se transformaria num claro exemplo de simbiose virtual, uma vez que nossa atividade elétrica cerebral seria utilizada diretamente para capturar objetos virtuais, manipular e selecionar ícones que iniciam novos programas, escrever memorandos e, no ápice, utilizar um novo meio de comunicação, uma verdadeira rede cerebral, a Brainet, como gosto de chamá-la, um considerável *upgrade* das redes sociais atuais, que nos permitiria, literalmente, trocar ideias com milhões de outros cérebros navegantes. O fato de empresas como Intel, Google e Microsoft já terem criado suas divisões de interface cérebro-máquina indica claramente que essa ideia não é tão exótica quanto pode parecer à primeira vista.

Evidentemente, o maior obstáculo neste momento para a implementação dessas iniciativas é o desenvolvimento de técnicas não invasivas que permitam a amostragem e a decodificação da atividade elétrica cerebral de larga escala que seriam necessárias para a operação do tipo de ICM que nos possibilitaria, por exemplo, navegar na Brainet. Apesar do enorme desafio que o desenvolvimento dessa tecnologia nos impõe, não tenho dúvida de que, em algumas décadas, todos os nossos descendentes passarão grande parte de seus dias "cerebrando" com milhões de amigos.

No futuro, o que hoje soa como inimaginável se tornará rotina, pois o ser humano, com suas faculdades mentais amplificadas, certamente terá acesso e fará sua presença ser sentida numa variedade de ambientes remotos e até mesmo inóspitos, através de emissários que tomarão o formato de ferramentas artificiais sofisticadas, robôs humanoides ou mesmo avatares virtuais, todos controlados única e exclusivamente pelo pensamento de seu mestre. Das profundezas mais escuras dos oceanos deste planeta azul aos confins explosivos e cheios de luz de supernovas, por entre as pequenas ranhuras do espaço que existe entre as células de nosso próprio corpo, o alcance da mão virtual da humanidade enfim se equiparará à ambição insaciável de nossa mente de explorar e decifrar o desconhecido.

Nesse contexto, nosso cérebro de primata terá a oportunidade única de concluir sua odisseia épica de emancipação desse já obsoleto corpo humano que ele habitou por milhões de anos a fio por meio da utilização proficiente de interfaces controladas pelo pensamento, que operarão, por exemplo, uma miríade de nanoferramentas, construídas para servir como nossos olhos e nossas mãos durante a exploração de mundos que até então pareciam fadados a nunca testemunhar a nossa presença. Mundos feitos de pequenas massas de átomos ou bolas de células, aos quais nosso corpo jamais teria acesso, passarão a receber a visita de nossos pensamentos, que, sem restrição ou hesitação, passarão a transitar por todos os recantos que a olho nu somos incapazes de vislumbrar.

Viajando na direção oposta, é provável que esses mesmos pensamentos também controlem, remotamente, um inimaginável número de aeronaves e artefatos robóticos espaciais, enviados em nosso nome para explorar outros planetas e estrelas, e trazer para a ponta de nossos dedos a sensação inaudita do que seria tocar essas terras estranhas e seus segredos. A cada passo dessa escalada exploratória sem fim, as ferramentas criadas por nossos descendentes para viagens mentais maravilhosas continuarão a ser assimiladas por seu cérebro, como genuínas expansões do senso de eu, definindo um ponto de vista próprio do cérebro que estará muito além de qualquer coisa que qualquer um de nós possa hoje imaginar ou verbalizar. Tal pensamento, por si só, devo confessar, me enche de profunda emoção e de expectativa pelo que há de vir; um sentimento de espanto que, imagino, talvez seja uma reminiscência daquilo que um marinheiro português, mais de quinhentos anos atrás, sentiu quando, ao fim de uma viagem cheia de percalços, riscos e privações, deparou ao desembarcar nas praias de areia cristalina e mar cor de anil do Novo Mundo.

Nesse ponto de nossa viagem especulativa rumo ao futuro, muitos hão de questionar como essa tremenda expansão da capacidade de ação e percepção humana afetará o processo mental que tecerá o modelo de realidade que habitará a mente daqueles que se tornarão nossos futuros herdeiros. Será que eles verão e interpretarão o universo como nós? Ou suas experiências diárias, sua ética, sua cultura e sua ciência serão tão diferentes das nossas que um potencial diálogo entre nós seria tão impossível e sem significado como tentar debater hoje a situação da economia global com um grupo de amigos neandertais?

No final da linha desta elucubração, eu ousaria dizer que a consequência mais avassaladora da libertação iminente do cérebro humano do corpo que ele habita se materializará pela ignição de uma série de contingências, tão poderosas quanto inesperadas, capazes de influenciar decisivamente a direção e a velocidade com que a "fita da vida" de nossa espécie se desenrolará num futuro distante. Em outras palavras, pelo simples impacto daquilo que ele poderá realizar, emancipado das limitações e das vulnerabilidades impostas pelo corpo humano, o cérebro relativista pode sonhar em conquistar o prêmio mais cobiçado por ele em todo o cosmos: a possibilidade de direcionar o processo evolutivo de nossa espécie.

Nesse sentido, alguns podem estar se perguntando se essa libertação cerebral seria capaz de, no limite, permitir a atenuação, ou mesmo a eliminação, daquelas que um dia foram consideradas as inexpugnáveis fronteiras físicas que definem um ser humano. No final dessa estrada que nos leva a esse futuro remoto, seria possível vislumbrar o dia em que nossos descendentes poderão experimentar o que é ser parte integrante de uma rede consciente de cérebros, um verdadeiro coletivo pensante? Admitindo apenas por um momento que, de alguma forma, por meio de uma tecnologia tão fenomenal quanto inofensiva, essa rede de cérebros se materialize, poderiam os indivíduos que voluntariamente decidissem se unir a ela se comunicar uns com os outros apenas pelo pensamento, como se todos fizessem parte de uma única mente? Muito provavelmente, pouquíssimas pessoas vivas hoje escolheriam se aventurar nessas águas tão desconhecidas. Todavia, é impossível prever como gerações futuras reagirão, dada a oportunidade, ao convite para participar dessa experiência única na história das relações sociais de nossa espécie.

Levando em consideração a possibilidade de que esse cenário surpreendente possa um dia se tornar realidade, e tomando a liberdade de prever que tal fusão coletiva de mentes seja considerada uma forma consensual e eticamente aceitável através da qual futuras gerações poderão interagir e compartilhar sua humanidade, cabe inquirir se nesse futuro remoto alguns de nossos descendentes poderão acordar uma manhã e simplesmente descobrir que eles deram à luz, pacificamente, uma nova espécie humana.

Para mim não é nada surreal imaginar que futuras proles humanas poderão adquirir a habilidade, a tecnologia e a sabedoria ética necessárias para estabelecer um meio através do qual bilhões de seres humanos estabelecerão, consensualmente, contatos temporários com outros membros da espécie, unicamente através do pensamento. Como será participar desse colosso de consciência coletiva, ou o que ele será capaz de realizar e sentir, ninguém em nosso tempo presente pode sequer conceber, quanto mais descrever. Como aquele último gol marcado pela seleção brasileira de futebol na final da Copa do Mundo de 1970, existem maravilhas da natureza cujo gosto e cuja textura só podem ser plenamente apreciados testemunhando-se, ao vivo e em cores, o desabrochar de sua miraculosa complexidade. Por um lado, sem que ninguém espere, tal fusão de mentes poderá levar a uma experiência perceptual definitiva: a que reafirmará, enfim, que nenhum de nós está só, que nossos mais íntimos pensamentos, experiências, angústias, paixões e desejos, o mais primordial material que define cada um de nós como membro da raça humana, são compartilhados por bilhões e bilhões de coinquilinos deste planeta.

O conforto que tal descoberta poderá trazer para tantos que vivem como prisioneiros de seus próprios pensamentos de impropriedade, solidão, inferioridade e desesperança também é difícil de imaginar ou quantificar.

Embora eu esteja ciente de que essa visão particularmente otimista não será suficiente para acalmar a ansiedade e a preocupação que esse cenário de futuro poderá despertar em muitos, não tenho dúvida de que a voracidade descomunal com que a maioria de nós compartilha suas mais mundanas experiências cotidianas, mesmo tendo de conviver com as evidentes limitações das redes digitais do começo do século XXI, oferece uma pequena amostra da magnitude do desejo de contato social que habita o interior da mente humana. Por essa razão, se algum dia uma Brainet se tornar factível, suspeito que seu uso se espalhará como uma explosão de supernova por todo o tecido da sociedade humana.

Num futuro ainda mais remoto, é possível imaginar que, à medida que indivíduos adquirirem a capacidade de usar os pensamentos para controlar a operação de várias ferramentas artificiais ou para comunicar-se entre si, eles perderão traços que lhes dão a aparência de membro de nossa espécie, como a conhecemos hoje. Diante dessa possibilidade real, só posso refletir que, uma vez que a fita da vida de nossa espécie sem dúvida continuará a seguir seu caminho imprevisível, independentemente do que qualquer um de nós possa pensar de suas escolhas, e que nossa própria evolução não será interrompida, a não ser por alguma catástrofe, em algum estágio arbitrário, por que deveríamos nos preocupar acerca de quem ou o que nos sucederá no futuro, em milhares ou mesmo milhões de anos?

Tendo refletido sobre essa questão por algum tempo, cheguei à conclusão de que a principal razão pela qual essa preocupação com o futuro se justifica não tem nada a ver com algum medo por nosso próprio destino enquanto espécie nem se baseia numa repulsão reflexa à ideia de que nossa espécie e nosso modo de vida possam, um dia, desaparecer ou ser substituídos. Na realidade, acredito que a salvaguarda da herança da humanidade merece receber de nós os mesmos elevados padrões de conduta ética e moral que deveriam ser devotados, mas infelizmente não o são, à preservação de todas as formas de vida que habitam o planeta. Das incríveis nuvens de insetos aos esquadrões de araras-azuis e todos os bandos de capivaras que passeiam por cada metro quadrado das vastas florestas e pântanos tropicais, passando pelos ursos-polares do polo Norte e pelas corujas manchadas da América do Norte, e até mesmo os últimos exemplares do vírus da varíola, preservar as diferentes formas pelas quais a vida se manifesta neste nosso mundo é a melhor maneira de homenagear as circunstâncias extraordinárias que deram à luz nossa mente consciente. Preservar esse patrimônio biológico é um dos primeiros passos que podemos tomar para ungir futuras gerações com um legado moral, que, por necessidade e fidelidade para com o registro de nossa história natural, deveria incluir não somente cada registro contextual, mas também cada pequeno pensamento, cada feito imaginado e realizado, bons e ruins, e cada gota desse sempre improvável elixir neuronal que nos confere, quase que por mágica, nosso senso de ser e existir.

A esta altura, você deve estar se perguntando como poderíamos documentar a enorme diversidade das experiências humanas, vividas e sofridas ao longo de milhões de anos, e compor um registro fidedigno do grande épico vivido por nossa espécie? Caprichosamente, a resposta para esse desafio pode estar junto aos talentos de nosso cérebro relativista.

Em 1945, o grande matemático Kurt Gödel chocou o mundo científico, uma vez mais, ao propor uma possível nova solução para as equações da relatividade geral de Einstein. De acordo com a solução de Gödel, a possibilidade de viajar de volta no tempo poderia ser considerada real e plausível num universo relativístico, formado por um *continuum* espaçotemporal governado pela geometria riemanniana. Ainda assim, a despeito da possibilidade matemática, viajar de volta no tempo, tanto quanto podemos verificar, constitui uma tarefa árdua em termos práticos e, em razão disso, pouco frequente nesta esquina do universo. Isto é, a não ser que você mude seu plano de referência para outro universo, outro *continuum* espaçotemporal, aquele que reside no espaço entre suas orelhas. Lá, dentro das profundezas de nosso universo interior, viajar no tempo se resume a um exercício banal; o que qualquer físico teórico consideraria um feito histórico, dentro do tecido espaçotemporal ocupado pelas estrelas, qualquer um de nós pode realizar apenas revisitando as memórias cuidadosamente adquiridas e acumuladas pela melodia de notas de nossas sinfonias neurais; as ondas que navegam pelo *continuum* espaçotemporal de nossa mente.

Se o futuro aqui previsto algum dia se materializar, bastará um pequeno salto de imaginação para nos convencer de que, no meio de sua recém-adquirida sabedoria, nossos descendentes longínquos poderão, ainda, optar por cruzar outro Rubicão na longa jornada da espécie e se esforçar para documentar, para o benefício de futuras gerações e para a posteridade do cosmos, a riqueza e a diversidade da herança humana. Esse tesouro inestimável, eu proponho, só poderá ser fielmente descrito pela preservação da narrativa, em primeira pessoa, de cada uma de todas as histórias de vida da humanidade; cada relato único de nossa existência mortal que, depois de uma breve e temporária residência nos domínios de nossa mente, é perdido irremediavelmente ao final da vida, num dos raros lapsos de desperdício da natureza.

Posso antever como uma sociedade mais sábia permitirá, caso seja possível, o registro e o armazenamento dessas crônicas de toda uma vida, não só como um digno rito de passagem do final de uma existência física fugaz, mas também como uma justa celebração e tributo a mais uma mente humana excepcional que habitou este universo. Daí por diante, cada um desses registros perenes poderá ser justamente reverenciado como uma lembrança preciosa de um dos bilhões de mentes igualmente inusitadas que um dia viveram, amaram, sofreram e prosperaram, até que elas também se esvaíssem, não sob silenciosas lápides de mármore, mas na forma de pensamentos vívidos, intensas sensações amorosas, tristezas profundas e todas as outras marcas genuínas e particulares do que se costuma chamar viver.

A essa altura, espero que a mesma tecnologia e o mesmo código ético empregados na preservação de pensamentos permitam que eles sejam livremente transmitidos de volta para os limites do universo, de forma que, no final, cada membro de nossa linhagem possa desfrutar do sentimento de conforto transcendental e pleno que só o retorno ao verdadeiro ventre materno estelar poderá garantir.

Já nessa longínqua encruzilhada do futuro, consigo ainda imaginar um último ato pleno de propósito para definir a apoteose mais apropriada e justa para essa tão improvável viagem do homem através das contingências ditadas por tempos imemoriais: a coroação do cérebro relativista de primata como a única trindade significativa a nos conceder suas bênçãos. Pois, além de alojar o hábil escultor de nosso senso de realidade e de nosso senso de eu, e abrigar o leal guardião de todas as nossas memórias, estará a cargo do cérebro, daí por diante, compartilhar, na velocidade da luz, todas as sinfonias humanas compostas ao longo de uma vida com qualquer um ou qualquer coisa que tiver curiosidade suficiente, seja onde for neste vasto cosmos, para simplesmente seguir a música.

BIBLIOGRAFIA SELECIONADA

1. PENSANDO COM POPULAÇÕES

DAWKINS, Richard. *The Selfish Gene.* Oxford/Nova York Oxford University Press, 1989. [O *gene egoísta.* São Paulo: Companhia das Letras, 2007.]

DEUTSCH, David. *The Fabric of Reality:* The Science of Parallel Universes – and Its Implications. Nova York: Allen Lane, 1997, p. 120-l.

FREEMAN, Walter J. *How Brains Make up Their Minds.* Nova York: Columbia University Press, 2000.

______. *Mass Action in the Nervous System:* Examination of the Neurophysiological Basis of Adaptive Behavior through the EMG. Nova York: Academic Press, 1975.

GASPARI, Elio. *A ditadura envergonhada* (*As ilusões armadas,* v. 1). São Paulo: Companhia das Letras, 2002.

HEBB, Donald O. *The Organization of Behavior:* A Neuropsychological Theory. Nova York: Wiley, 1949.

HUBEL, David H. *Eye, Brain, and Vision.* Nova York: Scientific American Library/W. H. Freeman, 1995.

KAUFFMAN, Stuart A. *The Origins of Order:* Self-Organization and Selection in Evolution. Nova York: Oxford University Press, 1993.

LASHLEY, Karl. "In search of the engram". *Society of Experimental Biology Symposium* 4, p. 454-82, 1950.

LASHLEY, Karl. *The Neuropsychology of Lashley:* Selected Papers, ed. Frank A. Beach et al. Nova York: McGraw-Hill, 1960.

MITCHELL, Melanie. *Complexity:* A Guided Tour. Oxford/Nova York: Oxford University Press, 2009.

NICOLELIS, Miguel A. L.; TINONE, Gisela et al. "Connection, a microcomputer program for storing and analyzing structural properties of neural circuits". *Computers and Biomedical Research* 23, n. 1, p. 64-81, 1989.

______; YU, Chia-Hong; BACCALÁ, Luiz Antonio. "Structural characterization of the neural circuit responsible for the cardiovascular function control in high vertebrates". *Computers in Biology and Medicine* 20, n. 6, p. 379-400, 1990.

SAGAN, Carl. *Cosmos.* Nova York: Random House, p. 4 1980.

SHEPHERD, Gordon M. *Neurobiology.* 2. ed. Nova York: Oxford University Press, 1988.

WEIDMAN, Nadine M. *Constructing Scientific Psychology:* Karl Lashley's Mind--Brain Debates. Nova York: Cambridge University Press, 1999.

ZEKI, Semir. *A Vision of the Brain.* Oxford/Boston: Blackwell Scientific Publications, 1993.

2. PERSEGUINDO TEMPESTADES CEREBRAIS

ADRIAN, Sir Edgar Douglas. *The Physical Background of Perception:* The Waynflete Lectures Delivered in the College of St. Mary Magdalen. Oxford: Clarendon Press, 1947.

BROCA, P. Paul. "Loss of speech, chronic softening and partial destruction of the anterior left lobe of the brain", publicado pela primeira vez em *Bulletin de la Société Anthropologique* 2, p. 235-8, 1861. Trad. Christopher D. Green, York University, Toronto, Ontário, Canadá, 2003. Disponível em: <http://psychclassics.yorku.ca/Broca/perte-e.htm>.

DE CARLOS, Juan A.; BORRELL, José. "A historical reflection of the contributions of Cajal and Golgi to the foundations of neuroscience", *Brain Research Reviews* 55, p. 8-16, 2007.

ERICKSON, Robert P. "The evolution and implications of population and modular neural coding ideas", *Progress in Brain Research* 130, p. 9-29, 2001.

______. "A study of the science of taste: On the origins and influence of core ideas". *Behavioral and Brain Studies* 31, p. 59-75, 2008.

FINGER, Stanley. *Origins of Neuroscience:* A History of Explorations into Brain Function. Nova York: Oxford University Press, 1994.

FRITSCH, Gustav; HITZIG, Eduard. "On the electrical excitability of the cerebrum" (1870). In: *Some Papers on the Cerebral Cortex.* Trad. Gerhardt von Bonin (p. 73-96). Springfield: Thomas, 1960.

GALL, François [Franz] Joseph. *On the Functions of the Brain and of Each of Its Parts: With Observations on the Possibility of Determining the Instincts, Propensities, and Talents, or the Moral and Intellectual Dispositions of Men and Animals, by the Configuration of the Brain and Head,* 6 v. Trad. Winslow Lewis Jr. Boston: Marsh, Capen & Lyon, 1835.

GOLGI, Camillo. "The neuron doctrine – theory and facts", Karolinska Institute, Estocolmo, Suécia, 11 de dezembro de 1906. Disponível em: <http://www.nobelprize.org/nobel_prizes/medicine/laureates/1906/golgi-lecture.html>.

GRANT, Gunnar. "How the 1906 Nobel Prize in Physiology or Medicine was shared between Golgi and Cajal". *Brain Research Reviews* 55, p. 490-8, 2007.

MÖRNER, K. A. H. "Presentation speech": The Nobel Prize in Physiology or Medicine, Karolinska Institute, Estocolmo, Suécia, 10 de dezembro de 1906. Disponível em: <http://nobelprize.org/nobel_prizes/medicine/laureates/1906/press.html>.

RAMÓN Y CAJAL, Santiago. *Histology of the Nervous System of Man and Vertebrates,* v. 1 e 2. Trad. Neely Swanson e Larry W Swanson. Nova York: Oxford University Press, 1995.

______. *Recollections of My Life.* Trad. E. Horne Craigie e Juan Cano. Cambridge: MIT Press, 1989.

______. "The structure and connections of neurons", Karolinska Institute, Estocolmo, Suécia, 12 de dezembro de 1906. Disponível em: <http://nobelprize.org/nobel_prizes/medicine/laureates/1906/cajal-lecture.html>.

ROBINSON, Andrew. *The Last Man Who Knew Everything:* Thomas Young, the Anonymous Polymath Who Proved Newton Wrong, Explained How We See, Cured the Sick, and Deciphered the Rosetta Stone, Among Other Feats of Genius. Nova York: Pi Press, 2006.

YOUNG, Thomas. *A Course of Lectures on Natural Philosophy and the Mechanical Arts.* Londres: Taylor and Walton, 1845.

______. The Bakerian Lecture: "On the theory of light and colours". *Philosophical Transactions of the Royal Society* 92, p. 12-48, 1802.

3. SIMULANDO O CORPO

BLANKE, Olaf; MOHR, Christine et al. "Linking out-of-body experience and self processing to mental own-body imagery at the temporoparietal junction". *Journal of Neuroscience* 25, n. 3, p. 550-7, 2005.

______; ORTIGUE, Stephanie et al. "Stimulating illusory own-body perceptions". *Nature* 419, p. 269, 2002.

BOTVINICK, Matthew; COHEN, Jonathan. "Rubber hands feel touch that eyes see". *Nature* 391, p. 756, 1998.

BRODIE, Eric E.; WHYTE, Anne; NIVEN, Catherine A. "Analgesia through the looking-glass? A randomized controlled trial investigating the effect of viewing a 'virtual' limb upon phantom limb pain, sensation and movement". *European Journal of Pain* 11, n. 4, p. 428-36, 2007.

BRODMANN, Korbinian. *Localisation in the Cerebral Cortex* (1909). Trad. Laurence Garey. Londres: Smith-Gordon, 1994.

EHRSSON, Henrik; ROSÉN, Birgitta et al. "Upper limb amputees can be induced at experience a rubber hand as their own", *Brain* 131, pp. 3443-52, 2008.

HERMAN, Joseph. "Phantom limb: From medical knowledge to folk wisdom and back". *Annals of Internal Medicine* 128, n. 1, p. 76-8, 1998.

JASPER, Herbert; PENFIELD, Wilder. *Epilepsy and the Functional Anatomy of the Human Brain.* 2. ed. Boston: Little, Brown and Co., 1954.

JEANNEROD, Marc. "The mechanism of self-recognition in humans". *Behavioural Brain Research* 142, p. 1-15, 2003.

KEMPER, Thomas; LEBRUN, M. H.; GALABURDA, Albert M. "Principles of cytoarchitectonics". In: *Cerebral Cortex,* ed. Alan Peters e Edward Jones, v. 1, p. 35-57. Nova York: Plenum Press, 1984.

LEYTON, Albert S. F.; SHERRINGTON, Charles Scott. "Observations on the excitable cortex of the chimpanzee, orangutan and gorilla", *Quarterly Journal of Experimental Psychology* 11, p. 135-222, 1917.

MAKIN, Tamar R.; HOLMES, Nicholas P.; EHRSSON, H. Henrik. "On the other hand: Dummy hands and peripersonal space". *Behavioural Brain Research* 191, p. 1-10, 2008.

MELZACK, Ronald. "From the gate to the neuromatrix". *Pain,* suppl. n. 6, p. S121-6, 1999.

______. "Phantom limbs". *Scientific American* 266, n. 4, p. 120-6, 1992.

______. *The Puzzle of Pain.* Nova York: Basic Books, 1973.

MELZACK, Ronald; WALL, Patrick D. "Pain mechanisms: a new theory". *Science* 150, n. 3699, pp. 971-9, 1965.

MERZENICH, Michael, KAAS, Jon, et al. "Progression of change following median nerve section in the cortical representation of the hand in areas 3b and 1 in adult owl and squirrel monkeys". *Neuroscience* 10, n. 3, p. 639--65, 1983.

______. "Topographic reorganization of somatosensory cortical areas 3b and 1 in adult monkeys following restricted deafferentation". *Neuroscience* 8, n. 1, p. 33-55, 1983.

MURRAY, Craig, PETTIFER, Stephen, et al. "The treatment of phantom limb pain using immersive virtual reality: three case studies". *Disability & Rehabilitation* 29, n. 18, p. 1465-9.

NICOLELIS, Miguel A. L. "Living with ghostly limbs". *Scientific American Mind* 18, p. 53-9, 2007.

______; LIN, Rick C. S., et al. "Peripheral block of ascending cutaneous information induces immediate spatiotemporal changes in thalamic networks". *Nature* 361, p. 533-6, 1993.

PENFIELD, Wilder; BOLDREY, Edwin. "Somatic motor and sensory representation in the cerebral cortex of man as studied by electrical stimulation". *Brain* 60, p. 389-443, 1937.

______; RASMUSSEN, Theodore. *The Cerebral Cortex of Man:* A Clinical Study of Localization of Function. Nova York: Hafner Publishing Company, 1950.

PETKOVA, Valeria I; EHRSSON, Henrik. "If I were you: perceptual illusion of body swapping". *PLoS ONE* 3, n. 12, p. 3832, 2008.

PONS, Tim; GARRAGHTY, Preston E. et al. "Massive cortical reorganization after sensory deafferentation in adult macaques". *Science* 252, n. 5014, p. 1857-60, 1991.

RAMACHANDRAN, V. S.; BLAKESLEE, Sandra. *Phantoms in the Brain:* Proving the Mysteries of the Human Mind. Nova York: William Morrow, 1998.

WALL, Patrick D. *Pain:* The Science of Suffering. Nova York: Columbia University Press, 2000.

______; MELZACK, Ronald (Eds.). *Textbook of Pain.* 4. ed. Edimburgo/Nova York: Churchill Livingstone, 1999.

4. GRAVANDO UMA SINFONIA CEREBRAL

BERGER, Hans. “Über das Elektrenkephalogramm des Menschen”. *Archiv für Psychiatrie und Nervenkrankheiten* 87, pp. 527-70, 1929.

CHURCHLAND, Patricia Smith; SEJNOWSKI, Terrence J. *The Computational Brain.* Cambridge: MIT Press, 1992.

EVARTS, Edward V. “Effects of sleep and waking on spontaneous and evoked discharge of single units in visual cortex”, *Federation Proceedings* 19, Suppl. n. 4, p. 828-37, 1960.

______. “A review of the neurophysiological effects of lysergic acid diethylamide (LSD) and other psychotomimetic agents”. *Annals of the New York Academy of Sciences* 66, p. 479-95, 1957.

______. “Temporal patterns of discharge of pyramidal tract neurons during sleep and waking in the monkey”. *Journal of Neurophysiology* 27, n. 2, p. 152-71, 1964.

HUBEL, David; WIESEL, Torsten. “Receptive fields, binocular interaction and functional architecture in the cat’s visual cortex”. *Journal of Physiology* 160, p. 106-54, 1962.

LILLY, John C. “Correlations between neurophysiological activity in the cortex and short-term behavior in the monkey”. In: *Biological and Biochemical Bases of Behavior,* ed. Harry F. Harlowe Clinton N. Woolsey, pp. 83-100. Madison: University of Wisconsin Press, 1958.

______. “Instantaneous relations between the activities of closely spaced zones on the cerebral cortex: Electrical figures during responses and spontaneous activity”, *American Journal of Physiology* 176, p. 493-504, 1954.

______; AUSTIN, George M.; CHAMBERS, William W. “Threshold movements produced by excitation of cerebral cortex and efferent fibers with some parametric regions of rectangular current pulses (cats and monkeys)”. *Journal of Neurophysiology* 15, n. 4, p. 319-41, 1952.

______; CHERRY, Ruth B. “Surface movements of the click responses from acoustic cerebral cortex of cat: leading and trailing edges of a response figure”, *Journal of Neurophysiology* 17, n. 6, p. 521-32, 1954.

MCILWAIN, James T. “Population coding: a historical sketch”. *Progress in Brain Research* 120, p. 3-7, 2001.

MOUNTCASTLE, Vernon B. "Modality and topographic properties of single neurons of cat's somatic sensory cortex". *Journal of Neurophysiology* 20, n. 4, p. 408-34, 1957.

NIEDERMEYER, Ernst; LOPES DA SILVA, Fernando. *Electroencephalography:* Basic Principles, Clinical Applications, and Related Fields, 3. ed. Baltimore: Williams & Williams, 1993.

PAULY, Philip J. "The political structure of the brain: cerebral localization in Bismarckian Germany". *Electroneurobiología* 14, n. 1, p. 25-32, 2005.

SHERRINGTON, Charles Scott. *Man on His Nature.* 2. ed. Cambridge: Cambridge University Press, 1951.

SILK, Joseph. *The Big Bang:* The Creation and Evolution of the Universe, San Francisco: W. H. Freeman, 1980.

5. COMO OS RATOS ESCAPAM DOS GATOS

FOX, Kévin. *Barrel Cortex.* Cambridge/Nova York: Cambridge University Press, 2008.

GEORGOPOULOS, Apostolos P., SCHWARTZ, Andrew B., et al. "Neuronal population coding of movement direction", *Science* 233, n. 4771, pp. 1416-9, 1986.

GHAZANFAR, Asif A.; STAMBAUGH, Christopher R. et al. "Encoding of tactile stimulus location by somatosensory thalamocortical ensembles". *Journal of Neuroscience* 20, n. 10, p. 3761-75, 2000.

NICOLELIS, Miguel A. L., ed. *Methods for Neural Ensemble Recording.* 2. ed. Boca Raton: CRC Press/Taylor & Francis, 2007.

NICOLELIS, Miguel A. L.; BACCALÁ, Luiz Antonio et al. "Sensorimotor encoding by synchronous neural ensemble activity at multiple levels of the somatosensory system". *Science* 268, n. 5215, p. 1353-8, 1995.

______; GHAZANFAR, Asif A. et al. "Reconstructing the engram: simultaneous, multisite, many single neuron recordings". *Neuron* 18, n. 4, p. 529-37, 1997.

______; e RIBEIRO, Sidarta. "Seeking the neural code", *Scientific American* 295, n. 6, p. 70-7, 2006.

WELKER, C. "Microelectrode delineation of fine grain somatotopic organization of semi cerebral neocortex in albino rat". *Brain Research* 26, n. 2, p. 259-75, 1971.

6. LIBERTANDO O CÉREBRO DE AURORA

CARMENA, Jose M.; LEBEDEV, Mikhail A.; CRIST Roy E. et al. “Learning to control a brain-machine interface for reaching and grasping by primates”. *PLoS Biology* 1, n. 2, p. 193-208, 2003.

______; LEBEDEV, Mikhail A.; HENRIQUEZ, Craig S. et al. “Stable ensemble performance with single-neuron variability during reaching movements in primates”. *Journal of Neuroscience* 25, n. 46, p. 10 712-6, 2005.

CHAPIN, John K.; MOXON, Karen A. et al. “Real-time control of a robot arm using simultaneously recorded neurons in the motor cortex”, *Nature Neuroscience* 2, p. 664-70, 1999.

NICOLELIS, Miguel A. L.; CHAPIN, John K. “Controlling robots with the mind”, *Scientific American* 287, n. 4, p. 24-31, 2002.

______; DIMITROV, Dragan et al. “Chronic, multisite, multielectrode recordings in macaque monkeys”. *Proceedings of the National Academy of Sciences* 100, n. 19, p. 11 041-6, 2003.

WESSBERG, Johan; STAMBAUGH, Christopher R. et al. “Real-time prediction of hand trajectory by ensembles of cortical neurons in primates”. *Nature* 408, p. 361-5, 2000.

7. AUTOCONTROLE

FETZ, Eberhard E. “Operant conditioning of cortical unit activity”. *Science* 163, n. 870, p. 955-8, 1969.

______; FINOCCHIO, Dom V. “Operant conditioning of specific patterns of neural and muscular activity”. *Science* 174, n. 7, p. 431-5, 1971.

NOWLIS, David P.; KAMIYA, Joe. “The control of electroencephalographic alpha rhythms through auditory feedback and the associated mental activity”. *Psychophysiology* 6, n. 4, p. 476-84, 1970.

OLDS, James; OLDS, Marianne E. “Positive reinforcement produced by stimulating hypothalamus with iproniazid and other compounds”. *Science* 127, n. 3307, p. 1175-6, 1958.

SCHMIDT, Edward M. “Single neuron recording from motor cortex as a possible source of signals for control of external devices”. *Annals of Biomedical Engineering* 8, p. 339-49, 1980.

WYRWICKA, W.; STERMAN, M. B. “Instrumental conditioning of sensorimotor cortex EEG spindles in the waking cat”. *Physiology & Behavior* 3, p. 703-7, 1968.

8. UMA VIAGEM MENTAL AO REDOR DO MUNDO

BIRBAUMER, Niels; GHANAYIM, Nimr et al. "A spelling device for the paralysed", *Nature* 398, p. 297-8, 1999.

______; KUBLER, Andrea, et al. "The thought translation device (TTD) for completely paralyzed patients". *IEEE Transactions on Rehabilitation Engineering* 8, n. 2, p. 190-3, 2000.

BLAKESLEE, Sandra. "Monkey's thoughts propel robot, a step that may help humans". *New York Times,* 15 de janeiro de 2008.

FITZSIMMONS, Nathan; LEBEDEV, Mikhail A. et al. "Extracting kinematic parameters for monkey bipedal walking from cortical neuronal ensemble activity". *Frontiers in Integrative Neuroscience* 3, p. 1-19, 2009.

NICOLELIS, Miguel A. L. "Actions from thoughts". *Nature* 409, p. 403-7, 2001.

PATIL, Parag G.; CARMENA, Jose M. et al. "Ensemble recordings of human sub cortical neurons as a source of motor control signals for a brain-machine interface". *Neurosurgery* 55, n. 1, p. 27-35, 2004.

PECKHAM, P. Hunter; KNUTSON, Jayme S. "Functional electrical stimulation for neuromuscular applications", *Annual Review of Biomedical Engineering* 7, p. 327-60, 2005.

PEIKON, Ian D.; FITZSIMMONS, Nathan et al. "Three-dimensional, automated, real-time video system for tracking limb motion in brain-machine interface studies". *Journal of Neuroscience Methods* 180, p. 224-33, 2009.

SERRUYA, Mijail D.; HATSOPOULOS, Nicholas G. et al. "Instant neural control of a movement signal", *Nature* 416, pp. 141-2, 2002.

TAYLOR, Dawn M.; TILLERY, Stephen I. Helms; SCHWARTZ, Andrew B. "Direct cortical control of 3D neuroprosthetic devices". *Science* 296, n. 5574, p. 1829-32, 2002.

9. O HOMEM CUJO CORPO ERA UM AVIÃO

BERTI, Anna; FRASSINETTI, Francesca. "When far becomes near: Re-mapping of space by tool use". *Journal of Cognitive Neuroscience* 12, p. 415-20, 2000.

CARDINALI, Lucilla; FRASSINETTI, Francesca et al. "Tool-use induces morphological updating of the body schema". *Current Biology* 19, n. 12, p. R478-9, 2009.

FISHER, Helen E. *Why We Love:* The Nature and Chemistry of Romantic Love. Nova York: Henry Holt and Company, 2004.

HEAD, Henry; HOLMES, Gordon. “Sensory disturbances from cerebral lesion”. *Brain* 34, p. 102-254, 1911.

HICKOK, Gregory; POEPPEL, David. “The cortical organization of speech processing”. *Nature Reviews Neuroscience* 8, p. 393-402, 2007.

HOFFMAN, Paul. *Wings of Madness:* Alberto Santos-Dumont and the Invention of Flight. Nova York: Hyperion, 2003.

IRIKI, Atsushi; TANAKA, Masaaki, et al. “Coding of modified body schema during tool use by macaque post central neurons”. *Neuroreport* 7, n. 14, p. 2325-30, 1996.

LEBEDEV, Mikhail A.; CARMENA, Jose M. et al. “Cortical ensemble adaptation to represent velocity of an artificial actuator controlled by a brain-machine interface”. *Journal of Neuroscience* 25, n. 19, p. 4681-93, 2005.

MARAVITA, Angelo; SPENCE, Charles et al. “Multisensory integration and the body schema: close to hand and within reach”. *Current Biology* 13, n. 13, p. r531-9, 2003.

YOUNG, Larry J., “Being human: love: neuroscience reveals all”. *Nature* 457, p. 148, 2009.

______; WANG, Zuoxin. “The neurobiology of pair bonding”. *Nature Neuroscience* 7, n. 10, p. 1048-54, 2004.

10. COMPARTILHANDO MENTES

CHAPIN, John K.; MOXON, Karen A. et al. “Real-time control of a robot arm using simultaneously recorded neurons in the motor cortex”. *Nature Neuroscience* 2, n. 7, p. 664-70, 1999.

DELGADO, José M. R. *Physical Control of the Mind:* Toward a Psychocivilized Society. Nova York: Harper & Row, 1969.

FITZSIMMONS, Nathan; DRAKE, Weying et al. “Primate reaching cued by multichannel spatio temporal cortical microstimulation”. *Journal of Neuroscience* 27, n. 21, p. 5593-602, 2007.

GELL-MANN, Murray. *The Quark and the Jaguar:* Adventures in the Simple and the Complex. Nova York: W. H. Freeman, 1994.

HORGAN, John. “The forgotten era of brain chips”. *Scientific American* 293, n.. 4, p. 66-73, 2005.

NICOLELIS, Miguel A. L.; CHAPIN, John K. “Controlling robots with the mind”. *Scientific American* 287, n. 4, p. 46-53, 2002.

O'DOHERTY, Joseph E.; LEBEDEV, Mikhail A. et al. "A brain-machine interface instructed by direct intracortical microstimulation". *Frontiers in Integrative Neuroscience* 3, p. 1-10, 2009.

PAIS-VIEIRA, M.; LEBEDEV, M. A. et al. "A brain-to-brain interface for real-time sharing of sensorimotor information". *Scientific Reports* 3, n. 1319, doi:10.1038/srep01319, 2013.

______; CHIUFFA, G. et al. "Building an organic computing device with multiple interconnected brains". *Scientific Reports* 5, n. 11869, doi:10.1038/srep11869, 2015.

RAMAKRISHNAN, A.; IFFT, P. J. et al. "Computing arm movements with a monkey Brainet". *Scientific Reports* 5, n. 10767, doi:10.1038/srep10767, 2015.

SERRUYA, Mijail D.; HATSOPOULOS, Nicholas G. et al. "Instant neural control of a movement signal", *Nature* 416, n. 6877, p. 141-2, 2002.

THOMSON, E. E.; CARRA, R.; NICOLELIS, M. A. L. "Perceiving invisible light through a somatosensory cortical prosthesis", *Nature Communications* 4, n. 1482, doi:10.1038/ncomms2497, 2013.

11. O MONSTRO QUE VIVE ESCONDIDO NO CÉREBRO

BUZSÁKI, György. *Rhythms of the Brain.* Oxford/Nova York: Oxford University Press, 2006.

DZIRASA, Kafui; RIBEIRO, Sidarta et al. "Dopaminergic control of sleep-wake states". *Journal of Neuroscience* 26, n. 41, p. 10577-89, 2006.

GERVASONI, Damien; LIN, Shih-Chieh et al. "Global forebrain dynamics predict rat behavioral states and their transitions", *Journal of Neuroscience* 24, n. 49, p. 11137-47, 2004.

LLINAS, Rodolfo R. *I of the Vortex:* From Neurons to Self. Cambridge, Massachusetts: MIT Press, 2001.

STAPLETON, Jennifer R.; LAVINE, Michael L. et al. "Rapid taste responses in the gustatory cortex during licking". *Journal of Neuroscience* 26, n. 15, p. 4126-38, 2006.

12. COMPUTANDO COM UM CÉREBRO RELATIVÍSTICO

ANOKHIN, Peter K. *Biology and Neurophysiology of the Conditioned Reflex and Its Role in Adaptive Behavior.* Trad. Samuel A. Corson. Oxford/Nova York: Pergamon Press, 1974.

BAGHRAMIAN, Maria. *Relativism.* Londres/Nova York: Routledge, 2004.

BARROW, John D. *Impossibility:* The Limits of Science and the Science of Limits. Oxford/Nova York: Oxford University Press, 1998.

CASTI, John L., e DEPAULI, Werner. *Godel:* A Life of Logic. Cambridge, Perseus, 2000.

COHEN, Leonardo G.; CELNIK, Pablo et al. "Functional relevance of cross-modal plasticity in blind humans". *Nature* 389, p. 180-3, 1997.

EGIAZARYAN, Galina G.; SUDAKOV, Konstantin V. "Theory of functional systems in the scientific school of P. K. Anokhin". *Journal of the History of the Neurosciences* 16, n. 1, p. 194-205, 2007.

EINSTEIN, Albert. *Relativity:* The Special and the General Theory. N.p.: Quality Classics, 2009.

FROSTIG, Ron D.; XIONG, Ying et al. "Large-scale organization of rat sensorimotor cortex based on a motif of large activation spreads". *Journal of Neuroscience* 28, n. 49, p. 13274-84, 2008.

FUENTES, Romulo; PETERSSON, Per et al. "Spinal cord stimulation restores locomotion in animal models of Parkinson's disease" *Science* 323, n. 5921, p. 1578-82, 2009.

GALEANO, Eduardo H. *Soccer in Sun and Shadow.* Londres/Nova York: Verso, 1998.

GHAZANFAR, Asif A.; CHANDRASEKARAN, Chandramouli; LOGOTHETIS, Nikos K. "Interactions between the superior temporal sulcus and auditory cortex mediate dynamic face/voice integration in rhesus monkeys". *Journal of Neuroscience* 28, n. 17, p. 4457-69, 2008.

______;SCHROEDER, Charles E. "Is neocortex essentially multisensory?". *Trends in Cognitive Sciences* 10, n. 6, p. 278-85, 2006.

GLASHOW, Sheldon. "We believe that the world is knowable", Presentation at *The End of Science?,* 25th annual Nobel Conference at Gustavus Adolphus College, Saint Peter, Minnesota, 3-4 de outubro de 1989, as quoted in Baghramian, *Relativism.*

GOULD, Stephen Jay. *Full House:* The Spread of Excellence from Plato to Darwin. Nova York: Three Rivers Press, 2007.

GREENE, Brian. *The Elegant Universe:* Superstrings, Hidden Dimensions, and the Quest for the Ultimate Theory, Nova York: W. W. Norton, 1999, p. 25.

[O *universo elegante: supercordas, dimensões ocultas* e *a busca da teoria definitiva.* São Paulo: Companhia das Letras, 2001.]

HEISENBERG, Werner. *The Physicist's Conception of Nature.* Trad. Arnold J. Pomerans. Westport: Greenwood Press, 1970, as quoted in Baghramian, *Relativism.*

ISAACSON, Walter. *Einstein:* His Life and Universe. Nova York: Simon & Schuster, 2007. [*Einstein: sua vida, seu universo.* São Paulo: Companhia das Letras, 2007.]

KELLEY, Patricia H. "Stephen Jay Gould's winnowing fork: Science, religion, and creationism". In: *Stephen Jay Gould: Reflections on His View of Life,* ed. Warren D. Allmon; Patricia H. Kelley; Robert M. Ross, p. 171-88, Nova York: Oxford University Press, 2009.

MERABET, Lofti B.; RIZZO, Joseph F.; SOMERS, David C.; e PASCUAL-LEONE, Alvaro. "What blindness can tell us about seeing again". *Nature Neuroscience* 6, p. 71-7, 2005.

______; SWISHER, Jascha D. et al. "Combined activation and deactivation of visual cortex during tactile sensory processing". *Journal of Neurophysiology* 97, p. 1633-41, 2007.

NICOLELIS, Miguel A. L.; LEBEDEV, Mikhail A. "Principles of neural ensemble physiology underlying the operation of brain-machine interfaces". *Nature Reviews Neuroscience* 10, p. 530-40, 2009.

PERLMUTTER, Steve I.; MAIER, Marc A.; FETZ, Eberhard E. "Activity of spinal interneurons and their effects on forearm muscles during voluntary wrist movements in the monkey". *Journal of Neurophysiology* 80, n. 5, p. 2475-94, 1998.

RIBEIRO, Sidarta, et al. "Neurophysiological basis of metamo day processing in primary sensory cortices", no prelo, 2010.

SADATO, Norihiro; PASCUAL-LEONE, Alvaro et al. "Activation of the primary visual cortex by Braille reading in blind subjects". *Nature* 380, p. 526-8, 1996.

TIMO-IARIA; César, NEGRÃO, Núbio et al. "Phases and states of sleep in the rat". *Physiology* & *Behavior* 5, n. 9, p. 1057-62, 1970.

ZHOU, Yong-Di, e FUSTER, Joaquín M. "Somatosensory cell response to an auditory cue in a haptic memory task". *Behavioral Brain Research* 153, n. 2, p. 573-8, 2004.

13. DE VOLTA PARA AS ESTRELAS

BARROW, John. *The Constants of Nature:* The Numbers that Encoded the Deepest Secrets of the Universe. Nova York: Vintage, 2009.

DONATI, A. R. C.; SHOKUR, S. et al. "Long-term training with a brain-machine interface based gait protocol induces partial neurological recovery in paraplegic patients". *Scientific Reports* 6, n. 30383, doi: 10.1038/srep30383, 2016.

DZIRASA, Kafui,;PHILLIPS, H. W. et al. "Noradrenergic control of cortico-striato-thalamic and mesolimbic cross-structural synchrony"; *Journal of Neuroscience* 30, n. 18, pp. 6387-97, 2010.

______; RAMSEY, A. J., et al. "Hyperdopaminergia and NMDA receptor hypofunction disrupt neural phase signaling". *Journal of Neuroscience* 29, n. 25, p. 8215-24, 2009.

GOULD, Stephen Jay. *Wonderful Life:* The Burgess Shale and the Nature of History. Nova York: W. W. Norton. p. 48, 50, 51. 1989.

HOMER. *The Iliad of Homer.* Trad. Samuel Butler. Nova York: E. P. Dutton & Company, p. 413, 1923.

KURZWEIL, Ray. *The Singularity Is Near: When Humans Transcend Biology.* Nova York: Penguin, 2007.

LEBEDEV, Mikhail A.; NICOLELIS, Miguel A. L. "Brain machine interfaces: past, present and future". *Trends in Neuroscience* 29, p. 536-46, 2006.

NICOLELIS, Miguel A. L. "Building the knowledge archipelago". *Scientific American* online, January 17, 2008. Disponível em: <http://www.scientificamerican.com/article/building-the-knowledge-archipelago/>.

PRIBRAM, Karl H. *Brain and Perception:* Holonomy and Structure in Figural Processing. Hillsdale, Nova York: Lawrence Erlbaum Associates, 1991.

SOARES, Christine. "Building a future on science". *Scientific American* 298, n. 2, p. 72-7, 2008.

AGRADECIMENTOS

Durante os últimos 27 anos, muitas pessoas participaram dos eventos e experimentos descritos neste livro. Algumas delas foram brevemente mencionadas aqui, mas um enorme contingente de professores, estudantes, colegas, colaboradores, familiares e amigos permaneceu anônimo, apesar das contribuições profundas que tiveram para o meu trabalho como cientista e para a minha vida pessoal. Assim, antes de tudo, eu gostaria de agradecer a todos por me permitirem o privilégio de trabalhar com cada um ou simplesmente por ser parte de sua vida. Em particular, eu gostaria de agradecer a um dos meus orientadores de pós-doutorado, dr. Rick C. S. Lin, por me introduzir em uma enorme variedade de aspectos da neurociência moderna, e também em um dos meus heróis científicos, dr. Jon H. Kaas, que com seus inúmeros atos de gentileza e fenomenais feitos intelectuais definiu o modelo de cientista que eu sempre sonhei em reproduzir.

Alguns dos meus ex-alunos e colaboradores gentilmente aceitaram ler o manuscrito original e oferecer inúmeras sugestões, críticas e alertas valiosos. Assim, agradeço profundamente aos drs. Asif Ghazanfar, Marshall Shuler, Sidarta Ribeiro e Mikhail Lebedev por suas contribuições precisas e enriquecedoras. Vale ressaltar, porém, que quaisquer pensamentos, comentários, crenças ou metáforas incorretas ou pouco ortodoxas devem ser acrescidos à vasta lista de pecados do autor. Outro aluno meu, dr. Nathan Fitzsimmons, me deu o grande prazer de ser o responsável por todas as ilustrações deste livro como conclusão da sua brilhante carreira acadêmica e início de novas aventuras profissionais. A ele, o meu muito obrigado.

Nas últimas duas décadas descobri, para a minha surpresa, que eu tinha muitos "irmãos adotivos" espalhados pelo mundo. Essa verdadeira irmandade, ao longo dos anos, me permitiu aprender muitas coisas sobre ciência e a vida que nenhuma universidade ou escola jamais poderiam ensinar. Nesse contexto, os meus dois "irmãos" americanos, drs. Alan "Armstrong" Rudolph e Sidney "Sampras" Simon, participaram integralmente, ao longo dos últimos dezessete anos, das minhas aventuras científicas e pessoais, envolvendo três continentes e muitas histórias inesquecíveis. Sem sua amizade e seu apoio e encorajamento contínuos, este livro jamais teria sido escrito, simplesmente porque não haveria nenhuma história para contar. Também sou profundamente agradecido pelo apoio prestado por meu "irmão" israelense, dr. Idan Segev, que desde o nosso primeiro encontro, em algum lugar do deserto de Negev e, logo a seguir, durante um memorável Dia da Bastilha, comemorado pelas ruas de Paris, transformou-se no meu modelo daquilo que um verdadeiro humanista deveria ser e fazer. Na mesma categoria, eu gostaria de agradecer ao "irmão" egípcio-suíço, o grande matemático e filósofo dr. Ronald Cicurel, que, ao longo da degustação de inúmeras pizzas napolitanas e Coca-Cola zero (Coca-Cola normal para ele), servidas no restaurante Da Carlo de Lausanne, me ensinou mais matemática, física e filosofia do que eu jamais julguei ser capaz de aprender. Sem a generosidade e a dedicação com que Ronald compartilhou seu intelecto e seu conhecimento comigo, temo que partes essenciais deste livro não teriam visto a luz do dia.

Também agradeço imensamente a uma série de pessoas cuja dedicação e gentileza foram essenciais para a concretização deste projeto, tanto nos Estados Unidos como no Brasil. Primeiramente, eu gostaria de agradecer ao dr. James Levine, meu agente literário, e a todos os seus colegas da Levine e Greenberg em Nova York pelo apoio irrestrito durante os últimos dois anos. Sem a orientação serena e o aconselhamento seguro de Jim ao seu escritor calouro é quase impossível imaginar como este projeto poderia ter sido levado a termo. Da mesma forma, eu gostaria de expressar toda a minha gratidão à minha editora americana, Robin Dennis, que interagiu continuamente comigo por quase dois anos, de tal sorte que eu pudesse escrever de forma abreviada o que os meus ancestrais brasileiros gostariam de descrever longamente e ir direto ao ponto, sem necessitar do número de adjetivos e divagações que agradariam tanto aos meus genes latino-americanos. Trabalhar com Robin, uma profissional espetacular, não foi apenas um enorme prazer, mas a mais importante experiência literária da minha vida. Agradeço a ela sobremaneira a forma generosa, diligente e compreensiva como editou todo o manuscrito original, ajudando-me a afiá-lo e a transformá-lo num produto final. Tendo aprendido tanto com Robin, gosto de acreditar que a experiência desafiadora de colaborar com um escritor brasileiro também deixou boas memórias nela. Afinal de contas, depois da nossa colaboração, ela se transformou numa fanática torcedora do futebol brasileiro, não perdendo um jogo sequer da Copa de 2010. Também sou muito grato pelo apoio e pela ajuda de todos aqueles da Henry Holt e Times Books, particularmente Paul Golob, que supervisionou todo este projeto desde os primeiros dias, e Serena Jones, que substituiu Robin nos estágios finais de produção do original americano.

Eu gostaria de agradecer imensamente à Planeta do Brasil, em particular a Aida Carvalho Veiga, minha editora, e a Cassiano Elek Machado, que desde os primeiros momentos da nossa parceria mergulharam entusiasticamente no projeto de produzir a segunda edição de *Muito além do nosso eu*. Sem o apoio deles e de toda a equipe da Planeta, certamente não teria sido possível produzir este volume em tempo tão curto. Junto com *Made in Macaíba*, *O verdadeiro criador de tudo* e futuros lançamentos, *Muito além do nosso eu* é parte da Biblioteca Miguel Nicolelis do selo Crítica.

Nesta altura, também preciso reconhecer o aumento exponencial do meu débito, já infinito, para com a maior escritora infantojuvenil da história da literatura brasileira, Giselda Laporta Nicolelis, pela generosidade e pelo entusiasmo com que mergulhou na revisão gramatical e ortográfica de todos os capítulos traduzidos pelo filho exilado.

Ao longo de toda a minha carreira, tive o privilégio de trabalhar ou colaborar com cientistas e estudantes de algumas das mais renomadas instituições de pesquisa e ensino por todo o mundo. Eu gostaria, nesta ocasião, de agradecer aos meus colegas de laboratório do Departamento de Neurobiologia e do Centro de Neuroengenharia da Universidade Duke, onde passei os últimos dezessete anos da minha carreira, bem como colaboradores em outros países, como dr. Patrick Aebischer, dr. Hannes Bleuler e Solaiman Shokur, Tamina Sissoko, Jaime Ruiz, da Escola Politécnica Federal de Lausanne, dr. Jean Rossier, da Escola Superior de Física e Química Industrial de Paris, e o professor Henri Korn, do Instituto Pasteur de Paris. Também agradeço a todos os cientistas e funcionários do Instituto Internacional de Neurociência de Natal e da Associação Alberto Santos Dumont para Apoio à Pesquisa no Brasil. Em particular, eu gostaria de agradecer à professora Dora Montenegro, aos professores sob sua orientação e aos 1.400 alunos que frequentam os três centros de educação científica mantidos pela AASDAP pela inspiração e pela alegria que tão generosamente me presentearam nos últimos quatro anos. Também sou muito grato a todos os anônimos cidadãos americanos e doadores privados que através do National Institutes of Health e outras agências de financiamento públicas e privadas contribuíram para financiar as minhas pesquisas durante os últimos 22 anos. Muito obrigado ao meu grande amigo Pierre Landolt e à Fundação Família Sandoz pelo seu apoio. Também sou profundamente grato pelo apoio e pela amizade a mim conferidos pela senhora Lily Safra e pela Fundação Safra.

Somente duas outras pessoas leram o manuscrito original mais vezes que Robin e eu. A primeira dessas queridas heroínas foi Neiva Cristina Paraschiva, que nos últimos 36 anos tem sido uma presença constante em todos os meus projetos pouco ortodoxos. Por todo o carinho e o apoio incondicionais, desde as primeiras horas deste projeto e tantos outros, e pelas memórias inesquecíveis de todas essas aventuras, agradeço a ela do fundo do meu coração. A segunda heroína, Susan Halkiotis, o meu anjo da guarda da Universidade Duke pela última década e meia, leu cada linha deste livro inúmeras vezes, fornecendo as melhores sugestões e comentários com que qualquer autor poderia sonhar deste lado da Via Láctea. Nada que eu escreva ou diga poderá fazer justiça à dedicação, competência e paixão com que a minha querida "Professora Halkiotis", como eu gosto de chamá-la, mergulhou neste projeto. Não há nenhuma dúvida na minha mente de que sem a ajuda de Susan eu nunca teria emergido deste projeto.

Nas últimas três décadas, tive o privilégio de sempre contar com a amizade e o apoio de Laura Oliveira e nossos três amados filhos, Pedro, Rafael e Daniel Nicolelis. Sem a presença constante deles na minha vida, nada teria valido a pena. E a eles eu dedico toda a minha carreira científica, como uma pequena dádiva de gratidão pela compreensão e pelo enorme sacrifício pessoal com os quais eles me presentearam, permitindo assim que eu adquirisse a coragem e a liberdade necessárias para perseguir todos os meus sonhos científicos e humanísticos, até os limites da minha imaginação tropical.

ÍNDICE REMISSIVO

Acreditamos
nos livros

Este livro foi composto em Adobe Garamond Pro e impresso pela Geográfica para a Editora Planeta do Brasil em março de 2025.